普通高等教育"十二五"规划教材

生活化学与健康

● 孟凡德　编著

U0389970

化学工业出版社

·北京·

本书讲述了日常生活中的吃、穿、住、用与化学的关系。内容分为四篇：健康基础，饮食与健康，衣着、美容化学与健康，居室环境与健康。系统介绍了健康基础，精神生活化学与药物，能量化学，生活中美的化学基础，厨房化学和美味化学，美容化学和化妆品，衣着化学与合成纤维，生活环境化学，清洁与日用洗涤剂，居室装修化学，居室修饰化学等。有关知识以个人特别是家庭生活为背景，对学生、教师以及各层次人士都有益。

本书可以作为各类高校文、理、工各专业了解化学的教材，对希望了解化学如何影响我们的生活的人们极有裨益。

图书在版编目（CIP）数据

生活化学与健康/孟凡德编著. —北京：化学工业出
版社，2013.11（2023.9重印）
普通高等教育"十二五"规划教材
ISBN 978-7-122-18688-1

Ⅰ. ①生… Ⅱ. ①孟… Ⅲ. ①化学-关系-健康-高等
学校-教材 Ⅳ. ①06-05

中国版本图书馆 CIP 数据核字（2013）第 243770 号

责任编辑：刘俊之 文字编辑：刘志茹
责任校对：顾淑云 装帧设计：韩 飞

出版发行：化学工业出版社（北京市东城区青年湖南街 13 号 邮政编码 100011）
印 装：北京科印技术咨询服务有限公司数码印刷分部
787mm×1092mm 1/16 印张 18½ 字数 472 千字 2023 年 9 月北京第 1 版第 6 次印刷

购书咨询：010-64518888 售后服务：010-64518899
网 址：http://www.cip.com.cn
凡购买本书，如有缺损质量问题，本社销售中心负责调换。

定 价：48.00 元 版权所有 违者必究

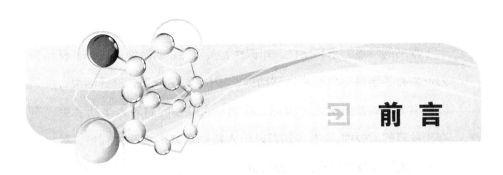

前言

　　化学与人们的衣食住行息息相关。人体本身是一座大的化工厂，生长发育过程中的新陈代谢、吐故纳新，都涉及化学变化；吃药治病、扶正祛邪，也与化学紧密相连。没有化学就没有生命，就更谈不上会有人类，而人类的生存和繁衍更是靠体内的化学反应来维持的。"生活中处处有化学"，"衣食住行样样都离不开化学"，日常生活中的吃、穿、住、用与化学知识直接相关。"化学将成为使人类继续生存的关键科学"，因为它对人类的供水、食物、能源、环境及健康问题至关重要。

　　文、理、工相互交融，相辅相成，多学科相互渗透是教育发展的趋势。 通过15年的讲授生活化学与健康，了解到学生对生活化学和健康所包含内容和知识的需求，学生及时了解当代化学家们正在思考的课题，适应当代高新技术学科综合发展的特点，以及现代化学教育和社会生活相结合的趋势。 每个人的生活与社会文明紧密相关，建立人与自然和谐共处的科学自然观。

　　本书分为四篇，即健康基础，饮食与健康，衣着、美容化学与健康，居室环境与健康。 系统介绍了健康基础，精神生活化学与药物，能量化学，生活中美的化学基础，厨房化学和美味化学，美容化学和化妆品，衣着化学与合成纤维，生活环境化学，清洁与日用洗涤剂，居室装修化学，居室修饰化学等。 为人们展示了符合"可持续发展"的理想生活方式和美好的文明生活。

本书的特点力求科学性、知识性、实用性、新颖性的统一，着力反映有关学科的前沿和发展动向。内容科学严谨，形式活泼，以化学与人的健康阐述了资源、环境、人口等问题对人类社会生存和发展的重要性。有关知识以个人特别是家庭生活为背景，对学生、教师以及各层次人士都有益。

　　本书主要由孟凡德编写并统一修订整理，赵全芹编写了第三篇的第 10、第 12 章，李明霞编写了第四篇的第 16 章。此书涉及多门学科，内容繁多，难免有疏漏。本人深感才疏学浅水平所限，书中疏漏之处恳请读者批评指正。

　　本书的编写和出版，得到了山东大学、山东大学化学与化工学院的积极支持，一并表示衷心感谢。

编著者

2013 年 10 月

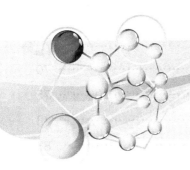

目 录

第一篇　健康基础

第1章　健康基础 ································ 2

1.1　人体的化学组成 ···························· 2

1.2　人体的结构和功能 ························· 9

1.3　健康 ·· 13

1.4　亚健康 ······································· 18

1.5　维护健康 ···································· 21

第2章　影响健康的主要因素 ············· 23

2.1　精神生活与健康 ··························· 23

2.2　运动与健康 ································· 35

第3章　药物与健康 ························· 41

3.1　天然药物 ···································· 41

3.2　化学合成药物 ······························ 45

3.3　抗生素 ······································· 50

第二篇　饮食与健康

第4章　生活能量化学与健康 ············· 56

4.1　生活中的能量化学 ························· 56

4.2　能量与肥胖 ································· 60

4.3　减肥与低能量食品 ························· 63

第5章　生活中美的化学基础 …………………………… **70**

5.1　生活中的色 ………………………………… 70

5.2　生活中的香（臭）………………………… 75

5.3　生活中的味 ………………………………… 78

5.4　色、香、味与生活 ………………………… 83

第6章　食物中的营养素 …………………………… **86**

6.1　食物中的营养素 …………………………… 86

6.2　食物与健康 ………………………………… 99

6.3　药食同源食疗学 …………………………… 106

6.4　老年营养与老年学 ………………………… 111

第7章　烹饪和厨房化学 …………………………… **114**

7.1　食物的化学特征 …………………………… 115

7.2　绿色食品 …………………………………… 118

7.3　转基因食品与健康 ………………………… 120

7.4　厨房中的食物 ……………………………… 122

7.5　烹饪化学 …………………………………… 125

7.6　饮食文化和风味化学 ……………………… 128

第8章　饮品化学与健康 …………………………… **133**

8.1　水 …………………………………………… 133

8.2　奶及乳制品 ………………………………… 140

8.3　酒 …………………………………………… 143

8.4　茶 …………………………………………… 147

8.5　饮料、冷饮类 ……………………………… 150

第9章　食品贮存、污染及预防 …………………… **153**

9.1　食品的贮藏、保鲜与保健 ………………… 153

9.2　食物中的毒物 ……………………………… 158

9.3　癌症与污染食品 …………………………… 168

9.4　食品安全标志 ……………………………… 171

第三篇　衣着、美容化学与健康

第10章　衣着化学和合成纤维　173

10.1　纤维与衣着品 ····················· 173

10.2　皮革与衣着品 ····················· 181

第11章　美容化学和化妆品　186

11.1　皮肤的构造及化妆品 ··············· 186

11.2　毛发和化妆品 ····················· 198

11.3　牙齿和化妆品 ····················· 201

11.4　化妆品新概念和鉴别 ··············· 202

11.5　美容和化妆中的不安全因素 ········· 203

第12章　清洁与日用洗涤剂　208

12.1　清洁的空间 ······················· 208

12.2　表面活性剂 ······················· 210

12.3　家庭洗涤剂 ······················· 213

12.4　清洁化学的现状和发展动向 ········· 221

第四篇　居室环境与健康

第13章　空气、居住环境和健康　225

13.1　生活中的空气 ····················· 225

13.2　森林的作用与人类健康 ············· 229

13.3　现代住宅、健康住宅与空气环境 ····· 231

13.4　绿色出行 ························· 232

第14章　居室化学污染与人的健康　234

14.1　居室环境污染与危害 ··············· 234

14.2　室内电磁辐射对健康的影响 ········· 240

14.3　室内生物因素对健康的影响 ········· 244

14.4　健康的居室环境 ··················· 247

第 15 章　居室装修化学与健康 ················· **251**

　15.1　涂料的基础知识 ················· 251

　15.2　装修与居室墙体涂料 ················· 254

　15.3　绿色家具与木器涂料 ················· 256

　15.4　胶黏剂和密封剂及家庭装修 ················· 257

第 16 章　居室修饰化学与健康 ················· **258**

　16.1　居室 ················· 258

　16.2　装饰品 ················· 260

　16.3　古玩和表面化学 ················· 265

　16.4　家庭常用日用品 ················· 267

第 17 章　化肥农药与健康 ················· **271**

　17.1　化肥与人体健康 ················· 271

　17.2　农用薄膜与人体健康 ················· 277

　17.3　农药与人体健康 ················· 281

参考文献 ················· **288**

第一篇
健康基础

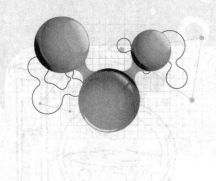

第1章
健康基础

1.1 人体的化学组成

1.1.1 人体中的化学元素

　　生命起源于化学，人体中充满着化学过程。人体是由化学元素组成的，组成人体的元素有 60 多种。人类在漫长的生物进化中，从环境中吸收和摄取营养成分，以维持人体的正常生命活动。在人体与环境进行物质交换时，选择性地吸收了至少 37 种化学元素以构成人体的有效运行机制。人体为了维持生命所必需的元素称为生命必需元素（essential elements）。

　　（1）生命必需元素的特征　必须存在于大多数生物物种中；当缺乏这种元素时，生命体将处于一种不健康的状态，而当这种元素在体内恢复到正常水平时，生物功能也恢复正常，生命体恢复健康；这种元素的功能不能为其他元素所完全替代；在各种物种中，都有一定的浓度范围。

　　（2）生命必需元素的分类　按生命必需元素在人体内含量高低可分为宏量元素和微量元素。其中，宏量元素包括 C、H、O、N、Na、K、Ca、Mg、Cl、S、P、Si 12 种元素；微量元素包括 Mo、Mn、Co、Ni、Fe、Cu、Zn、Se、Sn、V、Cr、I、F 13 种元素。

　　宏量元素占人体质量的 99.71%，微量元素占人体质量的 0.29%。现代人体的化学近似成分见表 1-1-1。

表 1-1-1　现代人体的化学近似成分

元素	质量分数/%	元素	质量分数/%	元素	质量分数/%	元素	质量分数/%
氧 O*	61	氯 Cl*	0.12	铅 Pb	0.00017	锰 Mn*	0.00002
碳 C*	23	镁 Mg*	0.027	铜 Cu*	0.00010	镍 Ni*	0.00001
氢 H*	10	硅 Si*	0.026	铝 Al	0.00009	金 Au	0.00001
氮 N*	2.6	铁 Fe*	0.006	镉 Cd	0.00007	钼 Mo*	0.00001
钙 Ca*	1.4	氟 F*	0.0037	硼 B	0.00007	铬 Cr*	0.000009
磷 P*	1.0	锌 Zn*	0.0033	钡 Ba	0.00003	铯 Cs	0.000002
硫 S*	0.20	铷 Rb	0.00046	硒 Se*	0.00003	钴 Co*	0.000002
钾 K*	0.20	锶 Sr	0.00046	锡 Sn*	0.00002	钒 V*	0.000001
钠 Na*	0.14	溴 Br	0.00029	碘 I*	0.00002		

　　注：表中 * 为人体必需元素。

1.1.2 人体中元素的存在形式与分布

无机物除了少量的氧、氮以外，均以化合物形式存在，如水和无机盐。有机物以糖类、脂肪、蛋白质和核酸等化合物形式存在。生物体内的微量元素主要是以配合物的形式与蛋白质、脂肪等有机物构成酶，许多微量元素是酶的活化剂或酶的辅助因子，传递着生命所必需的各种物质，起到调节人体新陈代谢的作用。

人体牙齿多由钙、磷、氟、硅、钒等元素组成。毛发中集中较多的硅、镍、砷、锌、氟、铁、钛。肌肉中易蓄积锌、铜、钙、镁、钒、硒、溴等元素。当肌肉缺镁、钾时可导致肌肉无力、肌麻痹、肌萎缩等症状。肺中易聚集锑、锡、硒、铬、铝、硅、铁。肺癌的产生与上述元素的过量吸入有关。肾中易蓄积镉、汞、锌、铋、铅、硒、砷、硅。当其含量过高时，肾组织会受到损伤。肝中易蓄积硒、铜、锌、铁、砷、铬、钼、钒、碘。淋巴系统中易富集硅、铀、锑、锶、锰、铅、锂等元素。人类衰老过程中，表现为铝、砷、钡、铍、镉、铬、金、镍、铅、硒、硅、银、锶、锡、钛、钒等元素的积累及钙、锌、镉的减少。体重为70kg的人的平均元素组成见表1-1-2。

表 1-1-2 体重为 70kg 的人的平均元素组成

元素	组成/(g/人)	元素	组成/(g/人)
氧(O)	43550	镁(Mg)	42
碳(C)	12590	铁(Fe)	6
氢(H)	6580	锌(Zn)	1～2
氮(N)	1815	钴(Co)	<1
钙(Ca)	1700	锰(Mn)	<1
磷(P)	680	铜(Cu)	<1
钾(K)	250	镍(Ni)	<1
氯(Cl)	115	碘(I)	<1
硫(S)	100	钼(Mo)	<1
钠(Na)	70		

1.1.3 化学元素在生物体内的生理和生化作用

化学元素在生物体内的主要生理和生化作用如下。

(1) 结构材料 C、H、O、N、S构成有机大分子结构材料，如多糖、蛋白质、核酸等为主所构成的肌肉、皮肤、骨骼、血液、软组织等。而Ca、Si、P、F和少量的Mg则以难溶的无机化合物的形态存在，如SiO_2、$CaCO_3$、$Ca_{10}(PO_4)_6(OH)_2$等，构成硬组织。

(2) 运载作用 生物对某些元素和物质的吸收、输送以及它们在生物体内的传递等物质和能量的代谢过程往往不是简单的扩散或渗透过程，而是需要载体。如含有Fe^{2+}的血红蛋白对O_2和CO_2的运载作用等。

(3) 组成金属酶或作为酶的激活剂 人体内约有1/4的酶的活性与金属离子有关。有的金属离子参与酶的固定组成，称为金属酶。金属离子充当了酶的激活剂。

(4) 调节体液的物理、化学特征 体液主要是由水和溶解于其中的电解质所组成的。存在于体液中的Na^+、K^+、Cl^-等在调节体液的物理、化学特性方面发挥了重要作用。

(5) "信使"作用 生物体需要不断地协调机体内各种生物过程，这就要求有各种传递信息的系统。化学信号的接收器是蛋白质。Ca^{2+}作为细胞中功能最多的信使，它的主要接收体是一种由很多氨基酸组成的单肽链蛋白质，称钙媒介蛋白质（相对分子质量为16700）。

1.1.4　人体中化学元素的结构与性能的关系

1.1.4.1　主族元素

主族元素是生命物质的基本构成材料。

(1) 碳族元素（ⅣA）　其中碳（C）是一切有机物的最基本组成元素；硅（Si）是有机体正常生长和骨骼钙化不可缺少的，在人的主动脉壁内含量较高，主要存在于胶原蛋白和弹性蛋白中，毛发、皮肤中也有硅；锡（Sn）有促进蛋白质和核酸反应，维持黄素酶活性的生理功能；铅（Pb）是碳族中对人类健康危害较大的元素。

(2) 氮族元素（ⅤA）　其中氮（N）是构成蛋白质的重要元素之一，蛋白质在生物体内所起的许多特殊变化是一切生命过程的基础，没有蛋白质就没有生命，蛋白质是生命的表达形式。磷（P）是生物体组成中的重要元素，蛋白质及骨骼中都有磷，磷参与体内代谢和维持体液的酸碱平衡。

(3) 氧族元素（ⅥA）　其中氧（O）在生命中作用相当重要，构成有机体的所有主要化合物都含有氧，包括蛋白质、碳水化合物和脂肪。构成动物壳、牙齿及骨骼的主要无机化合物也含有氧，参与人体多种氧化过程，释放能量；硫（S）是构成蛋白质（主要构成甲硫氨酸、半胱氨酸）的重要元素之一，体内主要存在于毛发和软组织中。硒（Se）是人体必需的微量元素之一，在组织和器官（肝、肾、胰、心等）中分布，含硒的谷胱甘肽过氧化酶是重要的自由基清除剂，硒对有害重金属具有解毒作用，硒还有促进生长发育、保护视觉器官和抗肿瘤作用。

(4) 卤素元素（ⅦA）　其中的氟（F）是人体内的重要元素，存在于骨骼、牙釉、齿骨中；氯（Cl）是人体必需宏量元素，与 K^+、Na^+ 一起参与生理过程，还是血液、尿等多种体液成分，Cl^- 能够激活唾液淀粉酶，并能形成胃液中的盐酸。溴（Br）的化合物对于中枢神经系统有抑制作用。碘（I）是生命必需元素，碘主要集中在甲状腺。

(5) 碱金属元素（ⅠA）　具有保持电荷平衡、起结构稳定作用。K、Na 是重要的生物元素，K^+、Na^+ 对于维持体液渗透压和平衡有一定作用。若组织中的 Na^+、K^+ 浓度增高，可提高神经肌肉的兴奋性，当食物中 Na 不足时，会影响机体内的新陈代谢和消化作用。Li 在人体内不参与新陈代谢，也不参与蛋白质或血浆结合，大量 Li 盐会引起中毒，主要影响中枢神经系统，产生疲倦、嗜睡、呕吐、腹泻等，锂盐可治疗狂躁型精神病。

(6) 碱土金属元素（ⅡA）　有信使作用，酶激活因子起结构稳定作用。镁（Mg）是多种酶的激活剂，是细胞内的重要阳离子，对中枢神经系统有抑制作用；钙（Ca）是构成骨骼、牙齿、指甲等的重要元素，分布于体液内，参与某些重要酶反应。锶（Sr）是骨骼、牙齿的组成部分，在机体中起着促进钠排出、减少钠吸收的生理功能。

1.1.4.2　过渡金属元素

过渡金属元素起电子传递、氧化还原和催化作用。

(1) 第ⅠB族元素　铜（Cu）是人体必需微量元素之一，铜参与造血过程，促进无机铁变为有机铁，有利于铁的吸收，铜与身高有密切关系，银（Ag）离子是良好的消毒剂。

(2) 第ⅡB族元素　锌（Zn）是人体必需微量元素之一，是人体中 100 多种酶的组成成分，在组织呼吸和物质代谢中具有重要作用，锌能促进蛋白质合成，锌蛋白对味觉和食欲起促进作用，并促进性器官和性功能的正常发育，同时对智力发育起促进作用。镉（Cd）和汞（Hg）对人体有毒。

(3) 铁系元素（Ⅷ族）　铁（Fe）、钴（Co）、镍（Ni）都是生物体内的必需微量元素，铁构成血红蛋白；钴是维生素 B_{12} 的组成成分，维生素 B_{12} 能够促进红细胞成熟；镍具有刺激造血功能，促进红细胞再生的生理功能。

（4）其他副族元素 钒（V）是人体必需微量元素之一，具有促进造血功能、抑制胆固醇合成的作用；Cr^{3+} 是人体糖、脂肪、胆固醇代谢所必需的微量元素；钼（Mo）是参与嘌呤类到尿酸代谢中一种酶的成分；锰（Mn）是人体必需微量元素之一，Mn^{2+} 是多种氧化酶的组成成分，能提高其他酶的活性，对组织中的氧化还原过程有重要影响，对血液的循环、生成也有关系。生命必需元素及其功能见表 1-1-3。

表 1-1-3　生命必需元素及其功能

元素	功能	元素	功能
H	水、糖类、蛋白质、脂肪、酶等的组成成分,标志着体内酸碱度的大小	O	水、糖类、蛋白质、脂肪的组成成分,参与人体多种氧化过程,释放能量
B	与维生素 D_3、钙、镁协同,增强骨骼强度	C	糖类、蛋白质、脂肪等组成成分
F	人骨骼的成长所必需,防龋齿,防骨质疏松,促生长	Mg	酶的激活、叶绿素构成、细胞内液、骨骼的成分
N	蛋白质、酶的组成成分(氨基酸)	Na	细胞外的阳离子
Si	在骨骼、软骨形成的初期阶段所必需,合成黏多糖必需	P	含在三磷酸腺苷(ATP)等中,为生物合成与能量代谢所必需
S	蛋白质的组成,组成铁硫蛋白	Cl	细胞外的阴离子
K	细胞内的阳离子	I	合成甲状腺素,维持正常生理功能
Ca	骨骼、牙齿的主要成分,神经传递和肌肉收缩所必需,调节细胞壁的渗透压	Co	红细胞形成所必需的维生素 B_{12} 的组成,刺激造血作用
V	对细胞周期、凋亡、酶活性有影响,促进骨骼、牙齿的矿化	Zn	许多酶的活性中心、胰岛素组分,调节细胞分化和基因表达等
Cr	参与葡萄糖、脂肪代谢,与胰岛素的作用机制有关	Se	抗氧化性,参与酶催化,增强机体免疫力,参与阻断自由基反应等
Mn	酶的激活、光合作用中水光解所必需,增强内分泌功能,调节神经功能	Mo	黄素氧化酶、醛氧化酶、固氮酶等所必需
		Cu	构成多种酶和铜蓝蛋白,调节免疫和应激反应
Fe	组成血红蛋白、细胞色素、铁硫蛋白,构成各种金属酶等辅助因子	Sn	与黄素酶的活性有关,促进蛋白质及核酸的合成

1.1.5 重要的生命元素与人体健康

（1）钙（Ca） 是构成骨骼、牙齿、指甲等的重要元素，约占体重的 1.4%。人体中钙的存在形式有游离的钙、钙离子和其他离子形式的复合无机盐等。

钙是一般软组织的基本成分，并且是维持人体正常机能不可缺少的物质。只有在 Ca^{2+}、K^+、Mg^{2+}、Na^+ 维持一定的比例时，组织才能进行正常的生理活动和表现出一定的感应性，如心脏的搏动、神经传导肌肉收缩和细胞间的连接等。钙是帮助血液凝固的重要因素之一，若血液中钙缺乏，则人体受伤后易流血不止。钙是机体许多酶系统的激活剂，如三磷酸腺苷酶、琥珀酸脱氢酶、脂肪酶以及一些蛋白质分解酶等。钙具有在细胞膜上调节受体结合和离子通透性的作用。

（2）磷（P） 是人体的必需元素之一，是机体不可缺少的营养素。磷约占人体矿物质含量的 1/4。钙和磷结合成磷酸钙，以构成骨骼和牙齿等，骨骼和牙齿中磷含量约占总磷量的 87.6% 以上；磷是组成细胞核蛋白质的主要成分，尤其是神经细胞最为需要，磷是磷脂、辅酶的原料；磷是碳水化合物和脂肪的吸收代谢、能量转换和酸碱平衡的重要物质。

（3）钠（Na）和氯（Cl） 钠在人体中大部分存在于细胞外液如血液、淋巴液、组织间液中。其主要功能是提供碱性元素，维持体内酸碱平衡及调节渗透压力。氯是胃液中胃酸的成分，胃酸主要由盐酸组成，氯是重要的生命元素。

钠在小肠内绝大部分被吸收，约有95%的钠经尿液排出体外。腹泻时由粪便排出的量增加。钠的代谢受肾上腺皮质激素的影响，在缺乏这些激素时，血清钠含量会降低，高温时大量的钠从汗中排出，可能会出现肌肉痉挛、头痛甚至呕吐现象，因此，夏天在饮食中可加些食盐，以补充钠的消耗。

氯和钠一般结合为NaCl，两者的代谢关系很密切，钠含量高时，氯含量也高。在腹泻时，钠、氯含量损失都较大，呕吐时氯损失更多。

（4）钾（K） 是重要的生命元素，全身含钾为140～150g，占矿物质的第三位。钾在细胞内液中主要为阳离子，主要生理功能是与细胞的新陈代谢有关，一定浓度的钾维持细胞内一些酶的活动，特别是糖代谢过程中，糖原的形成必有一定量的钾沉积，血中糖和乳酸的消长与钾有平行的趋势。钾能够调节渗透压及酸碱平衡，维持这种功能的主要作用在身体细胞及红细胞内。钾能维持神经肌肉的正常功能，钾含量过高则神经肌肉高度兴奋，钾含量过低则限于麻痹，钾还具有降低血压和利尿作用。

（5）镁（Mg） 在成人体内的含量为20～30g，其中50%～70%主要以碳酸镁、磷酸镁形式存在于牙齿及骨骼中，约1/4的镁存在于软组织和细胞间质中，细胞内的浓度较细胞外的浓度大，前者约为后者的10倍。镁能形成多种酶的激动剂，能够维持心肌正常的生理功能。镁盐或镁离子有利尿作用（即可作泻剂）。钙对于机体组织有刺激作用，而镁具有抑制作用，二者互相制约使机体组织保持了兴奋和抑制平衡。镁有抑制神经应急性的功能。镁过多时，呈麻醉状态，镁缺乏时，易引起过敏症、肌肉痉挛、扭转或做出更古怪的动作，同时有血中胆固醇增多现象产生。

（6）碘（I） 是人体中维持正常新陈代谢不可缺少的物质。碘在无机态和有机态均易被机体吸收，通常情况下摄入3～6min即可分布至身体各部位。碘大部分在小肠内被吸收，另一小部分在胃内被吸收。被机体吸收的碘经血液进入甲状腺，变成I⁻，供应甲状腺素的合成。人体中的碘70%～80%在甲状腺内，它是甲状腺素的重要成分。甲状腺素与血浆蛋白结合的形式在人体内循环，发挥激素功能。

（7）铁（Fe） 在人体内约含体重的0.006%，大约4g。尽管体内铁的数量很少，但人体内铁的功能极为重要，铁是人体必需的微量元素。铁参加机体内部氧的运送和组织呼吸过程，红细胞中的血红蛋白由铁、蛋白质、色素组成，血红蛋白能与氧气结合后把氧气输送到人的身体各部位，并将组织中的二氧化碳带回肺中呼出。60%～70%的铁存在于血红蛋白中，还有3%的铁存在于肌红蛋白中，0.2%～1%存在于细胞色素中。铁参与细胞免疫，人体铁缺乏时，抵抗力降低，特别易感染。若铁的摄入量不足或者吸收不良时，将使机体出现缺铁性或营养性贫血。

（8）铜（Cu） 分布于人体的各部位，以肝脏、肾脏、心脏、骨髓及脑为最多。动物实验表明，动物缺铜时，可出现生长缓慢及小细胞贫血，此种贫血不能以铁剂治愈，必须用铜剂进行治疗。在血液中，铜能帮助无机铁转入血红蛋白质。铜具有形成和保持细胞色素氧化酶的功能，因为铜缺乏时，肝脏、心脏、骨髓内的细胞色素氧化酶的活性下降。缺铜也是引起"少白头"的原因之一，甚至引起白癜风、脱发。

（9）硒（Se） 人体组织中都含有硒，以肝、心、脾、牙釉质和指甲含量较多。硒是谷胱甘肽过氧化酶的活动中心，在人和动物内起抗氧化作用，使细胞膜中的脂类免受氧化作用的破坏，保护细胞和细胞膜的正常生理功能。

我国地方流行病克山病和大骨节病与缺硒有关。克山病是以心肌坏死为主要症状的地方病，大骨节病是一种地方性、多发性、变形性骨关节病。过量的硒摄入可引起硒中毒，它会使相关的酶失活，从而产生自由基，对人体造成危害。

（10）锌（Zn）　主要分布在骨骼、肝、血液、皮肤、头发中。锌是组成酶蛋白的重要成分，为酶活动所必需，生物体内重要代谢的合成和降解，都需要锌的参与。锌对性腺、胰腺和脑垂体等内分泌活动有密切关系，是生长发育所必需的。锌具有生血和胆碱酯酶的作用。良好的味觉也需要锌。锌缺乏时，可导致性器官发育不良、性能力低下。青少年缺锌能导致发育迟缓、形成侏儒。缺锌引起的性功能障碍可以及时补锌得以正常发育。长期服用锌量高的食物，可增加人的耐力，血压普遍降低，心搏有力。

1.1.6　非必需元素和易混淆的元素

有些人对有毒元素和微量元素混淆不清，误称有毒元素为微量元素，这是错误的。同时，不可把微量元素称为有毒或有害元素。下面举例来进行详细说明。

（1）硒（Se）　是微量元素，人体离不了它，它在人体内有抗细胞老化、抗癌等重要功能，如果缺硒就会导致心肌病变、贫血等疾病。但是，人体含硒量也不可过高，过高也会引起恶心、腹泻和神经中毒。如每天硒摄入量超过 0.0001g，人就会中毒，甚至死亡。人体对硒的需要量极少，尽管硒的化合物有剧毒，但绝不可称它为有毒元素。

（2）镉（Cd）　镉常混入铜矿、锌矿等矿物中，在冶炼过程中进入废渣，再被雨水冲刷进入河（湖）水，被动植物吸收，造成镉污染。当镉进入人体后，会跟人体蛋白质结合成有毒的镉硫蛋白，危害造骨功能，从而造成骨质疏松、骨萎缩变形、全身酸痛等。日本"神通川"河两岸常见的骨痛病，镉就是罪魁祸首。1972 年世界卫生组织宣称，人体缺乏排镉功能，每日摄入量应为零（即不可摄入镉）。

因此，不可能因为在人体内查到残留的微量镉而误称它为微量元素，而应称它为有害元素。

（3）铝（Al）　为人体非必需的无害元素，但多了也为害非浅，如今已查明铝是老年痴呆症的祸首。在日常生活中，铝可通过许多途径进入人体，如喝茶、使用广泛的铝炊具、牙膏的主要调合剂（氢氧化铝）、治疗胃病的抗酸剂（氢氧化铝）、油条及粉丝的添加剂（明矾）等。

1.1.7　有害元素的中毒现象

（1）汞（Hg）中毒　汞为银白色的液态金属，常温中即会蒸发。汞中毒以慢性多见，主要发生在生产活动中，长期吸入汞蒸气和汞化合物粉尘所致。以精神-神经异常、牙龈炎、震颤为主要症状。大剂量汞蒸气吸入或汞化合物摄入即发生急性汞中毒。对汞过敏者，即使局部涂抹汞油基制剂，亦可发生中毒。接触汞机会较多的有汞矿开采、汞合金冶炼、金和银提取，以及真空泵、照明灯、仪表、温度计、补牙汞合金、颜料、制药、核反应堆冷却剂和防原子辐射材料等的生产工人。

（2）铅（Pb）中毒　成年人铅中毒后经常会出现疲劳、情绪消沉、心力衰竭、腹部疼痛、肾虚、高血压、关节疼痛、生殖障碍、贫血等症状。孕妇铅中毒后会出现流产、新生儿体重过轻、死婴、婴儿发育不良等严重后果。而儿童经常会出现食欲不振、胃疼、失眠、学习障碍、便秘、恶心、腹泻、疲劳、智力低下、贫血等症状。铅中毒的危害很严重，可是铅中毒后的症状往往非常隐蔽难以被发现，因此预防和检测工作就变得非常重要。目前最可靠的方法就是血检。

（3）镉（Cd）中毒　职业性镉中毒主要是吸入镉化合物烟尘所致的疾病。急性中毒以呼吸系统损害为主要表现，慢性中毒引起以肾小管病变为主的肾脏损害，亦可引起其他器官的改变。

1.1.8　致癌元素

对人类肯定具有致癌作用的元素是砷（As）、铬（Cr）和镍（Ni）。

（1）砷（As）　砷在自然界中有三价和五价两种价态的化合物，且多以硫化物形态存在。砷在农业上用作杀虫剂，工业上用于皮革和纤维染料。砷中毒初期，其症状为贫血、皮肤角化、色素沉着、毛发脱落和指甲变质等。长期接触砷的人，易患皮肤癌和肺癌。砷进入人体内可能会甲基化，即无机砷转变为有机砷，有机砷的毒性很强，即使砷的浓度非常低也影响细胞的新陈代谢。一般来说，三价有机砷的毒性大于五价有机砷的毒性，脂肪族砷化合物的毒性大于芳香族砷化合物。

（2）铬（Cr）　铬有二价、三价、四价、六价等多种价态，其中二价铬、三价铬为人体所必需微量元素，主要参与糖和脂类的代谢。人体内三价铬含量高时具有致癌性。四价铬具有很强的致癌性，六价铬也具有一定的致癌性。

（3）镍（Ni）　镍粉尘有致癌性作用，镍厂工人的职业病是易患癌症，如肺癌、鼻癌和鼻窦癌。

1.1.9　元素过量所造成的危害

元素缺乏和过量都对人体造成危害，元素过量所造成的危害要大于元素缺乏所造成的危害（见表1-1-4）。

表1-1-4　元素缺乏与过量对人体的影响

元素	元素缺乏的影响	元素过量的影响
Ca	畸形骨骼、手足抽搐、诱发高血压、佝偻病、软骨病、骨质疏松	动脉粥样硬化、白内障、胆结石、缺血性心脏病、呕吐、肾结石、尿毒症
Mg	生长停滞、发育障碍、骨质疏松、牙齿生长不良、骨痛、抑郁、心动过速、肌肉痉挛	引起神经系统作用抑制、降低动脉压力、麻木
K	精神疲惫、心脏麻痹、肌肉松弛、无力	肾上腺皮质机能减退，表现为手足麻木、知觉异常、四肢疼痛、恶心呕吐、心律不齐、心力衰竭
Li	狂躁症	抑郁症、抑制心肌活动、降低血压、严重者导致心脏停搏。锂中毒表现为肌无力、发射亢进、震颤、视力模糊、昏睡不醒
Na	肾上腺皮质机能减退	高血压
Si	骨骼不良、软骨生长	肾结石、肺病
Al	无	干扰磷代谢，降低血磷，产生各种骨骼病变，骨脱钙、软化、萎缩；干扰组织代谢；干扰中枢神经系统、造成老年性痴呆、神经障碍及脑的其他病变
Fe	贫血	血红蛋白沉积症，肝、肾受损
Cr	糖尿病、动脉硬化	肺癌
Cu	贫血、Menkes病	Wilson病
Zn	伊朗村病	金属烟雾症

元素	元素缺乏的影响	元素过量的影响
Ni	血红蛋白和红细胞减少	肺癌,中枢神经障碍
Co	恶性贫血	红细胞增多症,诱发甲状腺肿大、心肌病
Mn	骨骼畸形	生殖功能障碍,中枢神经损伤
Se	白肌病、白内障	硒中毒,脱发,指甲畸形,神经中毒

1.2　人体的结构和功能

1.2.1　人体的细胞、组织和器官

1.2.1.1　细胞

细胞（cell）是人体结构和功能的基本单位,体内所有的生理功能和生化反应都是在细胞及其产物的物质上进行的。细胞由三部分组成,即细胞膜、细胞质和细胞核。细胞膜是细胞表面的一层薄膜,它可以保证细胞的完整性,具有选择通透性。细胞质是细胞新陈代谢和物质合成的场所,它由基质、细胞器和包含物组成。细胞核是细胞遗传、代谢、生长和繁殖的控制中心,若除去核,细胞的合成代谢很快停止,也不能进行分裂繁殖。

细胞是人体形态结构和功能活动的基本单位。细胞内的生活物质称原生质,其化学成分有水、无机盐及糖类、脂类、蛋白质、核酸等有机物。

蛋白质是组成细胞的主要成分,是细胞结构的基础。核酸是细胞的重要成分,核酸有核糖核酸（RNA）和脱氧核糖核酸（DNA）。核酸的功能是决定遗传和变异。糖类和脂类是细胞的能量来源,其中某些脂类是细胞膜的主要成分。

（1）细胞内外的电解质平衡　细胞膜使细胞内容物和细胞周围的环境分隔开来,这使细胞既能相对独立于环境而存在,细胞内物质成分保持相对稳定,又可有选择地从周围环境中获得氧气和营养物质,排除代谢产物,即通过细胞膜进行物质交换。

细胞内液是以 K^+ 为基础的液体,细胞外液则是以 Na^+、Cl^- 为基础的液体。它们通过细胞膜相互联系又相互分隔开来。细胞内外不同的离子浓度得以维持,是由于细胞在代谢过程中取得了能量,并以能量做功来实现的。机体在安静状态下所消耗的能量,有相当一部分用于维持细胞内外电解质的平衡。

（2）细胞内外的酸碱平衡　细胞的化学反应在很大程度上依赖 H^+ 浓度,要使细胞外液的 H^+ 浓度保持正常,酸碱之间必须保持平衡。细胞外液的正常 pH 值是 7.4,变化幅度为 7.35～7.45,生命极限 pH 值是 7.0～7.8。体液的 pH 值保持在狭窄微碱性范围是非常重要的,若偏离此范围,会引起正常机体代谢的失调,酸中毒或碱中毒。体内酸碱平衡的稳定是由化学缓冲剂通过呼吸作用和肾脏来调节的。各种体液的 pH 值见表 1-1-5。

表 1-1-5　各种体液的 pH 值

体液	pH 值	体液	pH 值
唾液	6.4～6.9	血液	7.35～7.45
胃液	1.2～3.0	脑髓液	7.4
肠液	7.7	尿	4.8～8.0
胰液	7.8～8.0	乳	6.8
胆液	7.8	眼球内水样	7.2

1.2.1.2　组织

组织（tissue）是细胞和细胞间质的基本结构。人体的组织有四大类：

（1）上皮组织　包括表皮、黏膜上皮、血管内皮、胸膜及腹膜等，具有保护和分泌等功能。

（2）结缔组织　种类繁多，结构多样，功能复杂，如血液、淋巴等是流动的液体，具有营养作用；又如骨、韧带等起连接和支架的作用。

（3）肌肉组织　骨骼肌、平滑肌、心肌。

（4）神经组织　是构成神经系统的主要成分，由神经细胞和神经胶质细胞构成。神经细胞亦称神经元，能感受体内外环境的刺激和传导兴奋，是神经结构和功能的基本单位。神经胶质细胞对神经元起支持、保护和营养等作用。

1.2.1.3　器官

人体器官（organ）包括心、肝、脾、肺、肾、脑等。

1.2.2　人体的八大系统

人体的八大系统包括呼吸系统、消化系统、内分泌系统、免疫系统、血液循环系统、神经系统、泌尿生殖系统和运动系统。

1.2.2.1　呼吸系统

呼吸系统包括呼吸道和肺，呼吸道是通气管道，肺是气体交换器官。呼吸系统的主要功能是不断地吸入外界的新鲜空气，呼出体内的 CO_2，保证机体新陈代谢的顺利进行。

（1）肺的结构　肺的表面覆有脏胸膜，位于胸腔内，左右各一，分居纵隔两侧。右肺短宽，左肺狭长是右侧膈下有肝而心脏位置又偏左的缘故；两肺的外形近似半圆锥体，有一尖、一底、两面和三缘。

（2）肺的功能　包括呼吸功能和非呼吸功能。呼吸功能是指其具有气体交换的功能，即氧气交换入血液而 CO_2 交换出血液。肺的非呼吸功能是指肺的防御功能、肺的过滤功能和肺的代谢功能。

1.2.2.2　消化系统

（1）消化系统的组成　消化系统的组成如下：

消化管 ⎰ 上消化管：从口腔至十二指肠，包括口腔、咽、食管、胃等
　　　 ⎱ 下消化管：空肠以下包括小肠、大肠、肛门

消化腺 ⎰ 大消化腺：唾液腺、肝、胰等
　　　 ⎱ 小消化腺：分布在消化管内的如胃腺、肠腺等

口腔对食物的消化作用是接收食物并进行咀嚼。咀嚼过程包括物理的研磨和将食物撕碎，并与唾液充分混合，以形成食团，便于吞咽。唾液是由大小唾液腺分泌的混合液。对食物起着湿润和溶解作用，同时唾液中的淀粉酶可水解淀粉为麦芽糖。

正常成人每天分泌唾液 $1.0～1.5L$，其中水分约占 99%，溶质成分有黏蛋白、唾液淀粉酶、溶菌酶（杀菌）、尿素、氨基酸等有机物，以及 Na^+、K^+、Cl^- 等无机离子。

食管亦称食道，为一个又长又直的肌肉管，食团借助地心引力和食道肌肉的收缩从咽部输送到胃中。食管长约 $25cm$，有三个狭窄处，食物通过食管约需 $7s$。

胃是消化道中最膨大的部分，有暂时储存食物的功能。进入胃内的食团，通过胃的机械性消化和化学性消化后形成食糜，食糜借助胃的运动逐步排向十二指肠。

胃的形状描述为 J 形。胃有三个部分：向左鼓出的上部叫胃底；中间部分叫胃体；位于小肠入口前的收缩部分叫幽门，食道入口叫贲门。胃每天分泌约 2L 胃液。胃底区的壁细胞分泌盐酸（胃酸），盐酸可以水解少量蛋白质，盐酸的主要功能是造成一个酸性环境，有利于某些酶和激素的活化，并杀灭随食物进入胃中的细菌。同时，胃中的主细胞分泌胃蛋白酶原。当胃蛋白酶原处于酸性环境时（pH1.6～3.2），胃蛋白酶被激活。胃蛋白酶可以水解一部分蛋白质中的肽键。水可以直接通过胃到达小肠，在胃中几乎不停留。各种食物通过胃的速度不同，使食物具有不同的饱腹感。正常成人食物通过胃的速度为 4～6h。

小肠与胃的幽门末端相连，长约 5.5m。分为十二指肠、空肠和回肠三部分。小肠是食物消化和吸收的主要场所。在正常人中，90%～95% 的营养素吸收在小肠的上半部（十二指肠）完成。小肠黏膜具有环状皱褶，并拥有大量绒毛及微绒毛，构成了巨大的吸收面积（200～400m^2），使食物停留时间较长（3～8h）。在微绒毛形成的粗糙界面上含有高浓度的来自小肠、胰、肝、胆等的消化酶。

十二指肠腺、小肠腺每天分泌 1～3L 小肠液，是一种弱碱性液体，用于稀释来自胃消化产物。小肠的不断运动又可以使食物和分泌物混合在一起，同时暴露出新的绒毛表面，以便吸收营养。所以，在小肠内，食物受胰液、胆汁、小肠液的化学消化作用，以及小肠运动的机械消化作用，消化过程基本完成，余下未消化完的食物残渣进入大肠。

胰脏（消化腺）是一个大的小叶状腺体，位于小肠的十二指肠处，兼有外分泌和内分泌两种腺体。食物消化所需的胰液由外分泌腺分泌。正常成人每天分泌的胰液为 1～2L。

胰液通过胰脏管直接进入小肠。这种消化液呈碱性，由水相和有机相两相组成。水相中富含碳酸氢盐，主要用于中和进入十二指肠的胃酸，同时提供小肠内多种消化酶适合的 pH 环境（pH=7～8）。胰脏腺泡细胞产生的酶则在有机相中被转移到十二指肠。

通常胰脏分泌的成分有蛋白水解酶、脂肪水解酶、淀粉水解酶、核酸水解酶，以及作为缓冲剂的 Na^+、K^+、Ca^{2+}、Mg^{2+} 阳离子和碳酸氢根、氯化物、硫酸根、磷酸根等阴离子。

肝与胆（消化腺）：肝区包括肝、胆囊和胆管。肝的主要功能之一是分泌胆汁（偏碱性，pH=7.4），然后储存在胆囊中。正常成人每天分泌胆汁 0.8～1L。胆汁中含有大量的盐分，这些盐可与脂类结合生成微胶粒（乳化），分散在肠腔中，再通过胰脂肪酶的作用，脂类被消化成能够通过小肠黏膜的产物脂肪酸和甘油，进入淋巴系统。

肝的其他作用还表现在：储藏和释放葡萄糖（糖原）；储存维生素 A、维生素 D、维生素 E、维生素 K 和维生素 B_{12}；对有害物质（包括药物）解毒；参与产能营养素的代谢；参与血浆蛋白的形成，尿素的形成，多肽激素的钝化等。

结肠与直肠：大肠长约 1.5m，分盲肠、结肠及直肠三部分。大肠的主要功能是吸收水分，此外为消化后的残余物质提供暂时的储存所。当有力的蠕动使粪便物质进入直肠时，即产生排便反射。大肠中含有以大肠杆菌为主的大量细菌。通常这些细菌不致病，相反这些细菌的大量繁殖对致病菌的生长繁殖起到抑制作用。

此外，大肠内细菌能利用较简单的物质合成维生素 B 复合物和维生素 K，这些维生素能为人所利用。

（2）消化系统的功能　消化（digestion）是指食物在消化管内被分解成小分子物质的过程。吸收（absorption）是指被消化后的小分子营养物质、水、无机盐等透过消化管黏膜进入血液和淋巴的过程。

消化系统的功能是摄取食物，使食物在消化管内进行物理性消化和化学性消化，吸收其中的营养物质，并将剩余的残渣排出体外，保证人体新陈代谢的正常进行。物理性消化是指食物在消化管内发生物理性状改变的初步消化，主要通过消化管平滑肌的舒缩活动进行，其作用是将食物磨碎，使食物与消化液充分混合，并将食物由消化管上段逐渐向下段推进。化学性消化是指食物在消化管内发生质变的彻底消化，由消化腺分泌的消化酶完成，消化酶能将蛋白质、脂肪、糖类等不能被直接吸收的大分子物质分解为可被吸收的小分子物质。食物在消化管内的两种消化方式同时进行。

1.2.2.3　内分泌系统

内分泌系统由内分泌腺和散于机体各处的内分泌细胞组成。人体的内分泌腺有垂体、甲状腺、甲状旁腺、肾上腺、性腺和松果体等；散于机体各处的内分泌细胞主要分布在消化管黏膜、胰岛、下丘脑、肾、心血管、肺等处。

人体内分泌系统的主要功能是调节代谢与生殖，促进发育与生长，维持机体内环境的稳定等。内分泌系统不是独立于神经系统外的调节系统。许多人体内分泌腺都直接或间接地接受神经系统的调节，在神经系统的主导下起调节作用。

1.2.2.4　免疫系统

（1）免疫系统的组成　免疫系统的组成如下：

免疫系统 { 淋巴细胞：胸腺、淋巴结、脾、扁桃体
其他器官：器官内的淋巴组织和全身各处的淋巴细胞、抗原呈递细胞

（2）免疫系统的功能　免疫系统是机体保护自身的防御性结构。构成免疫系统的核心是淋巴细胞，它使免疫系统具备识别能力和记忆能力，免疫系统的主要功能是识别和清除侵入人体内的微生物、异体细胞或大分子物质（抗原）以及监护机体内部的稳定性，清除表面抗原发生的细胞（肿瘤细胞和病毒感染的细胞等）。

1.2.2.5　血液循环系统

（1）血液循环系统的构成　血液循环系统是人体执行运输功能的连续管道系统，包括：心、血管及淋巴系统。其中，心脏是推动血液流动的动力器官。血管是血流动的管道，由动脉、毛细血管和静脉组成。淋巴管道以盲端发源于组织间隙，淋巴液沿淋巴管道向心流动，经过淋巴结，汇入静脉。通常将淋巴管看做是静脉的辅助管道。

（2）血液循环系统的功能

① 物质运输：通过该系统将氧和各种营养物质输送到全身各器官、组织和细胞，同时又将各组织的代谢产物运至排泄器官。

② 运输激素：将激素运输到靶细胞，实现体液调节。运输白细胞和各种免疫物质，完成免疫功能。

③ 运输热量：维持体温恒定，内环境稳态的维持，也需要循环系统的参与。

④ 心血管系统的分泌功能：如肌纤维可分泌心房钠尿肽，一般情况下，血液循环停止 $3\sim10s$，人会丧失意识；停止 $5\sim7min$，大脑皮质会出现不可逆损伤。

1.2.2.6　神经系统

神经系统由脑、脊髓和分布于全身的周围神经组成。神经系统控制和调节着各个系统的活动，使机体成为一个有机整体，是机体内的主导系统。神经系统首先是借助感受器内外环境的各种信息，通过脑和脊髓各级中枢的整合，再经周围神经控制和调节身体各个系统的活动，使机体适应多变的外环境和调节机体内环境的细微平衡，保证正常的生命活动。

感受器是机体接受内、外环境中各种刺激的特殊结构，其组成形式多种多样。感受器的

功能是接受刺激并将其转化为神经冲动，该冲动经感觉神经和中枢神经系统的传导通路传至大脑皮质，从而产生感觉。感受器种类繁多，人体各部位分布广泛，形态功能各异。其中，外感受器分布于皮肤、黏膜、眼、耳等，刺激来源外界，如触、压、切割、温度、光、声等物理或化学刺激。内感受器分布于内脏、血管等处，刺激来源体内，如压力、渗透压、温度、离子和化合物浓度等物理或化学刺激。本体感受器分布于肌、肌腱、关节和内耳等处，刺激来源体内运动和平衡时产生的刺激。

感觉器是感受器及其附属结构共同组成的特殊器官，如耳、眼等器官。

1.2.2.7　泌尿生殖系统

（1）泌尿系统包括肾、输尿管、膀胱和尿道。其中，肾是生成尿液的器官；输尿管是输送尿液入膀胱的管道；膀胱是贮存尿液的器官；尿道是将尿液排出体外的管道。

泌尿器的主要功能是排泄，即将机体代谢过程中产生的各种不为机体所利用或有害物质向体外输送的过程。被排出的物质一部分是营养物质的代谢产物，另一部分是衰老细胞破坏时形成的产物，排泄物中还包括某些随食物摄入的多余物质如水和无机盐类。肾是人体最重要的排泄器官，同时肾对机体水电解质平衡和酸碱平衡具有重要作用。

（2）生殖系统　生殖是人类繁衍后代、延续种系的重要生命活动，包括生殖细胞、交配、受精、着床、胚胎发育、分娩和哺育等环节。生殖系统由产生生殖细胞、繁殖新个体和分泌性激素等功能的一系列器官组成。

1.2.2.8　运动系统

（1）骨　一般成年人，共有206块骨。每块骨都具有一定的形态、结构和功能，均是一个独立的器官。按部位来分，骨可分为颅骨、躯干骨、四肢骨（四肢骨分为上肢骨和下肢骨）。

骨质的化学成分包括有机质和无机质，其中有机质包括骨胶原纤维（亦称骨胶，成层排列；当钙盐沉积后形成坚硬的板层结构，称骨板）和糖胺纤维。无机质主要由钙盐（如磷酸钙和碳酸钙）组成，使骨有硬度和脆性。

成人骨质内的有机质约占1/3，无机质约占2/3。幼儿体内的有机质含量较成人多，无机物则较成人少，因此，幼儿机体富有弹性和韧性，不易发生骨折，但硬度小，易于变形。随着年龄的增长，有机物逐渐减少，无机物增多。因此，老年人骨的韧性和弹性小而脆性大，容易骨折。

骨为体内最大的钙库，人体内的钙99%存在于骨内。当血钙增高时，钙盐可沉积于骨内，当血钙降低时，可以使骨钙溶解入血，以此来调节血钙的浓度。

（2）肌肉　人体的物理运动包括呼吸、心跳、胃肠蠕动及血管、淋巴管等器官的活动，均由自身的肌收缩而产生，运动是人体生存的主要生理功能之一。肌组织按结构、位置及功能分为骨骼肌、平滑肌和心肌。运动系统的肌全部是骨骼肌，骨骼肌主要由骨骼纤维组成，是运动系统的动力部分，骨骼肌多附于骨上，至少跨过一个关节，在神经系统的支配下，通过收缩，使骨骼以关节为枢纽产生运动。骨骼肌亦称随意肌，原因是骨骼肌的运动受意识控制的缘故。骨骼肌数量为600余块，占体重的40%左右。每块肌都有一定的形态、构造，有特定的神经血管分布，执行一定的功能，因此，每块肌都可看做是一个独立单位。

1.3　健康

健康（health）是指一个人在身体、精神和社会等方面都处于良好的状态。传统的健康观是"无病即健康"，现代人的健康观是整体健康，世界卫生组织（World Health Organization，WHO）给"健康"的定义是"健康是指一个人在生理、心理及社会适应等各方面都处于完满的状况，而不仅仅是指无疾病或不虚弱而已"。因此，现代人的健康内容包括：躯体健康、心理健康、心灵健康、社会健康、智力健康、道德健康、环境健康等。健康即是人的基本权利，也是人生的第一财富。

健康公式：健康＝情绪稳定＋运动适量＋饮食合理＋科学的休息

疾病＝懒惰＋嗜烟＋嗜酒

1.3.1　健商

健商即健康商数（health quotient，HQ），反映人的健康才智，评估个人健康的全心方法。健商把健康定义为不光是身体没病，而且要身心健康。要想有高健商就要关心照顾自己，对自己的身体进行"自我保健"。自我保健要意识到个人行动是取得身心健康的重要元素，要合理地安排日常饮食，参加锻炼，适当食用功能性食品，处理好各种压力，养成良好的生活习惯，有意识地利用健康技术、产品和服务。自我保健在对付疾病的过程中，需要人积极主动，仔细考虑，付诸行动。

健商强调的身心健康是指通过自我保健取得最佳的健康，使身体达到最佳的状态。健商不是由先天决定的，可以通过教育来改善，通过意志力和情感智力的作用来提高。健康是人的生命中最重要的，健康是每天生活愉快的必要条件，也是人日复一日的生命旅途中第一目标。

1.3.2　年龄与寿命

1.3.2.1　年龄

孔子说"…三十而立，四十而不惑，五十而知天命，六十而耳顺。七十而从心所欲，不逾"。又有人称为"三十，而立之年；四十，不惑之年；五十，知命之年；六十，耳顺之年，七十，不逾之年"。我古代典籍对年龄的划分为艾（50岁），对老年人的尊称；耆（60岁），"花甲之年"、"杖乡之年"；老（70岁），又称"古稀之年"，"杖国之年"；耋（80岁），"权朝之年"；耄（90岁）和颐（100岁）。杜甫曾经有"酒债寻常行处有，人生七十古来稀"的名句。现在，七十岁的老人已不是古来稀，而是相当多。

1.3.2.2　人的寿命

人的寿命是指人的生存年限。推算方法有三种。

（1）成熟系数法　按照性成熟心理和胎龄对比，确定成熟系数8～10，人的寿命应为125～144年。

（2）寿命系统法　由日本浦丰计算哺乳的方法即寿命系数（约为5～7）×生长期（即生长发育年龄）。如人的生长期为25年，寿命应为125～175年。

（3）细胞分裂法　由美国海尔弗利根据胎儿羊毛膜细胞分裂约50次，周期为2.4年算出，人的寿命应为120年。

以上是人的自然年龄，实际上远远小于此值。这主要是环境、心理、生理、教育等诸方面影响的缘故。

1.3.2.3　绝大多数的人活不到120岁的原因

衰老的因素包括：一是自己"不能控制主宰"的衰老进程速度；衰老的快慢取决于基因

和生活环境。生活环境是指非人类控制的不可抗拒的外界因素如气候、灾荒、战争、公害、污染等物质及精神状态的条件。二是自己"能控制主宰"的自律、养生和保健：可以延缓人的衰老进程速度。对每个人的寿命长短而言，大部分取决于自己如何调控。

每个人的健康和寿命：60％取决于自己，15％取决于遗传因素，10％取决于社会因素，8％取决于医疗条件，7％取决于气候条件。

1.3.3　健康的标志和保持健康的诀窍

1.3.3.1　健康标志

人身体健康的标志如下：

① 精力充沛，能够从容不迫地应付日常生活；

② 处事乐观，态度积极，乐于承担任务不挑剔；

③ 善于休息，睡眠良好；

④ 应变能力强，能适应各种环境的变化；

⑤ 体重适当，体态匀称，头、臂、臀比例协调；

⑥ 眼睛明亮，反应敏锐，眼睑不发炎；

⑦ 牙齿清洁，无缺损，无疼痛，牙龈颜色正常，无出血；

⑧ 头发光洁，无头屑；

⑨ 肌肉、皮肤富弹性，走路轻松；

⑩ 对一般感冒和传染病有一定抵抗力。

1.3.3.2　保持健康的诀窍

（1）身心健康必须遵循良好的生活习惯

① 热爱工作：努力使自己感到工作就是乐趣，乐趣也是工作。

② 追求高尚的情操：乐于助人、积极向上，培养全心全意关心和热爱家人、朋友和同事的习惯。

③ 以平静的心态对待周围的人和事：遇事要往积极方面想，思想健康能使人生活得更愉快和更健康。

④ 膳食平衡：食品供给人体能量和生长新组织、修补损伤组织所需要的营养物质，维持人体良好的工作状态。

⑤ 呼吸大量新鲜空气：呼吸是人体的生存条件，新鲜空气氧含量高，二氧化碳含量低。

⑥ 控制用药及控制饮用含酒精饮料：尽量少服药和少饮用含酒精的饮料，尤其是节制烈性酒。

⑦ 不吸烟：一生吸烟的人，要少活20～25年。

⑧ 有规律的体育锻炼：体育锻炼可以促进肌肉生长、血液循环、增进食欲，有助于机体食品的利用。

⑨ 有规律的休息和娱乐：休息和娱乐可以使人感到愉快和舒服，消除疲劳与精神压力，提高工作效率和对娱乐的兴趣。

⑩ 保持正确的坐、立和行姿势：理想的站姿是身体直立，腹部微收，颌部自然下垂，肩部保持水平。坐的姿势是身体直立，头部和臀部成一线。

⑪ 定期的体格和牙齿检查：许多疾病发展缓慢，初期不会疼痛，身体检查可以及时发现隐患和前兆，防患于未然。

⑫ 保护牙齿：牙齿具有切断、撕裂和磨碎食物的功能，是预消化过程，对人体健康很重要。

⑬ 个人卫生：保持皮肤健康、身体和排泄器官等个人的清洁卫生。

⑭ 环境卫生：保持周围环境卫生，包括家庭住房、工作场所。

⑮ 舒适的衣着：宽松、轻巧又合体的衣着，可以使身体行动方便并能接触空气。

⑯ 足够的睡眠：睡眠是人体自我恢复的过程，可修复损伤组织并保持合理的生长。

⑰ 注意安全：时刻注意安全、减少冒险。

（2）身心健康要有良好的心态

《黄帝内经》道："怒伤肝，喜伤心，忧伤肺，思伤脾，恐伤肾，百病皆生于气。"所以人"不能不生气，但一定要会生气；一定不要当情绪的俘虏，一定要做情绪的主人；一定要去驾驭情绪，不要让情绪驾驭你"。

健康从每一天开始，每天健康，就一生健康：一定要记住"能吃能喝不健康，会吃会喝才健康，胡吃胡喝要遭殃"。"用肚子吃饭求温饱，用嘴巴吃饭讲享受，用脑子吃饭保健康"。

1.3.4　心理健康

心理健康（mental health）是指人对内部环境具有安全感，对外部环境能以社会认可的形式去适应。从广义上讲，心理健康是指一种高效而满意的、持续的心理状态。从狭义上讲，心理健康是指人的基本心理活动的过程内容完整、协调一致，即认识、情感、意志、行为、人格完整和协调，能适应社会，与社会保持同步。

1.3.4.1　心理健康对身体健康的重要意义

（1）心理健康是身体健康的重要组成部分　人的健康是生理健康和心理健康的有机统一，两者在一定条件下能发生互相影响和转化。所以，心理健康和生理健康对人的长寿至关重要。

（2）心理健康是社会环境的需要　作为社会中的人，为了生存、工作和名利等就要顽强的拼搏和不懈的努力。当社会只能部分满足或不能满足需要时，人就可能会产生一些不良的刺激和反应。若不能用正确的方法及时排除或疏解这些不良的刺激和反应，就会产生不同的社会疾病（如心理缺陷及精神病）和心理生理疾病（如心身疾病）。社会疾病和心理生理疾病给病人带来痛苦的同时，也会给社会带来负担。

（3）心理健康可防止心身疾病的发生　了解心理疾病的起因及危害，用正确方法预防和治疗疾病。学会情绪表达，并以新的认知取代旧有的错误认知。适当的心理治疗有助于减轻，甚至消除异常心理，促进机体的代偿功能，增强抗病能力，从而使躯体症状减轻，甚至消失。

心身疾病是心理社会因素和生物因素综合作用的结果，所以，心身疾病的预防也应当同时兼顾心、身两个方面。心理社会因素大多需要相当长时间的作用才会引起心身疾病，心身疾病的预防应从早做起。

1.3.4.2　心理健康的标准

（1）有正常的智力和完整的人格　智力是人的观察力、注意力、想象力、记忆力、思维力的综合。正常的智力是人一切活动的最基本的心理前提。如果智力有缺陷，则社会化的过程难以进展，心理发展水平必然受到障碍，难以生存。心理健康的人能在工作、学习、生活中保持好奇心、求知欲，能发挥自己的智慧和能力，获取成就。人格是个人心理品质的总和，包括理想、信念、性格、气质、能力、动机、兴趣、道德和人生观等，和谐就是全面平衡地发展，避免性格脆弱、不稳定、极端的内向或外向各种心理缺陷。

（2）能够正确了解并接受自己　对自己有充分的了解和恰当的评价，有自知之明，不自责、不自怨、不自卑，从不给自己制造心理危机。能够很好地接纳自己的现状，知己所长所短，愿意扬长避短，开发潜能，事不苛求自己，自信乐观，喜不狂、忧不绝、胜不骄、败不馁，对人有礼，不卑不亢，富有自信心和安全感。

（3）保持和建立和谐的人际关系　一个人的人际关系状况最能体现和反映他的心理健康水平，心理健康的人乐于与他人交往，能以尊重、信任、理解、宽容、友善的态度与人相处，能分享、接受和给予爱和友谊，有稳定的人际关系，拥有可信赖的朋友，社会支持系统强而有力。

（4）善于调节与控制自己的情绪　心理健康的人能经常保持愉快、开朗、乐观、满足的心境，对生活和未来充满希望。虽然也有悲、忧、哀、愁等消极体验，但能适当发泄、主动调节和控制情绪，不为情绪所控，不因为情绪影响正常的生活，我们常说的情商便体现了这一能力。

（5）有良好的社会环境适应能力　社会环境适应能力包括正确认识环境的能力和正确处理个人与环境关系的能力。心理健康的人是环境的良好适应者，他对自身所处的环境有客观的认识和评价，始终使自己与社会保持良好的接触，生活有理想但不脱离现实，能面对现实，调整自己的需要与欲望，使自己的思想行为与社会协调统一。

1.3.4.3　影响心理健康的因素

（1）生理方面

① 遗传　人的心理主要是在后天环境影响下形成和发展起来的，但人的心理发展与遗传因素有着密切的关系。调查统计及临床观察表明，许多精神疾病的发病原因确实具有血缘关系。

② 病毒感染与躯体疾病　由病菌、病毒如流行性脑炎等引起的中枢神经系统的传染病会损害人的神经组织结构，导致器质性心理障碍或精神失常，这是造成儿童智力迟滞或痴呆的重要原因。

③ 脑外伤及其他　脑外伤或化学中毒及某些严重的躯体疾病、机能障碍等，也是造成心理障碍与精神失常的原因。

（2）社会方面

① 社会竞争及社会生活环境　生活中的物质条件恶劣，生活习惯不当如摄取烟、酒、食物的过量等，都会影响和损害身心健康；工作环境差、劳动时间过长、工作不胜任、工作单调及居住条件、经济收入差等，都会使人产生焦虑、烦躁、愤怒、失望等紧张心理状态，从而影响人的心理健康。生活环境的巨大变迁如高考落榜、股市风险等使个体产生心理应激，也会带来心理的不适。

② 个人感情生活与家庭社会突变　生活中会遇到的各种各样的变化如家人死亡、失恋、离婚、天灾、疾病等，常常是导致心理失常或精神疾病的原因。人每经历一次生活事件，都会使人的精神受到明显刺激，都要付出精力去调整和适应。若在一段时间内发生的不幸事件太多或事件较严重、突然，人的身心健康就很容易受到影响。

③ 文化教育　对个人心理发展而言，早期教育和家庭环境是影响心理健康的重要因素之一。研究表明，个体早期生活环境单调、贫乏，其心理发展将会受到阻碍，并会抑

制其潜能的发展，若受到良好照顾，接受丰富刺激的个体则可能在成年后成为佼佼者。儿童早期与父母建立和保持良好关系，得到充分父母爱，受到支持、鼓励的儿童，容易获得安全感和信任感，并对成年后的人格良好发展、人际交往、社会适应等方面有着积极的促进作用。

1.4 亚健康

亚健康（sub-health）是指处于健康和疾病之间的一种临界状态，是介于健康和疾病之间的连续过程中的一个特殊阶段。从亚健康状态既可以向好的方向转化恢复到健康状态，也可以向坏的方向转化而进一步发展为各种疾病。这是一种从量变到质变的准备阶段。现代医学将这种介于健康与疾病之间的生理功能低下的状态，称作人体第三状态，也称亚健康状态。通俗点说，就是人们常说的"到医院检查不出病，自己难受自己知道"的那种状态。我国卫生部对十城市上班族的最新调查表明，上班族中处于"亚健康"状态的人占49%。医学专家、心理学专家提出，产生"亚健康"状态的根本原因是心理承受能力较差。现在的中青年人，几乎每天都面临着新的挑战，精神压力很大。如果心理承受能力较强，能够及时调整心态，随时化解压力，就不会"积劳成疾"。反之精神压力长时间蓄积，大脑超负荷运转，妨碍了大脑细胞对氧和营养的及时补充，使内分泌功能紊乱，交感神经系统兴奋过度，自主神经系统失调，导致脑疲劳，从而引起全身的"亚健康"症状。亚健康状态处理得当，则身体可向健康转化；反之，则患病。因此，对亚健康状态的研究，是21世纪生命科学研究的重要组成部分。

1.4.1 亚健康形成的因素

造成亚健康的原因概括起来主要有如下几个方面。

（1）工作方面 日趋激烈的竞争和错综复杂的各种关系，能够使人思虑过度，忧虑重重，引起人的睡眠不足，影响人体的神经体液调节和内分泌调节，进而影响机体系统的正常生理功能，过度的疲劳会造成脑力和体力的透支。表现为：疲劳困乏，精力不足，注意力分散，记忆力减退，睡眠障碍，颈、背、腰、膝酸及性机能减退等。

（2）饮食方面 现代人饮食往往热量过高，营养不全，人工添加剂过多，如各种色素、味精或鸡精等，人工饲养动物成熟期短、营养成分偏缺，从而造成人体的重要营养素缺乏和肥胖症增多，机体的代谢出现功能紊乱。

（3）生活环境 科技发展、工业进步、车辆增多、人口增加，使很多生活在城市的人群生存空间狭小，备受噪声和环境干扰，对人体的心血管系统和神经系统产生不良影响，使人烦躁、心情郁闷；城市的高层建筑林立，房间封闭、很多时候在空调下生活和工作，这样的环境使空气中的氧负离子浓度较低，使血液中氧浓度降低，组织细胞对氧的利用降低，影响组织细胞正常的生理功能。因此，居住在高层建筑里的人们应该经常到地面上走走、活动活动，使用空调时要经常开窗换气。

（4）生活规律 人体进化过程中形成了固有的生活规律即"生物钟"，它维持着生命运动过程气血运行和新陈代谢的规律。逆时而作，就会破坏"生物钟"，影响人体正常的新陈代谢，人体生物周期中的低潮时期，表现为精力不足、情绪低落、困倦乏力、注意力不集中、反应迟钝、适应能力差等。

（5）疾病和药物 心脑血管及其他慢性疾病的前期及恢复期和手术康复期出现的种种不适，如胸闷气短、头晕目眩、失眠健忘、抑郁惊恐、心悸、无名疼痛、身体浮肿脱发等；内劳外伤、房事过度、琐繁穷思及生活无序最易引起各种疾病，人的精气如油，神如火，火太旺，则油易干；神太用，则精气易衰。只有一张一弛，动静结合，才能避免由于内劳外伤引发的各种疾病。药物使用不当对肌体会产生一定的副作用的同时，也会破坏机体的免疫系统，如有的人患感冒时服用大量的抗生素药物，不仅对机体内肠道的正常菌群有危害，而且还会使机体产生耐药性。

（6）"六气"和"七情"　四季气候变化中的"六气"即风、寒、暑、湿、燥和火，"六气淫盛"简称"六淫"；"七情"即指喜、怒、忧、思、悲、恐、惊。过喜伤心，暴怒伤肝，忧思伤脾，过悲伤肺，惊恐伤肾。

（7）人体的自然衰老　机体组织和器官不同程度的老化，表现为体力不支、精力不足、社会适应能力降低、更年期综合征、性机能减退、内分泌失调等。

目前，我国老龄人口，其基数之大，发展速度之快在世界上是极其特殊的，加之当前我国正处在社会巨大变革时期，人们所处的社会环境、传统观念、生活行为方式等均在短时期内剧烈变化，对人们的精神及机体适应能力造成冲击，由此而产生的亚健康状态者会与日俱增，对亚健康状态应引起高度重视。

1.4.2　易处于亚健康的人

亚健康是人们表现在身心情感方面的处于健康与疾病之间的健康低质量状态及其体验。我国约有 60％（约 7 亿）人处于亚健康状态。亚健康状态在城市新兴行业人群中为 60％～70％，尽管造成亚健康的原因是多种多样的，但过度疲劳仍是首要原因。据一项在上海、无锡、深圳等城市对 2000 位中年人健康状况的调查结果，其中 60％的人有失眠、多梦、不易入睡或白天打瞌睡的现象；经常腰酸背痛者为 62％；一干活就累的人占了 58％；脾气暴躁或焦虑者为 48％。不仅中年人如此，大中院校学生也都存在过劳现象，尤其是科研工作者更面临着过度疲劳的严重威胁。以前，亚健康主要针对中、老年人而言。随着社会的发展，科技的进步，生活节奏的加快，文化、物质生活的丰厚以及情感的变化等诸多因素，亚健康状态已困扰着社会各阶层的不同年龄的男女老幼，尤其是当代都市人，长期夜生活的颠倒，以车代步，缺少锻炼，饮食营养失调，微量元素及维生素不足和激烈的社会竞争等导致心理紧张焦虑，这是造成亚健康状态的重要诱因。

对事物丧失兴趣、无愉快感；精力减退、有疲劳感；精神运动迟滞或过激；自我评价过低、自责内疚感；反复想死或有自杀行为；联想困难、思维能力下降；食欲不振或体重减轻；失眠、早醒或睡眠过多；性欲减退。对以上心境低落持续 2 周以上的人，可能会有心理问题。

1.4.3　慢性疲劳综合征

慢性疲劳综合征（chronic fatigue syndrome，CFS）是现代高效节奏生活方式下出现的一组以长期极度疲劳（包括体力和脑力疲劳）为主要突出表现的全身性症候群。

（1）心理方面的症状　慢性疲劳综合征患者有时心理方面的异常表现要比躯体方面的症状出现得早，自觉也较为突出。多数表现为心情抑郁，焦虑不安或急躁、易怒，情绪不稳，脾气暴躁，思绪混乱，反应迟钝，记忆力下降，注意力不集中，做事缺乏信心，犹豫不决。

（2）身体方面的症状　体型容貌，慢性疲劳综合征患者的体型常呈现为瘦、胖两类。应该说多数为身体消瘦，但也不能排除少数可能显示出体态肥胖。后一类患者在现代社会中的慢性疲劳综合征并非少见。面容则多数表现为容颜早衰，面色无华，过早出现面部皱纹或色素斑；肢体皮肤粗糙，干涩，脱屑较多；指（趾）甲失去正常的平滑与光泽；毛发脱落，蓬垢，易断，失光。

（3）运动系统方面的症状 全身疲惫，四肢乏力，周身不适，活动迟缓。有时可能出现类似感冒的症状，肌痛、关节痛等，如果时间较长，累积数月或数年，则表现得尤为明显，可有一种重病缠身之感。

（4）消化系统方面的症状 主要表现为食欲减退，对各种食品均缺乏食欲，尤以油腻为著。无饥饿感，有时可能出现偏食，食后消化不良，腹胀；大便形状多有改变，便秘、干燥或大便次数增多等。

（5）神经系统方面的症状 表现出精神不振或精神紧张，初期常有头晕、失眠、心慌、易怒等；后期则表现为睡眠不足、多梦、夜惊、中间早醒、失眠等，甚至嗜睡、萎靡、懒散、记忆力减退等症状。

（6）泌尿生殖系统症状 伴随精神异常，可以出现尿频、尿急等泌尿系统症状。此外，疲劳过甚的人，在容器中排尿最容易起泡沫，且泡沫停留时间长久。生殖系统症状，在男子出现遗精、阳痿、早泄、性欲减退；女子出现月经不调或提前闭经、性冷淡等。长此下去，可能发生不孕不育症。

1.4.4 过劳死

过劳死（karoshi）是指在非生理的劳动过程中，劳动者的正常工作规律和生活规律遭到破坏，体内疲劳蓄积并向过劳状态转移，使血压升高、动脉硬化加剧，进而出现致命的状态。"过劳死"是因为工作时间过长，劳动强度过重，心理压力太大，从而出现精疲力竭的亚健康状态，由于积重难返，将突然引发身体潜在的疾病急性恶化，救治不及时而危及生命，据报道：日本每年约有 1 万人因过劳而猝死。根据世界卫生组织调查统计，在美国、英国、日本、澳大利亚等地都有过劳死流行率记载；而"过劳死"一词是近 15 年来才被医学界正式命名。有关资料表明，直接促成"过劳死"的 5 种疾病依次为：冠状动脉疾病、主动脉瘤、心瓣膜病、心肌病和脑出血。除此以外，消化系统疾病、肾衰竭、感染性疾病也会导致"过劳死"。

1.4.5 "亚健康"远离自己的最佳方法

让"亚健康"远离自己就是要不断提高自身的心理承受能力。这是一个漫长的过程，不是一时一刻就能完成的。

1.4.5.1 心理方面的缓解之道

要养成有规律的生活习惯，即合理安排膳食结构；顺应生物钟的运转规律，指进食、工作与休息时间相对稳定；食物选择多样化，指以谷类为主，多吃蔬菜、水果、薯类、豆类及其制品，饮酒限量；饮食与体力活动要平衡，保持适宜的体重。

这样做有助于新陈代谢，有助于各生理机能的最佳发挥，是提高效率、增强信心的有效途径。此外，充分利用紧张工作中的零碎时间，找一种简单的锻炼方式，如打球、慢跑、做操。也可以找一种怡情的放松形式，如听音乐、画漫画、练字。只要循序渐进，持之以恒，意外收获的不仅是身心放松，而且还有积累而成的崭新的成就感。时刻保持一种乐观向上的良好心态及健康的情绪，就会促进血液循环，有利于肺部气体交换，有利于脑部轻松。

针对亚健康状态的危害，医学专家劝诫人们重视亚健康，并开出预防亚健康状态的十项注意：注意营养均衡、保证睡眠充足、保持心情宽松、多晒太阳、了解个人生理周期、注意劳逸结合、适当静坐放松、每周郊游一次、午餐后休息 15～30min。

1.4.5.2　生活中进行自我调节的主要方法

① 回避法：即淡化或转移不良情绪，离开不愉快的环境，可以根据自己的喜好选择听音乐、看电影、逛商场等。

② 转视法：对于无法逃避的客观现实，从不同角度去考虑可以有不同的认识。

③ 宣泄法：宣泄可以使你获取心理平衡，要学会在适当场合用适当的方法释放心理压力。

④ 自慰法：寻求"合理化"的理由可以帮你减轻因动机冲突或失败挫折产生的紧张和焦虑。

⑤ 低调法：期望值越高，心理冲突就越大，要有"平常人"的心态。

⑥ 升华法：把压抑和焦虑等不利情绪升华为一种力量，从心理困境中奋起。

在近年的研究中已经得到充分证明，中医对于衰老及延缓衰老的理论，中医药在预防、调治亚健康状态上都是有借鉴意义的。中医认为，摄生可以防病祛疾，延年益寿。摄生的关键在于保养真气，扶正固本，其具体原则是保养肾精、强健脏腑、调摄阴阳，同样，纠正或调治亚健康状态也应着重于此。

1.5　维护健康

健康是源泉、是动力、是基础。维护健康的步骤是预防、保健和治疗。

（1）预防、良好的生活方式

科学饮食、适量运动、充分休息、心理平衡、优良环境、良好的个人习惯、防疫第一道防线很难做到完善，一定有不足之处，日积月累就会趋向亚健康状态。

（2）保健

保健指清、调、补。清指清除体内毒素、恢复健康活力；调指调理系统功能，加强新陈代谢；补指补充均衡的营养。

人体清除毒素有六个通路：内部血管、淋巴管；外部排泄、皮肤、呼吸、泌尿。如组成人体的各种元素平衡失调，需要清除体内多余的元素，调整和补充体内几十种元素的平衡。

人类"身"与"心"的健康为总体营造主体，人类生物学各种相关科学，加以综合研究，以彻底了解构成人体细胞的"分子"状态、遗传基因及细胞活动，从而分析人体基本需求的四大物质元素：营养、心灵、氧气及水，了解彼此的互动及相辅相成关系，然后加以适当的组配、安排、充分的供给人类使用，使人体内拥有健全、恒常的生态链，促使细胞分子正常、代谢顺畅、血液组织与循环良好，潜在意识及情绪安定，因而形成自然治愈力。预防细胞病变要从改善细胞营养做起，也就是要做好营养分子的清、调、补。

（3）治疗、药物和手术

当身体不健康因素积累到一定程度时会造成疾病，这时就需要有特定的药物来治疗。但人们要尽量远离药物和手术，把身体健康完全寄托在治疗手段上是不科学的，而应该在疾病发生之前加强保健和预防。

1800 定律 $\begin{cases} \text{今天 1 分的预防，远胜于将来 8 分的治疗，100 分的抢救} \\ \text{今天 100 元的预防，远胜于将来 800 元的治疗，10000 元的抢救} \end{cases}$

　　健康的人需要预防；亚健康的人需要保健和预防；患病的人同时需要治疗、保健和预防。建立在健康基础之上的财富、地位、幸福、快乐才能持久，最终实现完美人生！

　　健康是1，其他的一切都是零，只有拥有健康1，再拥有了其他的诸如好的工作、事业、生活等等这些0，就会变成100、1000、10000了！只要拥有了健康这个1，其他你拥有的越多的那些0，你就会越是美满幸福了！

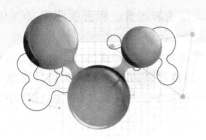

第2章
影响健康的主要因素

人是自然人，同时也是社会的人，人与外界有着千丝万缕的关系，因此影响人健康的因素非常多，诸如食物、环境、心理与情绪、行为与习惯、运动、睡眠等。食物和环境对健康的影响其他章节讨论，本章主要从以下方面阐述。

2.1 精神生活与健康

精神生活（cultural life）是指主要以直接的脑力活动为基础的日常生活。它是人生活的重要内容，其化学研究涉及精神和生理活动的各个领域，如学习、娱乐、社会行动、休息等的机制，影响人的精神面貌、心理素质和全面发展。

2.1.1 脑和神经及功能的化学基础

脑和神经系统中存在着许多具有生物活性和药理活性的物质，它们的化学作用构成了极为丰富的各种人体功能的基础。

2.1.1.1 神经递质

神经递质（neurotransmitter）是主要在末梢释放的特殊化学物质，在神经元中合成，而后储存于突触前囊泡内，在信息传递过程中由突触前膜释放到突触间隙，作用于效应细胞上的受体，引起功能效应，完成神经元之间或神经元与其效应器之间的信息传递。传递兴奋信息的递质称为兴奋性递质，通常报告"好信息"；传递抑制信息的递质称为抑制性递质，有助于机体的镇静。当递质功能失调时就会引起精神活动异常，甚至病变。

神经调质（neuromodulator）存在于神经系统，主要由神经元产生，是能调节信息传递效率和改变递质效应的化学物质，它们不直接传递神经元之间的信息。

（1）神经递质的特征　神经递质具有如下特征：

① 在神经元内合成；

② 贮存在突触前神经元并在去极化时释放一定浓度（具有显著生理效应）的量；

③ 当作为药物应用时，外源分子类似内源性神经递质；

④ 神经元或突触间隙的机制是对神经递质的清除或失活。如不符合全部标准，称为"拟订的神经递质"。

（2）神经递质的分类　神经递质可分为生物原胺类、氨基酸类、肽类及其他神经递质。

① 生物原胺类神经递质　包括多巴胺（DA）、去甲肾上腺素（NE）、肾上腺素（E）、

5-羟色胺（5-HT，也称血清素）。

②　氨基酸类神经递质　包括γ-氨基丁酸（GABA）、甘氨酸、谷氨酸、组胺、乙酰胆碱（ACh）。

③　肽类神经递质　分为内源性阿片肽、P物质、神经加压素、胆囊收缩素（CCK）、生长抑素、血管加压素和缩宫素、神经肽。

④　其他神经递质　分为核苷酸类、花生酸碱、阿南德酰胺、σ-受体（sigma受体）。

近年来，一氧化氮被普遍认为是神经递质，它不以胞吐的方式释放，而是凭借其溶脂性穿过细胞膜，通过化学反应发挥作用并灭活。在突触可塑性变化、长时程增强效应中起到逆行信使的作用。

2.1.1.2　外周神经递质

（1）胆碱能　乙酰胆碱（acetylcholine，ACh）：在蛙心灌注实验中观察到，刺激迷走神经时蛙心活动受到抑制，如将灌流液转移到另一蛙心制备中去，也可引致后一个蛙心的抑制。显然在迷走神经兴奋时，有化学物质释放出来，从而导致心脏活动的抑制。后来证明这一化学物质是乙酰胆碱，乙酰胆碱是迷走神经释放的递质。许多其他器官中如胃肠、膀胱、颌下腺等，刺激其副交感神经在灌注液中找到乙酰胆碱。由此认为，副交感神经节后纤维都是释放乙酰胆碱作为递质的。释放乙酰胆碱作为递质的神经纤维，称为胆碱能纤维。人进行了上颈交感神经节的灌流，见到刺激节前纤维可以灌流液中获得乙酰胆碱，所以节前纤维的递质也是乙酰胆碱。现已明确躯体运动纤维也是胆碱能纤维。节前纤维和运动神经纤维所释放的乙酰胆碱的作用，与烟碱的药理作用相同，称为烟碱样作用（N样作用）；而副交感神经节后纤维所释放的乙酰胆碱的作用，也与毒蕈碱的药理作用相同，称为毒蕈碱样作用（M样作用）。

（2）去甲肾上腺素（noradrenalin）　由肾上腺髓质分泌的一种儿茶酚胺激素，是从肾上腺素中去掉N-甲基的物质。由交感神经节后纤维释放的递质仅是去甲肾上腺素，而不含肾上腺素；在神经末梢只能合成去甲肾上腺素，而不能进一步合成肾上腺素，是由于末梢中不含合成肾上腺素所必需的苯乙醇胺氮位甲基移位酶。释放去甲肾上腺素作为递质的神经纤维，称为肾上腺素能纤维。但是，不是所有的交感神经节后纤维都是肾上腺素能纤维，像支配汗腺的交感神经和骨骼肌的交感舒血管纤维都是胆碱能纤维。去甲肾上腺素集中于脑干的脑桥及延脑，它的功能与意念、生殖、情感有关。

（3）嘌呤类和肽类递质　自主神经的节后纤维除胆三能和肾上腺素能纤维外，还有第三类纤维。第三类纤维末梢释放的递质是嘌呤类和肽类化学物质。有人在实验中观察到，刺激这类神经时实验标本灌流液中可以找到三磷酸腺苷及其分解产物；而三磷酸腺苷对有肠肌的作用与这类神经的作用极为相似，两者均可引致肠肌的舒张和肠肌细胞电位的超极化。因此认为这类神经末梢释放的递质是三磷酸腺苷，是一种腺嘌呤化合物。但也有人认为这类神经释放的递质是肽类化合物，因为免疫细胞化学的研究证实自主神经某些纤维末梢的大颗粒囊泡中含有血管活性肠肽，刺激迷走神经时能引致血管活性肠肽的释放。血管活性肠肽能使胃肠平滑肌舒张，胃的容受性舒张可能就是由于迷走神经节后纤维释放血管活性肠肽递质而实现的。第三类纤维是非胆碱能和非肾上腺素能纤维，主要存在于胃肠，其神经元细胞体位于壁内神经丛中；在胃肠上部接受副交感神经节前纤维的支配。

2.1.1.3　中枢神经递质

（1）乙酰胆碱　广泛存在的神经递质，主要存在于大脑中枢、脊髓及其周围神经，也存在于所有交感神经的节前纤维末梢和支配横纹肌的运动神经末梢。由于脊髓前角运动神经元支配骨骼肌接头处的递质是乙酰胆碱，因此其分支与闰绍细胞形成的突触联系的递质也是乙酰胆碱。当前角运动神经元兴奋时，一方面直接传出，引起骨骼肌收缩，另一方面经过侧支兴奋闰绍细胞；由于闰绍细胞是抑制性中间神经元，它的活动可返回抑制前角运动神经元，从而使骨骼肌的收缩能及时终止。

在特异感觉传入途径中，丘脑后外侧核的神经元与大脑皮层感觉区之间的突触传递，脑干网状结构中的某些神经元之间，边缘系统的海马以及大脑皮层内部均有乙酰胆碱突触传递。乙酰胆碱在这些部位的作用主要是兴奋神经元的活动，传递特异感觉，提高大脑皮层的觉醒状态。乙酰胆碱的功能涉及感觉，使大脑清醒，与注意、记忆及学习机能有密切关系。

纹状体内也有乙酰胆碱系统。尾核内有丰富的乙酰胆碱，同时在尾核、壳核和苍白球内有许多对乙酰胆碱敏感的神经元。纹状体内的乙酰胆碱递质系统主要参与锥体外系运动功能的调节。

（2）单胺类

① 多巴胺（Dopamine） 多巴胺主要由中脑黑质的神经元合成，沿黑质-纹状体纤维上行到纹状体，调节躯体运动功能。视网膜上也有少量。

② 去甲肾上腺素能神经元 主要位于脑桥的蓝斑以及延髓网状结构的腹外侧部分。它的上行纤维投射到大脑皮层等部位，对大脑皮层的神经元起兴奋作用，维持皮层的觉醒状态。

③ 5-羟色胺（5-hydroxyptamine） 约有90%的5-羟色胺存在于胃肠道，8%～9%存在于血液，1%存在于中枢神经系统。5-羟色胺含量受食物和血浆中的色氨酸含量制约。它的功能与体温调节、镇痛、睡眠有关。

（3）氨基酸（amino acid）类 在脑内含有大量各种游离氨基酸，它们多参与蛋白质的组成及各种代谢。

① 谷氨酸 是在脑内含量最多的游离氨基酸，每克人脑中含 $9\mu mol$，由神经元摄取血糖经酶解。它可使突触后膜产生兴奋性突触后电位，因此是兴奋性递质。谷氨酸可能是感觉传入粗纤维的神经递质，也是大脑皮层神经元的兴奋性递质。

② 甘氨酸 可使突触后膜产生抑制性突触后电位，因此是抑制性递质。脊髓前角内闰绍细胞的轴突末梢可能就是释放甘氨酸，从而对前角运动神经元起抑制作用的。

③ γ-氨基丁酸 在大脑皮层与小脑皮层中含量较高，而纹状体-黑质的投射纤维也是释放 γ-氨基丁酸的。它可参与脑能量代谢，是中枢内重要的抑制性递质。

（4）脑肽（brain peptide） 是一类重要的与精神有关的脑内活性物质，主要包括脑啡肽（enkephalin，由5个氨基酸组成）、内啡肽（endorphin，存在于下丘脑和血液中）、P物质（substance P，由13个氨基酸组成，相对分子质量1000，存在于脑和脊髓内）和下丘脑肽类激素（是一类由垂体分泌的多肽激素，包括促肾上腺皮脂激素 adrenocorticotropin、促黑色素细胞激素 melanophore-stimulating hormone）等。由于脑啡肽、内啡肽属于吗啡样物质，它们和吗啡受体有亲和力，因此脑啡肽、内啡肽具有镇痛作用；下丘脑肽类激素的促肾上腺皮质激素和促黑色素细胞激素，可以控制生长激素及催乳素，能够增进学习和记忆，促黑色素细胞激素，还可提高人的注意力和集中思考能力。精神病因与 β-内啡肽有关，将 β-内啡肽注入动物脑内，可出现全身僵直、自主运动消失，产生困惑及认识活动受损等。

（5）环腺苷酸 是环-磷酸腺苷（adenosine-3-5-monophosphate，cAMP，即第二信使）的简称，它广泛存在于细胞内，在腺苷酸环化酶（adenylate cyclase，AC）与 Mg^{2+} 的作用

下与三磷酸腺苷（ATP）作用而生成。环腺苷酸的主要作用是可激活磷酸化酶［是依赖
cAMP 的蛋白激酶（cAMP-dependent protien kinase，cAMP-PK）来完成的］、无活性的蛋
白激酶，引起细胞膜上的特异蛋白（蛋白激酶的底物）磷酸化，影响膜对离子的通透性，使
膜电位改变，表现为兴奋或抑制的生理效应；环腺苷酸还通过激活特定的酶，参与调节递质
如儿茶酚胺的生物合成，使某些有行为的药物如吗啡、内啡肽、麦角酸二乙酰胺等抗精神病
药物发挥其疗效。

（6）前列腺素（prostaglandin，PG）　几乎存在于全身各种组织中。前列腺素由合成酶
作用于花生四烯酸生成，是一组 20 碳不饱和脂肪酸，分子中有一个环戊烷，聚集于神经末
梢；一些刺激如机械碰击、呼吸急促、震惊和某些药物如士的宁等可促进中枢神经系统释放
前列腺素。

前列腺素具有扩张血管，抗血液凝聚作用，老年人细胞合成前列腺素能力下降，故老年
人易患动脉硬化和血栓病，多食用海鱼则可起到预防效果；前列腺素还具有刺激子宫收缩引
起性感的重要作用，还与排卵过程、黄体转归、甾体合成及卵子和精子的活动密切相关；前
列腺素缺乏时会导致不孕甚至精神分裂，若前列腺素分泌过多时可能会出现精神病态如嗜
睡、全身肌肉紧张而类似木僵。前列腺素对进食、组织胺、胃泌素等有明显的抑制作用。

（7）一氧化氮（NO，nitrogen monoxide）　具有许多神经递质的特征。某些神经元含
有一氧化氮合成酶，该酶能使精氨酸生成一氧化氮。生成的一氧化氮从一个神经元弥散到另
一个神经元中，而后作用于鸟苷酸环化酶并提高其活力，从而发挥出生理作用。因此，一氧
化氮是一个神经元间信息沟通的传递物质，但与一般递质有区别：它不贮存于突触小泡中；
它的释放不依赖于出胞作用，而是通过弥散；它不作用于靶细胞膜上的受体蛋白，而是作用
于鸟苷酸环化酶。一氧化氮与突触活动的可塑性可能有关，因为用一氧化氮合成酶抑制剂
后，海马的第时程增强效应被完全阻断。

此外，组织胺也可能是脑内的神经递质。

2.1.2　情绪的化学基础

情绪是人类的一种心理现象，是人脑的功能和人类社会发展史上人对外界刺激的肯定或
否定的心理反应。疼痛、视觉、听觉、渴觉等刺激，在一定条件下都可产生情绪反应。人的
情绪有多种，如紧张的情绪、松弛的情绪、积极的情绪、消极的情绪。热情是一种情绪，冷
若冰霜也是一种情绪，开朗乐观是一种情绪，阴郁愁闷也是一种情绪。在事业上，有的人奋
发进取，情绪饱满；有的人无精打采，萎靡不振。对待紧急情况，有的人镇定自若，我行我
素；有的人焦虑不安，无所适从。在同一事物上，不同的人会有不同的情绪反应。这些不同
的情绪，与客观事物有关，也与人的主观因素如思想修养、经验知识、心理素质等有着密切
的关系。情绪是可控制的，"不要感情用事"、"不要闹情绪"等都是劝慰人们要理智，注重
个人修养。

一个有积极进取的态度、有健全而饱满的情绪、有恰当适度的紧张的人，能提高他的工
作效率和学习效率；能改善人与人之间的关系，增强同志之间的团结；对人的身心健康具有
良好的作用。珍重情绪的健全和饱满，自觉地控制情绪的变化，会使自己的气质和风度变得
美好。

2.1.2.1　情绪的化学

在人的心理或躯体受到刺激时，情绪就会产生应急反应，并促使体内某些神经化学物质
的分泌量或排出量改变。儿茶酚胺包括多巴胺、去甲肾上腺素和肾上腺素。试验证明，人们

在电影院观看具有明显情绪刺激的电影时，均能够使尿液中的去甲肾上腺素排出量增多；当学生处于考试的紧张焦虑情景中，血浆中的儿茶酚胺浓度升高，并且血浆中胆固醇和游离脂肪酸增加；在愉快的刺激中，男性尿液中的去甲肾上腺素和肾上腺素排量均增加，女性的去甲肾上腺素呈中度增多。5-羟色胺与恐惧情绪有密切关系，在脑内 5-羟色胺的代谢产物5-羟色胺酸增加。心因性疾病患者空腹血糖及其磷酸酯含量与病程有明显关系，病情越急，血糖及其磷酸酯含量增加越多。

（1）异常情绪　如忧郁和焦虑时能够引起一系列化学变化。

① 忧郁（melancholy）是一种复合性消极情绪。与悲伤相比，忧郁的持续时间更长，也更痛苦。忧郁除包括悲伤外，还合并产生痛苦、愤怒、自罪感、羞愧等，甚至转化为病态。其原因为：电解质新陈代谢失调，人的神经元细胞膜内、外的 Na^+、K^+ 含量逆转，即 Na^+ 比正常人多，从而减弱了神经元的活力，并给控制神经兴奋带来障碍；神经递质5-羟色胺和去甲肾上腺素的分泌失调是引起忧郁症的主要内因；长期服用或滥用药物如利舍平、巴比妥类安眠药等都会造成忧郁症，利舍平能够使 5-羟色胺、去甲肾上腺素、多巴胺不能在细胞内贮存，使之释放而耗竭，巴比妥类安眠药可以明显降低 5-羟色胺、去甲肾上腺素、多巴胺的更新。

② 焦虑（anxiety）是一种复合性消极情绪，其特点是使人有一种脆弱感，由危险或威胁的预料或预感而诱发，失去自我调节能力，从而导致绝望，具有真正的破坏性。其神经生化的特点是：自主神经系统高度激活，去甲肾上腺素分泌过多，而 γ-氨基丁酸量减少而使其作用受到抑制。

（2）忧郁和焦虑的防治

① 心理治疗　通常使患者有一个舒适而宽松的环境，他会由宽松而感到内在的宽慰。

② 药物治疗　服用抗氧化酶及三环类药物可以增强脑中去甲肾上腺素活动，从而对忧郁和焦虑有治疗作用；用 β-受体阻滞剂如心得安能改善焦虑症，服用苯并二氮杂䓬化酶抑制剂可以强化 γ-氨基丁酸的作用，以抑制焦虑症；服用锂盐化合物可以有效地治疗狂躁症，同时预防忧郁症的复发；电休克也可以对忧郁和焦虑有一定的疗效。

2.1.2.2　动作和行为的化学基础

动作和行为是精神活动的外观表现，动作是指全身或身体一部分的活动；行为是指受思想支配而表现的整体外部活动。动作和行为属于意志范畴，主要涉及运动、食、性等有关行为。

（1）动作和行为的化学特征

① 人在运动过程中，其行为与儿茶酚胺、5-羟色胺、乙酰胆碱及 γ-氨基丁酸有关。提高多巴胺的活力及脑内含量如给左旋多巴，能够使人的运动活动、饮食及性行为增加；5-羟色胺对运动行为具有抑制作用；乙酰胆碱，当其处于兴奋状态时，起抑制作用，而当其处于困倦时，可起激活作用；提高脑内 γ-氨基丁酸水平能够使动物活动抑制（如舞蹈症，脑内 γ-氨基丁酸含量低的原因）。

② 特殊行为主要包括攻击行为、刻板行为和犒赏行为。特殊行为是由于5-羟色胺功能降低，儿茶酚胺类和乙酰胆碱功能过强而导致攻击行为，特别是掠夺行为；刻板行为是由于脑内多巴胺活动过度而导致动物中表现为重复的嗅、舔、咬的动作；犒赏行为是由于脑内多巴胺和去甲肾上腺素增加的原因而导致动物为得到犒赏自动的、有目的进行某种行为。

（2）行为病变与治疗　行为病变引起的病症主要是精神分裂症。起因是：通常犒赏行为是人和动物的正常神经生理机能，与人的目的性思维及愉快体验有关，当人的犒赏系统功能有障碍时，就会出现无目的的行为即精神分裂症；而犒赏系统就是脑内去甲肾上腺能系统，当此系统受到进行性损害时，构成精神分裂症的内因。

治疗精神分裂症的药物和方法有：酪氨酸羟化酶抑制剂具有抑制多巴胺的作用；6-羟多巴胺具有降低多巴胺的含量以消除刻板行为；电刺激去甲肾上腺能及多巴胺神经元及其通路，有助于增强犒赏行为。

2.1.2.3　生活习惯与健康

（1）对健康有益的习惯

① 喃喃自语　在紧张、劳累之时，自言自语可以使人感到轻松愉快，调整紊乱的思维，起到理清思路、恢复自信的作用。

② 开口就唱　旁若无人地开口就唱能使呼吸系统的肌肉得到锻炼，能充分吸进清新空气，增加肺活量，对身体非常有益。

③ 喜食苦物　苦味食物含有的生物碱等成分能够调节神经系统的功能，缓解疲劳和郁闷带来的恶劣情绪。夏季食用如苦瓜等苦味食物可以调节胃肠功能、增强食欲。

④ 睡前护肤　人在夜间睡眠时毛孔张开，易于吸收化妆品的滋润，因此，睡前护肤效果好。

⑤ 常伸懒腰　伸懒腰可以引起身体肌肉伸缩，使淤积的血流回到心脏，增加血液循环，促进新陈代谢，同时也带走肌肉内的一些废物，进一步消除疲劳。

⑥ 学会欣赏风景　高雅的、健康的欣赏风景可以使人浮想联翩，从而调节神经系统，促进身体分泌出一些激素、酶和乙酰胆碱物质，达到增强免疫的作用。

（2）预防感冒的良好行为

① 洗：每天坚持早晨要冷水洗脸，晚上用热水洗脚，而后睡眠。

② 漱：每天早晚用淡盐水漱口，以杀死口腔内病原菌。

③ 开：每天早晨起床后，开窗通风换气。

④ 走：每天早晨到室外散步，结合自身状况做适当的锻炼。

⑤ 搓：两手伸开，对掌相互揉搓50余次，并向"迎香穴"按摩10余次。

⑥ 按：两手按"太阳穴"，然后要小指掌关节按"风府穴"至酸、麻、胀为度。

⑦ 呼：身体端正，两脚平开与肩同宽，两臂伸直，集中精力地呼吸20余次，切忌憋气。

⑧ 饮：晚上睡觉前饮服冲泡由红糖或白糖20g和鲜姜汁30g开水饮。

⑨ 穿：根据气候慎重增减衣服。

2.1.2.4　学习和记忆的化学基础

学习（learning）是指人或动物获得新知识或新技能的神经过程；记忆（memory）是指将学到的知识或技能编码、巩固、储存以及随后读出的神经活动过程。学习和记忆是脑的最基本功能之一，是大脑神经回路对环境变化的终生适应，其目的是获得生存技巧，利用其更好地适应环境和改造环境。与记忆功能密切相关的脑区有大脑皮层联络区、海马及其邻近结构、丘脑、脑干网状结构等，某些中枢神经递质和生物活性物质能够促进或干扰学习性条件反射的形成和巩固，并且蛋白质、脑肽和核苷酸可能是记忆分子。

（1）神经递质　儿茶酚胺能够使学习、记忆易化和促进作用，增强学习的敏感性，改善记忆储存。如内服苯丙胺，增强执行训练作业的操作能力；用6-羟多巴胺损害中枢去甲肾上腺神经末梢后，能破坏动物的记忆即操作能力消失，而再由脑室给左旋去甲肾上腺素和多巴胺，则条件性操作能力恢复。乙酰胆碱可促进条件性学习行为的获得和巩固。如给老年人服用乙酰胆碱类药物可以明显改变其记忆力，而用阿托品或新斯的明这类抗胆碱能及抗胆碱酯酶药物注射于脑室，可使学习行为阻滞而显呆痴。γ-氨基丁酸（GABA）外源性给药，可以易化记忆；GABA 转氨酶抑制剂氨氧乙酸（AOAA）改善分辨学习的记忆保持，而 GABA 受体阻断剂印防己毒素的效果相反。这些实验说明，GABA 作为抑制性递质可能参与记忆调节过程。

（2）核酸和蛋白质　对动物和核酸关系的实验测定结果表明，经过训练其脑中的 RNA 合成增加；有脑器质性记忆障碍的老年人通过服用 RNA 制剂口服液或静脉给予后，其记忆力明显增强。学习和记忆可以使脑中的蛋白质合成增加；用蛋白质合成抑制剂如嘌呤酶、放线菌酮等使脑蛋白降低，破坏记忆储存。

（3）脑肽　主要是下丘脑肽如促肾上腺皮质激素、促黑色素细胞激素、血管加压素都能改善记忆。促肾上腺皮质激素、促黑色素细胞激素二者的结构相似而有相同作用；血管加压素可直接分泌入脑脊液中，从而影响中枢神经活动以抗阻遗忘，若给脑注射血管加压素能够使记忆易于巩固。

2.1.2.5　睡眠和觉醒的化学基础

睡眠和觉醒（sleep and wakefulness）是大脑的两个周期性相互转化的生理过程，可维持正常精神活动。睡眠不仅对脑力和体力具有恢复作用，而且对学习和记忆及其活动也具有积极作用；觉醒是意识活动的基础，它保证意识的清晰状态，使精神活动得以正常进行。

（1）睡眠　睡眠是脑的功能，但睡眠不是脑活动停止的被动过程，而是中枢神经系统积极、主动的过程。睡眠分为有梦睡眠和无梦睡眠。有梦睡眠时眼球作快速运动，大约 100 次/min，此睡眠又称眼快动睡眠或快波睡眠。无梦睡眠时眼球不作快速运动，此睡眠又称非眼快动睡眠、慢波睡眠、正相睡眠、同步睡眠。正常睡眠由无梦睡眠开始，而后有梦睡眠和无梦睡眠两相交替，前者约 90min，后者约 30min，每夜约经历 4～5 个周期。

睡眠在代谢方面的变化：睡眠时脑乳酸含量比醒时降低 15%～36%，说明糖代谢降低；无梦睡眠阶段脑血流量、脑温和脑氧摄取量比有梦睡眠阶段及觉醒时减少；无梦睡眠阶段的蛋白质合成率比有梦睡眠和觉醒时低 50%。

睡眠在分泌方面的变化：睡眠时，促肾上腺皮质激素、肾上腺皮质激素分泌增多，尤其是清晨时最多，而白天分泌较少；在无梦的第三、第四期，生长激素分泌增多。

睡眠在生理功能方面：睡眠不是躯体肌肉的完全休息，是因为有梦阶段眼肌在快速运动；在有梦睡眠阶段脑蛋白质合成增加，其功能与学习有关，在该阶段脑进行积极的活动将醒时学习到的新知识储存在新合成的蛋白质上。若服用 5-羟色胺，有梦睡眠时间将会延长，因此可利用此法改善记忆力，治疗某些智能障碍。

（2）觉醒　在中脑和前脑之间离断，动物会进入持久的睡眠状态，脑电图也证实动物处于睡眠状态。即使经过几周的恢复，动物仍然只能短暂地醒转。原因不仅仅是由于阻断了来自脊髓和延髓的感觉传入造成的。因为研究被离断所有的特异性感觉传入神经，动物仍保持正常的觉醒-睡眠周期，很明显离断中脑是由于损害了网状结构。

网状结构有着广泛的上行和下行纤维联系，上行纤维投射到丘脑和基底前脑，释放乙酰胆碱和谷氨酸，引起突触兴奋。通过丘脑和基底前脑引起皮层广泛唤醒。这个维持觉醒的脑干上部的网状结构称为上行网状激活系统，属于乙酰胆碱递质系统。微电极电生理学技术的应用，也证明脑干网状激活系统的神经元单位活动可受多种刺激的影响，提高其发放频率。

而行为的觉醒水平、脑电图觉醒反应与脑干网状上行激活系统的神经元单位发放频率之间存在着确定的一致关系，说明脑干上部的上行网状激活系统是维持觉醒的重要脑结构。

唤醒不是一个独立的加工过程，觉醒、特殊刺激的指向注意、储存记忆的准备状态等都可以唤起觉醒，需要多个脑区的相互合作。大多数突触释放兴奋性递质乙酰胆碱。损害基底前脑导致唤醒水平降低，学习和记忆功能受损，而慢波睡眠增加，组胺也是一种兴奋性递质，通过下丘脑引起唤醒状态，所以能通过血脑屏障的抗组胺药可以引起嗜睡。

（3）睡眠与觉醒的调节　睡眠时的脑脊液中含有睡眠因子，它是相对分子质量为350～700的肽类。有梦睡眠是由于生长激素的缘故，而无梦睡眠是由中脑网状结构灌注液所导致。觉醒因子也存在于脑脊液中，它是含谷氨酸的肽类化合物，能够使动物出现激惹行为而导致活动明显增加。睡眠、觉醒时与神经递质有关，去甲肾上腺素能引起有梦睡眠，适量的5-羟色胺是产生无梦睡眠的重要递质（大量5-羟色胺能够延长有梦阶段）；儿茶酚胺类有重要作用，而去甲肾上腺素起主导作用，多巴胺则主要与行为活动有关。

2.1.3　精神活动的生化基础

精神活动如愉快的心理、持久的心理、协调的节奏等是人们日常生活中有重要意义的积极精神活动，是人体特别是人脑的基本生理功能；而由于服用某些药物，如致幻药物、神经性毒物或其他物质及心理影响等原因引起的精神活动异常，足以造成神经损害，它们则是消极的精神活动。

2.1.3.1　愉快的化学基础

愉快是指心理上的享受或舒适感，此"愉快"区别于日常用语中的主要由优越生活条件提供的快感或享受。愉快是社会性极强的概念，它通常包含着对事业的信心、乐观的情绪、豁达的胸怀、可靠的安全感等，可分为生理上的感觉愉快、心理上的动力愉快和化学上的活动愉快。

（1）愉快心理的科学基础　愉快的心理是人类赖以生存的最基本的心理素质，即人生的本质是愉快的，人类生理和生理活动为愉快的心理提供了坚实的科学基础。如果一个人的心灵被痛苦啃噬，他就会对生活失去信心和继续生活的勇气。当一个人正常开发自己的潜力时，就能充实地、愉快地生活一生。

欲望是指人类保存个体和繁殖后代的本能（属于生理需要，即低级欲望）和追求刺激的好奇心（属于社会需要，即高级欲望）在心理活动中的反映，低级欲望和高级欲望构成了有指向性的行为动机；欲望的产生与体内物质如营养素等的新陈代谢有关，血液中水分、血糖、性激素水平的变化作用于体内化学感受器或神经中枢，引起个体维持内环境平衡的自我调节活动。

体验是指脑的感受状态，人在自然和社会中适应生存的趋避行为总要在脑中留下痕迹，在持续不断的内外刺激下将中枢神经激活，并且激活系统输送的兴奋是弥散性的，它影响整个神经系统并遍及全身；体验的外表是表情，从面部肌肉活动、言语音调中显露出来。人的正常体验和表情为人们的社会联系提供了纽带和桥梁。

性格是指个体不同色彩的心境、激情表现的不同强度或不同的倾向性组成不同的气质，是全部心理特征的综合性表现，是一个人的情绪活动的倾向性和行为方式特征的总和。性格的形成有高级神经活动类型的生理基础，有脑、机体的化学基础，但它们不是人的机体或人脑自发产生的，因而不能单纯从脑和机体的结构来解释性格特征。

（2）愉快心理的化学基础　愉快与饮食有关，若食物中缺乏色氨酸或脂肪过高（脂肪与蛋白质比例失调时，蛋白质的吸收受阻），会使色氨酸不能进入脑中转化为脑神经递质5-羟色胺，而 5-羟色胺不足时会导致精神抑郁症的发生；影响心情的另一个因素是血糖值，脑功能的维持最佳状态需要不断地供给葡萄糖，否则血糖低于正常水平时人就会感到不舒畅，因此充分的营养物质以防止低血糖症的发生，从而保证了心情的愉快；肾上腺皮质素与愉快心理的关系为：肾上腺皮质功能不足会使多种脑肽不能很好地分泌，从而影响到个体的镇痛、兴奋等功能，慢性病也会影响情绪和工作能力。

笑与愉快是常常联系在一起，笑受中枢神经边缘大脑皮层即杏仁核外侧区的控制，与多巴胺及去甲肾上腺素的分泌增强有关；机体放松、心情舒畅时大脑可分泌产生 30 多种脑肽，运动、精神舒畅、开怀大笑、忘情欢快等均由于提高脑肽含量的缘故。

2.1.3.2　持久耐性的化学基础

（1）持久耐性的科学基础　持久耐性（即意志）是指自觉的、有目的地调节自己行为的能力。克制自我是对某些与现实不相适应的欲望与要求予以克制；克服阻力为达到目的实现所要克服的外部阻力；当有几种互相矛盾的欲望和行为动机同时出现时，要作出正确的判断和采取相应行动的能力就是决断。

持久耐性与高级神经活动的内抑制过程、兴奋过程、分化过程的强度有关，并构成信念的基础。当外界阻力使节律紊乱时，机体就会加强对肾上腺皮质素和催乳激素的分泌进行调整，以适应其影响。

持久耐性要有足够的营养贮备，个体通常需要不断地进行能源贮备和更新，以应付外界剧烈的、突然的需要和变化，因此肝内贮存了糖原，肌肉贮存了蛋白质、脂肪和水，从而构成了耐性的能源基础。

机体具有功能潜力和功能防护。在正常状况下，人不会启用或无需启用各组织的最大功能，而只有在紧急情况下，人体生理潜力的动员状态才极其惊人，如每分钟呼吸量可提高 20～30 倍，每分钟心搏可提高 5～6 倍，每分钟心脏泵出的血量增加 3 倍，许多器官如胃、肝、肺、肾等切除或摘除一部分后机体还可以正常活动，只是丧失了部分功能而已。人体的免疫功能可以防御外来细菌和病毒的入侵，从而能在一定限度内抵抗外来的危害；人体组织具有的再生能力可以对伤口自愈、断骨再长，从而有助于忍受破坏。

（2）持久耐性的化学基础　人的耐性是有限度的，若人的忍受的潜力已耗竭时就达到限度。人的忍耐力分为心理的和生理的两种，面对具体的任务时，人体的生理潜力和心理潜力会分步动员：即从相对安静状态向活动状态过渡，包括内分泌腺的正常激活和条件反射系统的一般动员；机体处于紧张状态时的生理和心理大规模动员；人体为达到最终目标或争取生存进行的全力以赴总动员，这时由于生理潜力已近耗竭而以心理动员为主。

2.1.3.3　协调节奏的化学基础

（1）协调节奏的科学基础　节奏是指生理和心理上的节律，是健康身体和精神生活的自然反应和正常需要。"文武之道，一张一弛"、"饮食有节，起居有常"就是强调生活节律。节律是指周期性运动，在一定时间内活动的强度由大到小即为一周期。一周期所需时间见表 1-2-1。

表 1-2-1　一周期所需时间

节奏	表　现
快节奏	周期在 0.5h。脑电波:慢波 10 次/s,快波 14～30 次/s;呼吸,20 次/min;心跳,70 次/min
中节奏	周期在数日内。每天血压的高峰时间为 9～11h 和 14～19h,每天低谷的时间为 0～6h;每天体温的高峰为 14～19h,37.5℃,低谷为 0h,36.5℃;有梦睡眠和无梦睡眠每 2h 交替一次,睡眠和睡觉 1 次/d
慢节奏	周期在一个月以上。体力 23d 为一盛衰;情绪 28d 一波动;智力 33d 为一循环

节律与个体有关，同时也受环境影响。节律的细胞特征是时间基因（即时辰子），它存在于细胞核内染色体上，是 DNA 的一个片段；节律中心存在于下丘脑下部，分泌促性激素释放激素，不时地产生冲动；环境明暗周期对人作息、睡眠或其他因素均有关，饮食营养及安排也可改变节律的变化，年龄、性别能够影响体内各种分泌如松果腺中退褐色素（又称紧张素）的活性随年龄增长下降，某些老年人疾病如记忆减退就是由退褐色素的减少所引起的。

（2）协调节奏的化学基础 持久的心理紧张会引起生理节奏加快，打乱激素分泌节律，导致各种疾病。期望值过高时，整日处在惶恐的压力下就会导致节律紊乱；急于求成会引起血脂升高而导致冠心病；愤世嫉俗会使人们会处于警觉状态，从而容易分泌睾酮和氧基皮脂酮，进而导致心脏病；心理懒惰和语言欺骗，可以引起人们的恐惧感，呼吸、血压的正常节律受到影响，从而导致消化不良、神经官能症等。

研究个体生理节律，安排生活符合生理需要。大多数人在 24h 的生理功能特征见表1-2-2。

表 1-2-2 大多数人在 24h 的生理功能特征

时间/h	生 理 特 征
1	处于易醒的浅睡阶段，对痛敏感
2	除肝脏外其他器官基本休息
3	进入熟睡阶段，肌肉放松，血压低，脉搏和呼吸次数少
4	血压更低，脑部供血量最少，重病者易在此时间死亡；听觉在此时极灵敏
5	肾不分泌激素，尿量最少，适于起床
6	血压升高，心跳加快，较易受寒
7	肾上腺素分泌增多，免疫功能和抵抗能力最强
8	肝内有毒物全部排尽，绝对不要喝酒
9	脑啡肽和内啡肽分泌多，精神好
10、11	记忆力和注意力达到高峰，组织处于最佳工作状态
12	胃液分泌活跃，最宜进食
13、14	肝脏休息，全身疲劳，反应迟钝
15、16	工作能力逐渐恢复，感觉器官最敏感
17	思考最敏锐，嗅、味、听觉器官处于一天中的第二次高峰
18	体力和耐力达到最高峰，但大多数人未很好利用
19	血压增高，精神不稳定，易怒
20、21	神经活动活跃，反应迅速，记忆力增强
22	白细胞增多，体温下降，免疫能力强化
23、24	人体准备休息，更新细胞，夜班易出错

由表 1-2-2 可知，人的精力充沛的时间为 9～11h，故宜在 10h 加餐；16～18h 应充分利用；20～21h 脑力活动为最佳时间，以上 8h 可适当强化工作，脑力活动、体力活动和休息要巧安排，以适应社会的需要和健康需要。利用最佳时间可以更有效地工作，大脑功能高潮是 10h、夜晚 20h；记忆黄金时间为 6～7h（大脑已完成前一天输入信息的整理编码）、18～19h（体力活动刚过，记忆力旺盛），22h（为晚上大脑编码准备材料）；早晨 6h 适于体育活

动，这样可以促进大脑皮质活动，排泄夜间沉积的杂质，17～18h，体力最强；病人适宜的用药时间为：高血压病 9～11h、15～18h（血压高峰期），心脏病、糖尿病 4h 最好，疗效可比其他时间提高 10 倍；治疗白血病的干扰素宜于晚上注射，此时副作用小；用于手术后的免疫调节剂宜在早晨服用，以克服自体排异性；中药的服用对时间应更加注重。

2.1.3.4　精神异常的化学基础

精神异常是指由于服用某些毒品或因为某种特定原因引起的精神活动异常和足以造成神经损害的因素，从而构成精神生活的消极面，主要包括致幻药物及神经药物和其他物质及心理影响等。

（1）致幻药物　又称致幻剂（hallucinogen）是指此类药物能使人体产生知觉障碍，实质上使神经冲动即电讯号沿神经系统的传递致误或改性。致幻剂的作用是干扰神经功能，特别是对视觉或其他外界产生怪异甚至歪曲的理解，进而破坏人的判断力。致幻剂量仅需 50～200μg 就可以使服用者处于"迷幻"状态 8～16h，过量服用将会使服用者癫狂。常见的此类药物有苯乙胺类、吲哚衍生物、大麻类等。

① 南美仙人掌毒碱（南美仙人掌浸膏的主要成分）可引起高血压、焦虑、抑郁、妄想、惊慌、忽冷忽热感、瞳孔扩大或皮肤发冷等感觉，它在脑中与髓磷质紧密结合，而以神经末梢最多。南美仙人掌毒碱可服用氯丙嗪 2min 后就能解除其毒性。

② 苯丙胺能够使个体产生多种幻觉，以视幻为主，有妄想观念，能够引起刻板行为。其毒性是南美仙人掌毒碱的 100 倍。可用氯丙嗪解除毒性。

③ 二甲色胺（南美鼻烟的主要成分）致多种幻觉，如焦虑、抑郁、惊慌、情绪紧张、失语等，其作用机理是色氨酸在吲哚途径中产生色胺衍生物，并可在体内单胺氧化酶催化下降解过程中受到二甲色胺（内源性分裂毒素）阻碍，从而导致上述幻觉。

④ 麦角生物碱（存在于天然的麦角膺碱）的主要成分是麦角酸二乙酰胺（LSD），25～100μg 的剂量就能引起明显症状（LSD 症），如视错觉强烈，感到颜色中有声音或音乐，紧张性木僵等。麦角生物碱集中于肠、肝、肾而不进入脑。

⑤ 大麻酚（主要存在于大麻中）具有三环结构，其中四氢大麻酚活性最强。幻觉的症状是：常看到流动的或斑块状颜色，有些动作如不控制的狂笑、惊慌，嗜睡如醉酒。

⑥ 1-(1-苯环己基) 盐酸胍啶：每日服用 7.5mg 1-(1-苯环己基) 盐酸胍啶就会产生视幻觉和妄想，其症状是重复动作或行为，违拗、与环境疏远，抱敌意等。

（2）神经性毒物（nervous poison）　是指能够使神经系统产生幻觉、快感或引起神经系统机能严重障碍的物质。此类毒物分为慢性致毒和急性致毒。

① 慢性毒物：鸦片（opium，又名阿片，由母体罂粟花的美丽红色而得）是从尚未成熟的罂粟果里提出的乳状汁液，干燥后为淡黄色或棕色固体，味稍苦，其主要成分是生物碱的混合物。医药上使用少量具有止泻、镇痛和消咳作用。若超过医药剂量使用，则会出现人气血耗竭、中毒而亡。海洛因（heroin，亦称白面，具有"毒品之王"之称）是鸦片提炼的精品，分子式为 $C_{21}H_{23}O_5N$，其神经毒性超过鸦片，对人体损害最严重，世界上吸食最多，因此人们要时刻注意。吗啡（morphine）是鸦片中的主要生物碱，其分子式为 $C_{27}H_{19}O_3N$，具有强烈的麻醉作用，对神经的阻抑作用比海洛因更强。

② 急性毒物：抗胆碱类如番木鳖碱、箭毒碱，它们极少量（数微克）就可刺激神经和肌肉，产生心搏异常和血压升高，使皮肤上的感觉神经末梢失活而痉挛，使口腔及喉咙极度干渴等。化学毒剂是指通过皮肤、眼睛、呼吸道、消化道和伤口等使个体中毒的物质，它们

均是损害神经系统或破坏其他功能所致。常见的有糜烂性毒剂（皮肤痒痛难禁、溃疡）、催泪剂（流泪、畏光，甚至眼角膜穿孔）、窒息剂（闭咽痒痛、剧烈咳嗽、呼吸困难）和其他刺激性（舌尖麻木、瞳孔缩小、严重恶心呕吐、昏厥、大小便失禁、呼吸停止）等。

（3）物质因素导致精神异常

① 低血糖症、酗酒等导致精神异常

低血糖症：脑的唯一营养源是血糖，若葡萄糖供应不足时，大脑功能的敏锐程度将会受到影响，显示的症状为脉搏快、颤抖、饿感、心情不舒畅、精神错乱。控制血糖的因素是：下丘脑外侧的进食中心对血中的糖浓度敏感，当血糖值低时或温度降低时就会发出饿感的信号，若此功能受到损害，就会导致饥饿也不愿进食，甚至发生厌食；当血糖值降低时大脑触发那些拮抗低血糖的激素（如胰高血糖素、促肾上腺皮质激素、生长素等，它们能使血糖值升高）释放，下丘脑中下区饱感中心也对血糖值敏感，但与进食中心的作用相反，当血糖值高时，饱感中心活力加剧，关闭食欲闸门。

酗酒：酗酒是指酒精的慢性中毒，其症状是皮肤发红、脉搏加快、体温上升，首先大脑麻痹、嗜睡，然后失控、恶心、呕吐、晕倒，酒精中毒严重者会导致低血糖症。酗酒的中毒机理：饮酒后，乙醇进入机体被酶催化氧化先变成乙醛（乙醛能够导致头痛、恶心等症状），然后在乙醛水解酶作用下生成乙酸，若缺少乙醛水解酶，乙醛就会在体内积累，从而产生中毒症状，酒精中毒抑制肝脏将肌糖分解而生成乳酸转化为葡萄糖的过程，使低血糖症进一步加剧，所以"用酒浇愁愁更愁"。乙醇可作用于大脑，使其麻痹，血管的收缩力减弱而流向体表的血液量增多，导致皮肤发红，而酗酒者有美的陶醉感并失去冷的刺激；乙醇作用于大脑中心的皮质（控制人的本能），使人的心情爽快、安稳，若少量饮酒对某些疾病如低血糖或心理痛苦起到一定程度的消除，使日常的紧张得以缓解；若大量饮酒，乙醇会抑制脑干网状结构，限制大脑外层皮质（控制人的理性）功能，因此会发酒疯如哭笑失常、语言失控等症状。

脑细胞缺氧：氧是人体最重要的营养成分，大脑对氧的浓度极为敏感，因此脑细胞缺氧会导致精神失常，其主要症状为突然丧失知觉、中风、瘫痪、头晕等。其氧代谢机制是氧被吸入肺部后，由血液中的血红素形成的结合物带至全身的每个细胞，在酶的作用下最后参与ATP的形成并提供能量。

② 心理和其他因素导致精神异常

心理因素：心理因素是指环境的变化通过心理的影响而引起精神病态，社会刺激如事业、考试、婚恋等的失败，火灾、地震或其他天然灾害甚至恐怖事件，使人们引起激动、震颤、攻击行为、呼吸异常、排尿异常等神经官能症。其原因是个体对外界刺激引起的感情变化的适应能力不同，若超强的兴奋、过度紧张地变换兴奋与抑制时，就会刺激各种激素的异常分泌，造成条件反应紊乱，从而导致一系列生理变化如心搏加速、血压升高、瞳孔扩大，最终引起全面的精神崩溃。

其他因素：疲劳、衰竭、生气等也会导致精神异常或病变。疲劳是指活动的个体或某一个器官如肌肉、眼睛等功能降低的现象，任何器官的疲劳都会导致中枢神经系统的过度活动和疲劳，疲劳的症状是极度嗜睡，其原因是体内的葡萄糖消耗过多而引起神经系统供糖不足，刺激肾上腺的过度分泌，此外体内维生素 B_1 缺乏也会引起疲劳。衰竭是疲劳的程度到了极致造成的，活动能力几乎完全消失，其症状是产生幻觉如感到自己睡的床变大或卧室延伸等。生气是一种防卫性情绪反应，来源于人的攻击行为，是进化中生存的需要；生气通常是在得不到期望的东西或无法达到目的时出现，严重者为愤怒；生气由于体内血糖低引起，为达到更强的活动量，需血糖值更高，而激怒有助于释放出肾上腺素以提高血糖水平，从而消除虚弱。血糖值波动而导致情绪时高时低，容易产生精神异常，以避免痛苦和羞辱。

（4）易上瘾药物的化学机理　人容易对烟、鸦片、海洛因、吗啡、大麻、酒等上瘾即嗜好成癖。对上述药物上瘾有心理性和生理性两类，心理性上瘾（又称习惯性上瘾）是指个体感到需要使用这种"药"才能保持健康，有深浅之分，从渴望到一直非用不可甚至成了生存的依赖；生理性上瘾是指长期使用某种药品会产生耐受性，因此需要越来越大的剂量才能达到与前次相同的效果。易上瘾的药一般都具有兴奋、止痛、镇静等功能，其特点初期引起快感和舒适，而接受者往往是性格不平衡、情绪不稳定、欲望表现较强的人，他们寻求外界物质以改变精神焦虑、消除烦恼，此类药物正好满足这一要求。如吸毒者中的血液溶进毒物，抑制了中枢神经的活力，改变了大脑对刺激的反应，产生不过瘾的感觉，需要服用大量毒品而上瘾。

2.1.4　气功学的化学基础

2.1.4.1　气功的科学基础

气功（gas work）是指运用放松入静等内向性的自我身心锻炼，发挥人的主观能动性，在无需药物、手术和其他处理的情形下，进行自我调节和自我治疗的一种传统医疗技术。气功实质是利用意念来进行自我组织、自我调控和自我修复。气可分为内气和外气，内气是指人体内部受意念支配和活体有序化的信息波动，外气是指人体辐射出的受意念影响和传输信息的能量载体。意念是指自我暗示，如要求人静坐、肌肉放松，呼吸缓慢均匀、排除杂念，思想高度集中于一点，其实质是一种意志，可引起适当的生理反应如改变人体皮肤的温度、血压、脉搏等，达到治病和健身的效果。

2.1.4.2　气功的化学基础

气功能够改善脑和神经功能：气功状态下，脑血流速度增高，改善了大脑的供氧条件，从而使气功者的头脑更清醒和注意力更集中；脑神经功能强化，使生化作用速度增如，如气功能够使胆汁分泌显著增加（是气功前休息时的 2.6～3.8 倍，胆汁分泌是由迷走神经通过释放乙酰胆碱直接作用于肝细胞引起胆囊收缩、排出液汁的结果），练功过程中并没有食物性和化学性刺激，因此胆汁分泌活动显著增强是意念作用调节了神经系统的活动。另外，气功改善了机体代谢功能，显著降低了新陈代谢，血乳酸的浓度下降；基础代谢率降低，使机体处于低热状态和低运动水平。

2.2　运动与健康

生命在于运动，健康长寿在于锻炼。要延缓人体机能的衰老，就要进行科学的、适宜的体育锻炼。不锻炼不好，而过度锻炼也会降低免疫功能。

2.2.1　生命在于运动的理由

人体经常进行低强度较持久的锻炼，会增强肢体活动能力，有利于心脏功能，加强血管弹性，可防止肥胖，改善高血压症状，降低血脂和胆固醇，缓解动脉硬化，减少心脏病的危险因子（见表 1-2-3）。

表 1-2-3　经常锻炼者与普通人心脏机能的对比

比较内容	经常锻炼者	普通人
心脏重量/g	400～500	300
心脏容量/ml	1015～1027	765～785
心脏横切面/cm	13～15	11～12
脉搏（安静）/（次/min）	50～60	70～80
每搏心输出量（安静）/ml	80～100	50～70
每搏输出量运动时最多可增到/ml	150～200	100
脉搏最多达到（运动时）/（次/min）	180 左右	180～200 以上
血压（安静）	85～105/40～60	100～120/60～80

运动时呼吸会加快、加深，能提高肺通气量和摄氧量，对慢性支气管炎和肺气肿有益（见表 1-2-4）。运动可以增强消化系统的功能，锻炼后胃肠道蠕动增强，消化液分泌增多，促进人的消化吸收功能。可以防止人体的胃肠功能紊乱，保持大便通畅，有治疗便秘的作用。

表 1-2-4　经常锻炼者与普通人呼吸机能的比较

比较内容	经常锻炼者	普通人
呼吸系统	呼吸肌发达有力,胸廓范围大,呼吸机能好	呼吸肌不发达,胸廓范围小,呼吸机能一般
呼吸频率（安静）/（次/min）	8～12,呼吸深而慢	12～18,呼吸浅而快
肺活量/ml	男子 4000～5000 女子 3500～4000	男子 3500～4000 女子 2500～3000
摄氧量/（L/min）	4.5～5.5（比安静时大 20 倍）	2.5～3.0（比安静时大 10 倍）
肺通气量/（L/min）	80～150	50～90

运动可以促进人体泌尿系统的活动，更好地排除体内的代谢废物。运动也可以促进人体内分泌功能，尤其是肾上腺和肾上腺皮质激素的分泌，使人的生命更加旺盛。

运动对神经衰弱和痴呆症有很好的辅助作用。由于肌肉的收缩是受大脑皮层运动中枢支配整个大脑皮层兴奋和抑制过程的协调作用、互相诱导作用，能够使思维中枢的兴奋或抑制加深的缘故。

经常锻炼可以消除焦虑和消沉情绪，改善自我形象。凡是令人愉快的锻炼都使人达到心理上的升华，有助于缓解生活压力的影响。经常锻炼身体和健康平衡饮食可以有效地控制体重。经常进行有氧运动和活动身体可以防止猝死、降低生病可能性。活动还可以降低糖尿病、情绪波动、骨质疏松症、关节炎等疾病发病的概率。

2.2.2　运动的基本原则

运动的基本原则如下。

（1）安全性原则　目的要明确是健身，不是比赛。不要做危险动作。要做好运动前的准备活动和运动后的整理活动。

（2）循序渐进原则　体育锻炼的内容要由简单到复杂，由易到难，运动负荷安排由小到大逐渐增加。

（3）适宜的运动量原则　一定要根据自己当时的身体情况掌握运动量。选择自己所喜爱的运动项目，最好结伴锻炼。锻炼要与生活方式相结合才更有效。

（4）持之以恒原则　锻炼要持之以恒，但生病期间不要勉强。

2.2.3　运动的能量来源

随着科学技术的进步，人们对健康的要求越来越高，认为"生命在于运动"的认识不免肤浅，确切地说应该是"生命在于科学的运动"。要了解科学的运动，就必须先了解运动的生物学基础。

（1）能源物质　糖、脂肪、蛋白质。化学能转变为机械能只能在肌肉中进行，肌肉的直接能源只有 ATP（三磷酸腺苷），能源物质氧化分解合成 ATP 后才能被肌肉利用转变成机械能。

（2）肌肉收缩的能量系统

① 磷酸原系统［ATP-CP（磷酸肌酸）系统］：是无氧供能的非乳酸性部分。

② 糖酵解系统（糖原-乳酸系统）：是无氧供能的乳酸性部分。

③ 糖氧化系统（糖原有氧氧化系统）：是有氧供能部分。

无氧供能　　$ATP \longrightarrow ADP + Pi + 能量$　　（Pi 是指无机磷酸盐）

　　　　　　葡萄糖（无氧时酵解）$\longrightarrow$ 乳酸 $+ 2ATP$

有氧供能　　$C_6H_{12}O_6 \longrightarrow 6CO_2 + 6H_2O + 38ATP$

2.2.4　运动能促进心理健康

在现代社会中，竞争的激烈和生活压力的加大会使人产生悲观、失望的情绪，进而导致忧郁、孤独等心理障碍的产生。而心理不健康会导致生理上的不适。于是出现了一些心因性疾病（如消化性溃疡、原发性高血压等）。当一个人从事活动时情绪消极，或当任务的要求超出个人的能力时，生理和心理都会很快地产生疲劳。然而，如果在从事健身活动时保持良好的情绪状态和保证中等强度的活动量，就能减少疲劳。

人们参加某项运动并坚持锻炼，不仅能使生理机能和身体素质得到改善和提高，而且会相应地掌握并发展一些体育技术与技能。当取得这些成绩后，个体会以自我反馈的方式传递其信息给大脑，从而产生自我成就感的体验，产生愉快、振奋和幸福感。譬如，锻炼者在运动中若能完成自己制订的运动计划，达到具体的目标，将会获得心理满足，产生积极的成就感，从而增强自信心，具有很好的消除心理障碍的效果。

2.2.5　有氧（代谢）运动

有氧运动是指人体在氧气充分供应的情况下进行的体育锻炼。即在运动过程中，人体吸入的氧气与需求相等，达到生理上的平衡状态。简单来说，有氧运动是指任何富韵律性的运动，其运动时间较长（30min 或以上），运动强度在中等或中上的程度（最大心率的75%～85%）。

有氧（代谢）运动的好处：有氧运动氧气能充分酵解体内的糖分，并可消耗体内脂肪；提高机体的摄氧量，增进心肺功能；增强耐力素质，预防骨质疏松；调节心理和精神状态；控制合适的体重；有氧运动是健身的主要运动方式。

有氧运动的强度：有氧运动的强度必须达到最大心率的 75% 以上，"自觉用力平分法"来控制运动强度；从"很轻松"、"比较轻松"、"有点累"、"比较累"以至"很累"的感觉，"谈话试验"也是防止运动强度过大的一种方法。

有氧运动的要求：有氧运动的最低要求是：每天运动的累计时间不少于 30min，每周运动次数不少于 3 次。具有代表性的有氧运动是：青年人慢跑；中老年人则快步走。

走路是非常好的锻炼方式：每天锻炼半个小时到一个小时，锻炼内容可以采取最简单的办法，走半个小时，光走路就行了，这是最简单、最经济、最有效的办法。

但是走也是有讲究的，年轻人要快走，逐步快走，快到什么程度，一分钟要达到 130 步，心跳要达到一分钟 120 次，才能达到锻炼心脏的目的。达到 130 步、120 次心跳，当然不是一下子就能完成的，要有个逐步适应过程，如果能坚持半年，心肺功能则可以大大提高，提高 30%～50%。

2.2.6 运动量与健康

无论进行哪种运动，都必须掌握适当的运动量。运动量不足，难以达到增强体质的目的；运动量过大，会对人体造成伤害。运动量的大小取决于运动强度、运动时间和运动频度这三个因素（见表 1-2-5 和表 1-2-6）。

表 1-2-5　不同年龄组的运动强度同耗氧量和心率的关系

运动强度	相当于最大耗氧量的/%	不同年龄组的心率/(次/min)				
		20～29 岁	30～39 岁	40～49 岁	50～59 岁	60 岁以上
最大	100	190	185	175	165	155
	90	175	170	165	155	145
较大	80	165	160	150	145	135
	70	150	145	140	135	125
中等	60	140	135	130	125	120
	50	125	120	115	110	110
较小	40 岁以下	110	110	105	100	100

注：运动强度的重要指标：最佳运动量心率＝180－年龄数。

表 1-2-6　运动量同运动时间与耗氧量的关系

运动量	运动时间/min				
	5	10	15	30	60
	最大耗氧量的百分比/%				
小	70	65	60	50	40
中	80	75	70	60	50
大	90	85	80	70	60

根据上述表中的数值，可以大致判断运动量的大小。例如，20～29 岁的人，其耗氧量为最大耗氧量的 60% 时，心率应为 140 次/min，这时的运动强度为中等，若运动时间为 15min，属小运动量；同样的运动强度，持续 30min，属中等运动量；若持续 60min，则属大运动量。

2.2.7 运动中常见生理反应

(1) 肌肉酸痛　原因：肌肉活动量大，局部肌纤维及结缔组织损伤，以及部分肌纤维痉挛。症状：局部肌肉痛、发胀、发硬。处理方法：热敷、伸展练习、按摩、服维生素 C。预防：科学安排运动量；避免肌肉负担过重；准备活动注意对即将练习时负荷重的局部肌肉的充分活动；整理活动进行肌肉的伸展牵拉练习。

（2）肌肉痉挛　原因：准备不充分，肌肉收缩失调，寒冷刺激，疲劳过度。症状：肌肉突然坚硬、疼痛难忍。处理方法：立即对痉挛部位的肌肉进行牵引使其伸展，热敷，离开冷环境，喝盐开水。预防：准备活动充分，冬季注意保暖，夏天喝些盐开水，疲劳时不宜剧烈运动。

（3）运动中腹痛　原因：准备活动不充分，开始运动剧烈，内脏功能尚未达到适应状态，使脏腑失调，引起腹痛或肠胃痉挛。处理：弯腰跑、减速、深呼吸或暂停运动，对胀痛的腹部揉按，十滴水可解胃肠痉挛。预防：合理安排运动时间，注意运动节奏，充分做好准备活动，运动时循序渐进。

（4）低血糖症　是指正常人血糖为 Glu：3.8～6.1mmol/L（80～120mg/ml），低于正常值 50%～60%，会出现一系列症状。原因：饥饿状态运动，过分紧张，长时间运动，血糖消耗太大。表现：饥饿、疲劳、头晕、面色苍白、出冷汗，重者出现低血糖性休克。处理方法：轻者喝糖水，平卧保暖休息，重者掐人中，注射葡萄糖。预防：不要在饥饿状态下剧烈运动，有症状时停止运动，饮些糖水。

（5）运动性血尿　剧烈运动后，尿中发现肉眼或镜下可见红细胞，称运动性血尿。原因：肾小球一时性机能障碍，外伤、泌尿系统有器质性疾患。表现：尿色清红，严重蛋白尿者有贫血或浮肿表现。调整运动量，加强自我监督和医务监督。

2.2.8　预防运动损伤、运动性昏厥或猝死

2.2.8.1　运动损伤

运动损伤指运动过程中发生的各种损伤。其损伤部位与运动项目以及专项技术特点有关。如体操运动员受伤部位多是腕、肩及腰部，与体操动作中的支撑、转肩、跳跃、翻腾等技术有关。网球肘多发生于网球运动员与标枪运动员。

损伤的主要原因是：训练水平不够，身体素质差，动作不正确，缺乏自我保护能力；运动前不做准备活动或准备活动不充分，身体状态不佳，缺乏适应环境的训练，以及教学、竞赛工作组织不当。运动损伤中急性多于慢性，急性损伤治疗不当、不及时或过早参加训练等原因可转化为慢性损伤。

（1）开放性软组织损伤　局部皮肤或黏膜破裂，伤口与外界相通，常有血液自创口流出，如擦伤、切刺伤、撕裂伤、开放性骨折等。共同特点是：有伤口和出血。处理：止血、包扎伤口。必要时注射破伤风抗毒素。

（2）闭合性软组织损伤　局部皮肤或黏膜完整，无裂口与外界相通，损伤处的出血积聚在组织内，如扭伤、拉伤、挫伤、挤压伤等。处理：止血防血肿（24h 前冷敷、抬高患肢、加压包扎），活血祛淤消肿止痛（24～48h 后热敷、按摩、理疗）。

2.2.8.2　运动性昏厥

运动性昏厥指运动中，由于脑部供血不足而发生的一时性知觉丧失。运动性昏厥的原因：剧烈运动或长时间运动，大量血液积聚在下肢，回心血流量减少，导致脑部供血不足而出现昏厥状态。跑后如立即停止不动亦可出现"重力休克"现象。

运动性昏厥征象：全身无力，眼前一时发黑，面色苍白，手足发凉，失去知觉而昏倒。脉搏慢而弱、呼吸缓慢、血压降低等。

运动性昏厥的处理：仰卧，足略高于头；松开衣领、腰带、注意保暖；不省人事时可掐人中穴；醒后喝点热糖水和热水，充分静卧、保暖和休息。

运动性昏厥的预防：饥饿情况下不要参加剧烈运动；疾跑后不要立即停下来；久蹲后不

要突然起立；平时要加强体育锻炼，以增强体质。

2.2.8.3　运动性猝死

运动性猝死（exercise［athletic］sudden death）是在运动中或运动后即刻出现症状，6h内发生的非创伤性死亡。

（1）运动性猝死的特征　国内猝死者性别男女比例为7.2：1，可能是由于女性缺血性心脏病发生率低，运动负荷小，对疲劳或其他过度负荷不易耐受等因素有关。研究报道，运动性猝死的平均年龄为（30.8±17.9）岁。

运动性猝死所涉及的人群较为广泛，有运动员、教练员、体育教师、教师、干部、工人和大中学生。年龄为9～67岁。研究显示运动性猝死多发生在强度较大或是竞争激烈的项目中，但是一些强度较小的项目也占了相当的比例。

（2）运动性猝死的生理机制及外界因素

① 心源性猝死是指由于心脏病发作而导致的出乎意料的突然死亡。世界卫生组织规定，发病后6h内死亡者为猝死，多数作者主张定为1h，但也有人将发病后24h内死亡者也归入猝死之列。各种心脏病都可导致猝死，但心脏病的猝死中一半以上为冠心病所引起。青年运动员心源性猝死主要由肥厚性心肌病、心肌炎、心脏瓣膜和心肌传导系统疾病引起；而40岁以上的中老年人心源性运动猝死则几乎全部由冠状动脉粥样硬化，即冠心病引起。

② 脑源性猝死是指剧烈运动可使交感神经活动增强，收缩压升高，易造成原有动脉硬化、脑血管瘤或血管畸形破裂出血而死亡。

③ 其他猝死如体温调节紊乱可导致完全健康的人发生死亡。剧烈运动，尤其是耐力项目在热环境下进行时尤易发生中暑，甚至导致死亡。滥用药物也是导致运动性猝死的因素之一，滥用可卡因可引起冠状血管的痉挛，增加血小板的凝血功能。挥发性药物的滥用也易造成房室传导阻滞或窦性心动过缓。嗜酒不仅由于酒精的超剂量、心律失常及睡眠性呼吸抑制导致猝死，而且由于呕吐、慢性营养缺乏产生的急性电解质紊乱和酒精中毒性心肌病也可导致猝死。胸腺淋巴体质和肾上腺机能不全也可使机体应激能力低下而致猝死。

（3）运动性猝死的预防　运动性猝死发作突然，病程急，病情严重，难以救治，对竞技体育和健身锻炼造成的负面影响巨大。但并非不可防范，运动员和体育爱好者只要多加注意，是完全可以避免运动性猝死发生的。运动员进行定期健康检查包括常规体检和赛前体检，以及心电图检查等。对运动员在运动过度后出现的胸闷、胸痛、胸部压迫感、头痛、极度疲劳和不适等先兆症状应引起足够的重视；学生及中老年人参加体育锻炼要量力而行，到了一定年龄需严格控制运动量。注意运动前中后出现的胸闷、压迫感、极度疲劳等症状。

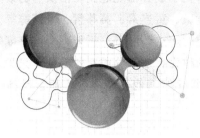

第3章
药物与健康

　　吃药治病、扶正祛邪，也与化学紧密相连。人类从诞生之日起，就与各种疾病作了艰苦卓绝的斗争，同时人们在时时刻刻寻找预防和治疗各种疾病的药物和方法。药物分为天然药物、化学合成药物和抗生素。

　　我国民间有神农和药王的传说，传颂我们祖先从事医药研究的业绩和精神，"神农尝百草，一日而遇七十毒"的典故说明了古代人寻医问药的献身精神，神农氏被后人称为药王菩萨，神农、伏羲和黄帝是中医中药研究的开拓者。最早的中医医药专著《神农本草经》、《黄帝内经》；药王孙思邈（581～682年）毕生研究中医药，经历了隋、唐两朝六代皇帝，他踏遍了名山，广收民间秘方，先后写成《千金要方》和《千金翼方》两部共数百万字的医方名著；药圣李时珍（1518～1593年）终生从事中医药研究，花费了近30年心血写出了《本草纲目》，对中药学进行了考证和系统整理，为后人留下了极其宝贵的财富。历史上还有著名的医药学家如战国时期的扁鹊，西汉齐国人淳于意，西汉张仲景（150～219年），西汉沛国人华佗，还有王叔和、葛洪、陶弘景、魏慈藏等。

3.1　天然药物

　　药物是人类在社会生活过程中不断发展起来的。原始社会时期，人们采集各种野生植物的果实、种子和根茎等做食物充饥时，由于饥不择食，误食了某些植物后产生呕吐、腹泻或昏迷甚至死亡，或使原有的呕吐、腹泻等病症得以减轻或消除，经过无数次的尝试和长期经验教训的积累，认识了一些植物的治疗、保健作用和毒性，并且有意识地对某些疾病进行治疗，因此逐渐积累了一些天然药物的知识。

　　天然药物是指动物、植物和矿物等自然界中存在的有药理活性的天然产物。天然药物不等同于中药或中草药。天然药物分为：①动物性药物，是指利用动物的全身或部分脏器或其排泄物作为药用，如全蝎、牛黄等或经现代方法提炼的纯品药物如各种内分泌制剂、血浆制品等；②植物性药物，是指利用天然植物的根、茎、叶、皮、花、液汁及果实等各部分入药，如人参（茎）；③矿物性药物，是指直接利用矿物或经过提炼加工而成的一类无机药物，如硫黄。

3.1.1　天然药物的主要化学成分

　　天然药物的化学成分极为复杂，一些成分是一般高等植物普遍共存的，如糖类、油脂、酯类、蛋白质、色素、树脂、无机盐类等；另一些成分则存在于某些植物的某种器官中，如生物碱、黄酮类、强心苷、皂苷、挥发油、有机酸等，它们大部分具有明显的生理活性。每种天然药物中往往含有多种化学成分，但并不是所有化学成分都能起到防治疾病的效用。具有医疗效用或生物活性的物质称为有效成分，如麻黄碱、黄连素、黄芩素、薄荷醇等。它们是纯化合物，能用分子式或结构式表示，并且有确定的熔点、沸点、折射率、溶解度等物理常数，故又称有效单体。若是尚无提纯或是混合物则称为有效部分或有效部位，只具有部分原来天然药物的疗效。而无效成分是指与有效成分共存的其他化学成分，通常是指某些糖类、酶、油脂、蛋白质、色素、无机盐等。

（1）糖类

在天然药物中普遍存在着糖类，如单糖、低聚糖、多糖及其衍生物。单糖和低聚糖主要是葡萄糖、果糖、蔗糖、乳糖和一些特殊的去氧糖，它们主要以游离态存在于天然药物中，有的可能与非糖类形成糖苷。多糖化合物是由 10 个或 10 个以上的单糖以糖苷键结合形成，如淀粉、菊糖、黏液质、果胶、树胶以及纤维素等。

（2）苷类

苷是一类可被稀酸或酶水解产生糖或非糖部分的化合物，非糖部分即配糖基（亦称苷元），可以是醇、酚、醛、酮、蒽醌、黄酮类、甾醇类、三萜类等化合物。天然药物中苷类成分很多，只要分子中有羟基都有可能和糖缩合形成糖苷存在于植物中。

（3）氨基酸

在生物中广泛存在着氨基酸，天然药物主要是左旋的 α-氨基酸，并且是能够溶于水的无色结晶，其水溶液可呈中性、酸性或碱性。板蓝根、南瓜子、蔓荆子、寄生草、半夏、五味子、天南星等中均含有氨基酸，其中有些氨基酸具有药效作用，如胱氨酸可治疗毛发脱落、组氨酸可治疗胃和十二指肠溃疡、南瓜子氨基酸能够治疗血吸虫病等。

α-氨基酸　　南瓜子氨基酸

（4）蛋白质和酶

蛋白质是由各种 α-氨基酸通过肽键结合而成的一类高分子化合物，而酶是有机体内具有特殊催化能力的蛋白质。蛋白质、酶存在于所有动物和植物细胞的原生质内，是生命存在的主要物质基础。天然药物中存在的蛋白质和酶具有一定的医疗价值，如菠萝蛋白酶有驱虫、抗水肿、消炎作用；木瓜蛋白酶和无花果蛋白酶具有强烈的溶解蛋白质的作用，能溶化蛔虫的皮，因此可以驱除体内的寄生虫；糖蛋白刀豆素（刀豆）、蓖麻毒蛋白（蓖麻）、相思豆毒蛋白（相思豆）等均有抗癌作用。

（5）有机酸

有机酸存在于植物的叶、茎、花、果、种子、根等各部位。植物中某些有机酸具有生物活性，如水杨酸有解热止痛作用；苯甲酸具有防腐、祛痰作用；柠檬酸具有抗凝作用；原儿茶酸（四季青）具有抑菌作用；咖啡酸具有止血、镇咳、祛痰作用。但大多数有机酸没有明显的生物活性。

水杨酸　　　原儿茶酸　　　咖啡酸

（6）油脂和蜡

油脂是高级脂肪酸甘油酯所组成的混合物，植物油脂主要存在于植物的种子中，其他部分含量较少。蜡是分子量较大的高级一元醇和高级脂肪酸结合的酯，通常覆盖于植物茎叶、树干及果皮上，起保护作用。天然药中的油脂和蜡不仅是制造软膏、膏药、注射用油等的原料，而且有些油脂还具有特殊的医疗作用如大风子油可治疗麻风病，鸦胆子油能够治疗乳头状赘疣，薏苡仁油有抗癌作用，巴豆油是缓泻剂，蓖麻油具有润肠通便作用。

（7）挥发油

挥发油（也称精油）是挥发油状成分的总称。天然药物中的挥发油是一类具有生物活性的、在临床上应用广泛的有效成分，如具有止咳、平喘、祛痰、发汗、解表、祛风、镇痛、杀虫、抗菌和消毒等作用。挥发油中所含的化学成分较复杂，其基本组成为脂肪族、芳香族和萜类三类化合物，以及它们的含氧衍生物如醇、酚、醛、酮、酸、酯、内酯、醚等。薄荷油有祛风健胃的功效；当归油有镇痛作用；柴胡油对退热具有良好的效果；土荆芥油能够驱虫；佩兰油有治疗流感作用；茵陈蒿油有抗霉菌作用；桉叶油有抗菌消炎作用等。

（8）树脂

树脂是一类化学组成复杂的混合物，其中很多是二萜和三萜的衍生物。树脂一般与挥发油、树胶、有机酸混合存在。在临床上，树脂常用作防腐剂、刺激剂、下泻剂等，乳香、没药等具有活血止痛、散淤生肌作用的天然药可以用于外用。

（9）生物碱

生物碱是一类存在于生物体内含氮的碱性有机化合物，能与酸结合形成盐。大多数生物碱具有复杂的环状结构，氮原子在环内，但少数例外如麻黄碱的氮原子在侧链上。生物碱具有光学活性和一定生理活性。对植物来说，毛茛科、防己科、罂粟科、马钱科、茄科、茜草科等显花双子叶植物中的生物碱含量很高，百合科、石蒜科等单子叶植物也含有生物碱，而裸子植物中除麻黄科、水松科等少数科外，大多不含有生物碱，至于阴花植物含生物碱者极少。生物碱具有一定的生物活性，如黄连素（黄连）有抗菌消炎作用；喜树碱（喜树）、长春新碱（长春花）具有抗肿瘤作用；利舍平（萝芙木）有降压作用。

3.1.2 常见的天然药物

3.1.2.1 抗菌药物

抗菌药物一般是指具有杀菌或抑菌活性的药物。抗菌中草药有许多优点如药源丰富、副作用少等，还有镇静、退热、利尿通便等作用。

（1）黄连和黄连素　黄连是毛茛科植物或其他黄连属植物的干燥根茎，是常用中药，具有清热、清心、泻火解毒的功效。黄连中的提取物主要为黄连素（含量 7% 以上），黄连素对痢疾杆菌、葡萄球菌、链球菌、百日咳杆菌、结核杆菌等均有显著抑制作用，对皮肤真菌有较强的抑制作用。

（2）黄芩　为唇形科植物黄芩的干燥根，中药主要具有清热解毒的功效，对痢疾杆菌、葡萄球菌、伤寒杆菌、百日咳杆菌、结核杆菌等均有抑制作用，对流感也有抑制作用。黄芩的提取物中至少含有五种黄酮类成分，它们均具有抗菌作用，其中黄芩苷已被提取作为注射液用于患者。

（3）穿心莲　为爵床科植物，性苦寒，具有清热解毒、消肿止痛等功效，适用于急性细菌性痢疾、急性肠胃炎、上呼吸道感染、急性扁桃体炎、咽喉炎及疮毒等症。穿心莲中分离出三个内酯化合物，其中穿心莲内酯和新穿心莲内酯是穿心莲抗菌剂的主要成分，具有很好的消炎作用。

3.1.2.2　中枢神经药物

兴奋药指对中枢神经系统功能低下时出现的症状（如呼吸不畅、昏迷状态等）或发生虚脱时有兴奋作用，能促使精神焕发，改善呼吸，缓解虚脱等危险状况。

（1）咖啡因　是茶叶和咖啡种子中所含的一种生物碱，茶叶中含咖啡因 1‰～5‰。咖啡因可兴奋中枢神经系统，促进呼吸，加强心跳。此外咖啡因还具有利尿作用。

咖啡因

（2）五味子　是一种中药（之所以称为五味子，是因为它的果皮甜、果肉酸、种子苦辣，而整体味咸的缘故）。少量的五味子能够改变高级神经系统的活动，提高大脑皮层细胞的工作能力，有防止和解除疲劳的作用。

（3）人参（野生的为人参，栽培的为园参）　为五加科植物，药用人参为其干燥的根。人参中含有多种化学成分，其主要成分是人参皂苷（含量大约为 4‰，现已分离出近 30 种人参皂苷），根须中人参皂苷的含量比主根的要高。人参具有兴奋中枢神经系统，提高脑力和体力活动，减少疲劳作用；可提高心脏的收缩能力，使低血压休克患者的血压上升，维持正常水平；具有降低血糖的作用；具有促进性腺机能的功能。

3.1.2.3　强心药物

强心药（又称正性肌力药）是一类加强心肌收缩力的药物。用于治疗心肌收缩力严重损害时引起的充血性心力衰竭。

（1）洋地黄（亦称毛地黄）　是一种具有强心作用的植物性药物，药用部分是洋地黄的叶子，主要成分是多种强心苷。从洋地黄提取出的两种成分为西地兰和地高辛，强心效果快、持续时间短、蓄积性小、毒副作用很小。

（2）黄夹苷　是从黄花夹竹桃的果仁中提取出来的强心苷，它具有强心药效迅速、蓄积少、副作用小等特点，主要用于心力衰竭的治疗和抢救。

（3）蟾酥　是中华大蟾蜍、黑眶蟾蜍的耳后腺或皮肤腺分泌的白色浆液，经收集加工而成药。具有解毒消肿、通窍止痛的作用，是六神丸、蟾酥丸等中药的主要原料。蟾酥具有强心、利尿、升压、抗炎、镇咳、祛痰、抗癌以及提升白细胞等多方面的生理活性。

3.1.2.4　止痛药物

疼痛病人得不到及时治疗，使局部长期的普遍疼痛转化为复杂的局部疼痛综合征或中枢性疼痛，成为难治的疼痛性疾病。疼痛长期得不到有效治疗还会产生心理疾病。所以，应该及时止痛。

止痛药可以暂时缓解疼痛，但不能盲目使用，否则会因服用止痛药后掩盖了疼痛的部位和性质，不利于医生观察病情和判断患病部位，不利于医生正确诊断和及时治疗。另外不能使用太多，不然会产生依赖性。一旦出现疾病引发的疼痛或不明原因疼痛，患者应及时去医院就诊，查出疼痛原因。

（1）阿片和吗啡　阿片是从罂粟果实的浆液中提炼出来的膏状物，其主要成分是吗啡（1%）、可待因（0.5%）、罂粟碱（1%）。阿片的主要作用是由吗啡引起的，其用途是作为镇痛药治疗心脏性气喘和抑制肠道活动。吗啡的作用和用途与阿片相同。

（2）延胡索　是具有镇痛作用的中药，其有效成分是生物碱延胡索乙素（混旋四氢马汀），有良好的镇静、催眠和镇痛作用。与吗啡相比，延胡索乙素不易成瘾，镇痛作用较吗啡强，对呼吸系统的影响较吗啡轻。

3.1.2.5　抗心绞痛药物

心绞痛是指由于冠状动脉粥样硬化、狭窄导致冠状动脉供血不足，心肌暂时缺血与缺氧所引起的以心前区疼痛为主要临床表现的一组综合征。

（1）丹参　丹参的干燥根部可以入药，具有活血化淤的功效。丹参中的有效成分是二萜醌类衍生物，能够显著扩张冠脉，使冠脉血流量增加，心率稍减慢，心肌收缩力增加。

（2）三七（亦称田七、参三七）　入药是其干燥的根，具有活血化淤和止痛作用。三七提取的主要成分是黄酮，能增加冠状动脉血流量，减慢心率；临床上三七可用来减少心绞痛发作的次数，降低血脂和胆固醇。

（3）葛根　是豆科植物野葛的根，具有祛风解表的功效。葛根的乙醇提取物制备的浸膏片治疗高血压（头痛项强）、心绞痛和突发性耳聋等，疗效显著。葛根中黄酮类成分含量较高（为10%～14%），其主要成分是大豆素、大豆苷、葛根素、大豆素-4,7-二葡萄糖等，葛根总黄酮能增加冠状动脉血流量，降低心肌耗氧量，对脑血管有一定的扩张作用。

3.1.2.6　助消化药物

助消化药多为消化液中成分或促进消化液分泌的药物，能促进食物消化。

（1）酵母　是酿制啤酒时从发酵液中提取出的一种酵母菌。酵母含有丰富的维生素 B，可以治疗食欲不振、消化不良；也可以用于维生素 B 缺乏症引起的疾病如脚气病等。

（2）胃蛋白酶　是由动物（牛、羊、猪）的胃黏膜中提取出来的一种消化蛋白质的酶素。它在酸性环境下能够分解蛋白质（分解蛋白质可以被肠道消化后吸收）；在碱性或中性条件下，服用胃蛋白酶时要同时服用酸性药物。

（3）胰酶　是从动物胰腺中提取的酶，它含有多种消化酶如蛋白酶可以帮助蛋白质消化，胰淀粉酶能帮助淀粉转变为葡萄糖和麦芽糖，脂肪酶帮助消化脂肪。胰酶主要用于胰腺机能不健全的患者，也用于消化不良和食欲不振的患者。

3.2　化学合成药物

3.2.1　化学药物概述

化学药物（chemical drugs，又称西药）是指具有治疗、缓解、预防和诊断疾病以及能够调节肌体功能的化合物。化学药物的必备条件是具有防病、治病的功能和有明确化学结构的化学品，此类化学品要通过国家药物和卫生管理部门按有关法规审批后才能在市场上销售。化学药物可分为管制药、处方药和非处方药。

化学药物的起源和发展首先要归功于天然药物。人类在长期的生活实践中，发现了许多具有不同疗效和毒性的动、植物，并将其功效用于治病和防病，或把有毒性的物质用于捕猎或战争。随着科学技术的发展，尤其是化学科学的发展，认定各种药用植物体或动物体中必定存在着明确分子组成、结构的有效成分。1805 年从鸦片中分离出纯的吗啡；1818 年从番木鳖中分离得到番木鳖碱和马钱子碱，从金鸡纳树皮中分离得到治疟疾的奎宁；1821 年从咖啡豆中提取得到咖啡因；1833 年从颠茄中得到阿托品等大批生物碱药物。

1899 年阿司匹林是第一个人工合成的化学药物，主要用于解热镇痛。进入 20 世纪，激素类药物、维生素、磺胺药类、抗生素类药物被相继发现并应用于临床；20 世纪 50 年代，治疗心血管药物、抗肿瘤药物的研究和开发进入了高潮。至今，已研制出了能够治疗和预防疾病的多种药物。

3.2.2　常见化学药物

3.2.2.1　麻醉药的发现

在做外科手术之前，对患者要进行全身或局部的麻醉，以减轻或消除患者的痛觉，使手术得以顺利进行。公元 200 年的《后汉书·华佗传》中描述了华佗自创麻醉药——麻沸散，给病人服用后进行剖腹手术。19 世纪中叶以前，外科手术是在没有麻醉药的条件下进行的，给病人造成了心理恐慌，因此无痛手术是社会的需要。

麻醉药（anesthetic agents）是指能使整个机体或机体局部暂时、可逆性失去知觉及痛觉的药物。根据其作用的部位不同，麻醉药又分为全身麻醉药和局部麻醉药。全身麻醉药物根据给药途径不同分为吸入性麻醉药和静脉麻醉药。

全身麻醉药（general anesthetics）作用于中枢神经系统，使其受到可逆的抑制，从而使意识、感觉特别是痛觉和反射消失，便于进行外科手术。局部麻醉药（local anesthetics）作用于神经末梢及神经干，可逆性地阻滞神经冲动的传导，使局部的感觉（痛觉）消失，而不影响意识，便于进行局部的手术及治疗。吸入性麻醉药通常是一类化学性质不活泼的气体或易挥发性液体，又叫作挥发性麻醉药，这些药物与一定比例的空气或氧气混合后，由呼吸进入肺泡，扩散进入血液，分布至神经组织，发挥麻醉作用。静脉麻醉药（又称为非吸入性全身麻醉药）是通过静脉注入随血液循环进入中枢神经系统后才能产生全麻作用的药物。

（1）笑气（N_2O）　是第一种麻醉药，1800 年，戴维（Humphrey Davy）的《主要涉及氧化亚氮的化学和哲学研究》中介绍了各种动物在吸入 N_2O 后失去知觉，而且过后可以恢复知觉的现象，人吸入 N_2O 后的感觉是使人欣快、大笑，甚至昏迷等，但没有突出描述它能抑制痛觉的功能。而 N_2O 作为麻醉剂，是在 1844 年美国的牙医韦尔斯（Horace Wells）使用 N_2O 用于拔牙前的麻醉。

（2）乙醚　19 世纪中期美国医生朗格（Cawford. W. Long）发现乙醚具有与笑气相同的效果，但没有将其应用于临床；而摩尔顿（William Thoma Green Morton）首次成功将乙醚作为麻醉剂使用于手术，并立即申请了专利。

（3）氯仿（$CHCl_3$）　是英国爱丁堡大学的辛普森（James. Y. Simpson）寻找到的麻醉剂，在临床上使用了很长时间，但它对人体的心脏和肝脏有很大的毒性，20 世纪 50 年代被淘汰。

（4）乙烯等　1908 年美国芝加哥大学的克拉克（William Crocker）和奈特（Lee Knight）发现乙烯具有麻醉作用，由于乙烯是气体，难操作，因此使用到 20 世纪 50 年代被淘汰。随后，美国加利福尼亚大学的里克教授将乙烯和乙醚混合生成了乙烯基乙醚（$CH_2\!=\!CHOCH\!=\!CH_2$），1930 年被应于临床外科手术麻醉。里克教授利用两种同样效用的化合物拼接起来的做法，现代仍被广泛使用以发现新药。

（5）可卡因等　19 世纪后期，柯勒（Carl Koller）发现可卡因有局部麻醉作用，并迅速应用于临床，但可卡因有毒性和成瘾性且价格高，因此化学家和药学家经过试验合成出了与可卡因相似的普鲁卡因和阿米洛卡因。

可卡因　　　　　　　　阿米洛卡因　　　　　　　　普鲁卡因

3.2.2.2　磺胺类药物

磺胺药是一类用于预防和治疗细菌感染性疾病的化学药物。磺胺药的母体是对氨基苯磺酰胺（早期作为偶氮染料的中间体，未应用于医疗方面），1932 年，德国杜马克（Gerhard Domagk）在化学家克拉尔（Josef Klarer）和米席（Frity Mietgsch）帮助下从吖啶类化合物、偶氮类化合物入手进行研究，发现含有磺酰氨基的偶氮染料"百浪多息"（Prontosil，红色化合物）对链球菌和葡萄球菌有很好的抑制作用，对毒性强烈的溶血性链球菌及其他细菌感染的疾病有很好的疗效，是治疗细菌传染性疾病的一大突破。杜马克关于百浪多息具有抑菌作用的解释，认为偶氮基（—N＝N—）是杀菌的有效基团，磺酰氨基（—SO_2NH_2）是助效基团，正是这个固执的观点使他丧失了在磺胺类药物抑菌领域的地位。实际上百浪多息在试管中不能抑菌，只有在动物体内才具有抑菌作用，其作用机理是百浪多息在动物体内代谢时能释放出对氨基苯磺酰胺，此种物质具有抑制病菌的作用。20 世纪 30 年代后期法国巴斯德研究所的特利弗耶（Trefouels）等人对偶氮染料进行了深入研究，合成了 4-氨基苯磺酰胺，并发现它和"百浪多息"有相同的作用，命名为"白色百浪多息"。此后，以对氨基苯磺酰胺为母体，合成了大量的衍生物，筛选出优良的磺胺药有磺胺嘧啶、磺胺脒、磺胺噻唑、磺胺二甲基嘧啶等，以后又合成出了具有高效、速效、长效作用的磺胺药，如 4-磺胺-6-甲氧嘧啶（SMM）、4-磺胺-5,6-甲氧嘧啶（SDM）、2-磺胺-3-甲氧吡嗪（SMPZ）等。近年来合成出的抗菌增效剂甲氧苄胺嘧啶（TMP）与各种磺胺药联合使用，其抗菌作用增强数倍乃至数十倍，疗效范围扩大，可以控制伤寒、布鲁菌病、疟疾、结核、麻风等疾病。

百浪多息　　　　　　　　磺胺类抗菌消炎药通式

3.2.2.3　精神疾病类药物

精神疾病是大脑的疾病，它不仅对患者本人造成极大痛苦，而且严重危害家庭和社会安宁。精神病的药物疗法始于 20 世纪 50 年代，其主要作用于人体的中枢神经系统，作用的主要部位是皮质下的脑干、边缘系统和间脑等。精神药物按药理特性和适用对象分为抗精神病药（强安定剂）、抗抑郁药和抗躁狂药。

（1）抗精神病药　有对抗各种精神症状的作用如情绪不稳、兴奋骚动、呆滞孤独、幻觉妄想、行为怪异等。此类药物的结构母体是吩噻嗪，并以此合成了一系列化合物，如氯丙嗪、三氟拉嗪、奋乃静、氟奋乃静、泰尔登等，适用于治疗精神分裂症，也可以用于治疗其他类型精神病。

（2）抗抑郁药　具有对抗情绪低落、消极忧郁的作用，主要用于治疗各类抑郁症。最早合成和应用的药物是丙咪嗪，其用于抑郁症的治疗，但副作用较大、药效慢；而后合成并改进的氯丙咪嗪和丙咪哌嗪副作用小、显效较快，后者尤其适用轻型抑郁症。

（3）抗躁狂药 最早使用的抗躁狂药是碳酸锂（Li_2CO_3），它是一种特异性的治疗躁狂症发作的药物。丁酰苯类化合物、氟哌啶醇用于治疗兴奋躁狂症，以后合成了安定作用更强的三氟哌多、苯唑哌丁苯及螺环哌丁苯等。

（4）抗焦虑药（又称弱安定药） 具有镇静、安眠、松弛肌肉、抗焦虑、抗惊厥等作用，临床使用较多。抗焦虑药也列为精神药物类，如利民宁、安定、硝基安定等，它们属于1,4-苯并二氮杂类化合物。

3.2.2.4 抗癌药物

癌症是危害人类健康最严重的疾病，世界上每年死于癌症的患者超过 600 万人以上，我国每年因各种癌症死亡的人约为 70 万。许多癌症的发生与人们的生活方式也有关，因此肿瘤称为"生活方式癌"。从"生活方式癌"的角度来说，饮食习惯是最重要的生活方式，饮食与癌症的确息息相关。常见的致癌物有：黄曲霉毒素（存在于被黄曲霉毒素污染的粮食、油和其制品中，主要引起肝癌，诱发骨癌、肾癌、直肠癌、乳腺癌、卵巢癌等）、亚硝基化合物（是强致癌物，含亚硝基化合物较多的食品，如烟熏鱼、腌制品、腊肉、火腿、腌酸菜等，但天然食物中亚硝基化合物含量极微，对人体是安全的）、稠环芳烃类化合物（存在于煤焦油、木焦油、香烟的烟雾）。由此可知，预防癌症的有效手段是防止食用上述致癌物。

治疗癌症的方法包括手术、放射和药物治疗。而药物治疗主要是化学合成药物的治疗（又称化学治疗或癌症化疗），治疗恶性肿瘤的药物就是抗癌药。1934 年使用氮芥治疗恶性淋巴肿瘤，经过 50 多年来的发展，合成出了毒性小、疗效好的抗肿瘤药物。

（1）烷化剂 是指能够在体内与生物大分子起烷化作用的物质，故又称生物烷化剂，它们是化学治疗肿瘤的有效药物。烷化剂按其结构可分为氮芥类、乙烯亚胺类、磺酸酯类、亚硝基脲类等。

$$R-N\begin{matrix} CH_2CH_2Cl \\ CH_2CH_2Cl \end{matrix} \qquad ClCH_2CH_2N-CONHR\ (NO)$$

氮芥类 亚硝基脲类

（2）抗代谢物 是指干扰和细胞功能有关的代谢途径，如干扰 DNA 的合成。具有抗肿瘤活性的抗代谢物，能抑制生物合成酶或干扰核酸的生物合成，抑制肿瘤细胞的增生。常用的有嘧啶类、嘌呤类和叶酸类抗代谢物。

（3）靶向给药 是指具有特异性的药物载体携带抗癌药物并有选择性地输送到癌变部位，故又称导弹疗法。如将黑色素瘤细胞注入动物体内，使此动物体内产生抗黑色素瘤抗体，而后提取抗体与抗癌药物苯丁酸氮芥结合，以治疗患有黑色素瘤的患者。

3.2.2.5 抗炎药物

（1）阿司匹林 关节炎是一种常患疾病，并且人到中年后随着年龄的增长而激增。人们最早发现咀嚼柳树皮具有退烧镇痛的作用，并在 1800 年从柳树皮中提取和分离出了治疗关节炎的有效成分——水杨酸（化学名为邻甲基苯甲酸），1853 年德国化学家合成了水杨酸，但发现服用后对胃有很大的刺激性和令人厌恶的味道，于是对水杨酸进行了结构改造，1893 年研制出了乙酰水杨酸即阿司匹林（Aspirin）。100 多年后今天阿司匹林仍是非常有效的解热镇痛药（主要治疗关节炎、风湿及类风湿痛、伤风、感冒、头痛、神经痛等）。为了拓展阿司匹林的疗效和作用机理，在降低阿司匹林刺激胃黏膜的副作用和提高疗效上，而将其制成盐、酯或酰胺类化合物如阿司匹林铝、乙氧苯酰胺（止痛灵）、优司匹林、二氟苯萨等，经临床使用证实这些改造后的药物多数优于阿司匹林如优司匹林、二氟苯萨的消炎镇痛作用比阿司匹林强 4 倍，并且对胃肠刺激远小于阿司匹林。

阿司匹林　　　乙氧苯酰胺（止痛灵）　　　　优司匹林　　　　　二氟苯萨

研究证明阿司匹林是花生四烯酸环氧酶的不可逆抑制酶，能够抑制血小板中血栓素 TXA_2 的合成，具有强效的抗血小板凝聚作用，可用于预防和治疗心血管系统的疾病，对结肠癌具有预防作用。

（2）激素类抗炎药　如可的松等主要影响糖代谢，增强抵抗力和抗风湿抗炎作用。抗炎激素的结构特点是具有环戊并多菲的基本母核，一般在 C-12 和 C-13 位上各有一个甲基，C-17 位上有一个含氧的功能基或一个碳链。常用的激素类抗炎药有可的松、氢化可的松和经过结构改造的一系列激素类抗炎药物如泼尼松、氢化泼尼松、醋酸去炎松、肤轻松等。

（3）非甾体抗炎药　包括芳基烷酸类、吲哚和吲哚唑类、吡唑烷酮类和邻氨基苯甲酸类。临床上经常使用的药物有布洛芬、消炎痛、保泰松、甲氯灭酸等。

3.2.2.6　心血管系统药物

心血管系统疾病是对人类的生命和健康威胁比较大的一类疾病，它属于常见病、多发病，其死亡率逐渐升高。用于医治心血管系统的药物可分为降血脂药、抗心绞痛药、降压药和抗心律失常药等。

（1）降血脂药　是一类能够降低血中胆固醇或甘油三酯的药物。根据人体内胆固醇合成是从乙酸开始的缘故，药学家和化学家合成了大量的乙酸衍生物，并且从苯氧乙酸衍生物中寻找到了具有降低甘油三酯或胆固醇药物如氯丙丁酯、降脂铝；烟酸具有较强的扩张血管和调节脂肪代谢的作用，但其有对胃部不适和皮肤潮红等副作用，因此人们合成出了副作用小、口服后在体内水解为烟酸及肌醇、作用缓慢而持久的烟酸的酯类化合物，如烟酸肌醇酯、烟己甘酯、烟酸戊四醇酯等。

（2）抗心绞痛药　是通过降低心肌需氧量而达到缓解和治疗目的的一类药物。硝酸甘油酯、亚硝酸戊四醇酯、硝酸异山梨醇酯等具有扩张血管、降低血压、减少回心血量的作用，以减轻心脏负荷和缓解心绞痛。肾上腺素 β-受体阻断剂心得安、心得宁等具有降低心肌缩力、减缓心率和降低交感神经兴奋的效应，从而使心肌需氧量减少，心绞痛缓解。

（3）降压药　是一类改变小动脉痉挛性收缩状态，降低血管张力，从而使血压降低到正常水平的药物。常用的有利血平（吲哚类生物碱）、复方降压药（主要成分为双肼屈嗪）等。

（4）抗心律失常药　是指能够使失常的心律恢复正常的药物。特异性抗心律失常药大多是氨基丙醇类，如心得安、心得宁、心得平、心复宁等。非特异性抗心律失常药包括奎尼丁（从金鸡纳树皮中获得的生物碱，临床上用于治疗心房颤动、阵发性心动过速和心房扑动）、普鲁卡因、普鲁卡因酰胺等。

3.3 抗生素

抗生素（antibiotic）是霉菌等微生物产生的一类能抑制或杀灭其他微生物的物质。美国人瓦克斯曼（S. A. Waksman）对放线菌的研究是抗生素发展的重要基础；1920～1930年比利时的葛拉帝亚和沙拉达斯从放线菌中分离得到第一个抗生素——放线酶素甲的化合物，但几乎无药用价值；1931年瓦克斯曼的助手法国土壤细菌学家杜柏斯从土壤中发现了一种杆菌——短杆菌素，对葡萄球菌、链球菌、肺炎杆菌、革兰阳性菌有杀灭作用，短杆菌素是第一个由微生物制造的药物，并引起两个更重要的发现，即青霉素和链霉素（瓦克斯曼，美国）的发现。

抗生素按化学结构可分为：β-内酰胺类抗生素、氨基糖苷类、大环内酯类、四环素类、氯霉素类及其他类。

抗生素具有四种主要作用机制：抑制细菌细胞壁的合成，如青霉素类与头孢菌类素；与细胞膜相互作用，如多黏菌素与短杆菌素；干扰蛋白质的合成，如氨基糖苷类和大环内酯类；抑制核酸的复制与转录，如叶酸代谢，核酸合成（喹诺酮、磺胺类）。

3.3.1 β-内酰胺类抗生素

β-内酰胺类抗生素（β-lactam antibiotics）具有抗菌作用强、毒性低、临床疗效好的优点。结构中都含有具有抗菌活性的β-内酰胺环。其侧链的改变形成了许多不同抗菌谱和抗菌作用以及各种临床药理学特性的抗生素。根据其结构和作用特点将其分为：青霉素、头孢菌素类及非典型的β-内酰胺类抗生素。其中非典型的β-内酰胺类抗生素包括：碳青霉烯类、青霉烯类、单环β-内酰胺、青霉烷类（氧青霉烷类、青霉烷砜类）。

β-内酰胺类抗生素的作用机制：β-内酰胺类抗生素通过抑制D-丙氨酰-D-丙氨酸转肽酶，从而阻断细菌细胞壁黏肽的合成，使细胞壁缺损，菌体膨胀裂解死亡。由于β-内酰胺类抗生素的结构与黏肽D-丙氨酰-D-丙氨酸的末端结构相似，具有相似的空间结构，使酶识别困难，能竞争性地和酶活性中心共价结合，导致不可逆的抑制作用，因此该类抗生素对繁殖期细菌有强烈杀灭作用。

（1）青霉素 1922年英国人弗莱明（A. Fleming）发现人的眼泪和唾液中有一种杀灭细菌的物质，他将此物质称为溶菌酶。随后，他研究溶菌酶对各种细菌的作用，并在1928年发现了青霉菌对葡萄糖球菌有抑制作用，1929年弗莱明发表文章指出青霉菌可以产生有杀菌作用的青霉素。1940年弗洛恩（Howard Florey）和钱恩（Ernst Chain）成功研究了青霉素对动物实验，奠定了青霉素的治疗学基础；1942年成功获得了临床实验，人类的医学进入了崭新时期；1945年通过X射线结晶学研究了青霉素的结构，同年弗莱明、弗洛恩和钱恩获得了诺贝尔医学和生理学奖。

青霉素的通式

青霉素是菌霉属的青霉菌所产生的一类抗生素的总称，天然的青霉素共有七种，其中青霉素G（Penicillin G）的效果最好，分子中R为苄基，故又称苄青霉素，临床上常用青霉素G的钾盐或钠盐。青霉素G钾盐具有很好的抗菌作用，主要用于革兰阳性菌如链球菌、葡萄糖球菌、肺炎球菌等所引起的全身或严重的局部感染，其特点是能干扰细菌的正常新陈代谢而不破坏人体的细胞。青霉素具有较高的药效和较小的毒性，故青霉素一直是用途最广的抗生素。

（2）半合成青霉素　青霉素 G 具有较强的抗菌作用，其弱点是不耐酸、不耐酶、抗菌谱不够广。半合成青霉素是将青霉素发酵液中分离得到的 6-氨基青霉烷酸（6-APA）与其他化合物反应而得的产物，如耐酸青霉素苯氧乙基青霉素和苯氧丙基青霉素不易被胃酸破坏，适于口服。金黄色葡萄球菌或其他耐药菌对青霉素的耐药性的主要原因是它产生的一种青霉素酶能够使 β-内酰胺破裂，生成无抗菌作用的青霉酸，半合成青霉素（如甲氧苯青霉素、乙氧萘青霉素、异噁唑类青霉素等）中的特殊分子结构具有耐酶的性质。

广谱半合成青霉素的特点是对革兰阳性菌和阴性菌均有作用，尤其是对革兰阴性菌的活性较强。抗菌范围除包括链球菌、葡萄糖球菌、肺炎球菌等革兰阳性菌外，对流感杆菌、大肠杆菌、绿脓杆菌和肺炎杆菌等都有作用。临床上应用的有氨苄青霉素（氨苄西林）、羟氨苄青霉素（阿莫西林）等，它们具有口服的优点而受到使用者的青睐，可以用于革兰阳性菌引起的咽炎、扁桃体炎、鼻窦炎、支气管炎、肺炎、皮肤软组织感染，也可以用于革兰阴性菌引起的胆囊炎、肠炎、痢疾、伤寒、泌尿系统感染等疾病。

（3）头孢菌素　头孢菌素（亦称先锋霉素）类抗生素是一族半合成抗生素，具有抗菌作用强、疗效高、毒性低、过敏反应较青霉素少的优点。头孢菌素是 1945 年由意大利的布洛祖（Giuseppe Brotzu）教授从海边污泥中分离得到头孢菌素 C。科学家经过数年研究出了抗菌作用更强、抗菌谱更广、对 β-内酰胺酶稳定、可以口服的半合成头孢菌素。迄今临床上已有第四代头孢菌素在使用。

头孢菌素的通式　　　　氯霉素

3.3.2　氨基糖苷类抗生素

氨基糖苷类抗生素（aminoglycoside antibiotics）是由链霉菌、小单胞菌和细菌所产生具 1,3-二氨基肌醇为苷元与氨基糖（单糖或双糖）形成的苷。临床上应用较多的主要有：链霉素、卡拉霉素、庆大霉素、小诺米星、妥布霉素、巴龙霉素、新霉素、阿米卡星、奈替米星等。

氨基糖苷类抗生素的共同特点如下：

① 结构中具有苷键，易发生水解反应；

② 氨基和胍基等碱性基团的存在，使药物显碱性，临床常用其硫酸盐；

③ 糖结构中的多羟基使药物成为极性化合物，故亲水性强，脂溶性差，口服给药不易吸收，仅作为肠道感染用药，需注射给药；

④ 除链霉素中链霉糖上醛基易被氧化外，本类药物的固体性质稳定。

本类抗生素有较大的毒性，它主要作用于第八对脑神经，可引起不可逆的听力损害，甚至耳聋，尤其对儿童毒性更大。本类药物的毒性反应与血药浓度密切相关，因此在用药过程中应注意进行药物检测；此外，本类药物与血清蛋白结合率低，绝大多数不经代谢以原药形式经肾脏排出，所以对肾脏也常有毒性。

（1）链霉素　是第一次发现的氨基糖苷类抗生素，在分子结构中有三碱性中心，可以和各种酸成盐。链霉素为白色或类白色粉末，无臭，味微苦，有引湿性。易溶于水，微溶于乙醇和氯仿。链霉素分子中的醛基受电子效应的影响，既有还原性又有氧化性。易被氧化成链霉素酸而失效，也可以被还原性药物如维生素C等还原失效，在临床配伍使用时需注意。链霉素临床用作抗结核药，常与异烟肼等药物联用。缺点是易产生耐药性，对第八对脑神经有损害，可引起永久性耳聋，应予注意。

链霉素的鉴别方法如下：

① 在碱性条件下水解生成的链霉糖经脱水重排，产生麦芽酚，麦芽酚在微酸性溶液中与铁离子形成紫色配合物。为其特有的反应，称麦芽酚反应。

② 本品加氢氧化钠试液，水解生成的链霉胍与8-羟基喹啉乙醇溶液和次溴酸钠试液反应，显橙红色。

链霉素是瓦克斯曼发现并用于抗结核病类的药物。由于链霉素有严重的毒性，因此现在已停止使用。但这不能抹杀链霉素在抗生素发展史和抗结核病方面的里程碑的作用。

(2) 庆大霉素　由庆大霉素C_1、庆大霉素C_{1a}和庆大霉素C_2三种成分组成，三者抗菌活性和毒性基本一致。庆大霉素为白色或类白色结晶性粉末，无臭，有引湿性。易溶于水，不溶于乙醇、乙醚、丙酮和氯仿。与其他抗生素一起使用，其兼容性较好。庆大霉素为广谱的抗生素，临床上主要用于由绿脓杆菌或某些耐药革兰阴性菌引起的感染和败血症、尿路感染、脑膜炎及烧伤感染等。

3.3.3　大环内酯类抗生素

大环内酯类是指由链霉菌产生的弱碱性抗生素，具有十四元或十六元的内酯环，并通过内酯环上的羟基和去氧氨基糖或6-去氧糖缩合成碱性苷。大环内酯类抗生素一般为无色的碱性化合物，不溶于水，易溶于有机溶剂。可与酸成盐，其盐易溶于水，但化学性质不稳定，在酸性条件下易水解；在碱性条件下酯环开环，在体内易被酶分解降低抗菌活性。

大环内酯类抗生素的作用机制：大环内酯类抗生素作用于细菌的50S（大亚单位）核糖体亚单位，通过阻断转肽酶的作用和mRNA转位而抑制细菌蛋白质的合成。

(1) 红霉素及其衍生物和类似物　红霉素是由红色链丝菌代谢产物中得到的一种口服抗生素，包括红霉素A、红霉素B和红霉素C三种组分。

红霉素A

红霉素主要用于对青霉素发生耐药性的葡萄球菌感染和对青霉素有过敏的患者。抗菌谱窄，水溶性较小，只能口服，在酸性环境中易分解失活，且半衰期短。

红霉素的结构修饰：主要在9-酮、6-OH、8-H上进行（与红霉素A的环合水解机制有关），9-羰基与羟胺成肟再与甲氧基乙氧基甲基缩合得到罗红霉素，9a-位杂入甲氨基得到阿奇霉素，6-位羟基甲基化得到克拉霉素，8-位引入F得到氟红霉素。

(2) 螺旋霉素　是由螺旋杆菌新种产生的含有双烯结构的十六元环大环内酯抗生素，在其内酯环的9-位与去氧氨基糖缩合成碱性苷。主要有螺旋霉素Ⅰ、Ⅱ、Ⅲ三种成分。国产螺旋霉素以螺旋霉素Ⅱ、Ⅲ为主，进口螺旋霉素以螺旋霉素Ⅰ为主。

螺旋霉素为碱性的大环内酯抗生素，苦味，口服吸收不好，进入体内后，可部分水解导致活性降低。

螺旋霉素的抗菌性能差，以螺旋霉素为原料经酰化反应得到了乙酰螺旋霉素，具有抗菌谱广和效果明显的特点，临床上用于各种敏感所致的感染，如肺炎、支气管炎、肺脓疡、猩红热、各种外科感染、中耳炎等。

3.3.4 四环素类抗生素

四环素类抗生素是一类口服的广谱抗生素，主要是通过抑制核糖体蛋白质的合成，从而干扰细胞蛋白质的生物合成。四环素类抗生素的基本结构是十二氢化并四苯，该类药物有共同的 A、B、C、D4 个环的母核，结构中具有多个手性碳原子。

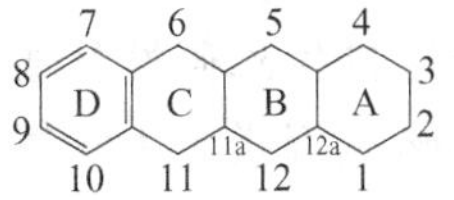

（1）天然四环素类抗生素　主要有四环素、金霉素、土霉素等。金霉素主要用于治疗斑疹伤寒、原发性异型肺炎、泌尿系统感染、阿米巴痢疾等，因毒性大，现只作外用；土霉素主要用于斑疹伤寒、原发性异型肺炎、泌尿系统感染、阿米巴痢疾等；四环素的耐热性和稳定性好，吸收快及血液中浓度较高，有很好的抑菌作用，四环素现在临床也已少用，主要用作兽药和饲料添加剂。

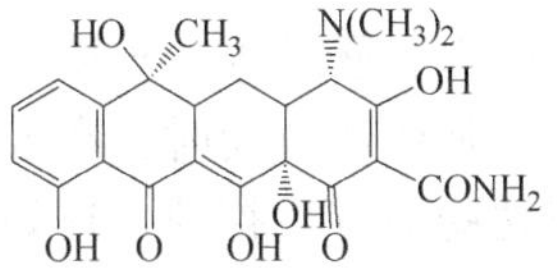

四环素

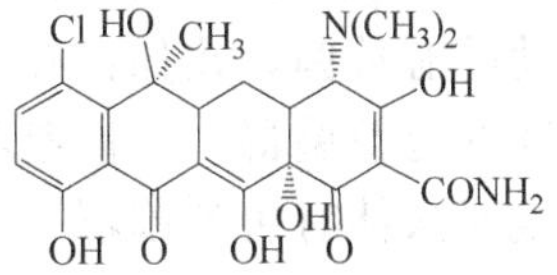

金霉素

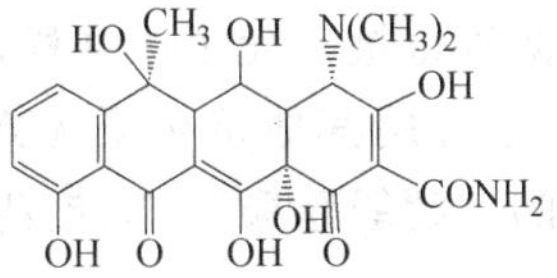

土霉素

四环素类抗生素有相似的抗菌谱，而且理化性质也很相近，均为黄色结晶性粉末，味苦。干燥状态下稳定，遇光变色。水中溶解度小，成酸碱两性，能溶于碱性和酸性溶液中。在酸性、中性和碱性溶液中均不稳定。pH＜2 时，C-6 上的羟基和相邻碳上的氢脱水，生成橙黄色脱水物，使效率降低。pH＝2～6 时，C-4 上的二甲氨基很容易发生差向异构化，生成无抗菌活性的差向异构体。碱性时，碳环破裂重排，生成具有内酯结构的异构体。

四环素类药物的颜色反应：其结构中的酚羟基和烯醇基，能与金属离子形成不溶性的有色螯合物，如与钙离子、铝离子形成黄色螯合物，与铁离子形成红色螯合物。

（2）半合成四环素类抗生素　是天然四环素结构的 5-、6-、7-位取代基进行改造而得到的一类广谱抗生素。在临床应用中发现天然四环素类抗生素存在易产生耐药性，化学结构在酸、碱条件下不稳定等缺点，因此对其进行了结构修饰。半合成四环素类药物主要有美他环素、多西环素、米诺环素等。

以土霉素为起始原料合成盐酸多西环素，抗菌谱广，对革兰阳性菌和阴性菌都有效。抗菌作用是四环素的 10 倍，对四环素耐药性仍有效。主要用于呼吸道感染、肺炎和泌尿系统感染等，也可用于支原体肺炎的治疗。

3.3.5　氯霉素类抗生素

氯霉素为 1947 年由委内瑞拉链霉菌培养滤液中得到的。第二年便能用化学方法合成，并应用于临床，但活性低于天然氯霉素。氯霉素为白色或微带黄绿色的针状、长片状结晶性粉末，味苦，易溶于甲醇、乙醇、丙酮或丙二醇，微溶于水；氯霉素分子中芳香硝基经氯化钙和锌粉还原，可产生羟胺衍生物，与苯甲酰氯进行苯甲酰化，生成物可与铁离子形成紫红色的配位化合物。氯霉素加入醇制氢氧化钾试液，加热，溶液显氯化物的鉴别反应。

氯霉素为广谱抗生素，对革兰阳性菌和阴性菌都有抑制作用。临床主要用于治疗伤寒、副伤寒、斑疹伤寒等。对百日咳、沙眼、细菌性痢疾及泌尿系统感染等也有效。但若长期和多次应用可损害骨髓的造血功能，引起再生障碍性贫血。氯霉素分子中引入其他基团得到一系列氯霉素衍生物如琥珀氯霉素、甲砜氯霉素、无味氯霉素等。

$$O_2N \text{——} \underset{OH}{\overset{H}{\underset{|}{\overset{|}{C}}}} \text{—} \underset{H}{\overset{NHCOCHCl_2}{\underset{|}{\overset{|}{C}}}} \text{—} CH_2OH$$

氯霉素

3.3.6　滥用抗生素的危害

滥用抗生素，可以导致菌群失调。正常人的体内，往往都含有一定量的正常菌群，它们是人们正常生命活动的有益菌，比如：在人们的口腔内、肠道内、皮肤……都含有一定数量的人体正常生命活动的有益菌群，它们参与人体的正常代谢。同时，在人体内，只要这些有益菌群的存在，其他对人体有害的菌群是不容易在这些地方生存的，这如同某些土地中，已经有了一定数量的"人类"，其他"人类"是很难在此生存的。但如滥用抗生素，因抗生素不能识别菌群对人类有益还是有害，它们如同在铲除当地"土匪"的同时，连同老百姓也一起杀掉的情况，结果是人体正常的菌群也被杀死了。这样，其他的有害菌就会在此繁殖，从而形成了"二次感染"，这往往会导致应用其他抗生素无效，死亡率很高。抗生素的滥用和误用，也导致了许多药物无法治疗的"超级感染"，如抗药性金黄色葡萄球菌感染等。

第二篇
饮食与健康

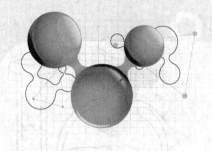

第4章
生活能量化学与健康

4.1 生活中的能量化学

4.1.1 生活能量的消耗

人体活动中能量的变化相当复杂，如肌肉运动的机械能，人体生化反应时的化学能，神经冲动传导时的电能……尽管各种能量变化形式不同，但它们之间是密切相关的。就肌肉活动而言，有电能的活动、有化学能的变化，但主要表现形式是机械能的改变。人体活动所需要能量的来源是食物，即储存在供能化合物（碳水化合物、脂肪、蛋白质）中的化学能。生活能量是指维持人体生化反应所需要的化学能，保证这些反应正常进行的环境所需的热能（体温），以及日常活动所消耗的能量。

4.1.1.1 基础代谢

基础代谢（basal metabolism）是指维持机体基本生命活动中的能量消耗。一般是指清晨睡醒后，人体空腹静卧在床上的状态，此时只有肺的呼吸、心脏的搏动等基本的生命活动，而没有食物的消化吸收和体力活动。由于年龄、性别和体表面积影响基础代谢，因此用基础代谢率（basal metabolism rate）表示，即每千克体重每小时所消耗的能量。影响基础代谢的因素有体表面积、年龄、性别和内分泌。

（1）体表面积　体表面积愈大，散热面积愈大。体表面积又与身高和体重有关，可以通过三者的线性回归方程求得：

$$体表面积(m^2)=0.00607×(身高\ cm)+0.0127×(体重\ kg)-0.00698$$

如一个身高175cm、体重60kg的人的体表面积为1.82m²。

学龄前儿童的体表面积计算公式是：

$$体表面积(cm^2)=42.3356×(身高\ cm)+175.6882×(体重\ kg)-272.2716$$

（2）年龄　人的一生中，婴幼儿阶段是整个代谢最活跃的阶段，青春期出现一个较高的代谢阶段，成年人随着年龄的增长代谢率缓慢地降低。

（3）性别　在同一年龄，同一体表面积的情况下，女性机体所消耗的能量比男性低。其差别在于女性体内脂肪组织比例大于男性，而去脂肪组织的比例女性较男性低；另外，育龄妇女在排卵期前后有基础体温的波动，对基础代谢亦有微小的影响。

（4）内分泌　内分泌腺分泌的激素不仅对物质代谢起调节作用，而且对能量代谢也起一定作用，其中以甲状腺素的影响为最大。

4.1.1.2　体力活动

体力活动是人体影响能量消耗的最主要因素。在体力活动中，人体本身的重量是一种负荷，人体活动需要肌肉及其他组织做功。成年人的一般活动，消耗能量约 116W（10000kJ/d）。几类主要活动的能耗为：睡眠，70W；站立，140W；步行（4.8km/h），280W；跑步（33km/h），1120W；写作时，300W。大学生正常能量需求：一个 60kg 男生，平均每日能量消耗为 12600kJ（3000kcal），平均输出功率为 145W；一个 55kg 女生，平均每日能量消耗为 8820kJ（2100kcal），平均输出功率为 102W。

4.1.1.3　食物特殊动力作用

食物特殊动力作用是指摄取食物所引起能量消耗增加的现象。如摄取 6720kJ（1600kcal）碳水化合物，按理只能产生 6720kJ（1690kcal）的能量，实际产生了 7096kJ（1690kcal）的能量，增加了 6%。摄取脂肪和蛋白质时能量分别增加了 4%～5% 和 30%。其原因是来源于体内储备的能量（营养物）的消耗不是能量的来源。

成年人的能量消耗包括基础代谢、体力活动和食物特殊动力作用三个方面。

4.1.1.4　生长发育

儿童和孕妇所消耗的能量还包括生长发育的能量。新生儿按 kg 体重与成人比较，能量消耗多 2～3 倍。3～6 个的婴儿，每天摄取的能量有 15%～23% 被机体用于生长发育的需要而保留在体内。孕妇既要供给本身机体的能量，又要供给胎儿的生长发育，因此孕妇需要增加营养物质以补充能量的需要。

世界卫生组织规定的温饱线是人均日摄取热量为 10000kJ。据 1982 年的统计，我国男女老少日平均摄入热量约为 10400kJ，表明基本解决了温饱问题，经过 20 年的变迁，现在我国人民基本达到了小康水平。

4.1.2　能量的需要、供给和来源

能量的需要是指维持机体正常生理功能所需要的数量，若低于这个数量就会对机体产生不利的影响；能量的供给是指在已知需要量的前提下，按食物的生产水平与人们的饮食习惯，同时考虑到人群中个体差异和照顾群体的绝大多数所设置的个体安全量。能量来源于食物，通常包括食物主体（碳水化合物、脂肪、蛋白质）、维生素和矿物质（特别是微量元素）。

4.1.2.1　食物主体

食物主体（碳水化合物、脂肪、蛋白质）提供人体正常的能量需求，提供能量的基本反应为

$$\text{H}-\overset{|}{\underset{|}{\text{C}}}-\text{OH}+\text{O}_2\longrightarrow \text{CO}_2+\text{H}_2\text{O}+500\text{kJ}$$

1g 碳水化合物约提供 17kJ 能量；1g 脂肪提供 37kJ 能量；1g 蛋白质提供 17kJ 能量。每天每人需要 300～400g 碳水化合物，占总能量的 35%～45%；100～150g 脂肪（由于脂肪的摄入量与患心脏病的风险有关，因此脂肪的摄入量应降低），占总能量的 30%～35%；80～120g 蛋白质，占总能量的 10%～15%。

4.1.2.2　微量成分

维生素和微量元素（也称生物催化剂）起促进化学变化、转换能量、维持各种代谢的独

特作用。

维生素、酶、激素之间在物质和功能方面有着紧密的关系，许多维生素是辅酶的组分。有机体能合成自身的酶和激素，但不能合成维生素，因此必须从饮食中获得，即从含有游离的、或结合的维生素的食物中获得，或者如维生素 A、维生素 D 从维生素的前体获得。已知的维生素约 20 种，分为脂溶性维生素（包括维生素 A、维生素 D、维生素 E、维生素 K）和水溶性维生素（包括 B 族维生素、维生素 C）。维生素的化学性质不同，在中间代谢过程中具有特殊作用，它们的作用可能是相互的，但是它们不能相互替代，如维生素 E（生育酚）的抗氧化性能够保护机体中的维生素 A，因此维生素 A 能贮存于肝脏中，体内必须有充分的维生素 E 供应。缺乏某种维生素会引起特定的疾病，如缺乏维生素 A 导致夜盲症；缺乏维生素 D 导致佝偻病等。

为了保护和保持食品中的维生素，食品化学家和工艺学家需要对维生素有完整的认识，包括物理和化学性质——如对空气（氧）、酸、碱、微量元素、温度、光、离子辐射等的反应性，在水中或脂质中的溶解性，以及它们在生产、处理和贮存过程中的性质。

4.1.3 能量转换和利用

食物主体和微量成分可以提供能量，但它们本身不是能量，需要经过转换才能被机体利用。

4.1.3.1 消化作用

从化学观点看，消化作用是指被摄取的食物经过水解得到小分子化合物，尔后通过肠壁吸收到体液中并参与新陈代谢的过程。这些水解反应需要酶催化，每种水解反应都有特定的酶作催化剂。碳水化合物、脂肪、蛋白质水解分别产生单糖、脂肪酸、氨基酸，尔后在酶的催化下氧化释放出能量。

（1）碳水化合物（carbohydrate） 其定义来源于其中的 C、H、O 三元素的比例，多为 $C_n(H_2O)_n$。碳水化合物是指多羟基醛或多羟基酮以及水解后产生多羟基醛或多羟基酮的化合物。膳食中的碳水化合物分为人可利用的糖类（淀粉和蔗糖等）和人不可利用的糖类（纤维素等）以及一些糖类衍生物（如葡萄糖还原生成山梨醇）。

口腔唾液中的淀粉酶使淀粉部分水解成二糖（如麦芽糖），但由于食物在口腔中停留时间短，该淀粉酶在胃中仍继续维持其作用，直到胃酸侵入食团为止，此时 pH 降低使淀粉酶失去活性。食团进入肠道后由胰腺分泌的淀粉酶对未消化和部分消化的淀粉继续水解成麦芽糖和葡萄糖，接着是小肠黏膜细胞刷状缘中的糊精酶、麦芽糖酶、乳糖酶和蔗糖酶等继续对上述产物水解，最终产物是单糖，如葡萄糖、果糖、半乳糖等。这些糖被吸收进入血液后成为血糖，其浓度受激素胰岛素的调节和控制。若血糖过高，单糖将在肝中转化为多糖糖原即肝糖，在人肝中约为 6%。若血糖过低，肝中贮存的糖原被水解，以补充人体中血糖水平。在酶催化下，被吸收后转化产生的单糖如葡萄糖才燃烧，提供人体所需要的能量：

$$C_6H_{12}O_6+6O_2 \longrightarrow 6CO_2+6H_2O+2889kJ$$

（2）脂类（lipids） 包括脂肪（fats）和类脂（lipoids），是指化学结构相似或完全不同，但不溶于水而易溶于乙醚、氯仿、丙酮等有机溶剂的有机化合物。体内的脂类都以液态或半固态形式存在，人体脂类总量占正常体重的 10%~20%，超过正常体重的 30% 为肥胖，超过正常体重的 60% 为过度肥胖。

脂肪是体内重要的贮能和供能物质，分布在皮下、腹腔等脂肪组织及心、肾等内脏包膜中，称"储存脂"，约占体内总脂量的 95%，随膳食、能量消耗的变化而变化。类脂主要包括磷脂（phospholipide）和胆固醇（cholesterol）等，约占体内总脂量的 5%，是细胞质膜、核膜等膜结构的主要成分，是机体各器官组织特别是大脑神经组织的基本组织成分。

脂类的消化主要是在小肠中通过胆汁酸盐的乳化作用，分散成乳糜微团，尔后在胰脂肪酶、肠脂肪酶、磷脂肪酶等作用下水解而被人体吸收。

（3）蛋白质（protein）　是生命的物质基础。蛋白质分子的元素组成是 C、H、O、N、S，一些蛋白质还含有 Fe、Zn、Mn、P、I 等。蛋白质元素组成的特点是含有相对恒定的氮元素，即不同食物蛋白质中氮的含量比较接近。蛋白质是动物体内含量最多的固体成分，占体重的 15%～19%。

蛋白质是人类膳食中的重要成分。人类依靠食物维持生命和健康，食物中碳水化合物和脂肪以提供能量为主；蛋白质除提供能量外，还担负着重要的生理功能，因此人必须每天从膳食中得到补充和供应，这对儿童的生长发育，妇女妊娠哺育及创伤后修复，疾病后的康复都非常重要。蛋白质营养上的重要性决定于组成中的氨基酸，主要是营养必需氨基酸的含量和比例。

食物中各种不同的蛋白质，分别被消化道中一系列消化蛋白酶连续水解，最终以游离氨基酸的形式被人体的肠壁吸收。胰蛋白酶主要水解蛋白质分子中的碱性氨基酸羧基形成的肽键；糜蛋白酶主要水解蛋白质分子中的芳香族氨基酸羧基形成的肽键；弹性蛋白酶主要水解蛋白质分子中的中性脂肪氨基酸羧基形成的肽键；而胃蛋白酶对食物蛋白质水解肽键的特异性较低，部分消化水解的蛋白质在肠道中继续在胰蛋白酶、小肠氨基肽酶、小肠黏膜三肽酶、小肠黏膜二肽酶作用下，彻底水解成游离的氨基酸被机体吸收。

人体能合成许多自身需要的氨基酸和脂肪酸，但仍有为正常生长发育必需的成分由食物供给，它们称为必需氨基酸（组氨酸、异亮氨酸、赖氨酸、蛋氨酸、苯丙氨酸、色氨酸、缬氨酸、亮氨酸）和必需脂肪酸（亚油酸、亚麻酸、花生四烯酸）。体内能自身合成的重要氨基酸有丙氨酸、精氨酸、（半）胱氨酸、谷氨酸、酪氨酸等 14 种。缺乏必需脂肪酸时会得皮炎，生长缓慢，水分消耗增加和生殖能力下降。

4.1.3.2　能量的转换机制和代谢

（1）能量的转换机制　能量的转换过程中，酶起专一催化的作用，参与一切生化过程。酶的基体是蛋白质，称为主体酵素（agoenzyme），亦称酶蛋白，基体不具有活性；在基体上附有活动辅助剂或者分子结构中含有相当于此辅助剂的活性基方可发生效力，这种辅助剂称为辅助酵素（coenzyme），又称辅酶。要使酶具有活性，酶蛋白与辅酶必须首先结合。如甘氨酰甘氨酸在水解酶和 Co^{2+}（辅酶）作用下水解：

$$H_2N—CH_2—CO—NH—CH_2COOH \longrightarrow NH_2—CH_2—COOH$$

酶除具有专一性外，还具有催化作用的高速率。如一个 β-淀粉酶分子 1s 能催化断裂直链淀粉 4000 个键。

三磷酸腺苷（ATP）是最重要的辅酶。生物体运动包括从肌肉运动到精神活动的能量转换时，所有的细胞都需要 ATP 的参与。ATP 的特点是随时可以发生反应，1mol 的 ATP 可释放出 193kJ 的反应热：

$$ATP+H_2O \longrightarrow ADP+H_3PO_4+193kJ$$

这个热量就是我们赖以生存的能量（其中 ADP 是二磷酸腺苷）。ATP 的产生是由高能物质如葡萄糖通过能量代谢得到的，有氧时，葡萄糖氧化的同时生成 ATP；无氧时，葡萄糖在糖酵解体系中分解生成乳酸的同时也生成 ATP。反应方程式为：

$$C_6H_{12}O_6+6O_2+34ADP+34H_3PO_4\longrightarrow 6CO_2+34ATP+34H_2O$$

$$C_6H_{12}O_6+2ADP+2H_3PO_4\longrightarrow 2CH_3CHOHCOOH+2ATP+2H_2O$$

ATP被称为生物体内的通货。在细胞中，常以$MgATP^{2-}$或$MgATP^-$的1∶1配合物形式存在，它们的性质均很活泼，ATP末端的两个磷酸基和ADP末端的一个磷酸基的链称为酐键，是辅酶最活泼的部位。

在酶和底物相互作用的基础上发展了主客体化学和超分子化学（C·J·裴德逊等，1987年诺贝尔化学奖），合成了冠醚（二苯并18-冠-6）和穴醚（大二环、大三环、大四环）化合物，其特点是可作为Na^+或K^+的载体，已做成脱盐的海水淡化膜及提取钾的萃取剂，有可能据此制成模拟细胞膜。

（2）能量的代谢 碳水化合物的中间代谢即吸收后的糖在细胞内的变化。中间代谢包括合成代谢和分解代谢，合成代谢是指小分子葡萄糖合成大分子多糖（如糖原）的过程；分解代谢是指糖原或葡萄糖分解为二氧化碳和水，并释发出能量，以维持细胞的各种生命活动过程。

脂类的代谢在体内不断进行着合成代谢和分解代谢，合成代谢包括糖转变成脂肪储存及食物脂肪转变成人体脂肪的改造、同化作用；分解代谢包括甘油和脂肪酸的彻底氧化分解供应能量及生成代谢中间物酮体。磷脂在体内的代谢更新与蛋白质和氨基酸紧密相关；胆固醇可以从食物中摄取，也可以在体内自行合成，胆固醇的分解代谢生成一些重要的类固醇如胆汁酸等，最终排出体外。

蛋白质和氨基酸的代谢都有非常复杂的合成代谢和分解代谢，这些物质代谢伴随着复杂的能量代谢。合成代谢是消耗ATP的吸能反应，分解代谢是生成ATP的放能反应。

4.2 能量与肥胖

食品是维持人类生存和生长的基本物质，人们每天必须摄取一定数量的食品以维持自己的生命和身体健康，保证正常的生长、发育和从事各项活动。20世纪中叶，西方发达国家的现代物质文明高度发达，它给人们的生存带来了物质享受的同时，也带来了诸多的困惑和忧虑，肥胖症、高血脂、高血压、糖尿病、恶性肿瘤等所谓的现代文明病的发病率居高不下，时刻威胁着人们的身体健康。20世纪末期，我国的膳食结构也发生了重大变化，饮食中的食物越来越精，而其膳食纤维越来越少，蔗糖和脂肪越来越多，肥胖症（尤其是儿童）等现代文明病像雨后春笋般地发生在国人身上，它们严重威胁着人们的健康。未雨绸缪，人们对无能量膳食纤维的生理作用给予了高度重视，高品质低能量的脂肪替代品、蔗糖替代品、低能量填充剂也得到了开发和研究，以满足新时代（饮食过量、空气与水源污染加剧、各种慢性病如心血管疾病和肥胖症等、老龄化社会的形成、紧张快节奏的现代生活方式……）的需要，从而提高人们的生活质量和生活水平。

4.2.1 膳食与肥胖

肥胖是现代文明病，也是现代人最关注的问题之一。肥胖症（adiposis）是指机体脂肪组织的量过多和/或脂肪组织与其他软组织的比例过高。一般在成年女子体内的脂肪含量超过30%，成年男子超过20%～25%，就可以认为肥胖。

4.2.1.1 肥胖判断方法

目前，用于测定标准体重的方法是测定体重指数（BMI），即体重（kg）/身高^2（m^2）

来判断体重是否正常，理想 BMI 的范围是发达国家 $24\sim26kg/m^2$ 和发展中国家 $20kg/m^2$，WHO 提出全世界范围的 BMI 数值是 $20\sim22kg/m^2$。当 BMI $>24.9kg/m^2$ 时，则为肥胖症，肥胖伴有较高的死亡率，这与其他危险因子如心血管疾病、糖尿病等联系在一起，这在男性患者更加明显。而 BMI $>30kg/m^2$ 时肥胖的程度与病死率的升高几乎呈线性关系（BMI $<25kg/m^2$ 为极低度危险、BMI $25\sim30kg/m^2$ 为低度危险、BMI $30\sim35kg/m^2$ 为中度危险、BMI $35\sim40kg/m^2$ 为高度危险、BMI $>40kg/m^2$ 极高度危险）。

4.2.1.2 高能量膳食与肥胖

大多数人的食物摄入量与机体的消耗量基本处于动态平衡状态，并且人一生的体重不会明显偏低或明显偏高，但能量摄入（发展中国家能量的摄入不足，发达国家能量的摄入过量）及其后果有关的公共营养问题是世界上广泛研究的课题。当人体的能量摄入大于消耗时，超出的部分则以脂肪形式贮存于机体中造成脂肪组织增多，导致肥胖。在食用高能量、高密度食物时，就可能引起能量摄入过多而造成慢性能量过剩，产生体重超重和肥胖。人体组织的脂肪含量与食物中脂肪含量正相关，食物中的脂肪含量高且摄入量又过多时就很容易导致肥胖。

4.2.1.3 肥胖症的病因

（1）遗传因素　肥胖症患者有家族史，如父母肥胖使其本人自幼肥胖，尽管能量摄入较少，但体重却处于较高水平，因此遗传对体重的影响是明显的。

（2）神经系统　下丘脑有两种调节摄食活动的神经核，腹内侧核为饱觉中枢，当兴奋时发生饱感而拒食，其受控于交感神经中枢，交感神经兴奋时食欲受抑而体重减轻；腹外侧核为饥饿中枢，当兴奋时食欲亢进，其受控于副交感神经中枢，迷走兴奋时摄食增加，导致肥胖。

（3）饮食生活习惯　不良的饮食生活习惯使人体摄入的能量增加，消耗减少，从而导致肥胖。

4.2.2 肥胖症与疾病

进食过多和运动过少都会使能量摄入和机体消耗失去平衡，过多的能量以脂肪形式储存，使机体脂肪组织增多，脂肪组织增生，就引起肥胖。随着人们生活水平的提高，肥胖症的发病率愈来愈高，突出表现在婴幼儿期、青春发育期及 40 岁以上的成年人。之所以产生肥胖现象主要取决于各种不良的饮食习惯，过量不必要的营养药物，缺乏必要的体育锻炼和运动。

肥胖本身不是一种严重的疾病，但长期肥胖容易引发一系列疾病：糖尿病、高血压、冠心病、中风、肾脏病、脂肪肝和胆囊病症。肥胖还容易引发的健康问题有：疲劳、关节炎与痛风（行动不便和血液循环不良）、背部和腿部的问题与疾病（血液循环不良）、呼吸问题（如气喘或气急）、怀孕时行动困难与易难产、易发生意外事故等。另外，肥胖症患者给人的印象是形象不美，有的肥胖症患者会产生一些可怕的病症如心理自卑等。

4.2.2.1 糖尿病与肥胖症的关系

根据流行病学统计表明，肥胖是糖尿病最大的危险因素，40 岁以上的糖尿病人中 $70\%\sim80\%$ 有肥胖史。肥胖会加重糖尿病的发展，肥胖开始时患者空腹血糖正常，有时进食后 $3\sim4h$ 有低血糖反应，这是迟发胰岛素分泌的结果。肥胖症患者胰岛素受体数目减少，脂肪和肌肉组织对胰岛素敏感性降低，易患糖尿病和高脂血症。随着肥胖史的延长，糖耐量下降，开始是餐后血糖高，随后空腹血糖增高，若其 B 细胞功能偏低或有缺陷，则最终导致糖尿病。而降低体重可以减少糖尿病发生的危险性，因为体重下降有助于改善葡萄糖耐量，减少胰岛素分泌，降低胰岛素抵抗性。

4.2.2.2　心血管疾病与肥胖症的关系

心血管疾病包括冠心病、心肌梗死、动脉硬化、心力衰竭和高血压等，其主要原因是动脉硬化。从正常动脉到无症状的动脉粥样硬化、动脉狭窄约需要十到几十年时间，但从无症状的动脉硬化到有症状的动脉硬化则只需数分钟，往往患者无思想准备和预防措施，所以死亡率相当高。我国每年约有 100 万人死于心血管病，其数字触目惊心。摄入食物的能量超过需要时，最终会导致肥胖症和心血管疾病。研究膳食对冠心病作用是食品科学与生命科学领域的焦点，通过膳食降低血浆胆固醇的水平，以达到显著降低冠心病的死亡率的目的。

流行病学研究表明，富含脂肪的食物的确与心血管疾病及脑血管疾病有关。富含脂肪的食物，如肉类、牛奶、奶油和黄油等均与心血管疾病有密切关系。不同食用脂肪对血浆胆固醇水平有影响，饱和脂肪酸会提高血液胆固醇的水平，多不饱和脂肪酸对血液胆固醇有降低作用，而单不饱和脂肪酸不起作用。一般来说，富含胆固醇同时又富含饱和脂肪酸的食品才会显著提高血浆胆固醇水平。同时胆固醇是细胞结构如细胞膜和细胞功能如分泌甾类激素的重要成分。

能提高胆固醇水平的饱和脂肪酸的碳原子数为 $12\sim16$。椰子油、棕榈油和奶油含有高浓度的 C_{12} 饱和脂肪酸，椰子油、棕榈油含有高浓度的 C_{14} 饱和脂肪酸，而奶油、牛油含有高浓度的 C_{16} 饱和脂肪酸。豆蔻酸（C_{14}）是最易引起胆固醇上升的饱和脂肪酸。碳原子数低于 C_{12} 的短链脂肪酸、硬脂酸不会使胆固醇水平升高。

反式脂肪酸来源于反刍动物的油脂。大多数天然存在的不饱和脂肪酸是顺式构型，它们可以经生物化学氢化作用变成反式构型。奶油、人造奶油中存在的反式脂肪酸主要是 C_{18} 单不饱和脂肪酸，能降低 HDL 胆固醇水平。富含反式脂肪酸的膳食与脂蛋白水平提高有关。顺式单不饱和脂肪酸主要是油酸（$C_{18:1}$，$\omega 9$），它对血浆胆固醇水平的作用呈中性。

4.2.2.3　肥胖症患者的肿瘤易感性增强

肥胖与某些肿瘤的发生密切相关。男性肥胖症患者结肠癌、直肠癌、前列腺癌的发病率增高。如美国统计超过标准体重 40％的男性的癌症发病率为平均值的 1.33 倍，结肠癌的病死率增加 73％。

女性肥胖症患者患子宫内膜癌、卵巢癌、宫颈癌、乳腺癌、胆囊癌的发病率增高。如美国统计超过标准体重 40％肥胖女性的癌症发病率为平均值的 1.55 倍，其中子宫内膜癌的发病率增加 4 倍，原因是肥胖女性体内脂肪数量的增加，使得外周的雄、雌性激素转化率增加，导致绝经后肥胖妇女体内雌激素水平增高。

4.2.2.4　肥胖症患者的肝、胆、肺功能异常

由于肥胖症患者的脂肪代谢活跃导致大量游离脂肪酸进入肝脏，为脂肪的合成提供了原料，血脂升高易在肝细胞沉积，因此肥胖症患者易发生脂肪肝、出现肝功能异常。许多肥胖症患者有饮酒的习惯，有可能出现肝硬化。

肥胖症患者胆石症的发病率显著增高。男性肥胖症患者胆石症的发病率是正常体重者的 2 倍，女性肥胖症患者患胆石症的发病率是正常体重者的 3 倍。肥胖患者血液中胆固醇的浓度增高，使其胆汁中胆固醇含量增高，呈过饱和状态，以致沉积形成胆固醇性结石，还可并

发胆囊炎。

肥胖症患者由于腹腔和胸壁脂肪组织增加，肌肉相对乏力，使其呼吸运动受阻，肺通气不良，肺动脉高压，右心负荷加重；另外，肥胖症患者循环血容量增加，心输出量和心搏出量均增加，左心负荷加重，导致高搏出量心力衰竭，诱发肥胖症、肺心综合征。其主要表现为呼吸困难、不能平卧、间歇或潮式呼吸、心悸、发绀、浮肿、神志不清、嗜睡或昏睡等。严重肥胖症患者睡眠呼吸暂停的发病率高。

4.2.2.5 女性肥胖症患者功能异常

女性肥胖症患者常伴有月经规律性降低和月经异常、频率增加的现象。其主要是体内游离睾酮增高、卵巢排卵障碍、子宫内膜发育障碍及下丘脑-垂体-卵巢-子宫系统的调节紊乱的缘故。一般减肥后可不同程度地改善，部分可完全恢复，若长期得不到改善，就会出现子宫内膜萎缩，发生不可逆改变。

肥胖症患者并发不孕症的主要原因是卵巢排卵障碍，子宫内膜发育障碍甚至萎缩影响受精卵着床，从而导致不孕。肥胖症患者妊娠中毒症的发病率增高，对母婴危害极大，肥胖孕妇由于高胰岛素血症，易发生巨大胎儿，羊水过多使子宫过度伸展。还由于孕妇腹肌无力易发生过期妊娠、难产、滞产及产后出血。同时，肥胖症患者产出的巨大婴儿为以后成年肥胖奠定了基础，给下一代带来了潜在的不幸。

肥胖症患者还易发生阴道炎、子宫功能性出血、月经量减少或周期延长或闭经等妇科疾病。

4.2.2.6 肥胖症患者的其他危害

肥胖症患者加重了骨骼系统的负荷，特别是下肢和脊柱易发生增生性关节炎，常伴有腰痛腿痛。肥胖症患者的皮肤易发生感染而糜烂，原因是皮肤皱褶过多和易摩擦部位多。肥胖症患者易出现下肢静脉曲张，静脉回流受阻，又因其血黏度增高，易形成血栓，所以肥胖症患者肺栓塞的发生率较正常体重者增多。肥胖症患者还会引起男性的血浆睾酮浓度降低，对手术的耐受力减弱、病程长而伤口痊愈慢等。

4.3 减肥与低能量食品

4.3.1 肥胖症患者减肥方法

4.3.1.1 能量与减肥

人进食后的碳水化合物、脂肪、蛋白质经消化吸收后首先被用于有机体急需的方面，剩余的部分以脂肪的形式贮存起来。在两餐之间、睡眠时间，脂肪可以满足身体对能量的连续要求。脂肪的能量代谢结果引起化学能的产生，如肌肉收缩、CO_2、H_2O 和能量。只有当摄入的能量值小于需要量时，身体内脂肪数量才会真正下降。一般来说，能量赤字达14630kJ 时，体重可减轻454g，其丢失的主要成分是脂肪。但是，丢失体脂并不能使体重立即下降，是因为454g脂肪发生氧化还原反应后生成的510g H_2O 不会立即丢失。某些肥胖症患者若突然控制能量的摄入，有时可能导致减肥失败，其原因是：肥胖出现的同时会出现生长激素量不足的现象，当机体真正需要能量时，脂肪组织不可能将脂肪动员释放出来；有时脂肪代谢产生的水保留在体内；某些人能较有效地利用能量，减少能量损失。

成年人至少需要的能量是5000kJ/d才能维持其体重，若低于4180kJ/d，其体重就会下降。一般来说，在排除了最初几天体液丢失的影响后，能量的负平衡达31350kJ 可使体重下降1kg。从理论上来讲，若能量负平衡为418kJ/d，则1年可减轻5kg。但是实际上大多数人坚持不了，因此减肥的方法常常采用能量控制，即低能量膳食（3340kJ/d），甚至是极低能量膳食（1250～2925kJ/d）。

4.3.1.2 肥胖症患者的减肥方法

（1）饮食疗法　肥胖症患者减肥的基础是控制饮食，特别是每日总能量摄取的限制，使总能量略低于消耗能量以使体重逐步下降。减肥的人要经常食用耐咀嚼的食物，做到细嚼慢咽，避免食用热量高、纤维少、不需太咀嚼的食物，更要避免口味过重的调味品和快速进食（如快餐）。减肥的肥胖症患者首先要选取低热量饮食，以低热量、低脂肪、高蛋白的饮食谱对体重减轻有明显的疗效。低热量饮食要注意补充适量的营养素和维生素诸如鱼、瘦肉、牛奶、谷类及蔬菜等，以利于营养平衡。其次可采取饥饿疗法，禁食并辅以利尿剂使体重迅速下降，数日后出现轻度酮症，饥饿感逐渐消失，这样可以消耗体内的脂肪和蛋白质。为了减缓蛋白质分解代谢的损失，需要每天补充适量的蛋白质。饥饿疗法有可能出现血压下降、心律不齐等症状，严重时可能患上厌食症。

① 碳水化合物与减肥　大部分美味可口食物是高能量的。传统的食物提供的热量较多，不利于肥胖症患者的减肥，因此人们希望寻找到既可口又是低能量的食品，它不仅能够满足人的饱腹感，又不会使人发胖。膳食纤维就是能够让人吃饱又不至于发胖的理想食品。低碳水化合物膳食的作用是：能够大大减慢脂肪的产生和贮存，但能够加速脂肪组织的释放，使脂肪进入血液；阻止脂肪能量的完全代谢，使其产生的一种酮类化合物能够导致人们的食欲下降；能够引起组织蛋白的分解及向碳水化合物方面的转化，以维持血糖的含量；促进水的丧失，自然也会促使尿中各种无机盐的丧失。

② 蛋白质与减肥　控制饮食或饥饿可以产生快速的减肥效果，原因是脂肪和瘦肉组织为产生能量而破坏了代谢平衡。体重的迅速下降是肥胖症患者减肥的最大愿望，但是机体瘦肉组织中基本蛋白质丧失可能使人身体虚弱，甚至损害某些器官。理想的控制饮食是快速减掉脂肪而不消耗体内的基本蛋白质。

③ 常见的减肥食品　豆类：含有丰富的营养物质，不论什么颜色的豆，只要吃豆类，就无需多吃肉。100g豆能供给320cal热量和20g蛋白质。生菜：富含水分和大量纤维素，生菜外面的绿叶营养最丰富，属于苗条食品。菠菜：富含维生素和铁质，产生的热量非常低，但烹饪时间不宜过长，以免损耗营养。辣椒：富含纤维素、维生素和矿物质，热量低，一个大青椒只有35cal热量。草莓：富含维生素，每100g草莓只有57cal热量。比目鱼：热量低，若每餐食用100g比目鱼绝对不会发胖。全麦面包：热量少，较普通面包少了9%，而蛋白质多了20%，膳食纤维比西红柿多。

④ 绿色低能量减肥食品　其研制的目标是在满足高营养、高膳食纤维、低能量的同时，还要提高激素敏感性、激活脂肪酶活性、促进褐色脂肪线粒体活性等，以期开发出符合减肥的食品。

（2）运动减肥　肥胖症患者在控制饮食的同时，加大运动量，包括有氧运动和无氧运动，促使体内的能量消耗，但必须因人而异，根据自己的具体情况，制定出合适的运动方法，逐步增加运动量，并且要持之以恒，才能使体重逐渐减轻。

（3）药物减肥　主要是内服脂降解酵素或服用某种生物碱以加速脂肪水解；手术减脂即抽取皮下脂肪。这些方法未消除肥胖的根源，只能取得一时效果。

（4）心理减肥　情绪有时对饮食习惯有一定影响，适当的心理治疗可以改变不良的生活习惯，从而保持正常体重。

4.3.2　功能性食品

食品的本质要素：一是保持和补充机体在正常状态下的营养补给源和维持机体必要运动的能量补给源，也就是生物学和正常生理学所必不可少的要素，此又称食品的营养功能或第一功能；二是对色、香、味和质构的享受，从而引起食欲上的满足，也就是心理学所必不可少的要素，此又称食品的感官功能或第二功能。

4.3.2.1　功能性食品

功能性食品（functional food）又称保健功能食品，它是指具有一般食品的营养功能和感官功能外，强调其成分能充分显示对身体防御功能、调节人体生理节律、预防疾病、促进康复或充分阻抗衰老等功能的工业化食品。功能性食品必须具备的六项基本条件是：制作目标明确（具有明确保健功能）；含有已被阐明化学结构的功能因子（functional factor，或称有效成分）；功能因子在食品中稳定存在，并有特定存在的形态和含量；经口服有效；安全性高；作为食品为消费者所接受。以绿色食品为原料，利用高级手段生产的功能性食品在新世纪备受青睐。

4.3.2.2　功能性食品分类

（1）糖醇　是具有还原基的糖类加氢而成为含醇基的物质，通常在食品中作为甜味剂使用。多数糖醇具有低龋齿性（防止蛀牙的特性）、低热量（糖醇是不会直接与其他物质反应的稳定物质）等特点。如赤藓糖醇（由酵母作用于葡萄糖后形成，其主要功能是热量几乎为零，适合于低能量食品的甜味剂）和还原麦芽糖（玉米淀粉糖化后而成的糖醇，热量几乎为零，适合于低能量食品的甜味剂）。

（2）低聚糖　是指由 2～10 个葡萄糖或果糖之类的单糖结合而成的糖类，不同的组合可以构成不同种类的低聚糖。如半乳糖低聚糖（使酶作用于从牛乳获得的乳糖制成，能够促进双歧杆菌和乳酸菌增殖，改善肠道环境）、木糖低聚糖（将棉籽壳、玉米芯等的食物纤维用酶分解而成，能够促进双歧杆菌增殖，抑制有害菌，改善肠道环境）、环糊精（使酶作用于玉米淀粉后制成，在食品中使用时可有效地包覆香气成分或香辛料的成分，使之成为稳定性良好的食品原料）、大豆低聚糖（由大豆所含糖分聚合而成，主要功能是双歧杆菌增殖，改善肠道环境）、直链低聚糖（从玉米淀粉的分解物中提取而成，具有使食品的品质保持、促进双歧杆菌增殖的作用），此外还有分歧低聚糖、果糖低聚糖、乳糖低聚糖、蜜三糖等，它们都不同程度地有促进双歧杆菌等有益细菌增殖、抑制有害细菌、改善肠道环境等功能。

（3）膳食纤维和多糖类　是人体中消化酶不能分解的可食动植物构成成分的总称，具有改善肠道环境、调节血糖值和血中的脂肪等功能。膳食纤维和多糖类按特性分为水溶性和非水溶性两类。水溶性膳食纤维和多糖类如从柑橘果皮制成的果胶、从海藻中制成的琼脂、海藻胶和由淀粉和胶质等天然高黏性物质通过酶的作用制成的葡聚糖等；非水溶性膳食纤维和多糖类如玉米纤维、甜菜纤维等，是由玉米、豆类、蔬菜等榨汁后的渣粕制成的，具有难消化、保水力大，使消化道活动加强、增多并软化大便，助长肠道细菌的作用，激活肠道的收缩运动、加快肠内容物的通过速度，缩短有害物质与大肠的接触时间，改善健康。

（4）蛋白质和肽类　蛋白质是由约 20 种氨基酸、多肽结合的高分子物质，它是机体内活动所必需的热量源，同时也是机体内对氧和激素的信息传送物质。肽类是由消化酶等将蛋白质分解成数个乃至数十个氨基酸结合而成的物质，肽的来源有大豆等植物和鱼、肉、蛋等动物。大豆蛋白质具有调节血清胆固醇和改善血中胆固醇，改善血中物质结构，改善钙等作用；血红蛋白（由动物血制成）具有很好的补铁作用，有助于改善血液质量；玉米肽（由玉米蛋白质分解而得）具有改善血清脂肪含量的作用。

（5）多酚类 是构成水果、蔬菜、茶叶等植物的色素和涩味、苦味等复杂物质的总称。多酚类具有抗氧化特性，对机体防老有重要功能。

4.3.3 低能量食品与健康

4.3.3.1 低能量食品与心血管疾病

近期研究表明，顺式单不饱和脂肪酸对胆固醇有明显降低作用。例如，摄取大量橄榄油的人患冠心病的概率几乎为零。

多不饱和脂肪酸主要是亚油酸（$C_{18:2}$，$\omega6$），它是人体必需脂肪酸。α-亚麻酸（$C_{18:3}$，$\omega3$）。$\omega3$ 系列多不饱和脂肪酸（特别是源自海产资源的）存在食物链中的两个主要多不饱和脂肪酸是 EPA（$C_{20:5}$，$\omega3$）和 DHA（$C_{22:6}$，$\omega3$）。$\omega3$ 多不饱和脂肪酸是人类膳食的一种重要成分，它在视网膜、大脑的结构膜有着重要作用，同时还是二十碳四烯酸（$C_{20:4}$，$\omega3$）代谢生成花生四烯酸的调节者。$\omega3$ 系列多不饱和脂肪酸对减少冠心病的发病率起不同的作用，包括降低三甘酯水平、降低血小板的凝聚作用，降低心律不齐及动脉硬化的发病率。因此，膳食中食用鱼油和 $\omega3$ 系列多不饱和脂肪酸对身体大有裨益。植物中的 $\omega3$ 系列多不饱和脂肪酸主要来源于亚麻子油、豆油、核桃油等，还有少量存在于大多数的绿色叶菜中。

低密度脂蛋白（LDL）颗粒比未氧化的 LDL 更易致动脉粥样硬化，LDL 类脂中亚油酸的氧化导致被氧化的亚油酸盐小基团碎片附着在 LDL 蛋白质特定氨基酸残基上。在特定细胞表面上的感受器可有效地清除这种氧化了的 LDL，其结果是有助于促进动脉硬化斑沉积的细胞生成增加。在机体内亚油酸对氧化作用敏感性比油酸更强，抗氧化剂维生素 E 可减缓氧化 LDL 的生成速率。胆固醇也会被氧化，终产物是一系列氧化衍生物即被称为胆固醇氧化物，这些氧化物存在于胆固醇的食品和 LDL 颗粒中，就是细胞毒。

4.3.3.2 低能量食品与糖尿病

糖尿病是世界上常见的一种疾病，世界上大约有 1 亿多人，我国 2000 万人左右，尤其是我国 60 岁以上的脑力劳动者糖尿病发病率高达 11.2%。糖尿病的特点是高血压、高血糖，临床上表现为"三多一少"（即多食、多饮、多尿及体重减少）及皮肤瘙痒、四肢酸痛、性欲减退、阳痿、月经不调等，若不及时治疗有可能并发冠心病、脑血管病、肾病变、视网膜病变等。

在开发糖尿病专用低能量食品时，有关能量、碳水化合物、蛋白质、脂肪等营养素的搭配原则是：能量以维持正常体重为宜；碳水化合物占总能量的 55%～60%，蛋白质与正常人按 0.8g/kg 供给，老年人适当增加；脂肪占总能量的 30% 或低于 30%。减少饱和脂肪酸，增加多不饱和脂肪酸；胆固醇控制在 300mg/d 以内；钠限制在 1000mg/4180kJ 范围内，不超过 3g/d（不超过 8g 食盐）。对于易出现胰岛素诱发低血糖患者，有神经病变或血糖、血脂、体重控制不好的患者应禁酒，一般糖尿病患者也应少用。

4.3.3.3 低能量食品与肿瘤

肿瘤严重危害着人类的身体健康，全世界每年发生癌症患者约有 600 万人，约有 430 万死于此病。我国每年大约有 120 万人发生各类癌症，死亡 100 万人。研究和控制癌症是生命科学领域的重大课题。人类约有 35％ 的癌症是与膳食因素密切相关的，因此合理调节营养与膳食结构，充分发挥各种营养素自身抗肿瘤的功效，就可有效地控制肿瘤的发生。

　　膳食能量与肿瘤的发生明显相关。高脂肪膳食的能量密度很高，这种特性很可能便是脂肪摄入与肿瘤之间的关联所在。限制能量摄入可以显著降低动物诱发肿瘤和自发性肿瘤的发生率或生长速度，延长肿瘤发生的潜伏期，抑制移植性肿瘤的发展。人类限制膳食能量可减少肿瘤，体重超重的人比体重正常或较轻的人更易患癌症。

　　高脂肪与肠癌、乳腺癌发生率有关系。高脂肪膳食影响大肠癌的发病机制，一般认为高脂肪膳食使得肝脏的胆汁分泌增多，胆汁中初级胆汁酸尤其是牛黄胆酸与甘氨鹅脱氧胆酸增多，在肠道致病菌（主要是腐败梭状芽孢杆菌）的作用下，由牛黄胆酸转变的甘氨脱氧胆酸和由甘氨鹅脱氧胆酸转变的石胆酸和梭状芽孢杆菌浓度很高。另外，高膳食脂肪还能影响小肠内环境的正常平衡，改变肠道菌群的成分与生活。高脂肪膳食影响乳腺癌的发病机制，影响乳腺癌发生的主要因素是激素，雌性激素中的雌酮和雌二醇都有致癌作用。高脂肪与高糖膳食使人肥胖，肥胖的脂肪组织使肾上腺皮质激素中雄甾烯二酮芳香转化为雌酮，促进绝经期后乳腺癌的发生；其次，某些肠道细菌可以将胆固醇转变为雌激素固醇，高脂肪膳食促使胆汁分泌增加，使得雌激素的产生量也增加。

　　蛋白质含量较低的膳食可促进人和动物肿瘤的发生，提高膳食蛋白质的含量，则可以抑制肿瘤的发生。一般来说，高于正常生理需要量 2～3 倍以上的蛋白质，会促进肿瘤的发生。

　　动物试验表明，高碳水化合物或高血糖浓度有抑制化学致癌物对动物的致癌作用。而对人类来说，高糖膳食却诱发胃癌，并且糖（尤其是精糖）摄入量过多和乳腺癌发病率直接相关，而复杂的碳水化合物与乳腺癌死亡率呈负相关。

4.3.3.4　低能量食品与衰老

　　(1) 低能量食品与衰老　我国 60 岁以上的老龄人口已达 1.3 亿，约占全国总人口的 10％。21 世纪中叶，我国老龄人口将增加到 4 亿左右。同样，世界人口向老龄化趋势发展，现在已有 60 多个国家或地区进入老年型。衰老是不以人的意志为转移的自然规律，而抗衰老则是在机体发育达到成熟以后要继续保持其生命周期所不可缺少的要素。机体内存在着导致衰老的因素如自由基形成的增加、抗自由基能力下降、免疫功能失调或紊乱等。现代抗衰老的研究重点在于加强和完善机体内的抗衰老机制，使其充分发挥积极作用，同时在膳食中加强外源性抗衰老活性物质的含量，以补充机体内抗衰老机制的不足。

　　对大鼠等动物限食的实验表明，限食的大鼠发病率均明显低于自由摄食者，另外可以延长动物的平均寿命，推迟某些伴随机体衰老而来的疾病的发生、减缓疾病的进程、推迟许多随增龄带来的生理变化。其原因是营养被限制后，新陈代谢过程降低，各种损害机体健康的食品也降低，一系列随年龄增长而变化的速率也下降，如多倍体的增长率，染色质中组蛋白的聚集率，血中非组蛋白蛋白质、磷脂类和 DNA 中的自由磷酸根量以及白蛋白/球蛋白比值的下降等。限食可以使组织中过氧化脂质（LPO）含量较低，这是由于机体自由基的生成减少后而对细胞损伤随之减少的缘故。

　　高脂肪膳食（尤其是富含饱和脂肪酸的脂肪）会诱导动脉粥样硬化，从而发生心脑血管疾病，包括心血管疾病和脑血管疾病（包括心脏病和脑卒中），还会导致结肠癌、乳腺癌及宫颈癌等恶性肿瘤。高脂肪和高能量会使老年人肥胖，对葡萄糖耐量降低，产生高胰岛素血症、高甘油三酯血与降低血中的高密度脂蛋白胆固醇，从而导致糖尿病、高血压与动脉粥样硬化，甚至冠心病。老年人的动脉粥样硬化的发病除血中胆固醇、低密度脂蛋白胆固醇与甘油三酯的升高，高密度脂蛋白胆固醇的降低外，还与血中低密度脂蛋白胆固醇的颗粒大小、脂蛋白的浓度、高密度脂蛋白胆固醇中的载脂蛋白有关。低密度脂蛋白胆固醇和高密度脂蛋白胆固醇的过氧化作用也与动脉粥样硬化的发病有关。血液中若发现高半胱氨酸浓度增加，则是发生动脉硬化的危险信号。动脉硬化的发生，一定会影响人的寿命。

低能量膳食和高能量、低蛋白质膳食可能会产生相同的延长生命效应。低蛋白质膳食或者个别必需氨基酸尤其是色氨酸含量低的膳食，可能降低了在功能上活性的酶蛋白的合成，从而对延长生命产生有益的效应。

(2) 开发老年人专用低能量食品　老年人食品的特点是富含膳食纤维、蛋白质、矿物质、维生素、低能量、低脂肪、低胆固醇、低钠盐。也就是常说老年人的营养需求应为"四足四低"（即足量的蛋白质、足量的膳食纤维、足量的维生素和足量的矿物质，以及低能量、低脂肪、低胆固醇和低钠盐）。因此开发老年人的专用食品应根据其特点如老年人养成了饮食习惯而不易接受新食品；老年人牙齿松落或逐渐脱落而引起咀嚼功能下降；老年人的味觉和嗅觉功能减退对食品风味的敏感性降低，因此需对食品的风味配料进行精细的调整；另外还有经济方面原因，大部分老年人不会问津价格较高的食品。

设计老年人食品时，首先是符合老年人的营养需求，保证供给足够的营养素，其次是在外观、口感、色香味及价格等方面要符合老年人的特殊需要。老年人的基础代谢降低，体力活动降低，所需能量也应相应减少。60岁以上的人平均日采食能量宜控制在 $134 \sim 146 kJ/kg$ 范围内。老年人对脂肪和糖也要严格控制，脂肪控制在占总能量的 $17\% \sim 20\%$ ，限制动物性脂肪的摄取，尽量食用富含亚油酸、γ-亚麻酸之类人体所必需的多不饱和脂肪酸植物油为主如米糠油、玉米油、红花油或月见草油等。碳水化合物控制在总量的60%以下，低分子糖尽量少食用，其甜味可以采用甜味替代剂提供。老年人应少吃动物内脏（胆固醇含量较高），蛋黄中胆固醇含量亦较高（每枚含250mg胆固醇），若食品中加入了动物蛋白，则不应添加鸡蛋或少加，保证一天的胆固醇摄入量不超过300mg。老年人的胃肠功能下降，肠道内有益菌落减少，故易出现老年性便秘，因此需增加膳食纤维的摄入量。老年人胃肠功能减弱，导致对蛋白质利用率降低，老年人机体内蛋白合成代谢减慢而分解代谢却占优势，老年性贫血出现的原因之一就是由于血红蛋白合成量的减少，因此，老年人易出现氮负平衡，需增加各种生物价高、氨基酸配比合理（豆类植物蛋白和真菌蛋白及鱼蛋白）的优质蛋白质，以维持机体的代谢平衡。老年人的食品中必须减少钠盐的使用量，最好是不超过 $5g/d$ 。

4.3.4　乙醇与健康

乙醇作为一种膳食成分，可提供的能量为 $29.7kJ/g$ 。在生理上，它不是人体所需要的物质，并且它有成瘾性。很多饮料如白酒含乙醇 $30\% \sim 50\%$ ，啤酒的乙醇含量为 $4\% \sim 7\%$ ，果酒的乙醇含量为 $10\% \sim 13\%$ 。不同的人群对乙醇的消费不同，但是乙醇是世界上滥用最广泛的成瘾性物质，酗酒已成为一种社会公害。乙醇摄入量与暴力如他杀、自杀、强奸、交通事故等呈线性的剂量-反应关系。因此，正确地认识乙醇的作用对个人和社会都有好处。

4.3.4.1　乙醇与能量平衡

人体内，乙醇被完全代谢而不贮存。摄入中毒剂量 $0.8g/kg$ （体重）乙醇后，胃中的乙醇含量约为1mol/L，空肠中的含量为 $0.24 \sim 0.72mol/L$ 。小肠内的含量能够反映出血液中的含量，这是由于小肠吸收后反扩散达到的结果。乙醇主要在肝脏中代谢转化为乙醛，而后经几种酶系统作用进一步转化为乙酸。

（1）乙醇的代谢　乙醇的一部分（男性 30％、女性 10％约占乙醇首次通过代谢）最初被胃的醇脱氢酶代谢，醇脱氢酶代谢被不同的 H_2 阻滞剂所抑制，长期滥用乙醇也可抑制其活力，并且随年龄的增大其活力也下降。在肝中，中等数量的乙醇由肝的醇脱氢酶代谢，肝中的另一种酶细胞色素 2E1（CYT 2E1）是一种可诱导产生的微粒体酶，在中等至过量饮用乙醇时起作用。每种肝酶都产生乙醛，而后进一步由线粒体的醛脱氢酶代谢生成乙酸酯和乙酰辅酶 A。细胞溶质醇脱氢酶将烟酰胺腺嘌呤二核苷酸（NAD）还原成 NADH，同时氧化乙醇。NAD 与 NADH 比例增加的结果是：抑制柠檬酸循环，增加由丙酮酸产生的乳酸含量，减少糖异生作用，减少尿酸排泄量，减少临床上可能发生的酸中毒、低血糖和高尿酸血症等。同时，NADH 的增加有利于脂肪酸等的合成，脂肪酸氧化的减弱有利于乙醇的氧化，导致 ATP 能量产生的增加。乙醇的 CYT 2E1 微粒体反应主要发生在肝小叶的中部，它不发生 ATP，而是经 NADH 作用被氧化成乙醛。由此引起的能量消耗会导致肝小叶中心相对缺氧，引起自由基的生成增加，而最终对肝脏造成损伤。乙醛的产生增加还会阻滞线粒体呼吸，进一步抑制脂肪酸氧化并促进脂肪肝的形成。乙醛还可能导致：增加儿茶酚胺的释放，促进周围脂解作用和酮酸中毒；与抗氧化剂谷胱甘肽相结合并使之失活，产生免疫源性乙醛蛋白质复合物，增加胶原合成。

（2）乙醇与能量平衡　乙醇对机体的能量平衡和体重有重要影响。长期饮酒可明显影响能量的产生和消耗，以乙醇代替膳食中其他能量则使体重降低，而在正常膳食外加乙醇却使体重增加。脂肪过多再加上乙醇可以加重肥胖的原因是乙醇对脂肪贮存的促进作用比对脂肪的氧化作用强。乙醇的代谢会消耗能量，同时还会影响到其他常量营养素的摄入及代谢。处于能量平衡状态时，饮酒量越多则其他营养素的摄入量越少。

4.3.4.2　乙醇与健康

乙醇对人体健康影响显著，少量、适量饮酒对人体健康有一定的促进作用，但过量饮酒会对身体健康造成危害。长期大量饮酒会损伤肝脏、消化道、中枢神经系统和心血管系统。因此，饮酒要有所限制，不推荐饮食含乙醇饮料并要限制饮用量。

（1）乙醇与肝损伤　短期持续中等量饮酒可能最早发生的是脂肪肝；在持续大量饮酒至少 10 年以上可能会发生酒精性肝炎甚至肝硬化。其原因是能量消耗导致肝小叶中心缺氧后引起自由基的生成增加，从而导致肝脏损伤。

（2）乙醇与肿瘤　经研究发现食道癌患者或从事酒业者，乙醇与肿瘤危险性相关。将乙醇作为膳食的一部分时，一般认为乙醇对各部位尤其是口腔、咽喉等直接与乙醇接触的组织发生肿瘤危险性升高，同样结肠、直肠、乳腺、肝脏等部位发生肿瘤的危险性上升。与饮酒有关的肿瘤危险性与乙醇摄入量成正比，乙醇摄入量越多，危险性的增加越明显。对某些部位或器官，乙醇与其他致癌性因素有协同作用，如口腔癌的发生过程中，乙醇和烟草的共同作用使其危险性成倍增加。乙醇致癌的可能作用机制：DNA 加合物的形成，自由基的产生，乙醇代谢产物乙醛对 DNA 修复酶的抑制，以及乙醇对致癌物代谢酶、对胆汁酸的排泄与再循环和对雌激素水平的影响。

（3）乙醇与心血管疾病　少量饮酒有助于降低动脉粥样硬化和冠心病的危险性，但长期大量饮酒就会对心血管系统造成损伤，对心肌病和高血压造成不利影响。少量饮酒对动脉粥样硬化具有保护作用的可能机制是：乙醇通过影响蛋白质合成和改变花生酸，起到减少血色素和血小板黏附性的作用；也可通过刺激纤维蛋白溶酶原的激活，防止血凝块的形成；同时，果酒中所含的具有抗氧化作用的非乙醇成分也起到一定作用。

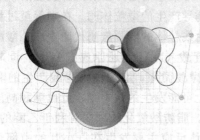

第5章
生活中美的化学基础

美（beauty）是能够引起人们愉悦、舒畅、振奋或使人感到和谐、圆满、轻松、快慰、满足或让人产生爱（或类似爱）的情感、欣赏享受感、心旷神怡感，或有益于人类、有益于社会的客观事物的一种特殊属性。中国汉字对"美"有两种解释：一是说，美是由"羊""大"二字组成，东汉文学家许慎的《说文解字》里解释为"美，甘也，从羊从大，羊在六畜，主供膳也"，这是古代人们对美的最朴素的解释；二是说，美乃是象征头上戴的羽毛装饰物如雉尾之类的舞人之形。不论哪种解释，美都是与人的生产实践密切相关的，是实践的产物，是人的本质力量的对象化。美一方面具有明显的形象性，另一方面又具有社会功利性，也就是说，美是社会科学的范畴。本章主要讨论生活之美——生活美的化学基础色、香、味，这就是自然美。

美的感受和信息的获得是由人们的感觉器官（即视觉、听觉、嗅觉、触觉、味觉）将信息传给大脑后反映出来的。其信息获得量为：视觉 83%、听觉 11%、嗅觉 3.5%、触觉 1.5%、味觉 1.0%。食物的色、香、味，是衡量食物质量的标准。在《黄帝内经》中《素问》谓"五味之美，不可胜极；嗜欲不同，各有所通；天食人以五气，地食人以五味。五气入鼻，藏于心肺。上使五色修明，音色能彰；五味入口，藏于肠胃，胃有所藏，以养五味。气和而生，津津相成，神乃自生。"这气味和音色，都是美食的标准。

5.1 生活中的色

5.1.1 色的化学基础

生活中一幅幅五彩斑斓、姹紫嫣红的画卷映于眼帘时，心情是那么的惬意和自豪。自然界中的颜色是由天然色素或人工合成色素所赋予的。食物的颜色以视觉给人美感，以欣赏增加食欲。天然色素是由天然产物中获得的，主要有植物色素（如叶绿素、胡萝卜素、姜黄素等），动物色素（血红素、胭脂虫红等），微生物色素（红曲素、核黄素等），矿物性色素（红铅、银朱等）。天然色素是指未加工的自然界中的花、果和草木的色源，自然界中各种花色素是以糖苷形式存在的。

5.1.1.1 色素的分类

各种天然色素主要成分虽有不同，但可据化学结构式归为几类：①类胡萝卜素类，如栀子黄色素、辣椒色素、胡萝卜色素等；②花色苷类，如玉米色素、葡萄色素、玫瑰茄色素等；③查尔酮类，如红花黄（红）色素、菊花黄色素等；④黄酮类，如高粱色素、甘草色素、可可色素等；⑤醌类，如胭脂虫色素、紫胶色素、茜草色素、紫草根色素；⑥叶啉类，如叶绿素等；⑦甜菜花青类，如甜菜红色素；⑧双酮类，如姜黄色素。

按色素颜色分类，可分为食用天然红色素、食用天然黄色素、多穗柯色素、食用天然绿色素、食用天然黑色素等。

其中食用天然红色素包括：高粱红，是由高粱壳中提取的食用天然色素；紫草红，是由紫草的根部提取的萘醌类色素；越橘红：越橘红是由红豆越橘和笃斯越橘的果实中提取的，越橘红色素主要存在于越橘果皮中，所以可用越橘榨汁余下的果皮渣中提取，以综合利用越橘果实。其他红色素如：红辣椒、红橘皮、黑米、苋菜等红色素也可以适当开发。

食用天然黄色素包括：玉米黄，玉米黄色素是由生产玉米淀粉废弃的玉米黄浆中提取的，原料充足，成本较低，提取工艺成熟，色素稳定性好，用途广泛；沙棘黄，沙棘黄色素主要成分是类胡萝卜素，主要存在于沙棘果皮中；栀子黄色素，是从黄栀子中提取出来的，是国际国内都允许使用的天然色素。

多穗柯色素是用多穗柯树叶提取而制得的一种黄棕色酚类色素。

食用天然绿色素：根据资源情况和色素的特性，在我国食用天然绿色素是以由蚕砂（蚕粪）中提取的叶绿素铜钠盐为主，为蓝黑色带金属光泽粉末状或绿色的膏状。

食用天然黑色素：植物源黑色素的主要成分多属邻苯二酚型色素，如香蕉皮黑色素、葵花籽皮黑色素及黑芝麻黑色素等。

5.1.1.2　天然色素

（1）花青素　是氯化 3,5,7-三羟基香豆素的苯基上连接不同的羟基化合物的一类物质总称，花青素存在于各种花中。例如，玫瑰花的红色是花青素的 3,5-二葡萄糖苷的化合物，其颜色的变化是由 pH 值的变化时结构不同引起的。

花青正离子　　　　　　花青色基　　　　　　花青负离子
（pH＜3时，红色）　　（pH＝7～8时，淡紫色）　　（pH＞11时，蓝色）

花青素易溶于水及乙醇，不溶于乙醚、氯仿等有机溶剂。花青素在酸性时呈红色，碱性时呈紫色、蓝色或者绿色。若花青素与其他物质共存时，其颜色将发生复杂的变化。例如，花青素和单宁及黄色素一起，碱性时呈深黄色；花青素与铁盐结合成绿色或暗绿色；花青素遇到还原剂时将变为无色，氧化时又恢复原色。花青素遇醋酸铅时会产生沉淀；花青素能够被活性炭吸附。

（2）叶绿素　是叶绿酸、叶绿醇及甲醇组成的酯，它是镁的配合物，分子式为 $C_{55}H_{72}N_4O_5Mg$，即卟啉分子与镁原子配位，形成镁卟啉。

树木等的绿叶、未成熟的果实的绿皮、蔬菜的绿色部分的色，都是细胞中的叶绿体所致。叶绿体是叶绿素和类叶红素混合与蛋白质共同形成的复合体。绿色植物在叶绿素的作用下，吸收太阳能而产生光合作用，使二氧化碳和水反应得到葡萄糖和氧。

（3）血红素　是卟啉环与铁形成的配合物，呈红色，存在于血液和肌肉细胞中。血红素常与血球蛋白结合形成肌红蛋白和红细胞中的血红蛋白。

血红素是高等动物血液和肌肉中的红色素物质，血液中的血红蛋白由四分子亚铁血红素和一分子四条肽链组成的球蛋白结合而成。肌肉中的肌红蛋白是由一分子亚铁血红素和一分子一条肽链组成的球蛋白结合而成。所以肌红蛋白的分子大小、血红肌肉和血液颜色的深浅是由于血红素含量不同所致。鱼肉中毛细血管分布较少、血红素少，故鱼肉的颜色较浅。

血红素分子中的铁原子上有结合水，它与分子氧相遇时，水分子被氧分子置换，形成氧合血红素而呈鲜红色。在有氧时血红素被加热，蛋白质发生热变性，血红素中的 Fe^{2+} 被氧化为 Fe^{3+}，生成黄褐色的变血红素蛋白（或称肌色质）。但在缺氧条件下贮存，变血红素蛋白中的 Fe^{3+} 又还原成 Fe^{2+} 而变成粉红色的血红素蛋白，这种现象在煮肉时或在肉类贮存过程中均可见到。

在一定的 pH 值和温度条件下，向肌肉中加入还原剂——抗坏血酸，可使变血红素蛋白重新生成血红素蛋白，这是保持肉制品色泽的重要手段。血红素与 NO 作用，生成红色硝基血红素蛋白，加热则生成稳定的鲜红色硝基血红素蛋白，故用硝酸盐、亚硝酸盐可使肉发色。但过量的亚硝酸盐能与食物中的胺类化合物反应，生成亚硝胺类物质，具有致癌作用。所以肉制品的发色不得使用过多的硝酸盐和亚硝酸盐。此外，我们在食用这些肉制品，如香肠、火腿肠等时，应注意补充可以阻断亚硝胺在体内合成的食物。

（4）黄色素 是黄酮及其衍生物的总称。黄酮类化合物的颜色与分子中是否存在交叉共轭体系和助色团（—OCH_3，—OH）的数目和取代基的位置有关。黄酮、黄酮醇及其苷类显黄色，查尔酮为黄橙色。黄色素可溶于水，广布于植物的花、果实、茎、叶中，多为黄色。一些植物的叶子、种子（荞麦和烟叶）等的黄色皆与此物质有关。

（5）类叶红素 是由左右对称的 C_{40} 与中间的 4 个异戊二烯单位连接构成。类叶红素存在于植物细胞中，动物细胞含量少。胡萝卜、西瓜、柑橘、玉米、杏及蟹、虾等的黄色均由类叶红素所致。

（6）单宁 是酚类化合物，主要有焦性没食子酸单宁和儿茶酚单宁（儿茶素）。单宁存在于植物中，呈棕色。

5.1.1.3 食用色素

食用色素是指从天然食物中提取的可以使食品着色、增加食品美感的色素。我国使用的天然色素有红曲色素、紫胶色素、甜菜红、姜黄素、红花黄、β-胡萝卜素、叶绿素及焦糖等，此外，栀子黄也在推广。

（1）红曲色素 是由乙醇浸泡红曲米得到的液体红色素或从红曲霉的深层培养中通过结晶精制得到的晶体。红曲色素耐光、耐热性好，不受金属离子和各种氧化剂、还原剂的作用和干扰，颜色不随 pH 值的改变而变化。红曲色素用于红肠、红腐乳、酱菜、糕点等中使用和呈色。

（2）紫胶色素 是紫胶虫在梧桐科、芒木属等寄生植物上所分泌的紫胶中的一种呈紫红色素成分。紫胶色素为蒽醌衍生物，酸性条件下，对光、热稳定。主要用于酸性食品如鲜橘汁、红果酒及糖果等着色。

（3）姜黄素 是黄色油状液体，具有辛辣味。姜黄素由于太辣，除用于咖喱粉外，不宜直接使用。姜黄素从姜黄茎中提取。

（4）红花黄素 是从中药红花中提取而得，成分为葡萄糖苷二氢黄酮类化合物。能溶于水，pH＝2～7 时成鲜艳的黄色，碱性时呈红色。具有耐光、耐盐、耐微生物等特性，主要用于清凉饮料及糖果糕点的着色。

（5）β-胡萝卜素　是从胡萝卜中提取而得，呈橙红色，是含有 9 个双键的四萜类化合物，性能稳定，属油溶性萜类化合物，主要用于肉类及其制品的着色。

（6）焦糖　亦称酱色，是由葡萄糖或蔗糖经高温焦化而得到的褐色素。它不是单一化合物，而是在 180～190℃加热后的糖脱水缩合物，称为焦糖，包含了 100 多种化合物，工业上常用淀粉为原料制备，本品不受 pH 值变化影响，pH 值大于 6 时易发霉。焦糖为红褐色或黑褐色的液体或固体。焦糖用于酱油、醋、酱菜及熏干等食品的着色。有时，也可用于糖果、饮料中。

（7）甜菜红　是由红甜菜所得的有机化合物的总称。甜菜红是水溶性化合物，主要用于糖果、糕点、威化饼干及糖衣药片等的着色。

5.1.1.4　加工的中间色素

加工的中间色素是指食品加工过程中产生的着色物质。

（1）腌色　是指火腿、香肠等肉类制品中的肌红蛋白、血红蛋白与亚硝基（—NO$_2$）作用显示出的艳丽红色。我们食用的或者看到的此类肉制品中常常加入亚硝酸盐作为着色剂，使其制品着色鲜活、美观。由于亚硝基能够与肉中的氨基作用生成亚硝胺，具有致癌性，因此，食用时要注意。

（2）铜叶绿素　是将硫酸铜溶液喷洒于蔬菜、水果上，由于铜离子与植物的蛋白质结合成较稳定的蓝色或绿色物，可以发色，此时铜离子将镁离子自卟啉环中心替换出，形成铜叶绿素，其纯品色泽艳丽。瓜豆贮藏品中的铜盐用量不超过 0.1g/kg，海带中为 0.15g/kg。铜叶绿素还可用干燥的绿叶、蚕砂、海藻为原料，用有机溶剂抽提其所含的叶绿素，加铜盐水溶液经加热后处理制得，经过提取得到艳丽的铜叶绿素。铜叶绿素主要用于口香糖及泡泡糖的着色，用量不得超过 0.04g/kg。如果再经氢氧化钠的甲醇溶液处理，可以得到一种蓝黑色物质，就是铜叶绿素钠。上述叶绿素溶液与氯化亚铁作用，还可制得铁叶绿素钠。

5.1.1.5　国家批准允许使用的食用天然色素

国家批准允许使用的食用天然色素有天然 β-胡萝卜素、甜菜红、红花黄、紫胶红、越橘红、辣椒红、辣椒橙、焦糖色（不加氨生产）、焦糖色素（加氨生产）、红米红、菊花黄浸膏、黑豆红、高粱红、玉米黄、萝卜红、可可色素、红曲米、红曲红、落葵红、黑加仑红、栀子黄、栀子蓝、沙棘黄、玫瑰茄红、橡子壳棕、NP 红、多穗柯棕、桑葚红、天然芥菜红、金樱子棕、姜黄素、花生皮红、葡萄皮红、蓝靛果红；藻蓝素、植物炭黑、蜜蒙黄、紫草红、茶黄色素、茶绿色素、柑橘黄、胭脂树橙（红木素/降红木素）、胭脂虫红、氧化铁（黑）等。常用的天然着色剂有辣椒红、甜菜红、红曲红、胭脂虫红、高粱红、叶绿素铜钠、姜黄、栀子黄、胡萝卜素、藻蓝素、可可色素、焦糖色素等。主要的天然多功能食用色素见表 2-5-1。

表 2-5-1　主要的天然多功能食用色素

色素	结构分类	色调	其他功能
胡萝卜素	胡萝卜色素类	橙-黄	作营养强化剂
沙兹棘色素	胡萝卜色素类	黄	可做清凉饮料
玉米色素	胡萝卜色素类	黄	可做饮料
栀子花色素	胡萝卜色素类	黄	利尿、止血、消炎药

色素	结构分类	色调	其他功能
蜜蒙花色素	胡萝卜色素类	黄	活血化瘀药
苦瓜子衣色素	胡萝卜色素类	黄	可做清凉饮料
鸡冠花色素	胡萝卜色素类	红	可做清凉饮料、止血药
花生内衣色素	花色	橙黄	补血、止血药
玫瑰茄色素	苷类	红	可做饮料
丹参色素	醌类	黄-深红	消炎抗菌、抗氧化剂
菊花色素	醌类	黄	清凉明目、抗氧化剂
茶花色素	黄酮类与酮类	黄	食用抗氧化剂
姜黄色素	黄酮类与酮类	黄	降血脂、活血剂
叶绿素铜钠	四吡咯环类	绿	止血消炎、牙膏添加剂
血红素	四吡咯环类	红	补铁强化剂
黑芝麻色素	其他类	黑	补钙剂

5.1.1.6 合成食用色素

合成食用色素由于本身的缺点如毒性、致癌性、污染性，在食品生产过程和生活中应用较少。

国家批准允许使用的合成色素有：苋菜红、苋菜红铝色淀、胭脂红、胭脂红铝色淀、赤藓红、赤藓红铝色淀、新红、新红铝色淀；柠檬黄、柠檬黄铝色淀、日落黄、日落黄铝色淀、亮蓝、亮蓝铝色淀、靛蓝、靛蓝铝色淀；叶绿素铜钠盐、β-胡萝卜素、二氧化钛、诱惑红、酸性红，共21种。国内使用较多的合成色素有苋菜红、胭脂红、柠檬黄、日落黄、靛蓝、亮蓝等。

(1) 苋菜红 为紫红色粉末，可溶于水和多元醇，不溶于油脂，有较好的耐光、耐热、耐盐和耐酸功能，缺点是耐菌性、耐氧化还原性差，不适宜在发酵食品中使用。可用于高糖果汁（味）或果汁（味）饮料、碳酸饮料、配制酒，糖果、糕点上彩妆，青梅、山楂制品，腌制小菜，最大使用量0.05g/kg；用于红绿丝、染色樱桃（系装饰用），最大使用量0.10g/kg。

(2) 胭脂红 是苋菜红的异构体，是深红色粉末，易溶于水及甘油，不溶于油脂，耐光性、耐酸性好。在碱性条件中呈红褐色，缺点是耐热性、耐氧化还原性和耐菌性差。可用于高糖果汁（味）或果汁（味）饮料、碳酸饮料、配制酒，糖果、糕点上彩妆，青梅、山楂制品，腌制小菜，最大使用量0.05g/kg；用于红绿丝、染色樱桃（系装饰用），最大使用量0.10g/kg，豆奶饮料、冰淇淋最大使用量为0.025g/kg（残留量0.01g/kg）；虾（味）片0.05g/kg，糖果包衣0.10g/kg。

(3) 日落黄 为橙黄色粉末，溶于水、醇，不溶于油脂，遇碱变红褐色，耐还原性差，还原后褪色。可用于高糖果汁（味）或果汁（味）饮料、碳酸饮料、配制酒、糖果、糕点上彩妆、西瓜酱罐头、青梅、乳酸菌饮料、植物蛋白饮料。虾（味）片最大使用量0.10g/kg；用于糖果包衣、红绿丝最大使用量0.20g/kg；用于冰淇淋最大使用量为0.09g/kg。

(4) 柠檬黄 又称酒石黄，为橙色或黄色粉末，能溶于水和甘油，不溶于油脂，耐热、耐光、耐盐、耐酸性均好，耐氧化、还原性较差，还原后褪色，遇碱稍变红。为世界各国广泛采用。可用于高糖果汁（味）或果汁（味）饮料、碳酸饮料、配制酒、糖果、糕点上彩妆、西瓜酱罐头、青梅、虾（味）片、腌制小菜最大使用量 0.10g/kg；用于糖果包衣、红绿丝最大使用量 0.20g/kg；用于冰淇淋最大使用量为 0.02g/kg；植物饮料、乳酸菌饮料最大使用量为 0.05g/kg。

（5）亮蓝　易溶于水，呈绿光蓝色溶液，溶于乙醇、甘油、丙二醇。耐光、耐热性强。对柠檬酸、酒石酸、碱均稳定。可用于高糖果汁（味）或果汁（味）饮料、碳酸饮料、配制酒、糖果、糕点上彩妆、染色樱桃罐头（系装饰用，不宜食用）0.10g/kg，用于青梅、虾（味）片最大使用量 0.025g/kg；用于冰淇淋最大使用量为 0.022g/kg；用于红绿丝最大使用量 0.10g/kg。

（6）靛蓝　为蓝色粉末，各国广泛采用。油、水溶性较差，溶于丙二醇和甘油，不溶于油脂。着色力强，耐光、热、酸、碱均好，但耐氧化还原性及抗菌性差。可用于腌制小菜，最大使用量为 0.01mg/kg；用于高糖果汁（味）或果汁（味）饮料、碳酸饮料、配制酒、糖果、糕点上彩妆、染色樱桃罐头（系装饰用，不宜食用）最大使用量 0.10g/kg，用于青梅、虾（味）片最大使用量 0.025g/kg；用于红绿丝最大使用量 0.20g/kg。

5.1.2　食品的着色化学机制

食品的色可以用五颜六色、丰富多彩来形容。红色的如红枣、红辣椒、火腿、西红柿、樱桃、红腐乳；橙红色的如胡萝卜；紫红色的如紫萝卜、玫瑰花；黄色的如黄豆、蛋黄；乳黄色的如笋、洋山芋；绿色的如青豆、绿色蔬菜等；深绿色的如青椒；白色的如茭白、蛋白等；玉白色的如冬瓜、白木耳等；黑色的如黑木耳、黑枣、松花蛋等。

带色的食品不一定是颜料，它们的有色物主要是含有生色基团。要使得某种食品或者饮料具有诱人的颜色，可以采用一定的天然色素、食用色素或者规定下的合成色素在一定 pH 值条件下，使得食品和色素以氢键结合或者吸附或者发生氧化还原反应。

5.2　生活中的香（臭）

食品中的香属于嗅觉神经系统感知的信息。中国古代对香（臭）早有认知，"五臭"和"五味"一样久远，它们的对应关系如下。

五行：木　火　土　金　水
五色：青　赤　黄　白　黑
五味：酸　苦　甘　辛　咸
五臭：膻　焦　香　腥　朽

在"五臭"中膻、焦、腥、朽都不是人们追求的美好境界，唯有"香"气才是人们追求的美感。在食品和化妆品中都是如此。

我国东汉文学家许慎的《说文解字》中的对臭的解释"禽走臭而知迹者，犬也"，"臭"由"鼻"和"犬"合成，而"香"是由"黍"和"甘"构成，是谷类熟后的香气。由此看来，在食品中香和臭的讨论主要以香作为唯一的目标，即使臭豆腐之类的食品也具有"闻起来臭，吃起来香"的特质。

5.2.1　嗅觉与香感机制

能察觉出挥发性的、相对分子质量低的物质分子的感觉细胞是嗅觉感受器神经元。人体感受器神经元位于鼻腔中一个相当小的区域，约为 $2.5cm^2$，约有 5×10^6 个嗅觉感受神经元细胞，它们感受食物中的各种挥发成分的嗅觉信息。

嗅觉感受器神经元细胞是一种蛋白质，当气味的香（臭）分子作用于其上时，使该蛋白质分子的构象发生变化，从而引起嗅上皮的表面电位等功能发生变化，实现与刺激相适应的神经兴奋。通过兴奋的传递，使神经中枢感知香（臭）的存在。这种接受过程中的相互作用非常专一而特殊，故人们能够分辨出各种物质的不同香（臭）。

人类的嗅觉行为不单单是一种生理现象，还会产生心理行为即气味心理学。所谓气味心理学或称嗅觉心理学是人们对某些气味有好感而对某些气味感到厌恶，人们对嗅觉的个体特异性远远大于嗅觉。人们对某些气味的嗜好和厌恶与生活习惯密切相关，如有些人不吸烟，对烟味也非常反感，当长期处于吸烟环境后，可能发生变化，从厌恶到习惯最后欣赏或吸烟。

5.2.2 香（臭）的化学基础

5.2.2.1 香（臭）料的化学结构

香料是一些易挥发的低分子物质，如某些醇、酚、醛、酯、萜烯等化合物挥发后进入鼻腔，刺激嗅觉感受器神经元细胞所致。以含有两个碳原子的化合物为例来观察其特征官能团所具有的香气，如乙醇，酒香；乙醛，辛辣；乙酸，醋香；乙硫醇，蒜臭；二甲醚，醚香；二甲硫醚，西红柿或蔬菜香。其他如乙酸乙酯，呈水果香；甲硫基丙醛呈土豆香、奶酪香、肉香。

5.2.2.2 食物中香气的化学成分

不同的食物有不同的香气，这是由于食物中所含有的化学成分不同所致。

（1）常见蔬菜的香气 新鲜蔬菜都具有各自不同的香气。

① 黄瓜的清香气源于它所含有的少量游离的有机酸，从而使人的口感清爽。其化学成分主要是反-2-顺-6-壬二烯醇（黄瓜醇）和反-2-顺-6-壬二烯醛（堇菜醛），还有乙醛、丙醛、正己醛、2-壬烯醛等化合物。

② 西红柿的香气主要来自于青叶醇和青叶醛，使人食用西红柿感到香气宜人，清新可口。成熟的西红柿有柠檬醛、丙酮、香茅醛、α-蒎烯、正丁醇、活性戊醇、水杨酸甲酯（冬绿油）。

③ 甘蓝的青草气味亦源于青叶醇和青叶醛，其辛辣味则为异硫氰酸烯丙酯所致。甘蓝有少量的黑芥子苷，呈现甘蓝特有的甘蓝气味。

④ 萝卜含有异硫氰酸烯丙酯产生的辛辣味，含有的黑芥子苷具有特殊的清香味。

⑤ 芹菜和芫荽（香菜）均具有浓郁的香气，芹菜的香气是瑟丹内酯（苯并呋喃类化合物）、丁二酮、3-己烯基丙酮酸酯等；芫荽的主要香气物质是蒎烯、香叶醇、癸醛等，这些成分易挥发，一经加热便大量挥发。

⑥ 大蒜、葱、洋葱、韭菜均含有强烈的浓重的辛辣气味，其主要成分是含硫化合物，如二甲基二硫化物、二烯丙基硫醚、甲基丙基二硫化物、甲基烯丙基二硫化物、二丙基硫化物、丙基烯丙基二硫化物及二烯丙基二硫化物。洋葱含有反-(+)-S-(1-丙烯基)-L-半胱氨酸亚砜，洋葱组织破坏时，其中蒜酶激活，能将洋葱氧化成催泪的丙硫醛-S-氧化物等。

（2）蕈类的香气 香菇、冬菇等食用菌类食品，它们的主要成分为肉桂酸甲酯、1-辛烯-3-醇等20多种化合物。

（3）水果的香气　主要成分为有机酸酯类，还有醛类化合物、萜类化合物、醇类化合物、酮类化合物和一些挥发性的弱有机酸等。水果通过生物合成提供香味，如脂肪酸由酰基辅酶 A 中间体生成，它能与醇生成酯，是水果具有香味的原因。葡萄含努开酮，丁香含丁子香酚，梨中含癸二烯酸乙酯等。桃的香味是苯甲醛、苯甲醇、各种内酯和 α-莤烯等。苹果的主要成分是正丁醇、正丙醇、正己醇的乙酸酯。

（4）鱼贝类的气味　生鲜的鱼贝类都有腥气味，淡水鱼腥气主体是六氢吡啶（哌啶）及其衍生物，六氢吡啶与附于鱼体表面的乙醛聚合物形成具有鱼腥气味的物质。各种鱼体表面黏液中所含有的 δ-氨基戊酸和 δ-氨基戊醛都有强烈的腥气味。

六氢吡啶　　　$H_2NCH_2CH_2CH_2CH_2COOH$　　　$H_2NCH_2CH_2CH_2CH_2CHO$

　　　　　　　　δ-氨基戊酸　　　　　　　　　　δ-氨基戊醛

海产鱼腥气味的主要成分为氧化三甲胺：

$$\begin{array}{c} H_3C \\ H_3C \!-\! N \!\rightarrow\! O \\ H_3C \end{array}$$

海参的气味主要是反-2-反-6-壬二烯醇：

（5）畜肉气味　取决于它们所含有的特殊的挥发性脂肪酸，如乳酸、丁酸、己酸、辛酸、己二酸等的种类和数量。一般来说，未阉割的性成熟的雄畜肉具有特别的强烈的臊气味，而阉割的雄性牛则有轻微的香气。生牛肉的挥发味成分除含有乳酸外，还有乙醛、丙酮、丁酮、乙醇、甲醇和乙硫醇等。而猪肉的气味相当淡。

肉的膻气味主要成分是 4-甲基辛酸和 4-甲基壬酸。宰杀后存放成熟的肉类，由于次黄嘌呤、醚类、醛类等化合物的聚集，将会改善肉的气味。肉类经加热制成熟品后产生的香气味，组成复杂。例如，清炖牛肉的香气成分有 360 多种，几乎包括所有类型的小分子化合物。

升高温度，其香气的成分也不相同。特别是牛肉、羊肉在加热或者烤制中，发生了一系列化学反应。葡萄糖与氨基酸加热反应可生成吡嗪（34 种），有坚果味与烤香味；甘油三酸酯与蛋白质等作用形成多种化合物，包括内酯类（16 种）、呋喃类（23 种）、噻吩类（22 种）、吡唑类（10 种），还有烷烃和烯烃（44 种）、醇（30 种）、醛（41 种）、酮（32 种）及酸（22 种）等，具有烤肉的特殊气味。

（6）乳及乳制品的香气　主要成分是二甲硫醚，另外还有脂肪酸、丙酮酸、甲醛、乙醛、丙酮、丁酮、2-戊酮、2-己酮等。经过发酵的乳制品，其香气的主要成分为丁二酮、3-羟基丁酮等。

（7）米饭的香气　米中存在的维生素 B_2 对米饭的清香气味的形成有着极大的贡献。另外米饭中香气成分有乙醇、正己醛、正壬醛、乙酸乙酯和乙烯，还有链烃、芳烃、内酯、缩醛、酚、呋喃、噻吩、吡啶、吡嗪、吲哚等。

（8）大豆的异味　大豆中存在着一种含铁酶，能使豆科植物中多种不饱和脂肪酸分解，在生成的挥发油中有 2-戊基呋喃及顺式-3-己醇，它们是豆油由于氧化产生腥味的原因；同时生成微碱性的 2,4-二烯醇醛，氧化后具有油漆的特殊臭味。

食物中的酶能够引起酶反应，使食物发生变味。

5.2.2.3 香料（调料）的化学成分

(1) 薄荷 薄荷有薄荷脑、薄荷酮。

(2) 花椒 含戊二烯、香茅醇，其辛辣味为不饱和酰胺的化合物花椒素。

(3) 胡椒 水芹烯胡椒碱是胡椒起调味作用的主要成分，其熔点为 129.5℃。

(4) 辣椒 辣椒素，即（反式)8-甲基-N-香草基-6-壬烯酰胺是辣椒的活性成分，它对哺乳动物包括人类都有刺激性，并可在口腔中产生灼烧感。可消炎、止痛、治疗肌肉酸痛等。辣椒碱存在于辣椒中，有健胃、促进食欲、促进消化等功能。熔点 64～65℃。

(5) 八角、茴香 含有茴香脑、茴香酮、甲基胡椒酚等。

(6) 姜 含有姜醇、姜酚、姜酮等。

5.2.3 生活中的香料

5.2.3.1 食用香料

(1) 天然香料 主要包括八角、花椒、丁香、姜、茴香、胡椒、薄荷、桂花、玫瑰、豆蔻、桂皮等。它们都可以直接用于烹饪，也可以提取精油作调配香精的原料。

(2) 人工香料 苯甲醛（人造苦杏仁油），具有苦杏仁的气味；α-戊基桂醛（黄色液体），呈茉莉花香；柠檬醛（无色或淡黄色液体），有浓郁的柠檬香气；香兰素，具有香荚兰豆的香气；丙酸乙酯，有凤梨气味；乙酸异戊酯，香蕉气味；乙酸苄酯，呈茉莉花香；异戊酸异戊酯，苹果香气等。

(3) 食用香精 食用香精分为水溶性香精和油溶性香精。水溶性香精用水或乙醇调制，多用于冷饮、料酒的调香，但不宜用于高温赋香；油溶性香精用精炼油、甘油调制，耐热性较好，适用于饼干、糕点等焙烤食品的赋香。食用香精的分子量均较低，但挥发性和脂溶性有着相当差异。一般来说，分子量低，水溶性好；分子量高些时，脂溶性好，因此，香料的选用范围得以拓宽。

5.2.3.2 日用香料

(1) 香精 是指由水、乙醇或某些质地好的食用油从天然香料中提取的香物，有时可用人工合成的香料制成合适的溶液，作为各种调香的原料。日用香料最重要的是香茅酮、香叶醇、甲酸香叶酯等。

(2) 香型 是调香的一门专门技术，主要有花香型如玫瑰香型、茉莉香型、桂花香型等；想象型如清香型、水果香型、芳草香型等。

(3) 香料添加剂 通常是指从某种植物中提取出的汁液，赋香方便。如从薄荷、柑橘、柠檬、生姜、冬青中提取油作香料添加成分；从桂花、茉莉花、玫瑰花等提取上等香料作为各种食品或化妆品的添加成分。

5.3 生活中的味

赤、橙、黄、绿、青、蓝、紫七色，经画家之手，能描绘出千姿百态的自然风貌。宫、商、角、徵、羽五音，经乐师之手，能谱写出悦耳动听的歌曲；酸、甜、苦、辣、咸五味，经厨师之手，能烹饪调制出味道醇美、脍炙人口的佳肴。

中国烹饪视"味"为灵魂，是源于人文哲理，而不是源于科学，因此，古往今来的文人墨客、达官显要、名士贤哲，都很重视"味"，并给予引用和发挥。总之，抽象化的"味"，能够概括中国人的一切行为规范。

5.3.1　味觉和味感机制

食品中的各种滋味（口味），都是由于食品中的可溶性成分溶于唾液，或食品溶液刺激舌头表面上的味蕾，再经过味神经纤维转达到味觉中枢，最后经过大脑的识别而感知。

味蕾分布于舌表面的味乳头（大部分）和软腭、咽后壁及会厌（小部分）的黏膜组织中。一般成年人有 2000 多个味蕾，它们以短管与口腔内表面相通，由 40～60 个椭圆形细胞组成，并连着味神经纤维，味神经组成的小束直通大脑，这些组织构成了味的感受器。味蕾在舌黏膜皱褶中味乳头的侧面上分布最稠密。当用舌头向硬腭上研磨食物时，味感受器最容易兴奋起来，加上唾液呈味物质的作用，便有了"咀嚼有味"的感受。舌的不同部位对味分别有不同的敏感性，一般舌面对甜味最敏感，舌尖和边缘对咸味最敏感，而舌根对苦味最敏感，但也不是绝对的。呈味物质与舌的不同部位的敏感性有关。

味觉对基本味（指单一味，包括酸、甜、苦、辣、咸五味）的灵敏度从刺激味感受器开始到感觉有味，仅需 1.5～4.0ms。其中以咸味感觉最快，苦味最慢，所以，苦味一般总是在最后有感觉。但是，人们对苦味物质的敏感程度往往大于甜味物质。温度对味觉的灵敏度有着显著的影响，一般来说，最能刺激味觉的温度是 10～40℃，最敏感的温度是 30℃，在高于 50℃和低于 0℃时，味觉则显著迟钝。味的强度与呈味物质的浓度有关。

人们对各种味道的反应是不同的。任何的甜味物质都有快感；单纯的苦味物质几乎在任何浓度都有不愉快的感觉；酸味和咸味物质在低浓度时有愉快感，高浓度时便产生不愉快的感觉。

5.3.2　酸味

5.3.2.1　酸味的机理

酸味的产生是由于呈酸性的物质的稀溶液，在口腔中与舌头黏膜相接触时，溶液中的 H^+ 刺激黏膜，从而导致酸的感觉，所以凡是在溶液中能解离产生 H^+ 的化合物都能引起酸感。酸的强度与酸味强度之间不是简单的正比关系，酸味强度与舌黏膜的生理状态有很大关系。有机酸阴离子的负电荷能够中和舌黏膜中的正电荷，从而使得溶液中的 H^+ 更容易和舌黏膜结合，而无机酸的这种作用相对较差。多数有机酸具有爽口的酸味，而无机酸一般都具有不愉快的苦涩味，所以多不用无机酸作为食品的酸味剂。

5.3.2.2　酸味的强度

味觉对于各种酸的敏感不等于 H^+ 的浓度，在口腔中产生的酸感与酸根的结构和种类、唾液的 pH 值、可滴定的酸度、缓冲效用和其他食物特别是与糖的存在有关。乙醇和糖可以减弱酸味，甜味和酸味的组合构成了水果和饮料的特有风味。神经疲倦也会降低酸感的强度。

大多数食物的酸碱性在 pH 值为 5.0～6.5 之间，而人的唾液的酸碱性在 pH 值为 6.7～6.9 之间，因此，人们对常见的大多数食物不觉得有酸感。只有当食物的 pH 值在 5.0 以下时，才会产生酸感；若食物的 pH 值在 3.0 以下时，强烈的酸感会使人适应不了，从而拒食。同浓度的各种酸的酸味度分别为：盐酸（100）、甲酸（84）、柠檬酸（78）、苹果酸（72）、乙酸（45）、丁酸（32）。

5.3.2.3　酸味剂

（1）常用合成酸料

① 乙酸（CH_3COOH）　常用30％的乙酸稀溶液作酸菜、番茄酱、辣酱油等的酸味料。乙酸稀溶液加热熏屋，可以杀菌，能够预防感冒和其他传染病。

② 乳酸（α-羟基丙酸）　广泛存在于传统泡菜、酸菜中。乳酸可作清凉饮料、酸乳、合成酒、辣酱油、酱等的酸味剂。

③ 苹果酸（α-羟基丁二酸）　存在于一切植物果实中。具有带有刺激性的爽快酸味感，略有苦涩感。是饮料、糕点的酸味剂，适于果冻，亦可作为动脉硬化和高血压患者的食盐替代品。

④ 柠檬酸（3-羟基-3-羧基戊二酸，又称枸橼酸）　柠檬酸广泛分布于果蔬中。酸味柔和优雅，入口有酸感，后味持续时间短。主要用于清凉饮料、水果饮料、辣酱油等，使食品的酸味爽快可口。

⑤ 葡萄糖酸　葡萄糖酸的酸味清爽。葡萄糖酸内酯是内酯豆腐的凝固剂，也作饼干的膨胀剂。

另外还有酒石酸（2,3-二羟基丁二酸）、琥珀酸（丁二酸）、延胡索酸（反丁二酸）和抗坏血酸（维生素C）等用作酸味剂。

（2）家庭常用酸味调料

① 食醋　以粮食、糖或者酒作原料，经发酵法制成米醋、糖醋及酒醋。醋酸的含量为3％～5％，其他成分为乳酸、琥珀酸、各种氨基酸、糖类、酯类和醇类等。食醋的主要作用是增加菜肴的香味，以除去不良的味道和气味；减少维生素C的损失，促进原料中的钙、磷、铁等无机物的溶解，便于机体的吸收；刺激食欲和防腐作用。

② 国产名醋　主要有山西老陈醋（山西清远）、四川保宁醋（四川阆中）、江苏镇江香醋（江苏镇江）等。

5.3.3　甜味

5.3.3.1　甜味的机理

甜味是指脂肪族的羟基化合物如糖、醇及其衍生物，也包括氨基酸、卤代烃、某些无机盐。甜味的产生是由于甜味分子上的氢键给予体（供体）和接受体（受体）与味觉感受器上相应的受体和供体形成氢键，呈甜味物质分子内的氢键供体和受体之间的距离在30nm。

5.3.3.2　甜味的强度

食品的甜味强度（甜度）是靠人的感官来直接测定的。目前普遍以蔗糖作为比较的标准，即以5％或10％的蔗糖溶液在20℃时的甜度为1（亦可以定为100），然后再与其他物质在同样的条件下，以一批人几次品尝结果的统计方法获得相对甜度的数值。如蔗糖甜度为1.00，果糖甜度为1.15～1.5，葡萄糖甜度为0.69，木糖甜度为0.67，乳糖甜度为0.39，山梨糖甜度为0.51，麦芽糖甜度为0.46，半乳蔗糖甜度为0.63。

甜味物质的相对甜度取决于几方面：物质的结构中羟基愈多，甜度愈高；物质的浓度愈高，相对甜度愈高；温度对物质的相对甜度也有影响；物质的结晶颗粒大小能影响其溶解度，能影响产生甜味感的速度，不影响其真正的甜度；其他物质有时能够影响其相对的甜度，如低浓度食盐使蔗糖增甜，而高浓度食盐则降低其甜度。

5.3.3.3　甜味剂

（1）天然甜味剂

① 蜂蜜是呈淡黄色至红黄色的半透明黏稠状物。当温度降低时，蜂蜜会有部分结晶析出而呈浊白色，可溶于水及乙醇中，略呈酸味。其组成为：葡萄糖 36.2%、果糖 37.1%、蔗糖 2.6%、糊精 3.0%、水分 19.0%、含氮化合物 1.1%、花粉及蜡 0.7%、甲酸 0.1% 及一定量的矿物质如铁、磷、钙等。蜂蜜是烹调中常用的天然甜味剂，应用于糕点和风味菜肴的制作。

② 甘草甜素（亦称甘草酸或甘草皂苷）的甜度为蔗糖的 250 倍，商品用的是其二钠盐和三钠盐。甘草甜素常与蔗糖、葡萄糖等或糖精适量配合使用，可以得到合适的甜味。主要用于食品、医药、化妆品、卷烟等方面。

③ 蔗糖是由甘蔗、甜菜中提取制得的。通常为白砂糖、绵白糖、冰糖、赤砂糖、红糖等，蔗糖是用量最大的甜味剂，它本身就是提供热量的营养素。

蔗糖

④ 麦芽糖的制备方法是在淀粉酶的作用下淀粉水解形成的中间产物，其甜度是蔗糖的 1/3 强。用作调味品的麦芽糖称为饴糖，是麦芽糖和糊精的混合物。麦芽糖广泛用于面点制作和菜肴制作，如烤乳猪、北京烤鸭等。

⑤ 木糖醇是由玉米芯或其他植物木质化纤维为原料，经水解、加氢等化学处理制得。木糖醇属于多元醇类，其甜度与蔗糖相近。木糖醇在生物体内能很好地被机体吸收和扩散到细胞内，但在代谢过程中，大部分的木糖醇可以转化成二氧化碳由肺部呼出，少部分从粪便中排出体外，仅有很小的一部分被机体吸收。因此，木糖醇可以作为糖尿病患者和高血压患者的替代品。

玉米芯等水解生成木糖醇的反应为：$(C_5H_8O_4)_n + nH_2O \xrightarrow{H^+} nC_5H_{10}O_5$

（2）人工甜味剂

① 糖精（Saccharin，邻苯甲酰磺酰亚胺）　糖精的甜度是蔗糖的 500～700 倍。若溶液中含有 10^{-6}mol/L 的糖精，则立刻感到甜度。含量超过 0.5% 时，则会产生苦味。糖精无营养价值，16～8h 全部排出体外。

② 脲衍生物（Urea derivatives）　对硝基苯羧化衍生物是新型的甜味剂，如 N-对硝基苯-N'-β-羟乙基脲（Suosan），其甜度是蔗糖的 700 倍，带有明显的苦味。

（3）强力甜味剂

① 甜蜜素（Cyclamate，环己基氨基磺酸钠）　甜蜜素的甜度是蔗糖的 30 倍。具有良好的溶解性，具有柠檬酸味且有甜味。

② 二氢查尔酮（Dihydrochalcone）　二氢查尔酮的甜度是糖精的 200 倍，是蔗糖的 1800 倍，是目前已知的最甜的物质，主要用于口香糖、牙膏、漱口剂及一些果汁。

③ 安赛蜜（Acesulfame-K，乙酰磺胺酸钾）　其甜度是 3% 蔗糖的 200 倍。安赛蜜甜味感觉快，没有任何不愉快的后味。

5.3.4　苦味

5.3.4.1　苦味的机理

苦味是危险性食品的信息。对于苦的食物，人们都有一种拒食的心理。由于长期的生活习惯和心理作用的影响，人们对某些食物的苦味如茶叶、咖啡、啤酒及苦瓜等特别偏爱，从而对这一类食物形成了嗜好。

苦味来自于呈味物质分子内的疏水基受到了空间阻碍，即苦味物质分子的氢供体和氢受体之间的距离在15nm以内，从而形成了分子内氢键，使整个分子的疏水基增加，而这种疏水性又是与脂膜中多烯磷酸酯组合成苦味受体相结合的必要条件，因此给人苦味感。

从化学结构上来看，苦味物质一般都含有—NO_2、—SH、—S—、—S—S—、$\diagdown C{=}S$、—SO_3H 等基团；另外无机盐中 Ca^{2+}、Mg^{2+}、NH_4^+ 也具有一定程度的苦味。植物中的苦味物质主要是生物碱和糖苷两大类，动物中的苦味物质主要是胆汁。

5.3.4.2　食物中常见的苦味物质

(1) 生物碱　苦味基准物质硫酸（盐酸）奎宁，存在于金鸡纳树中，所以奎宁亦称金鸡纳碱（Quinine）。而茶叶、咖啡、可可的苦味是由嘌呤族生物碱所引起的。

(2) 啤酒的苦味　是由于酿制啤酒过程中添加啤酒花的缘故。啤酒花中含有的苦味物质是葎草酮（可预防白发生长）。

(3) 糖苷类　许多果皮、蔬菜皮、核仁中常见有苦味。其主要成分为糖苷类物质如苦杏仁苷。橘皮中苦味来源于黄烷酮；花生仁中的苦味是皂素。

5.3.5　辣味

5.3.5.1　辣味的机理

辣味在口腔中的刺激部位是在舌根上部的表皮，不是在味蕾上，有一种灼疼的感觉。辣味严格地说应该是一种触觉而不是味觉。

5.3.5.2　辣味的分类

辣味分为热辣味、麻辣味及辛辣味。热辣味是指在口腔中引起的一种灼烧的感觉，呈味物质在常温下不刺鼻，在高温加热时，刺激咽喉黏膜。红辣椒属于此类型。麻辣味是一种综合感觉，在口腔中产生灼疼的同时产生某种程度的麻痹感。如红辣椒和花椒混合使用则属于此类型。辛辣味是指同时刺激口腔黏膜和鼻腔嗅上皮嗅觉细胞的具有冲鼻子刺激的辣味，葱、蒜、洋葱、生姜、胡椒粉等都有此效果。

5.3.5.3　辣味调料

辣味调料的功能是增香、去异味、除去腻味、刺激食欲。常用的辣味调料为辣椒（辣椒素）、花椒、胡椒（胡椒碱）、葱、生姜（姜酚、姜酮、姜醇）、大蒜（大蒜素）、芥末等。

5.3.6　咸味

5.3.6.1　咸味的机理

咸味主要机理取决于咸味物质的阴离子，阳离子只起增强作用和辅助作用。如 Na^+ 呈微苦味而 Cl^- 呈强咸味，K^+、NH_4^+ 则有微苦味，Ca^{2+} 有令人讨厌的苦涩味，Mg^{2+} 则有强苦味。所以，NaCl 的咸味是由离解后的 Cl^- 显示的。对于肾病患者可以用 KCl 代替 NaCl 作咸味剂，而 $CaCl_2$、$MgCl_2$ 则不可。主要表现咸味的物质是 NaCl、KCl、NH_4Cl、$BaBr_2$、

NaI、NaBr。

5.3.6.2　重要的咸味剂

食盐的水溶液在 0.02～0.03mol/L 时有甜味，较浓（0.05mol/L）时则显咸苦味或纯咸味。一般来说，0.8%～1.0% 的食盐溶液是人类感到最适合的咸味浓度，过高过低则使人感到不适。

5.3.7　鲜味

5.3.7.1　鲜味的机理

鲜味是指氨基酸、肽、蛋白质和核苷酸的信息。但是至今没有发现鲜味在生理上的特征感受器，因此只能在口语中表达诸如鱼鲜、肉鲜、海鲜等概念，却不能建立起令人信服的鲜味机理。

5.3.7.2　鲜味物质

（1）味精（谷氨酸钠，L-谷氨酸钠）　易溶于水，在 0.03% 以上则呈鲜味。味精的鲜味与食盐共存时才得以呈现，对酸味和苦味有一定的抑制作用。味精在液体的 pH 值为 6～7 时其增鲜作用最好，在谷氨酸的等电点（pH=3.2）增鲜效果最差。味精在高于 120℃ 时分解失去鲜味，因此，烹饪食品时，常常要在盛菜时将味精加入拌匀即可。

（2）肌苷酸和鸟苷酸　核苷酸鲜味剂主要有三种，即 5′-肌苷酸、5′-鸟苷酸、5′-黄苷酸。其中肌苷酸的鲜味最强，鸟苷酸次之。肌苷酸主要存在于香菇、酵母等菌类食品中；鸟苷酸主要存在于肉类食品中，其中瘦肉食品中最多。核苷酸的鲜味要比味精高。核苷酸与味精的鲜味具有协同效应，如 5′-肌苷酸与味精按（1∶5）～（1∶20）的比例混合，可使味精的鲜味提高 6 倍。

（3）琥珀酸（丁二酸）　除作酸味剂外，还可作鲜味剂，特别是贝类食物的鲜味主要来自于琥珀酸。

5.3.8　涩味

5.3.8.1　涩味的机理

涩味是一种不作用于味蕾，而是刺激到触觉的末梢神经所引起的感觉。即是作用于口腔黏膜（尤其是舌黏膜）引起黏膜蛋白质凝固而产生的一种收敛性感觉。多数情况下，涩味被作为异味用焯水等方法除去。

5.3.8.2　涩味物质

未成熟的柿子使舌感到麻木干燥的味道，其主要成分是一系列多元酚类化合物的涩单宁。在单宁细胞中存在无色花色素，主要成分为儿茶酸、儿茶酸-3-棓酸酯、表儿茶酸和表儿茶酸-3-棓酸酯 4 种，它们通过复杂反应结合成相对分子质量为 14000 以上的高分子多元酚，具有强烈的涩味。菠菜的涩味由草酸所致。无机物中的明矾具有涩味。

5.4　色、香、味与生活

5.4.1　叶绿素的医疗保健功效

研究证明，叶绿素是植物中特有的一种成分，其他生物体不含有叶绿素。因此，其他生物体如动物是无法自身合成足够的能量，以供给自体消耗和利用，只能从大自然中摄取。叶绿素是不可多得的营养物质，人们只要每天能吃上 300～400g 的深绿色蔬菜和水果，叶绿素是不会缺乏的。关于叶绿素治疗疾病的机制仍然是个谜，推测可能与氮的交换有关。

（1）造血作用　叶绿素中富含微量元素铁，是天然的造血原料，没有叶绿素，就不能源源不断地制造血液，人体就会贫血。

（2）提供维生素　叶绿素中含有大量的维生素 C 与无机盐，是人体生命活动中不可缺少的物质，还可以保持体液的弱碱性，有利于健康。

（3）维持酶的活性　叶绿素在酶的制造、维持其活性上有重要作用。叶绿素与酶的结合，就是生命的延续过程。

（4）解毒作用　叶绿素是最好的天然解毒剂，能预防感染，防止炎症的扩散，还有止痛功能。只要多喝点含叶绿素的蔬菜汁，就能使口腔、鼻腔、身体散发出的口臭、汗味、尿味、粪便味等异味消失。叶绿素浓溶液漱口可治疗牙槽溢脓、牙周炎等多种口腔疾病，经常用叶绿素溶液漱口可保持口腔卫生。

（5）脱臭作用　叶绿素的又一重要作用就是脱臭，原因在于它可以抑制代谢过程中产生的硫化物。叶绿素可以使腋臭等体臭减轻到最低程度。

（6）纤维素丰富　因为纤维在植物的叶子中与叶绿素一同存在，所以摄取叶绿素就等于同时摄取了纤维素。

（7）消炎作用　叶绿素还能预防感染，防止炎症的扩散，具有杀菌消炎的作用。对于很多炎症特别是皮肤发炎、外伤、久治不愈的胃溃疡、肠炎等都有意想不到的效果。可以显著减轻关节炎患者的疼痛，并对胃、十二指肠溃疡有治疗作用。用叶绿素溶液冲洗阴道可以中和毒性物质，保持阴道环境正常，治疗阴道炎，预防宫颈癌。

（8）抗病强身　叶绿素在改善体质，祛病强身方面也有很多作用。如能增强机体的耐受力；还有抗衰老、抗癌、防止基因突变等功能，是人体健康的卫士。苜蓿是叶绿素最丰富的来源，收割后榨汁，不加任何防腐剂，直接服用，价值最高。叶绿素对人体具有广泛的药用价值，可以祛病延年，被誉为"天然长寿药"。

5.4.2　口味与健康

人的口味往往与人的生活环境有很大关系。在以盐碱地为主的生活区域，人们往往喜食酸性食物，而在酸性土壤为主要生活区域的人们往往不喜欢酸性食物。这反映了人或者其他生物都需要通过进食不同的食品来调节体内的酸碱平衡。一般情况下，人的口味是变化不大的，若人的口味与以往有较大的差别，可能是某些疾病的信号。

现代医学认为，口腔出现异常，常常是消化系统的功能紊乱、消化腺分泌过多或过少引起的，病变器官常涉及胃、肠、胰腺、肝、胆等内脏。中医认为，口腔出现异常，常常是肝、脾、胆、心等脏腑功能失调，如心气不和、脾气不运、肝胆湿热等，因此患者口味异常变化常作为中医诊治疾病的辨证依据之一。

（1）口甜（口甘）　指口中自觉有甜味，此时即使饮白开水亦觉甜，或甜而带酸。口甜常见于消化系统功能紊乱或糖尿病患者。前者是因为消化系统功能紊乱引起各种消化酶的分泌异常，尤其是唾液中的淀粉酶含量增加而感觉口甜，后者则由于血糖增高，唾液内糖分亦增高，觉得口中发甜。中医认为，口甜多为胃功能失常所致。临床上分为脾胃热蒸口甜和脾胃气阴口甜，前者多因过度食辛辣厚味之品，滋生内热或外感邪热蓄积于脾胃所致，表现为口甜而渴，喜饮水，多食易饥，或唇舌生疮，大便干结，舌红苔燥，脉数有力等；后者多由年老或久病伤及脾胃，导致气阴两伤，虚热内生，脾津受灼所致，表现为口甜口干而饮水不多，气短体倦，不思饮食，脘腹作胀，大便时干时软。

（2）口苦　是指口中有苦味，多见于急性炎症，以肝、胆炎症为主，这常与胆汁的代谢有关。口苦还可见于癌症。癌症病人丧失对甜味食物的味觉，而对食物发苦的感觉与日俱增，这与病人舌部血液循环障碍和唾液内成分改变有关。中医认为，口感苦者，常兼有头痛眩晕、面红眼赤、性急易怒、大便干结、舌质偏红、苔薄黄、脉象弦数等症，多为肝、胆有热所致，口苦者，常兼有寒热往来、心烦喜呕、胸胁苦满、默默不欲饮食、小便赤黄等症，多为胆热上蒸所致。

（3）口淡　是指口中味觉减退，自觉口内发淡而无法尝出饮食滋味。多见于炎症的初期或消退期，而以肠炎、痢疾以及其他消化系统疾病为多见，还见于大手术后的恢复阶段。内分泌疾病以及长期发热的消耗性疾病、营养不良、维生素及微量元素锌的缺乏、蛋白质及热量摄入不足的病人，也常有口淡感，因为这类疾病可使舌味蕾敏感度下降而造成口淡无味。另外，口淡无味、味觉减弱甚至消失，还是癌症病人的特征之一，因此，中老年人发生原因不明的味觉突然减弱或消失时，要高度警惕癌症的可能。当然，这要同老年人味蕾退化、牙齿残缺不全使咀嚼不充分，甚至囫囵吞咽，食物不能和味蕾充分接触，导致食不知味的情况区别开来。

（4）口咸　是自觉口中有咸味，犹如口中含盐粒一般，多见于慢性咽喉炎、慢性肾炎、神经官能症或口腔溃疡。中医认为，口咸多为肾虚所致。如伴有腰膝酸软、头晕耳鸣、五心烦热、盗汗遗精、苔少、脉细数等症状，属肾阴亏损，虚火上炎，称之为"肾阴虚口咸"；若兼有畏寒肢冷、神疲乏力、夜尿频长、阳痿、带下、舌胖、脉沉细等症，属肾阳不足，肾液上乘，称之为"肾阳虚口咸"。

（5）口辣　是口中自觉有辛辣味或舌体麻辣感。常见于高血压病、神经官能症、更年期综合征及长期低热者。因为辣味是咸味、热觉及痛觉的综合感觉，所以自觉口辣的病人舌温可能偏高，舌黏膜对咸味和痛觉都较敏感。中医认为，口辣多为肺热壅盛或胃火上升所致，常伴有咳嗽、咳痰黄稠、舌苔薄黄等症状。

（6）口酸　是口中自觉有酸味，多见于胃炎和胃及十二指肠溃疡。中医认为，口酸多为肝胆之热侵脾所致，常伴有胸闷胁痛、恶心、食后腹胀、舌苔薄黄、脉弦等症状。

（7）口涩　是指口中自觉有一股涩味，常见于神经官能症或通宵未眠者，一般只要调整好睡眠时间，必要时用点镇静剂即可消除口涩。但需注意，有些恶性肿瘤，尤其到晚期，多有味觉苦涩。

（8）口臭　是口中有臭气。若口臭不是由口腔疾病（龋齿、牙周炎等）引起的，则可能是身体其他部位的毛病引起。如有人患有副鼻窦炎或萎缩性鼻炎，有肠胃疾病如肠胃炎、胃溃疡等，有些患气管炎、肺病的病人，都可能在呼吸、讲话时发出臭味。严重的糖尿病患者可因脂肪代谢紊乱，酮体增多而在口腔内嗅到酮味（烂苹果味），还可出现口干、口渴、舌色变为深红、舌体肥厚等口腔症状。肾病患者，口腔内有一种特殊的气味。消化不良、便秘不能进行正常代谢时，体内毒素无法及时排出体外，会发现自己也会口味不清；烟、酒及蒜、葱、韭菜、臭豆腐等气味浓烈的食物一经吸食后，很容易被血液吸收，然后经由呼气排出体外。

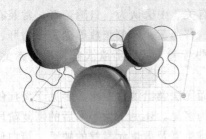

第6章
食物中的营养素

6.1 食物中的营养素

营养素（nutrient）是指食物中可给人体提供能量、机体构成成分和组织修复以及生理调节功能的化学成分。凡是能维持人体健康、以提供生长和生殖所需的外源物质都是营养素。生物体摄取和利用营养素的过程称为营养。食物中有七大营养素即蛋白质、碳水化合物、脂类、维生素、矿物质、膳食纤维和水，而氧气习惯上不列于营养素的范围。

6.1.1 蛋白质

蛋白质（protein）是所有生物细胞的基本物质。蛋白质主要含 C、H、O、N、S 等元素（有些蛋白质中含有 P、Cu、Fe、Mn、Zn、Mg、Ca 等矿物元素），一般由几百个乃至几千个氨基酸构成。蛋白质是生物体内最重要的生命有机化合物之一，它是生物体中一切组织的基础物质，并在生命现象和生命过程中起着决定作用。无论蛋白质来源如何，其蛋白质的含氮量都约为 16％，取其倒数 6.25，称为蛋白质换算系数，它是通过氮元素分析测定蛋白质大致含量的依据，粗蛋白质(％)＝N(％)×6.25。

6.1.1.1 蛋白质的功能性质

(1) 蛋白质的水化性和持水性　蛋白质的水化性是指干燥蛋白质遇水后逐步水化，包括水吸收、溶胀、润湿性、持水力、黏着性、溶解度、速溶性、黏度。蛋白质中水的存在方式直接影响着食物的质构和口感。蛋白质的持水性是指水化了的蛋白质胶体牢固地束缚住水不丢失的能力。蛋白质保留水的能力与许多食品的质量，尤其是肉类菜肴有重要关系。一般来说，加工过程中肌肉蛋白质持水性越好，制作出的食品口味越好。

(2) 蛋白质的膨润　是指蛋白质吸水后不溶解，在保持水分的同时赋予制品以强度和黏度的一种重要功能。加工中有大量的蛋白质膨润如干明胶、鱿鱼、海参、蹄筋的发制等。

(3) 蛋白质的乳化性和发泡性　蛋白质是既含有疏水基团又含有亲水基团，甚至是带有电荷的大分子物质。由于蛋白质具有良好的亲水性，因此蛋白质适宜乳化成油/水（O/W）型乳状液。蛋白质稳定的食品乳状液体系有很多，如乳、奶油、冰淇淋、蛋黄酱、肉糜等。蛋白质的发泡性是气泡如空气、二氧化碳气体分散在连续液态或半固体相中的分散体系，表面活性剂起稳定泡沫的作用。常见的食品泡沫有蛋糕、啤酒泡沫、面包、冰淇淋等。

(4) 蛋白质的风味结合　蛋白质本身是没有风味的，然而它们能结合风味化合物，改变食品的感官品质。蛋白质可以作为风味物的载体和改良剂，如加工含植物蛋白质的仿真肉制品，就是利用此性质而制造出肉类风味的食物。但蛋白质尤其是油料种子蛋白质和乳清浓缩蛋白质与不饱和脂肪酸氧化生成的醛、酮类化合物作用，形成不期望的风味物，如大豆蛋白质制剂的豆腥味和青草味即是大豆蛋白质与醛作用的结果。

挥发性风味主要是通过疏水基与水合蛋白质相互作用产生的，任何影响疏水相互作用或蛋白质表面疏水性的因素都会影响风味结合。影响风味结合的因素有温度、盐和 pH 值等。

6.1.1.2　蛋白质在动物的生命活动中的重要营养作用

（1）蛋白质是构建机体组织细胞的主要原料　动物的肌肉、神经、结缔组织、腺体、精液、皮肤、血液、毛发、角、喙等都以蛋白质为主要成分，其具有传导、运输、支持、保护、连接、运动等多种功能。肌肉、肝、脾等组织器官的干物质含蛋白质 80% 以上。除反刍动物外，食物蛋白质几乎是唯一可用于形成动物体蛋白质的氮来源。

（2）蛋白质是机体内功能物质的主要成分　在动物的生命和代谢活动中起催化作用的酶、某些起调节作用的激素、具有免疫和防御机能的抗体（免疫球蛋白）都是以蛋白质为主要成分。另外，蛋白质对维持体内的渗透压和水分的正常分布，也起着重要的作用。

（3）蛋白质是组织更新、修补的主要原料　在动物的新陈代谢过程中，组织和器官的蛋白质的更新、损伤组织的修补都需要蛋白质。据同位素测定，全身蛋白质 6～7 个月可更新一半。

（4）蛋白质可供能和转化为糖、脂肪　在机体能量供应不足时，蛋白质也可分解供能，维持机体的代谢活动。当摄入蛋白质过多或氨基酸不平衡时，多余的部分也可能转化成糖、脂肪或分解产热。

6.1.1.3　氨基酸及性质

（1）氨基酸概述　氨基酸（amino acid）是羧酸分子中甲基上的氢被氨基取代所形成的化合物。根据氨基酸中氨基和羧基的相对位置的不同，可分为 α-氨基酸、β-氨基酸、γ-氨基酸等。

氨基酸是蛋白质的基本结构单位，由许多氨基酸分子经聚合可得到蛋白质，反之，蛋白质水解可形成相应的氨基酸分子。自然界中已发现 100 多种氨基酸，但从生物体蛋白质的水解产物中分离出来的只有 20 种 α-氨基酸。氨基酸中的 α-碳原子是不对称中心，氨基酸显光学活性（旋光性）。可将 α-氨基酸分为 D-和 L-两种，天然存在的氨基酸都是 L-构型。

（2）氨基酸的性质　各种氨基酸均为无色结晶，结晶形状因氨基酸的结构而异，如 L-谷氨酸为四角柱状结晶，D-谷氨酸为棱片状结晶。氨基酸的熔点较高，一般为 200～300℃。氨基酸一般溶于水，微溶于醇，不溶于乙醚；赖氨酸和精氨酸的溶解度最大，脯氨酸与羟脯氨酸只能溶于乙醇和乙醚中；所有的氨基酸都溶于强酸和强碱中，因此氨基酸是两性物质。

① 氨基酸的味　氨基酸及某些衍生物具有一定的味感，味感与氨基酸的种类和立体结构有关。一般来讲，D-型氨基酸多数带有甜味（其中 D-色氨酸的甜度可达到蔗糖的 40 倍），L-型氨基酸具有甜、苦、鲜、酸 4 种不同味感。

② 氨基酸的羰氨反应　是指具有羰基的化合物与具有氨基的化合物（尤其是赖氨酸，还有精氨酸、色氨酸、组氨酸、蛋氨酸、半胱氨酸、天冬氨酸及谷氨酸）发生一系列复杂反应，最后形成黑色素的过程。食品中主要的羰氨反应发生在还原糖与氨基酸及蛋白质之间，脂肪受热氧化产生的醛也可以参与反应，但是次要的反应。羰氨反应是食品加工过程中常见的化学反应，其反应速率与温度、时间、水分和酸度有关。若羰氨反应过度，就会产生大量

的黑色素，造成食品焦黑而发苦。

③ 氨基酸的脱羧反应　食品中氨基酸的脱羧反应是指氨基酸在高温或细菌作用下发生脱羧反应而生成相应的胺，并释放出 CO_2，它是食品中胺的主要来源，尤其是腐胺、尸胺等有毒性和臭味的胺类产生，是食品腐败的标志。

④ 氨基酸与金属离子的作用　许多重金属离子如 Cu^{2+}、Co^{2+}、Mn^{2+}、Fe^{2+} 等均可以与氨基酸作用生成螯合物。

⑤ 成肽反应　肽（peptide）是指一个 α-氨基酸分子中的氨基与另一个 α-氨基酸分子中的羧基脱水缩合形成的化合物。由两个氨基酸分子缩合形成的肽称为二肽，由多个氨基酸分子缩合形成的肽称为多肽。多肽通常是直线状，相对分子质量一般在 10000 以下，每条肽链的两端分别有一个羧基和一个氨基。有的低分子肽也有味感，属于风味物质，如 L-天冬氨酸与某些氨基酸酯组成的二肽衍生物具有甜味。

（3）必需氨基酸和非必需氨基酸　必需氨基酸（essential amino acid）是指人体（或其他脊椎动物）必不可少，而机体内又不能合成的，必须从食物中补充的氨基酸。必需氨基酸共有 8 种：赖氨酸、色氨酸、苯丙氨酸、蛋氨酸、苏氨酸、异亮氨酸、亮氨酸和缬氨酸。非必需氨基酸（nonessential amino acid）是指可在动物体内合成，作为营养源不需要从外部补充的氨基酸。一般植物、微生物必需的氨基酸均由自身合成，这些都不称为非必需氨基酸。对人来说非必需氨基酸为甘氨酸、丙氨酸、丝氨酸、天冬氨酸、谷氨酸（及其胺）、脯氨酸、精氨酸、组氨酸、酪氨酸、胱氨酸。这些氨基酸由碳水化合物的代谢物或由必需氨基酸合成碳链，进一步由氨基转移反应引入氨基生成氨基酸。已知即使摄取非必需氨基酸，也是对生长有利的。人体合成精氨酸、组氨酸的能力不足于满足自身的需要，需要从食物中摄取一部分，我们称之为半必需氨基酸。

① 赖氨酸（lysine，2,6-二氨基己酸）为碱性必需氨基酸。赖氨酸可以调节人体代谢平衡。赖氨酸为合成肉碱提供结构组分，而肉碱会促使细胞中脂肪酸的合成。往食物中添加少量的赖氨酸，可以刺激胃蛋白酶与胃酸的分泌，提高胃液的分泌功效，起到增进食欲、促进幼儿生长与发育的作用。赖氨酸还能提高钙的吸收及其在体内的积累，加速骨骼生长。如缺乏赖氨酸，会造成胃液分泌不足而出现厌食、营养性贫血，致使中枢神经受阻、发育不良。赖氨酸在医药上还可作为利尿剂的辅助药物，治疗因血中氯化物减少而引起的铅中毒现象，还可与酸性药物（如水杨酸等）生成盐来减轻不良反应，与蛋氨酸合用则可抑制重症高血压病。

② 色氨酸（L-tryptophan，2-氨基-3-吲哚基丙酸）是人体所需的一种重要的氨基酸，它是人体和动物生命活动中必需氨基酸之一，对人和动物的生长发育、新陈代谢起着重要的作用，被称为第二必需氨基酸。对预防糙皮病、抑郁症，改善睡眠和调节情绪有着很重要的作用。

糙皮病是由于人体组织内缺少烟酸所致，最典型的症状是皮炎，常在肢体暴露部位对称出现，以手背、足背、腕、前臂、手指、踝部等最多，其次为肢体受摩擦处。

色氨酸是脑部化学物质 5-羟色胺的重要前体，能帮助调节情绪。由节食所致的血液中色氨酸水平下降，会降低脑部 5-羟色胺的水平，引起抑郁、自责、激愤等不良情绪。改善睡眠色氨酸生成的 5-羟色胺，可中和肾上腺素和去甲肾上腺素的作用，并能改变睡眠持续时间。动物大脑中 5-羟色胺降低，会表现行为异常，以及失眠等症状。在睡觉前吃点食物，可以增加体内色氨酸的含量，从而产生更多的 5-羟色胺，使人更快地进入睡眠状态。

③ L-苯丙氨酸（L-phenylalanine，2-氨基-3-苯基丙酸）是人体八种必需氨基酸之一，广泛用于医药、甜味剂（阿斯巴甜）的主要原料和食品等行业。在体内苯丙氨酸可经苯丙氨酸羟化酶催化生成酪氨酸。此酶的辅酶四氢生物蝶呤，由7,8-二氢蝶呤经二氢叶酸还原酶催化生成。此反应不可逆，故酪氨酸不能转变成苯丙氨酸。在正常情况下，苯丙氨酸主要转变为酪氨酸后继续分解，经转氨基生成苯丙酮酸的量很少，但先天性苯丙氨酸羟化酶缺陷患者，苯丙氨酸不能羟化生成酪氨酸，苯丙酮酸生成就增多，在血和尿中出现苯丙酮酸，导致智力发育障碍，称为苯丙酮尿症。

④ 蛋氨酸（D,L-methionine，2-氨基-4-甲巯基丁酸）是含硫必需氨基酸，与生物体内各种含硫化合物的代谢密切相关。当缺乏蛋氨酸时，会引起食欲减退、生长减缓或不增加体重、肾脏肿大和肝脏铁堆积等现象，最后导致肝坏死或纤维化。蛋氨酸还可利用其所带的甲基，对有毒物或药物进行甲基化而起到解毒的作用。因此，蛋氨酸可用于防治慢性或急性肝炎、肝硬化等肝脏疾病，也可用于缓解砷、三氯甲烷、四氯化碳、苯、吡啶和喹啉等有害物质的毒性反应。

⑤ L-苏氨酸（L-threonine，β-羟基-α-氨基丁酸）是一种重要的营养强化剂，可以强化谷物、糕点、乳制品，和色氨酸一样有恢复人体疲劳、促进生长发育的效果。医药上，由于苏氨酸的结构中含有羟基，对人体皮肤具有持水作用，与寡糖链结合，对保护细胞膜起重要作用，在体内能促进磷脂合成和脂肪酸氧化。其制剂具有促进人体发育、抗脂肪肝的药用效能，是复合氨基酸输液中的一个成分。同时，苏氨酸又是制造一类高效低过敏的抗生素——单酰胺菌素的原料。

⑥ 异亮氨酸（isoleucine，α-氨基-β-甲基戊酸）是人体必需氨基酸之一，属脂肪族中性氨基酸的一种。异亮氨酸能治疗神经障碍、食欲减退和贫血，在肌肉蛋白质的代谢中也极为重要。

⑦ 亮氨酸（leucine，2-氨基-4-甲基戊酸）可用于诊断和治疗小儿的突发性高血糖症，也可用作头晕治疗剂及营养滋补剂。

⑧ 缬氨酸（valine，2-氨基-3-甲基丁酸）当缬氨酸不足时，大鼠中枢神经系统功能会发生紊乱，共济失调而出现四肢震颤。通过解剖切片脑组织，发现有红细胞变性现象，晚期肝硬化病人因肝功能损害，易形成高胰岛素血症，致使血中支链氨基酸减少，支链氨基酸和芳香族氨基酸的比值由正常人的3.0～3.5降至1.0～1.5，故常用缬氨酸等支链氨基酸的注射液治疗肝功能衰竭等疾病。此外，它也可作为加快创伤愈合的治疗剂。

6.1.2 维生素

维生素（vitamin）是生物为维持正常生命过程而必须从食品中获得的微量有机物质。维生素可分为水溶性维生素和脂溶性维生素。

6.1.2.1 水溶性维生素

（1）维生素 B_1（硫胺素） 维生素 B_1 的主要生理功能是整个物质代谢和能量代谢的关键物质，另外可抑制胆碱酯酶，对于促进食欲、胃肠道的正常蠕动和消化液的分泌等有重要作用。缺乏维生素 B_1 可导致脚气病、多发性神经炎、水肿、厌食、呕吐。

（2）维生素 B_2（亦名核黄素 riboflavin） 是7,8-二甲基异咯嗪和核酸的缩合物。维生素 B_2 的主要生理功能是以黄素辅酶参与体内多种物质的氧化还原反应，是担负转移电子和氢的载体，也是组成线粒体呼吸链的重要成员。维生素 B_2 缺乏时导致生长停滞、毛发脱落等。

（3）维生素 B_3（亦称维生素 PP，又称烟酸，nicotinic acid）　在体内以烟酰胺存在，有防止癞皮病的作用。

（4）维生素 B_5（亦称泛酸，pantothenic acid）是辅酶 A 的组成部分，参与碳水化合物及脂肪的代谢。能刺激动物、乳酸菌及其他微生物的生长。人和动物体内均不能合成维生素 B_5，只能从食物中获得。

（5）维生素 B_6（又称吡哆素）是 3-羟甲基-1,2-二甲基吡啶，4 位可以是羟甲基、醛基或甲氨基。维生素 B_6 又称抗皮肤炎维生素。维生素 B_6 的主要生理功能是转氨基酶的辅酶、犬尿酸原酶的辅酶、氨基酸脱羧酶的辅酶、某些氨基酸转羟基酶的辅酶。维生素 B_6 缺乏时，可引起类似癞皮病皮肤炎，表现为神经过敏、失眠、肠道疾病、身体虚弱。

（6）维生素 B_7（维生素 H，即生物素）　许多生物体都能自身合成维生素，人体肠道中的细菌亦能合成部分生物素。在体内生物素与蛋白质结合成复合体。

（7）维生素 B_{11}（又称叶酸，folic acid）　参与造血过程和细胞核中核蛋白的生成。食物中叶酸缺乏时易引起贫血，停止生长，白细胞减少。

（8）维生素 B_{12}（即钴胺素，cobalamin）　是唯一含金属元素的维生素。结构复杂，包含有咕啉环-5,6-二甲基苯并咪唑核苷酸、丙醇及钴元素，其分子式为 $C_{63}H_{90}CoN_{14}O_{14}P$。人体肠道细菌能合成维生素 B_{12}，但结肠不能吸收，大量的维生素 C 可破坏维生素 B_{12}。缺乏维生素 B_{12} 会引起严重贫血。

（9）维生素 C（抗坏血酸，ascorbic acid）　在组织中以两种形式存在：

（L-抗坏血酸）　　　　　（脱氢抗坏血酸）

维生素 C 能使铁在体内保持亚铁状态，增进其吸收、转移以及在体内的储存。能够使钙在肠道中不至于形成不溶性化合物，改善其吸收。维生素 C 在体内作酶激活剂、物质还原剂、参与激素合成等。缺乏维生素 C 则可引起坏血病。

6.1.2.2　脂溶性维生素

（1）维生素 A　主要功能是促进生长及保护各种上皮组织。人体缺乏维生素 A，则会患夜盲症。维生素 A 的来源由 β-胡萝卜素在胡萝卜素酶的作用下形成。

（2）维生素 D　是所有具有胆钙化醇生物活性的类固醇的总称。维生素 D 具有调节钙、磷代谢，供钙沉淀形成羟基磷灰石 $[Ca_3(PO_4)_2 \cdot 3Ca(OH)_2]$，促进骨骼和牙齿的形成的作用。缺乏维生素 D 时则会出现佝偻病。

（3）维生素 E（又称生育酚，tocopherol）　具有抗氧化作用，也能防止维生素 A、维生素 C 的氧化，以保证维生素 C、维生素 A 在体内的营养功能；维生素 E 能保持红细胞的完整性；可以调节体内一些物质的合成（如维生素 E 是辅酶 Q 的合成辅助因子等）；维生素 E 与精子的生成和繁殖能力有关，缺乏时导致不育症。维生素 E 还具有抗衰老作用，主要是抑制体内自由基氧化对 DNA 和蛋白质的破坏，使衰老过程减慢。

（4）维生素 K　具有萘醌结构。

6.1.3　脂类

天然油脂（natural oil）是由许多脂质组成的复杂混合物，在物态上，油脂是液态时的油、固态时的脂及半固态时的软脂或白脱的总称。

6.1.3.1　油脂的制取和组成

（1）油脂的制取　油脂的制取工艺如下：

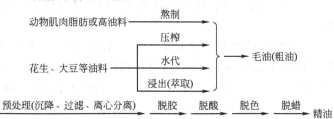

（2）油脂的组成　油脂的组成如下：

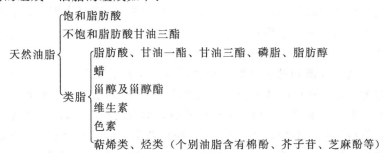

6.1.3.2　膳食油脂的生理功能

（1）贮存与释放能量　脂肪是人体主要储存能量的方式，脂肪是人体细胞膜组成成分之一，人体的脂肪细胞可以储存大量脂肪。当摄入的能量超过消耗的能量时，能量以脂肪的形式在体内储存，当能量摄入不足时，可以释放出来供机体消耗。脂肪产热量较高，脂肪释放的热量是蛋白质或碳水化合物的 2.25 倍，达 9kcal/g（37.6kJ）/g 脂肪。正常人体每日所需热量有 25%～30% 由摄入的脂肪产生。

（2）提供必需脂肪酸　脂肪提供油酸、α-亚麻酸、花生四烯酸等具有独特生理功能的必需脂肪酸。科学家们研究认为必需脂肪酸在人体内参与磷脂的合成，并以磷脂的形式出现在线粒体和细胞膜中，它对线粒体和细胞膜的结构特别重要；对胆固醇的代谢、前列腺素的合成、动物精子的形成等有重要作用，所以缺乏必需脂肪酸易得高脂血症、生殖系统发生障碍、皮肤病等，建议食用含有丰富的亚油酸、α-亚麻酸类植物性液体油。

（3）身体结构成分　由于人体皮下有一层脂肪，脂肪是一种较好的绝缘物质，在寒冷情况下，可保持人体体温。另外，脂肪对身体一些重要器官起着支持和固定作用，使人体器官免受外界环境损伤。

（4）脂溶性维生素载体　脂肪是脂溶性维生素 A、维生素 D、维生素 E、维生素 K 的载体，如果摄入食物中缺少脂肪，将影响脂溶性维生素的吸收和利用。

（5）增加饱腹感　由于脂肪在人体胃内停留时间较长，因此摄入含脂肪高的食物，可使人体有饱腹感，不易饥饿。

（6）提供润滑、细腻的口感特性　脂肪可以增加摄入食物的烹饪效果，增加食物的香味，使人感到可口。脂肪还能刺激消化液的分泌。

6.1.4 矿物质

在人体新陈代谢过程中，每天都有一定量的矿物质（mineral）随各种途径，如粪、尿、汗、头发、指甲、皮肤及黏膜的脱落排出体外。因此，必须通过饮食补充。人体内的某些无机元素，由于其生理作用剂量带与毒性剂量带距离较小，故过量摄入不仅无益反而有害，特别要注意用量不宜过大。根据矿物质在食物中的分布及其吸收、人体需要特点，在我国人群中比较容易缺乏的有钙、铁、锌。在特殊地理环境或其他特殊条件下，也可能有碘、硒及其他元素的缺乏问题。

（1）钙（Ca） 人体中的正常值：成人 2.25～2.75mmol/L（9～11mg/dL），新生儿 2.5～3mmol/L（10～12mg/dL）。钙缺乏容易引起软骨瘤、骨质疏松、佝偻病、坐骨神经痛、龋齿、白发、肌肉痉挛、心肌功能下降、心脏病、生殖能力下降、痛经、神经兴奋性增强、精神失调、记忆力下降，易于疲劳，增加肠癌患病率，高血压，骨骼畸形，等。由于对骨质疏松症还缺乏有效的治疗，一旦发生骨折就难以恢复，所以提前预防比治疗更重要。

学者们认为在生命的前期（儿童、青少年、成年早期），通过合理的营养和锻炼来获得比遗传规定的最大峰值骨量，是预防生命后期骨质疏松症的最佳措施，另应增加乳制品的比重和适当增加维生素 D（促进钙的吸收）的摄入。

钙的来源包括动物来源和植物来源。动物来源中奶及奶制品的钙质丰富，易被人体吸收，是婴儿最好的钙源。亦可以从贝壳类（如虾米、蛤蜊等）、蛋类、骨粉等中获得。植物来源中绿色蔬菜如荠菜、油菜、小白菜等的钙易被人体吸收利用，而含草酸较多的菠菜，尽管钙含量较高，但由于形成不溶解的 CaC_2O_4，所以菠菜中的钙不易被人体吸收。豆及豆制品中的钙质丰富且易被机体吸收。还有，坚果类（如核桃、榛子、瓜子等）和水果类（如山楂、柑橘等）及麦麸、榨菜、萝卜干等。

很多人以为骨头汤中可摄取足够的钙，实际上有 500g 的骨头经 2h 的熬煮，仅可溶出 20 多毫克的钙，而一杯牛奶（200mL）提供的钙比其多 10 倍。

（2）磷（P） 在人体中的量：成人 0.97～1.61mmol/L，儿童 1.29～1.94mmol/L。一般不会出现磷缺乏症。磷摄入或吸收的不足可以出现低磷血症，引起红细胞、白细胞、血小板的异常，软骨病；因疾病或过多地摄入磷，将导致高磷血症，使血液中血钙降低，导致骨质疏松。

几乎所有的食物都含磷，如动物的乳、蛋、鱼、肉等和植物的粗粮、豆类、核桃、蔬菜等。

一般来说，如果人体正常摄入食物时，其磷含量的 90% 被吸收利用，通常在小肠内进行，尤以十二指肠上部为酸性，有利于磷和钙的吸收。若食入的钙、磷相似，其吸收状况更佳。

（3）钠（Na）和氯（Cl） 正常值：钠，成人 135～145mmol/L，儿童 138～146mmol/L；氯（以氯化钠计）95～105mmol/L。食盐是钠和氯的主要来源。食盐的需要量为：婴儿 1g/d，儿童 3g/d，成人 6g/d。

（4）钾（K） 人体正常值：成人 4.1～5.6mmol/L，儿童 3.4～4.7mmol/L。钾缺乏对心肌产生危害，引起心肌细胞的变性和坏死，钾过高则引起四肢苍白发凉、嗜睡、动作迟缓、心跳减慢甚至心跳骤停。

钾的来源是肉类、乳类等动物和谷类、豆类、蔬菜、水果等植物。钾的需要量：儿童 0.05g/(kg·d)，成人 2～3g/(kg·d)。

（5）镁（Mg）　正常值：成人 0.8～1.2mmol/L，儿童 0.56～0.76mmol/L。镁缺乏容易引起心肌坏死、心肌梗死、并发生代谢性碱中毒、动脉硬化、心血管病、胃肿瘤，关节炎、胃结石、白血病、糖尿病、白内障、听觉迟钝及耳硬化症，器官衰老症，骨变形，膜异常，结缔组织缺陷，惊厥。并能引起过敏症、肌肉痉挛、扭转或做出更古怪的动作，同时有血中胆固醇增多现象产生。

镁的主要来源是植物性食物，如小米、燕麦、大麦、豆类、小麦、紫菜等。另外，肉和内脏也有较丰富的镁。镁的需要量：婴儿 150mg/d，孕妇及哺乳期妇女 400mg/d，成人 250～320mg/d。

（6）碘（I）　人体的正常值（尿碘）：0.78～1.57mmol/L。

人体缺碘时，三碘甲腺原氨酸和四碘甲腺原氨酸的浓度必然下降，甲状腺素不足影响甲状腺调节机能障碍，导致甲状腺肿。如果提高膳食中碘的供给量（碘盐），则可取得明显效果。而对于儿童来说，当碘缺乏严重时，可导致儿童身体矮小、痴呆、聋哑、瘫痪。据调查，碘缺乏病是已知的导致人类智力障碍的主要原因，智残病人中 80% 是由于碘缺乏造成的。

碘的来源主要是海带、紫菜、海虾、海鱼、海盐等。从 1996 年开始，我国对食盐全部加碘，食盐加碘为碘酸钾（KIO_3）。碘的需要量为：儿童 160～200μg/d，孕妇 200～400μg/d，成年人 100～150μg/d。

（7）铁（Fe）　正常值：成人 14.3～26.9μmol/L，老人 7.2～14.3μmol/L，儿童 9.0～32.1μmol/L。铁缺乏容易引起贫血，使细胞色素和含铁酶的活性减弱，以致氧的运输供应不足，使氧化还原、电子传递和能量代谢过程发生紊乱，免疫功能降低，影响生长发育。抵抗力降低，特别易感染。若铁的摄入量不足或者吸收不良时，将使机体出现缺铁性或营养性贫血。缺铁性贫血是世界性的营养方面的问题，世界约有 20 亿人是缺铁性贫血的患者，大多数患者是在发展中国家。缺铁性贫血的主要症状是头晕、乏力、易疲倦、耳鸣、食欲不振、睡眠不足、精神委靡、记忆力衰退，严重者心悸、面色萎黄、毛甲干涩、免疫力下降、衰老加速。

铁的来源有动物的肝、心、肺、肾、肠等脏腑类食品及蛋黄、瘦肉等，植物的铁来自蔬菜类、山楂、葡萄、草莓、桃、干枣、柿饼、木耳、红糖等。也可以从中药中获得，如当归、阿胶、熟地黄、鸡血藤、紫河车、白芍、何首乌、枸杞子等，均有一定的治疗缺铁性贫血的作用。除此之外，可以从无机盐中获取铁元素补铁，如硫酸亚铁、乳酸亚铁、富马酸亚铁、枸橼酸铁铵、葡萄糖酸铁等治疗缺铁性贫血，但是此类补铁剂有铁锈味等异味，对胃肠有刺激性副作用。卟啉铁可以作为有机补铁剂，吸收率高，没有副作用。

人体的铁需要量为：儿童 12mg/d，妊娠、哺乳和月经期的妇女 15～20mg/d，成年人 8～12mg/d。

（8）铜（Cu）　人体的正常值：14.2～22μmol/L（90～140μg/dL）。铜缺乏容易引起营养不良、贫血、中性白细胞减少症，中枢神经系统退化，骨骼缺陷，血清胆固醇升高，心血管损伤，不育，免疫功能受损，溃疡，关节炎，动脉异常，脑障碍，生长迟缓，情绪容易激动，冠心病。缺铜也是引起"少白头"的原因之一，甚至引起白癜风、脱发。

铜的来源有禽类、鱼类、肉类等动物，也有坚果、干豆、谷类、鲜豆、根茎类、蔬菜类、鲜果及无叶蔬菜等（以铜的含量多少排序）。

铜的需要量为：儿童 80～100μg/(kg·d)，成年人 2mg/(kg·d)，孕妇和哺乳期妇女适当增加。

（9）硒（Se）　人体的正常值：$1.9 \sim 3.17 \mu mol/L$（$15 \sim 25 \mu g/dL$）。硒缺乏容易引起心血管病，关节炎、婴儿猝死综合征、蛋白质、能量缺乏性营养不良、溶血性贫血、染色体损伤，白内障，糖尿病性视网膜病，癌症，大骨节病，克山病，高血压，肝脏坏死，心肌病，缺血性心脏病，胰腺炎，肌肉萎缩症，多发性硬化症，衰老，白肌病。

我国地方流行病克山病和大骨节病与缺硒有关。克山病是以心肌坏死为主要症状的地方病，大骨节病是一种地方性、多发性、变形性骨关节病。

硒的来源主要是硒含量高的肉类、谷类、豆类以及水果、蔬菜、海产品等。过量的硒吸入可引起硒中毒，它会使相关的酶失活，从而产生自由基，对人体造成危害。

（10）锌（Zn）　人体的正常值：$(109.5 \pm 9.2) \mu mol/L$（$716 \mu g/dL \pm 60 \mu g/dL$）。锌缺乏容易引起食欲不振、味觉减退、嗅觉异常；溃疡、关节炎、脑腺萎缩、免疫功能下降、生殖系统功能受损、创伤愈合缓慢、容易感冒、流产、早产、头发早白、脱发、视神经萎缩、近视、白内障、老年黄斑变性、老年人加速衰老、缺血症、毒血症、肝硬化。大多数疾病和癌症病人血锌含量降低。

锌缺乏时，可导致性器官发育不良、性能力低下。青少年缺锌能导致发育迟缓、形成侏儒。缺锌引起的性功能障碍可以及时补锌得以正常发育。长期服用锌含量高的食物，可增加人的耐力，血压普遍降低，心搏有力。

锌来源于动物的肝脏、胰脏、肉类，特别是前列腺、睾丸、卵巢等，也可以从谷类、豆类及麸皮中获得。锌的需要量：成年人 $12 \sim 16mg/d$，儿童稍多。

（11）其他元素

锰的成人正常值：男 4.27（$\mu g/g$），女 4.85（$\mu g/g$）；儿童正常值：男 3.88（$\mu g/g$），女 4.12（$\mu g/g$）。锰缺乏容易引起营养不良、生长缓慢、骨和软骨异常，软骨狼疮，智力呆滞，脑机能减退，神经紊乱、生殖功能受抑；糖耐量降低，暂时性皮炎，先天性畸形，头发和胡须脱色，内耳失衡、癫痫，遗传性运动失调、肝癌。锰的来源：大豆、茶叶、麦类、紫菜、苋菜、核桃、荷叶、黑木耳、海带。

锶的成人正常值：男 2.18（$\mu g/g$），女 2.63（$\mu g/g$）；儿童正常值：男 1.84（$\mu g/g$），女 2.10（$\mu g/g$）。锶缺乏容易引起骨折难愈合，副甲状腺功能不全等原因引起的抽搐症，血锶明显减少。白发，龋齿，老年性骨质疏松症。锶的来源：小麦、面粉、谷物、山楂、海参、紫菜、黑枣、莴苣、黑芝麻。

铬的成人正常值：男 0.82（$\mu g/g$），女 0.96（$\mu g/g$）；儿童正常值：男 0.96（$\mu g/g$），女 1.01（$\mu g/g$）。铬缺乏容易引起胰岛素缺乏辅助元素，活性下降，血糖增加，同时胆固醇增加，而蛋白质合成不足，葡萄糖耐量降低，胰岛素功能失常，动脉粥样硬化等心血管病、糖尿病及高血糖症，血脂升高，末梢神经疾病和脑病，冠心病、胆石症。铬的来源：人参、黄芪、鸡、鱼、海产、贝类、海藻、海参、羊肉、南瓜。

钼的成人正常值：男 0.38（$\mu g/g$），女 0.49（$\mu g/g$）；儿童正常值：男 0.31（$\mu g/g$），女 0.38（$\mu g/g$）。钼缺乏容易引起营养不良综合征，生长阻碍，尿酸清除障碍，心血管病，胃溃疡、肾结石、食管癌、痛风性关节炎、阳痿、龋齿。钼的来源：粗粮、动物肝肾、黄豆、萝卜缨、核桃、绿豆、红枣、黑芝麻。

钴的成人正常值：男 0.06（$\mu g/g$），女 0.06（$\mu g/g$）；儿童正常值：男 0.04（$\mu g/g$），女 0.05（$\mu g/g$）。钴缺乏容易引起恶性贫血、神经退化，乳汁停止分泌，消瘦，气喘、心血管病，脊髓炎，眼压异常，青光眼。钴的来源：海参、墨鱼、海带、莲子、猪肉、黑枣、黑芝麻。

镍的成人正常值：男 0.84（μg/g），女 0.76（μg/g），儿童正常值：男 0.24（μg/g），女 0.34（μg/g）。镍缺乏容易引起肝硬化、慢性尿毒症，肾衰竭，肝脂质、磷质代谢异常，糖原代谢低下，减少氮的利用，降低铁的代谢。镍的来源：黄瓜、茄子、洋葱、海带、金针菇、红枣、莲子、牛肉。

铅的成人允许值：男 7.14（μg/g），女 7.42（μg/g），儿童允许值：男 7.35（μg/g），女 7.82（μg/g）。人体铅含量过高容易引起智力低下、易激动、多动、注意力短暂、攻击性行为、反应迟钝、贫血、心律失常、糖尿病、脑炎、神经炎、高血压、死胎、流产、不孕、癌症、影响维生素 D、Ca（钙）、Zn（锌）、Cu（铜）的吸收。铅的来源：海参、海蜇、海带、紫菜、刺梨、猕猴桃、沙棘。

镉的成人允许值：男 0.42（μg/g），女 0.36（μg/g），儿童允许值：男 0.22（μg/g），女 0.20（μg/g）。人体镉含量过高严重影响儿童智力发育，导致神经系统功能紊乱。危害胎盘发育，致畸率高，慢性支气管炎、肺气肿、蛋白尿、肾炎、肾结石、动脉高血压、毒血症、癌症、衰老。镉的来源：海蛎、羊肉、蘑菇、干枣、核桃、大蒜、海带、水果。

铝的成人允许值：男 56.4（μg/g），女 76.2（μg/g），儿童允许值：男 53.4（μg/g），女 69.20（μg/g），现已明确将它划入有害元素。人体铝含量过高易导致胎儿生长停滞、致畸、脑损伤、早老性痴呆症、神经性和行为性退化、令超氧化物歧化酶（SOD）活性降低，加速人的衰老。铝的来源：海蜇、海带、黑芝麻、大蒜、芹菜、山楂、水果。

6.1.5　碳水化合物

6.1.5.1　碳水化合物及分类

碳水化合物亦称糖类化合物，是自然界存在最多、分布最广的一类重要的有机化合物。葡萄糖、蔗糖、淀粉和纤维素等都属于糖类化合物。

糖类化合物由 C（碳）、H（氢）、O（氧）三种元素组成，分子中 H 和 O 的比例通常为 2:1，与水分子中的比例一样，故称为碳水化合物。可用通式 $C_m(H_2O)_n$ 表示。因此，曾把这类化合物称为碳水化合物。但是后来发现有些化合物按其构造和性质应属于糖类化合物，可是它们的组成并不符合 $C_m(H_2O)_n$ 通式，如鼠李糖（$C_6H_{12}O_5$）、脱氧核糖（$C_5H_{10}O_4$）等；而有些化合物如乙酸（$C_2H_4O_2$）、乳酸（$C_3H_6O_3$）等，其组成虽符合通式$C_m(H_2O)_n$，但结构与性质却与糖类化合物完全不同。所以，碳水化合物这个名称并不确切，但因使用已久，迄今仍在沿用。

碳水化合物是为人体提供热能的三种主要的营养素中最廉价的营养素。食物中的碳水化合物分成两类：人可以吸收利用的有效碳水化合物，如单糖、双糖、多糖和人不能消化的无效碳水化合物，如纤维素。

糖类化合物是一切生物体维持生命活动所需能量的主要来源。它不仅是营养物质，而且有些还具有特殊的生理活性。例如：肝脏中的肝素有抗凝血作用；血型中的糖与免疫活性有关。此外，核酸的组成成分中也含有糖类化合物——核糖和脱氧核糖。因此，糖类化合物对医学来说，具有更重要的意义。

碳水化合物可分为单糖、二糖、低聚糖、四糖四类。糖的结合物有糖脂、糖蛋白及蛋白多糖三类。

6.1.5.2　碳水化合物的生理功能

（1）供给能量　每克葡萄糖产热 16kJ（44kcal），人体摄入的碳水化合物在体内经消化变成葡萄糖或其他单糖参与机体代谢。每个人膳食中碳水化合物的比例没有规定具体数量，我国营养专家认为碳水化合物产热量占总热量的 60%～65% 为宜。平时摄入的碳水化合物主要是多糖，在米、面等主食中含量较高，摄入碳水化合物的同时，能获得蛋白质、脂类、维生素、矿物质、膳食纤维等其他营养物质。而摄入单糖或双糖如蔗糖，除能补充热量外，不能补充其他营养素。

（2）构成细胞和组织　每个细胞都有碳水化合物，其含量为 2%～10%，主要以糖脂、糖蛋白和蛋白多糖的形式存在，分布在细胞膜、细胞器膜、细胞质以及细胞间质中。

（3）节省蛋白质　食物中碳水化合物不足，机体不得不动用蛋白质来满足机体活动所需的能量，这将影响机体用蛋白质进行合成新的蛋白质和组织更新。因此，完全不吃主食，只吃肉类是不适宜的，因肉类中含碳水化合物很少，这样机体组织将用蛋白质产热，对机体没有好处。所以减肥病人或糖尿病患者最少摄入的碳水化合物不要低于 150g/d。

（4）维持脑细胞的正常功能　葡萄糖是维持大脑正常功能的必需营养素，当血糖浓度下降时，脑组织可因缺乏能源而使脑细胞功能受损，造成功能障碍，并出现头晕、心悸、出冷汗，甚至昏迷。

（5）其他　碳水化合物中的糖蛋白和蛋白多糖有润滑作用。另外它可控制细胞膜的通透性。并且是一些合成生物大分子物质的前体，如嘌呤、嘧啶、胆固醇等。

6.1.5.3　碳水化合物和健康

膳食中缺乏碳水化合物将导致全身无力，疲乏、血糖含量降低，产生头晕、心悸、脑功能障碍等。严重者会导致低血糖、昏迷。

当膳食中碳水化合物过多时，就会转化成脂肪贮存于体内，使人过于肥胖而导致各类疾病如高血脂、糖尿病等。

6.1.5.4　碳水化合物的日推荐量及其食物来源

一般来说，对碳水化合物没有特定的饮食要求。主要是应该从碳水化合物中获得合理比例的热量摄入。另外，每天应至少摄入 50～100g 可消化的碳水化合物，以预防碳水化合物缺乏症。

碳水化合物的主要食物来源有：蔗糖、谷物（如水稻、小麦、玉米、大麦、燕麦、高粱等）、水果（如甘蔗、甜瓜、西瓜、香蕉、葡萄等）、坚果、蔬菜（如胡萝卜、番薯等）。

6.1.6　膳食纤维

6.1.6.1　膳食纤维的定义和分类

膳食纤维（dietary fiber）的定义是指"凡是不能被人体内源酶消化吸收的可食用植物细胞、多糖、木质素以及相关物质的总和"。这一定义包括了食品中的大量组成成分如纤维素、半纤维素、木质素、胶质、改性纤维素、黏质、寡糖、果胶以及少量组成成分如蜡质、角质、软木质。

膳食纤维根据溶解特性的不同，可分为不溶性膳食纤维和水溶性膳食纤维两大类。不溶性膳食纤维是指不被人体消化道酶消化且不溶于热水的那部分膳食纤维，是构成细胞壁的主要成分，包括纤维素、半纤维素、木质素、原果胶和动物性的甲壳素和壳聚糖，其中木质素不属于多糖类，是使细胞壁保持一定韧性的芳香族碳氢化合物。水溶性膳食纤维是指不被人体消化酶消化，但溶于温水或热水且其水溶性又能被 4 倍体的乙醇再沉淀的那部分膳食纤维。主要包括存在于苹果、橘类中的果胶，植物种子中的胶，海藻中的海藻酸、卡拉胶、琼脂和微生物发酵产物黄原胶，以及人工合成的羧甲基纤维素钠盐等。

6.1.6.2　膳食纤维的化学组成

膳食纤维的化学组成包括三大类：①纤维状碳水化合物（纤维素）；②基质碳水化合物（果胶类物质等）；③填充类化合物（木质素）。

其中，①、②构成细胞壁的初级成分，③通常是死组织，没有生理活性。

6.1.6.3　膳食纤维的生理功能

膳食纤维的重要生理功能逐渐得到公认，现在它已被列入继蛋白质、碳水化合物、脂肪、维生素、矿物质和水之后的第七营养素。膳食纤维的生理功能如下。

（1）调整肠胃功能（整肠作用）　膳食纤维能使食物在消化道内的通过时间缩短，一般在大肠内的滞留时间约占总时间的 97％，食物纤维能使物料在大肠内的移运速度加快 40％，并使肠内菌群发生变化，增加有益菌，减少有害菌，从而预防便秘、静脉瘤、痔疮和大肠癌等，并预防其他合并症状。

① 防止便秘：膳食纤维使食糜在肠内通过的时间缩短，大肠内容物（粪便）的量相对增加，有助于大肠的蠕动，增加排便次数，此外，膳食纤维在肠腔中被细菌产生的酶所酵解，先分解成单糖而后又生成短链脂肪酸。短链脂肪酸被当作能量利用后在肠腔内产生二氧化碳并使酸度增加、粪便量增加以及加速肠内容物在结肠内的转移而使粪便易于排出，从而达到预防便秘的作用。

② 膳食纤维对结肠癌的调节作用：食物经消化吸收后所剩残渣达到结肠后被微生物发酵，可能产生许多有毒的代谢产物，包括氨（肝毒素）、胺（肝毒素）、亚硝胺（致癌物）、苯酚与甲苯酚（促癌物）、吲哚与 3-甲基吲哚（致癌物）、雌性激素（被怀疑为致癌物或乳腺癌促进物）、次级胆汁酸（致癌物或结肠癌促进物）、糖苷配基（诱变剂）等。它们给人的健康带来了许多不利影响。肠道排泄物（粪便）中有约 50％为细菌团聚物，因此在肠道中因发酵作用而产生有毒代谢产物的数量不容忽视。体重 70kg 的成人每日以 0.067～0.67mg 的速率产生速率 N-二甲基亚硝胺，此数据是小鼠最低致癌剂量的 10～1000 倍。

膳食纤维表面有很多的活性基团，对有毒发酵产物（内源性有毒物）及化学药品和有毒医药品（外源性有毒物质）具有吸附螯合作用，从而减少有毒产物对肠壁的刺激。并且，膳食纤维酵解产生短链脂肪酸，降低肠道的 pH 值，刺激肠道蠕动，也有利于促进有毒物质的排出速度。

③ 缓和由有害物质所导致的中毒和腹泻：当肠内有中毒菌和其所产生的各种有毒物质时，小肠腔内的移动速度亢进，营养成分的消化、吸收降低，并引起食物中毒性腹泻。而当有膳食纤维存在时可缓和中毒程度，延缓在小肠内的通过时间，提高消化道酶的活性和对营养成分正常的消化吸收。

④ 膳食纤维对肠道菌群的调节作用：机体肠道菌群结构受膳食因素的影响很大，不同膳食结构的人群其肠内菌群的数量与结构也不尽相同，导致粪便微生物菌群的数量与结构也有较大差别。膳食纤维尤其是水溶性膳食纤维进入大肠后，对其中肠道内的微生物菌群种类和数量产生重要影响。膳食纤维被结肠内某些细菌酵解，产生短链脂肪酸，使结肠内 pH 值下降，影响结肠内微生物的生长和增殖，促进肠道有益菌的生长和增殖，而抑制肠道内有害腐败菌的生长并减少有毒发酵产物的形成。如水溶性膳食纤维菊粉是肠道内固有的有益细菌——双歧杆菌有效增殖因子（在肠道内双歧杆菌的大量繁殖能够起抗癌作用）。随着年龄的增长，由于胃肠液分泌量减少，肠道内的双歧杆菌活菌数减少，因此增加膳食纤维的摄入量，以增加双歧杆菌的活菌数，从而可以起到抗衰老、抗机体免疫力下降和抗肿瘤发生的

作用。

⑤ 减少阑尾炎的发生：膳食纤维在消化道中可防止小的粪石形成，减少此类物质在阑尾内的蓄积，从而减少细菌侵袭阑尾的机会，避免阑尾炎的发生。

（2）膳食纤维对血糖的调节作用　膳食纤维缺乏易导致糖尿病的发生，西方人和我国城镇的某些人糖尿病发病率高的原因亦在于此。膳食纤维的摄取，有助于延缓和降低餐后血糖和血清胰岛素水平的升高，改变葡萄糖耐量曲线，维持餐后血糖水平的平衡和稳定。

膳食纤维稳定饮食后血糖水平的作用机理是：延缓和降低机体对葡萄糖的吸收速度和数量。研究表明，黏性膳食纤维的摄入，可使小肠内容物的黏度增加，在肠内形成较基层，并使肠黏膜非搅动层厚度增加，使葡萄糖由肠腔进入肠上皮细胞吸收表面的速度下降，葡萄糖吸收速率也随之下降。同时，膳食纤维也增加了胃内容物的黏度，降低了胃排空速度，因而影响了葡萄糖的吸收。再者是膳食纤维的持水性和膨胀性，在肠道中干扰了可利用碳水化合物与消化酶之间的有效混合，降低了可利用碳水化合物的消化率；膳食纤维的持水性和膨胀性，促进肠蠕动，使食物在消化道内的消化和吸收时间变短，也影响了小肠对葡萄糖的吸收。上述共同作用的结果使机体对葡萄糖的吸收被延缓和降低，从而起到了平衡和稳定血糖水平的作用。

（3）膳食纤维对血脂的降低作用　膳食纤维能对高脂食品升高血清胆固醇的作用起到拮抗作用，其原因在于膳食纤维可有效降低血脂水平。膳食纤维可有效降低血清总胆固醇（TC）和低密度脂蛋白胆固醇（LDL-C，也称致动脉硬化因子）含量，但对血清三甘酯（TG）和高密度脂蛋白胆固醇（HDL-C，抗动脉硬化因子）无明显影响。对 LDL-C 的降低和对 HDL-C 的升高均显示血脂情况的改善。引起胆固醇血脂水平的主要因素是外源性胆固醇即膳食胆固醇，而不是非内源性胆固醇即肝脏生物合成胆固醇，因此，其血脂水平下降的主要原因应当是由于膳食胆固醇的吸收，而不是短链脂肪酸抑制胆固醇的生物合成。

（4）膳食纤维对肥胖症的预防作用　膳食纤维（如大豆纤维、玉米纤维、小麦纤维等）在人体口腔、胃和小肠内不被消化吸收，但会被结肠内的某些微生物所发酵降解，产生短链脂肪酸如乙酸、丙酸（二者可被结肠上皮细胞或末梢组织所代谢，提供能量）和丁酸（它是结肠细胞的主要能源物质），因此膳食纤维的净能量不是零，但基本为零。某些水溶性的膳食纤维可能被机体部分地吸收，如葡聚糖的能量值只有 4.18kJ/g（而大部分的碳水化合物为 16.72kJ/g）。葡聚糖的低能量是由于它不容易被胃肠吸收，也不易被肠道中的微生物降解。葡聚糖从口腔摄取后，大部分被毫无改变地随粪便排出体外，未被排出的那部分被肠道微生物菌群利用，转化为挥发性脂肪酸（能作为机体的能源，最终以 CO_2 的形式通过肺呼出体外）和 CO_2。葡聚糖不影响维生素、矿物质和必需氨基酸的吸收和利用。膳食纤维会减弱小肠内食物之间及食物与消化酶之间的混合，影响消化和吸收。黏性膳食纤维进入胃后能使胃内容物黏度增加，可延缓胃排空。

膳食纤维具有高持水性（因为膳食纤维化学结构中含有很多的亲水基团）且缚水后体积的膨胀性，对胃肠道产生容积作用，引起胃排空减慢，更快地产生饱腹感且不易感到饥饿，因此对预防肥胖症大有益处。增加了人体排便体积和速度，减轻直肠内的压力，减轻了泌尿系统的压力，从而缓解了诸如膀胱炎、膀胱结石、肾结石等泌尿系统疾病的症状。

（5）消除外源有害物质　膳食纤维对汞、砷、镉和高浓度的铜、锌都具有清除能力，可使它们的浓度由中毒水平降低到安全水平。

（6）膳食纤维对其他疾病的预防作用　膳食纤维可使粪便体积增大，导致结肠内径变大，粪便含水量和体积增大，减少了肠壁压力，从而预防憩室症；膳食纤维可减少血液中能诱导乳腺癌的雌性激素的比例，从而能够预防乳腺癌。

6.1.6.4 膳食纤维的推荐摄入量

鉴于对人体有利的一面，过量摄入也可能有副作用，为此许多科学工作者对膳食纤维的合理摄入量进行了大量细致的研究，我国低能量摄入（7.5MJ）的成年人，其膳食纤维的适宜摄入量为25g/d。中等能量摄入的（10MJ）成年人为30g/d，高能量摄入的（12MJ）成年人为35g/d。但病人来说，剂量一般都有所加大。膳食纤维生理功能的显著性与膳食纤维中的比例有很大关系，合理的可溶性膳食纤维和不溶性膳食纤维的比例大约是1∶3。

6.2　食物与健康

6.2.1　辅助改善记忆的食品

（1）鱼　是促进智力发育的首选食物之一。在鱼头中含有十分丰富的卵磷脂，是人脑中神经递质的重要来源，可增强人的记忆、思维和分析能力，并能控制脑细胞的退化，延缓衰老。鱼肉还是优质蛋白质和钙质的极佳来源，特别是含有大量的不饱和脂肪酸——ω-3脂肪酸，对大脑和眼睛的正常发育尤为重要。

（2）核桃　因其富含不饱和脂肪酸，被公认为是中国传统的健脑益智食品。以每日2～3个核桃为宜，持之以恒，可起到营养大脑、增强记忆、消除脑疲劳等作用。但不能过食，过食会出现大便干燥、鼻出血等情况。

（3）牛奶　是优质蛋白质、核黄素、钾、钙、磷、维生素B_{12}、维生素D的极佳来源，这些营养素可为大脑提供所需的多种营养。

（4）鸡蛋　鸡蛋的蛋白质是优质蛋白质，鸡蛋黄含有丰富的卵磷脂、甘油三酯、胆固醇和卵黄素，对神经的发育有重要作用，有增强记忆力、健脑益智的功效。

（5）南瓜　是β-胡萝卜素的极佳来源，南瓜中的维生素A含量胜过绿色蔬菜，而且富含维生素C、锌、钾和纤维素。中医认为：南瓜性味甘平，有清心醒脑的功能，可治疗头晕、心烦、口渴等阴虚火旺病症。因此，神经衰弱、记忆力减退的人，将南瓜做菜食用，每日1次，疗程不限，有较好的治疗效果。

（6）葵花子　含有丰富的铁、锌、钾、镁等微量元素以及维生素E，使葵花子有一定的补脑健脑作用。实践证明：喜食葵花子的人，不仅皮肤红润、细嫩，而且大脑思维敏捷、记忆力强、言谈有条不紊。

（7）香蕉　营养丰富、热量低，含有称为"智慧之盐"的磷，香蕉又是色氨酸和维生素B_6的超级来源，含有丰富的矿物质，特别是钾离子的含量较高，一根中等大小的香蕉就含有451mg的钾，常吃有健脑的作用。

（8）海带　含有丰富的亚油酸、卵磷脂等营养成分，有健脑的功能。

（9）芝麻　捣烂后，加入少量白糖冲开水喝，或买芝麻糊、芝麻饼干、芝麻饴等制品，早晚各吃1次，7日为一疗程，5～6个疗程后，可收到较好的健脑效果。

（10）人参　含有人参皂苷Rg_1和Rh_1，它们具有促进乙酰胆碱的合成和释放，提高M-胆碱受体数量，增加脑蛋白质的合成，提高神经可塑性的作用。

6.2.2　具有保护心脏的食品

（1）鱼肉　比大多数肉类所含的脂肪和饱和脂肪酸都低，特别是海鱼，其ω-3脂肪酸含量较高，它能增加血液中"好"的胆固醇，协助清除"坏"的胆固醇。研究表明，这种脂肪酸还能减少脑卒中的危险，这也是食海鱼多的国家和民族脑卒中发病率低的原因之一。

不同鱼所含 ω-3 脂肪酸的量不同，因此，保护心脏的程度有所不同。一般来说，鲑鱼、鲔鱼、三文鱼等生活在寒带水域的深海鱼类，脂肪厚，鱼油多，相应的 ω-3 脂肪酸含量较高。而淡水鱼，也就是我们常说的河鱼大多生长期短、水环境污染严重，ω-3 脂肪酸含量低。

另外，不论淡水鱼还是海鱼，人工养殖的鱼 ω-3 脂肪酸含量都比自然生长的低。市场上出售的淡水鱼和海鱼中的大、小黄鱼，大部分都是养殖的，ω-3 脂肪酸含量低，保护心脏的作用不是很大。而带鱼、鲳鱼、平鱼、鲅鱼、金枪鱼、沙丁鱼、偏口鱼、鱿鱼等，都属于不可养殖的鱼种，体内会含有较多的 ω-3 脂肪酸，更有利于保护心脏。

(2) 绿茶　营养成分极其丰富，其中最值得一提的是茶多酚。研究发现，茶多酚可以降低血液中胆固醇和甘油三酯的含量，具有预防动脉硬化、降低血压和血脂、防止血栓等作用。由于茶多酚不耐高温，不可用沸水冲泡，温水冲泡更能发挥其保健功能。

(3) 黑芝麻　含有丰富的维生素 E，对维持血管壁的弹性作用巨大。另外，其中含有丰富的 α-亚麻酸，也能起到降低血压、防止血栓形成的作用。由于黑芝麻的营养成分藏在种子里，因此必须破壳吃才有效。方法是先炒一下，使其爆开，或是将黑芝麻打磨成粉食用。

(4) 黄豆　含多种人体必需氨基酸和不饱和脂肪酸，能促进体内脂肪及胆固醇的代谢，保持心血管通畅。食用时，除将黄豆加工成豆浆、豆腐、豆豉外，还可做成黄豆米饭，煮饭时，先将黄豆用热水泡 4h 以上，再换水加米烹煮，这样可以将黄豆中容易产生气体的多糖体溶解，以免造成腹胀。

(5) 燕麦　含有丰富的亚油酸和 B 族维生素，可以防止动脉硬化的粥样斑块形成。此外，由于燕麦中含有大量的水溶性纤维素，能降低血中胆固醇含量，因此经常食用燕麦，可以平衡膳食、均衡营养，预防高血压和心脑血管病。燕麦可用水或牛奶来煮，还可加入果仁或新鲜水果，既营养又美味。此外，食用全麦面包也有同样的功效。虽然燕麦对心脏有益，但一次不能吃燕麦太多，否则会造成胃痉挛或胀气。

(6) 菠菜　富含叶酸，有研究表明，服用叶酸可以降低 25% 罹患心脏病的风险。因菠菜中含有大量的草酸，会阻碍钙的吸收，食用前最好用水焯一下。

(7) 胡萝卜　其中的胡萝卜素可以转化成维生素 A，保持血管畅通，从而防止中风。胡萝卜需用油炒，才能使脂溶性的维生素 A 真正被人体吸收。经常吃胡萝卜可以增强免疫力。

(8) 黑木耳　含有较多的胶质样活性物质，这种物质能明显缩短凝血时间，起到疏通血管、防止血栓形成的作用。由于黑木耳具有独特的止血和活血双向调节作用，所以又有"天然抗凝剂"之美称，对防治冠心病和心脑血管病十分有益。

此外，黑木耳中含有丰富的纤维素和一种特殊的植物胶质，这两种物质能促进胃肠蠕动，促使肠道脂肪食物的排泄，减少食物中脂肪的吸收，从而起到防止肥胖和减肥的作用。

6.2.3　对肾有益的食品

中医认为"肾为先天之本""肾藏精，主生长，发育，生殖""肾主骨，生髓，通脑"，"肾主纳气，肾主水液""肾开窍于耳""肾司二便""腰为肾之府"等。总之肾脏的健康说明人体生长、发育、生殖系统的活力。如果肾虚了，就会出现一系列衰老的现象。

(1) 山药　性平，味甘，为中医"上品"之药，除了具有补肺、健脾作用外，还能益肾填精。凡肾虚之人，宜常食之。

(2) 干贝　又称江瑶柱。性平，味甘咸，能补肾滋阴，故肾阴虚者宜常食之。

（3）鲈鱼　又称花鲈、鲈子鱼。性平，味甘，既能补脾胃，又可补肝肾，益筋骨。

（4）栗子　性温，味甘，除具有补脾健胃作用外，更有补肾壮腰之功，对肾虚腰痛者，最宜食用。

（5）枸杞子　性平，味甘，具有补肾养肝、益精明目、壮筋骨、除腰痛、久服能益寿延年等功用。尤其是中年女性肾虚之人，食之最宜。

（6）何首乌　有补肝肾、益精血的作用，历代医家均用之于肾虚之人。凡是肾虚之人头发早白，或腰膝软弱、筋骨酸痛，或男子遗精，女子带下者，食之皆宜。

6.2.4　便秘者宜多食用的菜

便秘是指大便次数减少和大便干结不易排出，日久可引起腹胀、腹痛、食欲不振、睡眠不安，还可引起痔疮、便血、肛裂等。便秘的人，除了应多饮水、适当活动外，最重要的是养成正确的饮食习惯，食物不可过于精细，应多吃高纤维食物。膳食纤维是使肠道功能正常的重要因素，在肠道中它能吸收水分，增加粪便的体积和重量，刺激肠道蠕动，协助粪便排出。绿豆芽、魔芋、乌塌菜这三种菜对防治便秘有很好的功效。

（1）绿豆芽　现代医学研究表明，绿豆芽除含蛋白质、脂肪、糖类、膳食纤维、多种维生素外，发芽过程中还能产生丰富的维生素C（干绿豆不含维生素C）。关于绿豆芽的通便减肥作用，在中医古籍中早有记载：绿豆芽性凉味甘，不仅能清暑热、通经脉，还能调五脏、利湿热。

绿豆芽适用于热病烦渴、大便秘结等症。绿豆芽宜用旺火快炒，炒时加点醋，既可减少B族维生素的流失，还可除去豆腥气。与韭菜同炒或凉拌，对便秘的治疗功效更好。此外，绿豆芽性寒凉，脾胃虚寒者不宜多吃。

（2）魔芋（又称作韶头、麻芋等）　是我国传统的植物性食品。从营养的角度看，魔芋是一种低热能、低蛋白质、低维生素、高膳食纤维的食品。其中主要的有效成分是葡甘露聚糖，属可溶性半纤维素，它能吸收水分，增加粪便体积，改善肠道菌相，使肠内细菌酵解产生低级脂肪酸，刺激肠蠕动，这些都有利于排便。

有关研究表明：便秘者食用魔芋能增加粪便含水量，缩短食物在肠道内运转的时间和排便时间，增加双歧杆菌的数量。此外，它还具有降血糖、降血压、降血脂、减肥等功效。值得注意的是，生魔芋有毒，必须煎煮3h以上才能食用，且每次食用量不宜过多。

（3）乌塌菜（又名塌棵菜、黑菜）　是白菜的一个变种，叶色浓绿、肥嫩，因塌地生长而得名。主要分布在我国长江流域。乌塌菜秋季播种，以经霜雪后味甜美而著称，被视为白菜中的珍品，因其中含有大量的膳食纤维、钙、铁、维生素C、维生素B_1、维生素B_2、胡萝卜素等，也被称为"维生素"菜。其中的膳食纤维，对防治便秘有很好的作用。

祖国医学早在《食物本草》中记载："乌塌菜甘、平、无毒。能滑肠、疏肝、利五脏。"常吃乌塌菜还可以增强人体抗病能力，泽肤健美。乌塌菜口感清新爽脆，最适合炒食，清炒或加入肉丝、火腿丝一起炒均可。

6.2.5　降脂清肠的食品

在人们常吃的食物当中，有12种食物具有降脂清肠的功效。

（1）燕麦　具备降胆固醇和降血脂的作用，是由于燕麦中含有丰富的食物纤维，这种可溶性的燕麦纤维，在其他谷物中找不到。因这种纤维容易被人体吸收，且因热含量低，既有利于减肥，又更能适合心脏病、高血压和糖尿病人对食疗的需要。

燕麦中含有亚油酸等不饱和脂肪酸，可降低血中胆固醇和甘油三酯。

（2）玉米　含丰富的钙、磷、镁、铁、硒等，及维生素 A、维生素 B₁、维生素 B₂、维生素 B₆、维生素 E 和胡萝卜素等，还富含纤维质。从玉米胚中榨出的玉米油，除含高量的亚油酸外，还含有卵磷脂、维生素 A、维生素 E 等，易为人体吸收。常食玉米油，可降低血胆固醇并软化血管。玉米对胆囊炎、胆结石、黄疸型肝炎和糖尿病等，有辅助治疗作用。

（3）葱蒜　洋葱含前列腺素和激活血溶纤维蛋白活性成分。洋葱含有环蒜氨酸和硫氨酸等化合物，有助于血栓的溶解。洋葱几乎不含脂肪，故能抑制高脂肪饮食引起的血胆固醇升高，有助于改善动脉粥样硬化。葱中提取出一种葱素，能治疗心血管硬化。葱还有增强纤维蛋白溶解活性和降血脂作用。大蒜能降低血清中胆固醇、甘油三酯和 β-脂蛋白的含量。大蒜素的二次代谢产物——甲基丙烯三硫，具有阻止凝栓质 A2 的合成作用，故能预防血栓。

（4）山药　其黏液蛋白，能预防心血管系统的脂肪沉积，保持血管弹性，防止动脉硬化；减少皮下脂肪沉积，避免肥胖。山药中的多巴胺，具有扩张血管，改善血液循环的功能。另山药还能改善人体消化功能，增强体质。

（5）海藻　素有"海洋蔬菜"的美誉。海藻以其低热量、低脂肪令人瞩目，一些海藻具有降血脂作用。海带等褐藻，含有丰富的胶体纤维，能显著降低血清胆固醇。海藻还含有许多独特的活性物质，如海藻多糖、海带氨酸、多不饱和脂肪酸、牛磺酸、甾醇类化合物、β-胡萝卜素等，具有降压、降脂、降糖、抗癌等作用。

（6）银耳　银耳中银耳多糖可降低血清胆固醇水平，具有明显的抗血栓作用。

（7）番薯　有很强的降低血中胆固醇、维持血液酸碱平衡、延缓衰老及防癌抗癌作用。番薯含有丰富的膳食纤维和胶质类等容积性排便物质，可谓"肠道清道夫"。

（8）芹菜　含有较多膳食纤维，特别含有降血压成分，也有降血脂、降血糖作用。

（9）红枣　多食能提高机体抗氧化力和免疫力。红枣对降低血中胆固醇、甘油三酯也很有效。

（10）山楂　可加强和调节心肌，增大心室、心房运动振幅及冠状动脉血流量，还能降低血中胆固醇，促进脂肪代谢。

（11）菊花　有降低血脂的效能，和较平稳的降压作用。在绿茶中掺杂一点菊花，对心血管有很好的保健作用。

（12）苹果　其果胶具有降低血中胆固醇的作用，因为果胶在肠道中能与胆酸结合，使胆酸排出体外的量增加，需要消耗胆固醇来合成新的胆酸。苹果含丰富的钾，可排除体内多余的钠盐，如每天吃 3 个苹果，对维持血压、血脂均有好处。

6.2.6　具有美容的食品

美容食品是指不但能维持人体生命活动，而且具有调理脏腑，平衡阴阳，疏通经络、改善皮肤、延缓衰老作用的食品。美容食品大都具有独特的养颜、美发、减肥之效，且无任何毒副作用。

6.2.6.1　瘦身养颜菜

（1）美味白萝卜丝　白萝卜半个，青豆、玉米、枸杞少量，葱、姜、蒜切末或切片，盐、鸡精。白萝卜味甘性凉，有消腻、去脂、化痰、止咳等功效。它还含有胆碱物质，能降低血脂、血压，非常利于减肥。

（2）炒丝瓜 材料：丝瓜四根、鸡蛋 2 个，盐，鸡精。丝瓜是具有清热泻火、凉血解毒的作用。此外，它还具有润肤美容的作用，长期食用可以消除雀斑、增白、去皱。还可使气血畅通，对女性月经不调能起到治疗作用。用丝瓜汁擦脸，也能使人的皮肤变得更加光滑、细腻，还具有消炎效果。

（3）西芹木耳 木耳、西芹、胡萝卜、盐、鸡精、葱姜末。西芹清肠利便，含有高纤维。黑木耳中含有丰富的纤维素和一种特殊的植物胶质，能促进胃肠蠕动，促使肠道脂肪食物的排泄，减少食物脂肪的吸收，从而起到减肥作用。

（4）尖椒肉皮 肉皮、尖椒、盐、花椒面、香油、葱姜。吃肉皮能防止衰老，减少皱纹。人出现皱纹主要由于人体内细胞贮存水的机能发生障碍，细胞结合水量明显减少而引起，但胶原蛋白质可促进细胞贮水。肉皮富含的蛋白质主要成分为胶原蛋白质和弹性蛋白，所以常食用肉皮，能使贮水功能低下的细胞得以恢复，减少皱纹。

6.2.6.2 美容食品

（1）猪皮 早在两千多年前的汉代，名医张仲景的《伤寒论》中就有记载"猪肤有和血脉、润肌肤"的作用，"令少妇食之，能防衰抗老"。猪皮、猪蹄、猪尾中，含有丰富的大分子胶原蛋白和弹性蛋白，其含量可与熊掌媲美，有"美容食品"之誉。胶原蛋白能促进皮肤细胞吸收和贮存水分，防止皮肤干瘪起皱，使其丰润饱满，平展光滑；弹性蛋白能使皮肤血液循环旺盛，营养供应充分，增强皮肤的弹性和韧性，使多皱的皮肤皱纹变浅或消失。

（2）坚果 核桃、松子、榛子、橡子（粉）、花生、芝麻等果仁中，富含维生素 E，可防止体内不饱和脂肪酸的过分氧化，防止皮肤过早出现老年斑（寿斑），也可有效地阻止褐色素在皮肤中沉积，防止面部出现褐色斑纹、斑块；维生素 E 还具有促进细胞分裂、再生、延缓细胞变老、恢复皮肤弹性的作用；果仁中含有的多种氨基酸、维生素 A、维生素 D、维生素 K 及铁、磷、锌、锰等，对促进毛发、指甲生长，防止脱发、过早白发和防止皮肤干燥粗糙、过早衰老均具有很大的作用。

（3）鲜枣 含有大量的维生素 C，不仅能保持皮肤的弹性，还能抑制与阻断皮肤黑色素的形成。皮肤中黑色素细胞多，肤色就黑。平时多吃一些富含维生素 C 的新鲜蔬菜、水果，少吃盐，可使沉着的色素斑减退或消失。

（4）地瓜 含有一种类似雌性激素的物质及维生素 E，常吃对保持皮肤细嫩、延缓衰老有功效；同时含有大量的黏蛋白，有促进健康、防止疲劳、使人精力充沛的作用。地瓜中还含有大量的纤维素，能抑制糖类转化成脂肪，是较理想的减肥食品。

（5）家禽肝脏 含有丰富的维生素 A，具有润滑、强健肌肤、防止皮肤粗糙、呈鳞片状或患干眼症、角膜溃疡、口角炎等的发生。

（6）黄瓜 在国外被称为"天然美容食品"，常食能使皮肤细腻柔嫩，身材苗条，轻健多力。黄瓜含有丰富的丙醇二酸，可阻止体内糖类转化成脂肪，并能把体内多余的脂肪消化掉。

（7）苹果 除含有较多的胡萝卜素、维生素 B 和维生素 C 外，还含有较多的镁，能使人皮肤健美、红润、光泽，还能清除面部的黄褐斑、蝴蝶斑等。

（8）脂肪 脂肪主要分布于少女胸、臀部位，构成女性特有的曲线美，体现现代女性的青春活力，才使得"女大十八变，越变越好看"。皮下脂肪可使皮肤光滑而不皱折，富于弹性而不松软。脂肪摄入不足，会使人皮肤干燥粗糙，无光泽，给人以未老先衰的感觉。

（9）冬瓜　《本草纲目》说，冬瓜"令人好颜色，益气不饥，久服轻身耐老"。冬瓜含有葫芦巴碱和丙醇二酸，前者可加速人体新陈代谢，后者可阻止糖类转化成脂肪，从而取得减肥之效，所以冬瓜是减肥和美容佳品。

（10）无花果　含有 17 种人体必需的氨基酸，其中以抗疲劳的天冬氨酸含量最高，内含一种超氧化物——酸化酶，有延缓衰老、延年益寿之效。其根、茎、叶水煎外洗，有治疗皮癣、黑痣、雀斑及润滑皮肤的美容作用。

（11）番茄　将鲜熟西红柿捣烂取汁加少许白糖，每天用其涂面，能使皮肤细腻光滑，美容防衰老效果极佳。

（12）桑葚　含有多种维生素和 10 多种氨基酸及钙、磷、铁、铜、锌等，具有补肝益肾、滋阴养血、黑发明目、祛病延年的功效。桑葚还能提高人体内酶的活性，有延缓细胞衰老的作用。

（13）牡蛎　含有一种叫泛酸的物质，能使毛发致密、乌黑、亮泽，并防止早生白发；还含有铜元素与 B 族维生素，也可防治头发的早白与枯脱。

（14）葡萄籽　葡萄籽有"皮肤维生素"和"口服化妆品"的美誉，可保护胶原蛋白，改善皮肤弹性与光泽，美白、保湿、祛斑；减少皱纹、保持皮肤的柔润光滑；清除痤疮、愈合疤痕。

（15）海带　富含铁元素，可以防治缺铁性贫血，使人肤色红润美丽，并能防治缺铁性秃发；含有丰富的碘，能防治"粗脖子"病，还能促进新陈代谢，使人体组织的更新速度加快，人也显得年轻而精神焕发。

6.2.7　黑色水果抗衰老作用

黑色水果之所以呈现出黑色外表，是因为它含有丰富的色素类物质，例如：原花青素、叶绿素等，这类物质具有很强的抗氧化性。相比浅色水果，黑色水果还含有更加丰富的维生素 C，可以增加人体的抵抗力。此外，黑色水果中钾、镁、钙等矿物质的含量也高于普通水果，这些离子大多以有机酸盐的形式存在于水果当中，对维持人体的离子平衡有至关重要的作用。黑色水果具有防癌、抗癌、抗氧化、抗衰老等功效。

（1）桑葚　营养成分十分丰富，含有多种氨基酸、维生素及有机酸、胡萝卜素等营养物质，矿物质的含量也比其他水果高出许多，主要有钾、钙、镁、铁、锰、铜、锌。现代医学证明，桑葚具有增强免疫、促进造血红细胞生长、防止人体动脉及骨骼关节硬化、促进新陈代谢等功能。桑葚味道酸美、多汁，但是品性微寒，因此女性来例假时要少吃。

（2）乌梅　含有丰富的维生素 B_2、钾、镁、锰、磷等。现代药理学研究认为，"血液碱性者长寿"，乌梅是碱性食品，因为它含有大量有机酸，经肠壁吸收后会很快转变成碱性物质。因此，乌梅是当之无愧的优秀抗衰老食品。此外，乌梅所含的有机酸还能杀死侵入胃肠道中的霉菌等病原菌。

夏天时，可以自制桂花乌梅汁，既营养又方便。将一小把乌梅加入水中，小火煮 40 分钟后，加入桂花、白糖，放凉后，便成为桂花乌梅汁。气味芬芳，口感酸甜可人，烦躁时可多喝，还有生津去火之功效。

（3）黑葡萄　葡萄本身就是一种营养丰富的水果。宋代医书《备用本草》记述葡萄的作用为"主筋骨，温脾益气，倍力强志，令人肥健，耐饥忍风寒，久食轻身，不老延年，可作酒，逐水利小便"。

黑葡萄的保健功效更好。它含有丰富的矿物质钙、钾、磷、铁以及维生素 B_1、维生素

B_2、维生素 B_6、维生素 C 等，还含有多种人体所需的氨基酸，常食黑葡萄对神经衰弱、疲劳过度大有裨益。把黑葡萄制成葡萄干后，糖和铁的含量会更高，是妇女、儿童和体弱贫血者的滋补佳品。

（4）黑加仑　又名黑穗醋栗、黑豆果。黑加仑富含多种营养物质，对人体健康具有很大益处，因此在欧洲和其他一些地方非常受欢迎。而在国内市场，只能见到黑加仑加工成的果汁、果酱等，鲜果还很少见。

黑加仑含有非常丰富的维生素 C、磷、镁、钾、钙、花青素、酚类物质。目前已经知道的黑加仑的保健功效包括预防痛风、贫血、水肿、关节炎、风湿病、口腔和咽喉疾病、咳嗽等。

水果一个规律：即颜色越深，营养价值越高。即使是同一品种或同一水果的不同部位，由于颜色不同，维生素、色素及其他营养物质含量也不同。因此，黑色水果的黑色表皮中含有更多营养成分，大家在食用时，最好将水果完全清洗干净，连皮一起吃。

6.2.8　具有排毒的食品

进食过多的鱼肉或油腻的食物、脂肪和蛋白质，会使身体的消化功能下降，从而在体内产生毒素积淀。熬夜或睡眠不足，会使身体的新陈代谢减慢，增加毒素的积聚。烟酒过多和压力过大也会导致毒素的产生，因此不碰烟酒和保持轻松愉快的心情，有利于减少毒素的产生。

排毒即身体清除杂质和毒素的过程，透过中和毒素及排泄而清除，排毒过程会于体内不断进行。要将身体的毒素有效排走，要减少进食脂肪、肉类、加工食品，让消化系统得到排毒及休息。饮水是排毒最简便的方法，可将体内的毒素随尿液排出并减少肾脏的负担；进食适量纤维食物，增加肠道蠕动，将宿便排出体外。

（1）黄瓜　有利尿作用，能清洁尿道，有助于肾脏排出泌尿系统的毒素。

（2）芦荟　含有益生菌的一种营养——菊糖，这是一种来自菊芋的抽提物。由于人体并没有分解它的酵素，肠道无法消化吸收，部分便会被肠道益生菌分解利用。于是肠道内繁衍出更多的益生菌来抑制坏菌的生长，维持肠道健康。

（3）木耳　含有的植物胶质有较强的吸附力，可吸附残留在人体消化系统内的杂质，清洁血液，经常食用还可有效清除体内的污染物质。

（4）蜂蜜　含有多种人体所需的氨基酸和维生素。常吃蜂蜜在排毒的同时，对防治心血管疾病和神经衰弱等症也有一定效果。

（5）胡萝卜　有效的排汞食物。它含有的大量果胶可与汞结合，有效降低血液中汞离子的浓度，加速排出。每天进食一些胡萝卜，还可刺激胃肠的血液循环，改善消化系统，抵抗导致疾病和细胞老化的自由基。

（6）苦瓜　含有一种蛋白质能增加免疫细胞活性，清除体内有毒物质。

（7）海带　所含的热量较低，胶质和矿物质较高，易消化吸收，抗老化，且富含粗纤维，具有很好的排毒功效。

（8）茶叶　茶叶中的茶多酚、多糖和维生素 C 都有加快体内有毒物排泄的作用。

（9）冬菇　含有多糖类物质，可以提高人体的免疫力和排毒能力，抑制癌细胞的生长，增强机体的抗癌能力。

（10）绿豆　对重金属、农药以及各种食物中毒均有一定防治作用。它主要是通过加速有毒物质在体内的代谢，促使其向体外排泄。

6.3 药食同源食疗学

食疗就是研究食物的治病和疗效，饮食不当引起的疾病探讨和中草药养生方法的科学。食疗的基础学科包括资源学、烹饪学、食品制造学、民俗学、文学、美学、工艺学、营养学、中药学、养生学、治疗学等。现代医学模式已从单纯的生物医学演变成生物、社会、心理的医学模式。疾病的种类和重点也发生了变化，因此，食疗作为自然疗法正在逐渐被人们所重视。

早在古代，宫廷医师就有食医、疾医、疡医、兽医之分。《周礼》中有"药之、养之、食之"，则表明了当时对食物与药物之间的关系。《黄帝内经》中有"大毒治病，十去其六；常毒治病，十去其七；小毒治病，十去其八；无毒治病，十去其九。谷肉果菜，食并尽之，无使过之，伤其正也"。说明了毒药治病和食养食疗结合起来，这样的观点到现在看也是正确的。孙思邈的《千金要方》中谓："夫为医者，当须先洞悉病源，知其所犯，以食治之。食疗不愈，然后命药"。孙思邈提出了"药治不如食治"的见解，他的入室大弟子唐代孟诜的《食疗本草》，奠定了食疗学的基础，使食疗成为一门真正的学问。

我国有大量的补养食品，银耳、龙眼、山药、大枣、莲子、核桃、蜂蜜、百合和各种鱼、肉、蛋等。根据进补原理，可分为补气、补阴、补血、补阳等。需要补气的病症为：气短、失眠、心悸、四肢无力、脱肛、子宫脱垂等，可食山药。需要补血的病症有：贫血、便血、咯血、月经过多等，可食用龙眼；需要补阴的病症有：内热、头晕目眩、肺热咳嗽、咽干津少、盗汗等，可食用百合、梨、蜂蜜；需要补阳的病症为：阳痿、遗精、早泄、遗尿、腰软腿酸，可食用核桃、羊肉等；胖人着重补气，可食用薏米、冬瓜、木耳等。

食用丰富营养素的饭菜，可以缓和疾病带来的气血阴阳的偏衰，使之趋于平衡。合理的饮食和生活方式，可使人抗病防衰，健身壮体，功效远胜于滋补药物。食补和缓、保护胃气，满足人体营养，提高人体防病抗病能力，是固本之道。

6.3.1 饮食不当引起的疾病

生活方式不当引起的疾病是世界头号杀手，其中不良饮食造成的危害最为严重，其次是精神紧张，吸烟、酗酒、不良嗜好和习惯，运动减少等。

6.3.1.1 饮食不当引起的疾病

（1）癌症 不当饮食与癌症密切相关。对人类营养有关的脂肪、蛋白质、维生素、膳食纤维以及多种微量元素均与肿瘤的发病有一定关系。西方国家60%的癌症患者与饮食因素有关。消化系统的癌症如胃癌、食道癌、肝癌、结肠癌等脏器癌症与人们的膳食单调、喜欢烫食、硬食、嗜酒、偏食，长期进食高脂肪、腌制鱼肉、盐渍食品等。

（2）糙皮病 是由主食玉米缺乏尼克酸（烟酸）及色氨酸引起的，其症状是皮肤粗糙，严重者类似于蛇皮，又称癞皮病。防治办法是饮食多样化，特别是丰富肉、鱼、蛋的饮食量。

（3）脚气病 由主食大米（缺乏B族维生素）和慢性中毒引起。防治方法是多食瘦肉及动物的内脏、粗粮如糙米、小米、玉米面、荞麦面等及豆类、牛羊奶。脚气病患者的脚发生水肿、腿上有钉刺感、婴儿叫声微弱等，引起腹泻、心悸、呕吐直至死亡（2～5个月婴儿死亡率甚高）。原因是缺乏B族维生素，此类维生素是糖代谢产物丙酮酸、乳酸进一步分解的辅酶，缺乏维生素B_1时体内的酸会积累而导致手足麻木、神经衰弱等。

（4）结石 分为胆结石和肾结石。能够引起患者的局部疼痛。有机类结石是由于胆固醇硬变所形成；无机类结石是由于不溶性钙盐如胆色素、尿酸、草酸或磷酸的钙盐及结合物。胆结石的形成是过量摄入胆固醇、脂肪，特别是不饱和脂肪酸摄入过多，而纤维、卵磷脂、各类氨基酸及维生素摄入太少之故。肾结石的形成是高磷低钙、高钾、动物蛋白食物过多，而维生素 A 过少、脱水严重的结果。其防治方法为不偏食磷、钙、动物蛋白、胆固醇过高的食物，多饮水防止体液和尿液过稠密。

（5）坏血病　临床症状为毛细血管脆性增强，牙龈、毛囊及其四周出血，患者还有皮下、肌肉、关节出血及血肿形成，黏膜部位出血现象，常有鼻衄、月经过多以及便血等。其造成原因是由于少食用新鲜蔬菜、水果等引起的维生素 C 缺乏造成的普通营养不良症。防治方法是多食用樱桃、生红辣椒、芹菜、大白菜、小白菜等深色蔬菜和花椰菜，以及柑橘、红果、柚子、枣等维生素 C 含量高的食物。

6.3.1.2　饮食不当引起的特殊病

（1）维生素 A 缺乏症　可以造成夜盲症和皮肤粗糙症。其方法是可以食用动物的肝和食用胡萝卜素，也可以补充鱼肝油丸并且同时服用维生素 C，以防止维生素 A 过多引起的食欲不振、掉头发、骨骼增生等症状。

（2）维生素 D 缺乏症　可以造成佝偻病等，其症状是罗圈腿、鸡胸等，原因是由于维生素 D 缺乏，而不能使饮食中的磷、钙在骨中正常钙化，也就是钙盐、磷盐不能正常沉淀而产生骨骼软、易弯、易变形，手足抽搐、骨折。

（3）钙缺乏症　小儿缺钙时常伴有维生素 D 缺乏，可引起生长迟缓，新骨结构异常，骨钙化不良，骨骼变形，发生佝偻病，牙齿发育不良，易患龋齿。成年人膳食缺钙时，骨骼逐渐脱钙，可发生骨质软化，特别是随年龄增加而钙质丢失现象普遍存在，从而易发生骨质疏松症。增进钙吸收的方法是膳食中加强维生素 D 的供应，蛋白质、乳糖、酸性介质、蛋白质中的氨基酸如赖氨酸和精氨酸形成易吸收的可溶性钙、小肠中在乳糖酶存在下水解乳糖为钙的吸收有关，钙质在酸性介质中且十二指肠中进行吸收。

6.3.2　特殊病的食疗

6.3.2.1　糖尿病

糖尿病是由于缺乏胰腺分泌的胰岛素或者是由于一些干扰了胰岛素的作用而引起的多种机能紊乱（碳水化合物、脂肪、蛋白质代谢紊乱）的综合征。糖尿病可分为对胰岛素依赖型的幼年型糖尿病和胰岛素非依赖型的成年型糖尿病（绝大多数的糖尿病是成年型糖尿病，亦可以称为肥胖糖尿病）。

糖尿病本身并不可怕，但可怕的是由于长期糖代谢失调而并发的如高血压、冠心病、脑血管、高脂血症、呼吸系统疾病、消化系统疾病、肾病、口腔疾病、白内障等疾病。

糖尿病患者可食用高碳水化合物如纤维素、淀粉（可改善糖耐量，提高胰岛素敏感性）；动物蛋白质占 1/3～1/2 并补以一定量的豆类及豆类制品（有利于降低胆固醇）；食用木醇糖、山梨酸及各合成甜味剂（甜度高、热量低，有一定降血压作用，促进代谢功效）；补充 B 族维生素、维生素 C 及维生素 A、胡萝卜素（胡萝卜素能增加胰岛素控制血糖的能力）；多食用粗粮、干豆、绿色蔬菜等；铬、锌、镁、磷、钙、钠矿物质和微量元素与糖尿病有多方面联系。因此糖尿病患者要确定餐食次数，确定热量总数，确定蛋白质、碳水化合物、脂肪分配比例为 15％～20％、50％～65％、20％～35％，制定合理的食谱和菜谱。

（1）可以降糖的五谷杂粮　荞麦（降糖降压降血脂）、燕麦（降低人体对胰岛素的需求，预防并发症）、玉米（降糖减肥）、薏米（防治并发症）、黑米（预防及缓解并发症）、黄豆

（降低血糖、尿糖）、黑豆（调整血糖代谢）、绿豆（辅助治疗糖尿病及肥胖症）、豇豆（促进胰岛素分泌，加强糖代谢）。

（2）可以降糖的水果 柚子（预防糖尿病微血管并发症）、樱桃（增加人体内胰岛素的含量，降低血糖）、草莓（辅助降糖）、苹果（预防血糖骤升骤降）、橄榄（预防糖尿病并发症）、无花果（提高人体免疫力）、西瓜（是糖尿病患者安全营养的水果）、哈密瓜（适用于糖尿病合并肾病患者）、桃子（使患者餐后的血糖水平下降）、荔枝（含有能降低血糖的物质）、猕猴桃（调节糖代谢，防治心血管疾病）、菠萝（降低血糖水平）。

（3）可以降糖的干果 腰果（防治糖尿病及其并发症）、核桃（降糖，预防心血管系统并发症）、花生（预防心血管并发症）、西瓜子（预防患者发生周围神经功能障碍）、南瓜子（减轻或延缓并发症的发生）。

（4）可以降糖的蔬菜 辣椒（明显降低血糖）、南瓜（减慢糖类吸收速度）、苦瓜（"植物胰岛素"）、芦荟（持续降低血糖浓度）、魔芋（有效控制餐后高血糖）、冬瓜（抑制糖类转化成脂肪）、洋葱（促进胰岛素分泌）、芦笋（降低血糖，防治高血压、心脑血管疾病）、香菇（降压降脂，降低血糖）、豆芽（控制餐后血糖上升）、胡萝卜（防治糖尿病并发视网膜病变）、大白菜（延缓餐后血糖上升）、海带（明显降低血糖，保护胰岛细胞）、韭菜（降糖降脂）、黄瓜（补充水分，降低血糖）、草菇（降低血浆胆固醇含量）、口蘑（调节糖代谢，辅助控制血糖）、金针菇（可减轻或延缓糖尿病并发症的发生）、鸡腿菇（降低血糖）、白萝卜（所含活性成分能降低血糖）、茄子（可预防并发症）、西葫芦（促进人体内胰岛素分泌，调节血糖）、芥蓝（降低餐后血糖）、菠菜（使血糖保持稳定）、苋菜（减少并发症的发生率）、蕨菜（改善患者的病情）、空心菜（含有"植物胰岛素"成分）、裙带菜（降糖降脂）、仙人掌（避免体内积聚过多的葡萄糖）、马齿苋（调整糖代谢，降低血糖）、卷心菜（糖尿病患者的理想食物）、花椰菜（改善糖耐量以及血脂）、竹笋（使餐后血糖平稳）。

（5）可以降糖的肉食 泥鳅（降低血糖，有效防治糖尿病合并骨质疏松症）、黄鳝（降糖作用非常显著）、蛤肉（有效调节糖代谢，预防并发症）、猪胰（与人体胰岛素化学结构类似，主治消渴）、鱿鱼（改善患者的各种症状，预防并发症）、乌鸡（有效预防糖尿病及孤独症）、鲤鱼（调节患者的内分泌代谢）、牛肉（提高胰岛素合成代谢的效率，预防心血管并发症）、蚕蛹（降低血糖）。

（6）可安全食用的食用油和饮品、调味品 橄榄油（防止和延缓病症的发生）、芝麻油（控制人体血液中胆固醇的增加）、葵花子油（预防"三高"病症）、生姜（防止糖尿病引发的白内障）、绿茶（降低血糖，帮助患者康复）、红茶（保持血糖稳定，帮助女性患者预防骨质疏松）、大蒜（明显降低血糖）、食醋（降低餐后血糖）。

（7）药食两用的降糖食物及其他安全食品 黄芪（对糖尿病并发肾病有改善作用）、菊芋（降低血脂，控制血糖）、山楂（预防并发症的发生）、莲子（对患者的多尿症状有效）、玉竹（修复胰岛功能）、葛根（预防心脑血管并发症）、山药（可控制饭后血糖升高）、黄精（预防糖尿病并发心血管疾病）、地黄（改善患者的胰岛素抵抗力）、桔梗（降糖作用显著）、地骨皮（降低血糖，控制病情）、人参（增强免疫力）、蜂胶（双向调节血糖）、蜂王浆（降低血糖，促进胰岛素分泌）、骆驼奶（降血糖）。

6.3.2.2 变态反应（过敏）

变态反应（过敏）是人对称为变应原的某种特殊物质敏感而产生的不平常的或过度的反应。变态反应是人体对异物或物理状态的免疫作用反应的结果。属于异物的化学物质有食品、药物、昆虫毒性等。

食物能引起变态反应，但大部分脂肪、精制糖和盐不会产生变态反应，蛋白质特别易产生变态反应，即使微量也可能引起麻烦，常见能够引起变态反应的食物有牛奶、蛋类、大麦、豆类、玉米、坚果、海产品等。许多人对草莓、柑橘类水果、番茄、巧克力和浆果过敏。空气中的灰尘、花粉、动物毛发皮屑等通过呼吸而引发打喷嚏、发痒、流泪等过敏症。昆虫如蜜蜂、黄蜂、蚊虫、臭虫、蚂蚁等叮咬后能产生变态反应。1%～4%的药物能引起变态反应，如青霉素、阿司匹林、磺胺药、苯巴比妥、奎宁、胰岛素和一些镇静药、利尿剂、抗结核药等。另外还有化妆品、香精、肥皂、洗发膏、丝织品和毛织品等日用品能引起过敏症。

变态性症状为鼻充血、咳嗽、喉部黏液、哮喘、便秘、腹泻、胃痛、气胀、湿疹、荨麻疹、头痛、食欲不振、紧张、疲倦、口臭和出汗等许多症状。

治疗变态反应首要是寻找出变应源，再结合药物治疗。如怀疑牛奶和鸡蛋过敏，可将牛奶煮开饮用和鸡蛋煮老一点再食用。

6.3.2.3 心脏病的食疗

心脏病泛指心瓣膜的先天性缺损到心肌劳损等多种疾病。冠心病也称为心脏病，常由膳食中某些不良因素引起。人体摄入热量超过需要时，最终会导致肥胖症和心脏病的发生。

心脏病的饮食疗法的原则是：低胆固醇、低热量、低脂肪、低盐、低糖和适当的素食，但又不至于引起营养不足。平日可多食用含维生素C、B族维生素、维生素E、烟酸的食物，特别是维生素C，能影响脂肪代谢，增加胆固醇转为胆酸的速度，使已增高的胆固醇水平降下来。富含维生素C的食品有苦瓜、西红柿、辣椒、卷心菜、菜花、荠菜、酸枣、红果、生豆芽等。维生素E有抗氧化作用，可阻止不饱和脂肪酸的氧化，改善心肌缺氧状况，对改善心肌功能有好处，富含维生素E的食物有牛肉、肝、杏仁、花生和多种植物油。海产品如海带、海菜、海蜇等富含碘类矿物质，有助于抑制胆固醇在肠道内的吸收，减少胆固醇在血管壁的沉着，并能破坏钙盐在血管壁的沉积，减缓动脉发生粥样硬变。镁可以保护血管，减少血液中胆固醇的含量，阻止动脉硬化，还可以增加心肌供血量，防止血栓形成，富含镁的食物有粗粮、干豆、坚果、绿色蔬菜等。铜、锌、硒是心脏病人不可缺少的微量元素。阿司匹林和葡萄酒有防止心脏病的作用。

6.3.2.4 高血压患者的食疗

血压是血液对血管壁产生的压力。测定血压时较高的读数称为收缩压，出现在当心脏收缩力最大时（收缩期），较低的读数称为舒张压，出现在当心脏处于两次收缩之间的休息期（舒张期），成人的正常血压是收缩压 ≤ 18.7kPa（140mmHg），舒张压 ≤ 12.0kPa（90mmHg）。若成人血压多次超过 18.7/12.0kPa（140/90mmHg），即为血压升高。

高血压若不治疗，会影响身体中十分重要的部位，特别是心脏、大脑和肾脏。高血压会增加心脏负担，使心脏扩大，使心脏泵血效率下降，患者表现出心力衰竭的征兆和症状。高血压也会加速动脉的粥样硬化，诱发心脏病。高血压使大脑血管破裂出血，造成脑卒中。高血压会使眼底动脉出现粥样硬化或出血，影响视力或致瞎；高血压会影响肾血管，导致肾功能衰竭。

预防高血压的方法是限制饮食的含盐量以降低血压，也可以通过提高钾的摄入量和减少钠的摄入量以控制高血压，饮食中钾和钠的比率最好为 1∶1。富含钾的食物有肉、香蕉、西红柿、土豆、橘子、甜果、干果、绿色带叶蔬菜、大豆、麦麸等。减肥是治疗高血压最有效的非药物治疗。治疗高血压可以通过饮食治疗，也可通过运动疗法、心理疗法、音乐疗法、减肥疗法、戒烟和限酒疗法、自然因子疗法（空气浴、森林浴、日光浴、海水浴、磁疗、针灸、按摩等）。

6.3.2.5 消化性溃疡的食疗

溃疡是开放性的疮而不是伤口。消化性溃疡是消化道，通常是在胃或十二指肠里层表面的溃疡或糜烂。十二指肠溃疡占消化性溃疡的80%，多发生在20～50多的男性。消化性溃疡是以出现疼痛——进食——缓解的顺序为特点。空腹时上部腹部疼痛和溃疡有关，在摄取食物或温和的液体后得到缓解。

消化性溃疡病人应避免饮食胃液分泌刺激剂，包括含有咖啡或可可碱的饮料如咖啡、茶、巧克力和各种碳酸盐，酒精饮料，食品包括胡椒、辣椒、醋、芥末、腌菜、酒精。

治疗消化性溃疡应少吃多餐，从而避免了扩张刺激而导致胃酸分泌过多。

6.3.3 特定要求的食疗

（1）调剂饮食方式 由于某些人的正常饮食受阻，为了营养和健康需要，可以通过改变原有食物的形态而符合这些人的饮食要求。

普通流质：将普通食物烹调、匀浆、滤去渣后取汁，适于无牙齿者，不能咀嚼和吞咽固体的患者以及运动员减轻体重者。流质类食品包括清流质（包括饮料、脱脂的清炖肉汤等，缺乏各种主要营养）和全流质（匀制很细的食物，适于病人及临赛运动员，营养丰富、消化吸收快）。而对于恢复中的病人或者咀嚼有困难的病人可采用软食。

（2）限制性饮食 针对特殊要求改变某些营养摄入的人体。限脂的人如胆道和胰脏病变造成的脂肪性腹泻者，可食用水煮蛋、瘦肉、果汁及脱脂奶等。限钠的人如高血压病患者及充血性心衰的病人，可食用不加盐的食品。

（3）特定要求食补

① 婴幼儿：含铜量较高的食物有牡蛎肉、龙虾、苹果酱、香蕉、鸡肉、梨、菠萝汁等。含锌量较高的食物有羊羔肉、肝、小牛肉、蟹、芹菜等，适于食欲低、偏食的小儿，蜂蜜等有提高血红蛋白和红细胞功能的作用，牛奶、骨汁、鱼提供钙和磷补充孩童各阶段的发育。

② 孕妇、妊娠妇女贫血主要由膳食缺铁引起。因此孕妇宜食用富含铁的食物如动物心脏、肾脏、蛋黄、红色瘦肉等；绿叶蔬菜、樱桃、红（紫）葡萄、干枣、海带、木耳等，牛奶及强化的维生素D、钙、磷质。

③ 运动员：长跑运动员在长跑运动前3～4天主食高脂肪、低糖饮食，从而耗尽体内的糖原，然后在竞赛前食用高糖饮食，可使肌肉中的糖原比正常人高3～4倍，提高比赛时能量。短跑、举重运动员，则需要短期内爆发巨大的能量，为快速供能，使用葡萄糖和近似血液组成的流汁，一般含脂肪，可快速进入肠道被吸收，在半小时到1小时内释放，能提高运动成绩。

④ 脑力劳动者：注意提高午餐的质量，要吃饱、吃好，晚餐不能过饱。热量集中在晚餐的进餐方式，会加速糖耐量降低而诱发糖尿病。晚餐中的高热量使血脂猛然升高，加上晚上睡觉后的血液流速明显减慢，因此使大量的血脂沉积到血管壁上，易造成血管硬化而引发冠心病。脑力劳动者宜多食用健脑食品，如蛋黄、杏仁、核桃、牛奶、沙丁鱼、大豆及制品等。

6.4　老年营养与老年学

随着社会经济和医学保健事业的发展，人类的平均寿命的延长趋势是显而易见的。我国上海的平均寿命已达 75.11 岁。人口老龄化已逐渐成为世界性的问题。按照世界卫生组织的规定，60 岁以上的人称为老年人，世界上老年人正以每年 2.4％的速度在增加。我国老年人 2000 年已达人口的 10.2％，到 2030 年老年人的比例将达到 13％以上。因此，关心老年人的生活和健康是刻不容缓的问题。研究老年人的心理、生理和健康的科学称为老年学，其目的是为了保持老年人的清醒头脑和充沛的精力，其次是延长人的寿命，让老年人的丰富经验、广博知识为国家、为人民做出贡献和发挥余热。

6.4.1　健康老人的生理特征及饮食

（1）健康老人的生理特征　眼有神：眼睛是人体精气汇集的地方，老年人的脑子灵活反应快，则目光炯炯有神，是精气旺盛、肾肝心功能良好的证据。

声息和：老年人说话声音洪亮，呼吸从容不迫，说明肺功能良好，"正气存内，邪不可干"。

前门松：小便畅快，说明泌尿、生殖系统大体无恙。

后门紧：老年人多食少便，说明肾脾和大肠功能并未衰减。

形不丰：老年人不宜肥胖，"千金难买老来瘦"。我国百岁以上老人无一例外是肥胖的。

牙齿坚：牙齿是骨的剩余部分，骨又是给肾脏供营养的。牙齿坚固，反映了老人肾精充足，水火两济，自然多寿。

腿脚灵：老人腰灵腿便，说明筋骨经络四肢关节皆很强壮，有利于延缓衰老。

脉短小：60 岁以上的人还能保持较小的脉形，说明心脏功能强盛。

（2）长寿人群的环境及饮食　长寿人群的环境相对来说优越，污染少，热量摄入低，动物性食品少，多食用蔬菜、奶及奶制品，喝低度酒或果酒。如格鲁吉亚人，长寿者达 150 岁，主食奶、肉类、大量蔬菜，多数人饮酒。

6.4.2　人的衰老原因、因素及老化病变

6.4.2.1　人的衰老原因

（1）生命的基本原理　生命的属性是新陈代谢。任何有生命的物体，均可从自然环境中吸取物质来进行合成和复制自己，同时又把自己废弃的物质分解、排泄给自然环境。在这一过程中，许多必需的生命物质被合成出来，许多陈旧物质被分解排泄出去，使生命本身被更新、生长和发展，不断由新生命物质取代陈旧的生命物质。

生命活动是由蛋白质完成的。参与生命活动的活性蛋白质有 2 千多种，其功能不同，但需要分工协作、密切配合才能进行生命活动。每一种蛋白质合成出自己一模一样的蛋白质需要几十个步骤才能完成，而且每一步至少需要一种以上相应的活性蛋白质参与；分解一种物质也差不多同样复杂，为了保证各种活性蛋白质准确地复制自己，生命活动需要 DNA 和 RNA 的参与。生命活动是一个复杂而有序的过程，包括蛋白质合成（需要 20 余种氨基酸，且每一种氨基酸合成需要多个步骤和多种不同功能活性蛋白质参与）、核酸合成（需要四种脱氧核糖核酸，每种核苷酸的合成也包括一系列的生化反应完成，参与合成酶有几十种之多）、脂质和膜的合成（在一系列的活性蛋白质的互相配合下完成，并且配合必须有条不紊、高度有序），还有细胞分裂增殖。

（2）机体衰老的整体水平　在人的胚胎细胞的组织分化过程中，生命活动所必需的活性物质和合成功能被分配到了不同的组织细胞中，使每种组织细胞只保存部分合成功能，不能单独完成其生命活动。组织细胞之间，必须在代谢过程中互相交换物质和补偿。个体生命的这种分配功能是保证个体各个组织生长发育互相协调的条件。由于机体在细胞代谢上的互补性，就造成了机体各种组织细胞"一损俱损"的互相依存现象，任何组织出现功能衰退，都会直接影响机体各种组织，因此，衰老是整体水平发生的。

（3）细胞的衰老　人体组织细胞根据分化程度有三种：一是有分裂能力的再生性细胞，二是有代谢活性但失去分裂能力的半分化状态的细胞，三是极端分化细胞，一般已失去代谢活性。组织再生性细胞总是随着年龄的增加而在组织中的比例不断减少。组织再生细胞减少，不仅使人外观上表现出逐渐衰老，而且也使组织代谢功能不断减弱，从而由于整个组织细胞的生长更新减弱而使组织发生萎缩，使机体进入进行性衰老状态。

6.4.2.2　人的衰老因素

（1）与性生殖有关　人的衰老一般始性成熟后，而原生殖细胞（生命延续的种源细胞）不可逆的丢失也正是始性成熟后；人的衰老死亡一般都在生殖后，而生殖过程主要消耗"原生殖细胞"；人的寿命与生育年龄、生殖期的长短和生殖频度有关。

（2）胶原蛋白的硬化　构成血管壁、骨骼、皮肤和肌腱主要成分的胶原蛋白由于氧化、聚合、逐渐失去弹性，因而萎缩。

（3）神经组织退化　神经在人出生前就开始发育，并在人的一生中发挥作用，由于营养不良或各种刺激，使神经细胞受到损害，失控和不能修复。

（4）固有的老化过程　细胞在不断的死亡和再生，某些重要组织的细胞死亡速率大于再生速率，而营养又不能及时补充或者营养素不能被充分利用，这时组织老化甚至死亡。

（5）自体免疫　人体产生一些进攻自己组织的抗体，如关节炎、肾炎、心肌炎等部分由自体免疫引起。

6.4.2.3　老化病变

（1）骨骼　钙质损失加剧，导致骨腔变空而薄，骨质疏松，肉多脂肪。

（2）脑及神经系统功能下降　神经细胞自出生后不能再生，随着年龄增长，神经细胞数目逐渐减少。老年人的脑细胞一般减少 $10\%\sim17\%$，从而使老年人易出现精神活动能力下降、记忆力减退、动作缓慢等。感官功能如耳、眼、舌的功能均衰退。

（3）皮肤及头发老象明显　由于皮下脂肪损失、皮肤变薄、出现皱纹、色素沉积为老年斑；由于营养供应不够，头发黑色素不能维持，因而头发白，甚至脱落。

（4）循环及内分泌失调增加　40岁以上分泌胃酸的细胞萎缩，从而影响消化功能，胃肠功能减退引起老年性便秘，同时引起心肌纤维的弹性降低、心搏率和泵血量都逐渐减少，从而导致心脏褐色萎缩。其他体液如胰液、胆汁分泌均减少。

（5）呼吸系统　老年人肺功能减退，肺用量平均每年下降 $4.5 mL/m^2$。肺活量随年龄增加而逐渐减少。

（6）睡眠　老年人由于脑力和体力劳动减少，新陈代谢下降，大脑皮层的神经细胞变性，睡眠的生理需要也相应减少。

6.4.2.4　常见老年病

（1）骨质疏松症　随着年龄的增长，人的骨密度降低，通常按颌骨、牙槽骨、脊柱和长骨的顺序依次弱化，从而导致掉牙、骨折，且难于愈合。

（2）老年性痴呆　其特征是精神敏锐性降低，遗忘，判断力减退，对地点、时间的记忆有时亦可消失。

（3）关节炎　是老年人的关节劳损所致，最易受损的关节是膝关节、踝关节及脊柱。

6.4.3　老年人营养膳食

老年人由于基础代谢率降低，应限制能量的摄取。应吃蛋白质较多的食物（即优质蛋白质），荤素合理搭配。提倡老年人多吃奶类，尤其是乳酸杆菌含量丰富的酸奶，以及豆类和鱼类蛋白。应重视膳食纤维和多糖类物质的摄入，膳食纤维每日以 $15\sim20g$ 为宜；多糖如枸杞多糖、香菇多糖等，有益于老年人健康长寿。应控制脂肪摄入，饱和脂肪酸∶单不饱和脂肪酸∶多不饱和脂肪酸以 1∶1∶1 为宜。应多食用新鲜水果和蔬菜，多食抗氧化营养素物质如含胡萝卜素的萝卜以及含维生素 E、维生素 C 和硒的食品。重视微量元素和宏量元素的摄取，特别是钙、锌、铁的补充，少吃食盐。食物多样化，烹调要注意色香味，尽量不吃油炸、烟熏的食物。不饮烈性酒，不吸烟。应保持情绪乐观的健康心理和坚持不懈的体育锻炼。

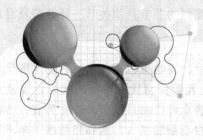

第7章
烹饪和厨房化学

"民以食为天"，食物是维持人体正常新陈代谢的物质。食物只有经过必要的加工才能成为人们可食用的食品，从而为人体提供能源和美味。食物的加工是在厨房或者食品加工厂中进行食前处理，尔后成为美食成品。食物加工的原料如下所示：

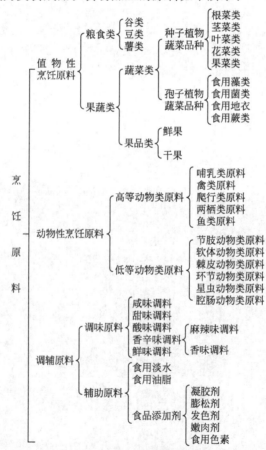

在以食物为原料基础上进行的细加工，既要考虑到加工过程中的绿色要求，又要注意到食品的色、香、味，这是食物烹饪和加工的厨房化学研究的主要内容和任务，也是 21 世纪食品、功能性食品、食品化学、绿色化学、生物学等所要求的更高更科学的厨房化学的中心课题。

"病从口入"这一古训，强调了饮食的重要性。心血管病（高血压、动脉硬化、高血脂、冠心病、脑卒中）、癌症、呼吸道疾病（肺气肿、哮喘、气管炎）、糖尿病、骨质疏松症、肥胖症、关节炎、性病和性功能减退、中毒、精神病及慢性自杀等 10 种疾病，几乎都与不良饮食习惯、吸烟、酗酒有关。

绿色食品的兴起为人们提供了无污染的食物，健康的饮食习惯和生活方式为人们提供了长寿的保证。

7.1 食物的化学特征

7.1.1 主食

主食是谷类食物，包括大米、面粉、小米、玉米、高粱、荞麦等。谷类食物是人体热能的主要来源，也提供微量元素和 B 族维生素。

(1) 谷类食物的主要化学特点 谷类食物的淀粉最多，平均占 70%，其中大米和面粉达 75% 之多。淀粉是由葡萄糖为单元连接而成的大分子，结构上有直链和支链两种（直链与碘作用呈蓝色，支链与碘作用呈红褐色）。通常大米、小麦、玉米等的淀粉为直链，粳米、糯米的淀粉为支链，由于支链化合物加热后易缠结，所以糯米饭较黏。

(2) 谷类食物的其他化学特点 谷类食物的蛋白质含量，稻米占 8%，面粉占 10%，燕麦占 15.6%，一般谷粒外层蛋白质含量较内层高。谷类食物的脂肪含量较少，约 2%。小米、玉米的含量占 4%，且多为不饱和脂肪酸，玉米胚的脂肪含量高达 52%。谷类食物的维生素主要是 B 族维生素，如维生素 B_1、维生素 B_2 和烟酸含量较多。谷类食物的微量元素大约为 1.5%，主要是钙和磷，此外还有镁、铁等。

7.1.2 豆类

豆类包括大豆、花生、芝麻、葵花子及杂豆等。豆类的化学特点比较复杂，下面分别加以讨论。

7.1.2.1 大豆

(1) 大豆的化学成分特点 蛋白质、脂肪、碳水化合物、钙、磷、铁、胡萝卜素、维生素 B_1、维生素 B_2、烟酸，还含有卵磷脂、大豆甾醇等各种物质。蛋白质含量 38% 左右，大豆氨基酸中除胱氨酸和蛋氨酸较少外，其他与动物蛋白相似，故有"植物肉"、"绿色的牛乳"之美名。

(2) 大豆的功效 大豆含有多种人体必需的氨基酸，对人体组织细胞起到重要的营养作用，可以提高人体免疫功能。大豆的脂肪以不饱和脂肪酸为主，占 86.1%，其中人体必需脂肪酸占 51.7%～57.0%，具有强氧化能力，是优质食用油。大豆含有磷脂（卵磷脂和脑磷脂）1.5%，黄豆中的卵磷脂可除掉附在血管壁上的胆固醇，防止血管硬化，是防治冠心病、高血压、动脉粥样硬化的理想食品，大豆中的卵磷脂还具有防止肝脏内积存过多脂肪的作用，从而有效地防治因肥胖而引起的脂肪肝。

大豆含有 14.6% 的碳水化合物，组成成分多为纤维素和可溶性糖。大豆的碳水化合物在体内较难消化吸收，但加工成豆腐或豆浆后，营养价值明显提高。大豆中含有的可溶性纤维，既可通便，又可减少胆固醇。

大豆中含有一种抑胰酶的物质可以降糖，降脂，对糖尿病有治疗效果。大豆所含的皂苷有明显的降血脂作用，同时，可抑制体重增加，减少血清、肝中脂质含量和脂肪含量。

大豆中含有丰富的大豆异黄酮、卵磷脂、水解大豆蛋白，能够改善内分泌，消除活性氧和体内自由基，延迟女性细胞衰老，使皮肤保持光滑润泽、富有弹性。

大豆异黄酮对乳腺癌、前列腺癌及其他一些癌症的发生、发展具有显著的防治效果。

大豆能促进骨骼发育，大豆中含有多种矿物质，补充钙质，防止因缺钙引起的骨质疏松，促进骨骼发育，对小儿、老人的骨骼生长极为有利。

大豆中所含的植物雌激素，可以调节更年期妇女体内的激素水平，防止骨骼中钙的流失，可以缓解更年期综合征、骨质疏松症。大豆中铁含量较高，易消化吸收，是贫血病人的有益食品。

豆制品包括各类豆腐及豆芽菜。豆制品起源于我国，特别是豆腐中的蛋白质含量高（干品为 42%，比动物肉类中含量最高的鸡肉 23% 高出 1 倍，是鱼类的 2~2.5 倍），且属于全蛋白，消化吸收率达 96%（高于一切动物蛋白）。豆制品的胆固醇低（1% 以下），适于老年人和心脏病患者食用。

7.1.2.2 花生

花生作为老百姓喜爱的传统食品之一，自古以来就有"长生果"的美誉。花生种子富含油脂，从花生仁中提取的油脂呈淡黄色，透明、芳香宜人，是优质的食用油。花生油很难溶于乙醇，人们可以通过将花生油注入 70% 乙醇溶液中加热至 $39~40.8℃$，看其浑浊程度，来鉴定花生油是否为纯品。花生油是将花生仁经过浸制而成的油。

（1）花生的化学成分特点 花生中蛋白质含量 30% 左右，其中所含蛋白质中 8 种必需氨基酸均全，有促进脑细胞发育，增强记忆的功能。花生中脂肪含量达 45%，钾、磷占 1%，维生素 B_1、维生素 B_2、维生素 B_5 和烟酸较丰富，但缺维生素 C。花生消化程度几乎与牛肉和蛋类相媲美。

（2）花生的功效

① 抗老化：花生中所含有的儿茶素对人体具有很强的抗老化作用，赖氨酸也是防止过早衰老的重要成分。常食花生，有益于人体延缓衰老，故花生又有"长生果"之称。花生油中含有大量的亚油酸，这种物质可使人体内胆固醇分解为胆汁酸排出体外，避免胆固醇在体内沉积，减少因胆固醇在人体中超过正常值而引发多种心脑血管疾病的发生。

② 凝血止血：花生衣中含有油脂和多种维生素，并含有使凝血时间缩短的物质，能对抗纤维蛋白的溶解，有促进骨髓制造血小板的功能，对多种出血性疾病，不但有止血的作用，而且对原发病有一定的治疗作用，对人体造血功能有益。

③ 滋血通乳：花生中含丰富的脂肪油和蛋白质，对产后乳汁分泌不足者，有滋补气血、养血通乳的作用。

④ 促进发育：花生含钙量丰富，可以促进儿童骨骼发育，并有防止老年人骨骼退行性病变发生的作用。多食花生，可以促进人体的生长发育。

⑤ 预防肿瘤：花生、花生油中含有一种生物活性很强的天然多酚类物质白藜芦醇。它是肿瘤疾病的天然化学预防剂，同时还能降低血小板聚集，预防和治疗动脉粥样硬化、心脑血管疾病等。而白藜芦醇被列为最有效的抗衰老物质之一。而富含白藜芦醇的花生、花生油等相关花生制品将会对饮食与健康发挥更大的作用。

7.1.3 蔬菜

我国古代就有"五谷为养，五果为助，五畜为益，五菜为充，气味合而服之，以补益精气"的精辟论述，提出了饮食必须包括蔬菜和水果。近代营养研究证明，蔬菜和水果是饮食中维生素 C 的唯一来源，也是胡萝卜素、维生素 B_2、微量元素的重要来源。"一日一果，医生远离我"，充分说明了水果对人体健康的重要性。

蔬菜是指含水分 90% 以上，可作为维生素、无机质和纤维素之源的植物。可分为叶菜类、根茎类、瓜茄类和鲜豆类。

（1）叶菜类　包括菠菜、白菜、油菜、卷心菜、韭菜等。主要提供维生素 C、胡萝卜素和维生素 B_2，蛋白质含量约为 2%，脂肪含量小于 0.5%，碳水化合物不超过 5%。

（2）根茎类　包括萝卜、马铃薯、藕、甘薯、芋头、葱、蒜和竹笋等。萝卜、马铃薯、藕、甘薯中淀粉含量 15%～30%，蛋白质和脂肪含量普遍不高，钙、磷、铁等无机盐含量不高。

（3）瓜茄类　包括冬瓜、南瓜、丝瓜、黄瓜、茄子、西红柿和辣椒等。瓜茄类含营养素均较低，但辣椒含有丰富的维生素 C 和胡萝卜素。

（4）鲜豆类　包括四季豆（芸豆）、扁豆、毛豆、豌豆等。蛋白质、碳水化合物、维生素和无机盐的含量均较其他蔬菜为高，鲜豆中的铁容易消化吸收，蛋白质质量比较高，是一种营养丰富的蔬菜。

7.1.4　水果

水果包括新鲜水果和坚果。水果包括浆果（葡萄、草莓、香蕉、凤梨等）、仁果（苹果、柿、枇杷、柑橘等）、核果（桃、梅、李、杏等）和坚果亦（称干果，栗、核桃、白果、榛子等）。水果的主要成分为糖，占总量的 10%。酸枣、柠檬、广柑、橘子、山楂等均含丰富的维生素 C，橘子、海棠、杏、枇杷、芒果等都富含胡萝卜素，桃、梅、李、杏等含有丰富的铁。人们排出了经常食用的对健康有利的 10 种水果，苹果排名首位，排在苹果之后的依次是杏、香蕉、黑莓、蓝莓、甜瓜、樱桃、越橘、葡萄柚和紫葡萄。

（1）苹果因富含纤维物质，可补充人体足够的纤维素，降低心脏病发病率，还可减肥，因此排名第一。许多美国人把苹果作为瘦身必备，每周节食一天，这一天只吃苹果，号称"苹果日"。实验证明：糖尿病患者宜吃酸苹果；防治心血管病和肥胖症则应选择甜苹果；治疗便秘时可吃熟苹果；睡前吃鲜苹果，可消除口腔内细菌，改善肾脏功能；生苹果榨成汁可防治咳嗽和嗓子嘶哑；苹果泥加温后食用，是儿童与老年人消化不良的良药。

（2）杏果和杏仁都含有丰富的营养物质。常食杏脯、杏干，有益心脏，且杏仁有润肺作用，能止咳平喘。杏仁还能润肠通便及促进皮肤微循环，使皮肤红润光泽。

（3）香蕉可防治高血压，因香蕉可提供较多的钾离子，有抵制钠离子升压及损坏血管的作用。香蕉的食物纤维可刺激大肠的蠕动，使排便通畅。此外，香蕉含糖量较高，在体内可转变成热量，是补充体力的佳品。

（4）黑莓含糖类、果胶及人体必需的十多种氨基酸和维生素 B_1、维生素 B_2、维生素 C 等成分，具有抗衰老、抗氧化、降血压、增强心血管功能等作用。黑莓还能消暑止渴、除痰解酒，常食有延年益寿、轻身驻颜的神奇功效，又称为"生命之果"。

（5）蓝莓含的花青素、儿茶酸，有防治高血压、疏通毛细血管和缓解视疲劳的特殊作用。蓝莓还具有防止大脑神经老化、强心和抗癌等独特功效。

（6）甜瓜又名香瓜，含有蛋白质、脂肪、碳水化合物、柠檬酸、胡萝卜素和 B 族维生素、维生素 C 等成分，可消暑清热及补充人体所需的能量及营养素，帮助机体恢复健康。此外，甜瓜可将不溶性蛋白质转变成可溶性蛋白质，帮助肾脏病患者吸收营养。

（7）樱桃含铁量高，常食可补充体内对铁元素的需求，促进血红蛋白的再生，防治缺铁性贫血及增强体力。樱桃可调中益气，健脾和胃、祛风湿，对食欲不振、消化不良、风湿身痛等均有益处。

（8）越橘含有糖、蛋白质、脂肪、粗纤维、多种维生素、矿物质和氨基酸，能预防动脉硬化，并能强化眼睛的毛细血管，预防血管病变。此外，越橘是一种抗氧化剂，它是自由基的克星，它是清除自由基的清道夫。

（9）葡萄柚含有天然果胶，能降低体内胆固醇，预防多种心血管疾病；独特的果酸及维生素 C，能使新陈代谢顺畅，强化皮肤、毛孔功能，加速复原受伤的皮肤组织。

（10）紫葡萄所含的营养成分以葡萄糖和果糖为主，有解除疲劳、健胃消食、充当滋补佳品、补气养血等功效；此外，其所含的类黄酮对心脏有益。

7.1.5 肉类食物的化学特征

肉类是蛋白质、脂肪、维生素 B_1、维生素 B_2、烟酸和铁的重要来源。蛋白质含量约为 20%，其中肝脏含量达到 21%，含必需氨基酸甚多，且组成匹配好，肉的消化吸收率在 95% 以上，以牛肉最高，猪、羊、鸡次之。肥肉中脂肪含量最高。富含维生素特别是动物的肝脏如鸡肝、牛肝最高，其维生素 A 含量可达 $100\sim500mg/100g$（指 100g 基体所含微量成分的毫克数）。肉中均含有胆固醇，以鹿肉、马肉最低。无机盐的含量占总量的 0.6%～1.1%，动物的肝脏、肾脏中的铁含量丰富并且利用率较高。肌肉中的碳水化合物以糖原形式存在，占动物总糖原量的 5%。

7.1.6 水产品的化学特征

水产品包括鱼、虾、蟹、贝类、海藻类等，是蛋白质、无机盐和维生素的重要来源。

鱼类（包括淡水和海水产品）中蛋白质的含量为 15%～20%，含必需氨基酸多且组成匹配好，故鱼类的消化吸收率与肉类相差不多。鱼类可食部分脂肪含量为 1%～10%，其中 80% 为不饱和脂肪酸，其消化吸收率为 95%。海鱼中的无机盐含量较肉类的高，除钙、磷、钠、钾的含量丰富外，微量元素碘、铁、锌、铜、锰、硒等的含量也较高，如乌贼的肝脏中铜含量占其矿物质的 4%，亦含有相当多的锌、钴、镍；海带中含有丰富的碘，虾皮中含有丰富的钙。鱼类的另一特点是水产品蛋白质中的硫等非氮化合物约占 30%，使其味非常鲜美。

7.1.7 蛋类的化学特征

蛋类包括鸡蛋、鸭蛋、鹅蛋和其他禽类的蛋，其制品包括咸蛋和松花蛋等。蛋分为蛋清（含水分 86%）和蛋黄（含水分 49.5%）。蛋白质的含量为 13%～18%，其中鹌鹑蛋及鹅蛋的含量高。蛋白质主要分布在蛋清部分，其成分为卵白蛋白；蛋黄中含有 11%～15% 的脂肪、卵磷脂及其他磷脂，蛋黄磷蛋白质 14.5%，胆固醇、血蛋白原共 5.7%，矿物质 1.0%。蛋含有 18 种与人体组成相近的氨基酸，其消化吸收率在 95% 以上。另外蛋中还含有维生素 A、维生素 B、烟酸等。

肉、鱼、蛋中均含有胆固醇。生理上细胞膜的组成、激素的合成都需要它，维生素 D 的合成也需要胆固醇为原料。把胆固醇同心血管疾病联系起来，只吃蛋清不吃蛋黄，完全是误解。

7.2 绿色食品

无公害农产品、绿色食品、有机食品，是农业部组织实施的我国农产品质量安全认证的基本类型，三者都属于安全农产品的范畴。

7.2.1 绿色食品的科学定义

绿色食品是指无污染的安全、优质、营养食品的统称。自然资源和生态环境是食品生产的基本条件，由于与环境保护有关的事物通常都冠之以"绿色"，为了突出食品出自良好的生态环境，并能给食用者带来旺盛的生命力，因此定名为绿色食品（green food）。

绿色食品具备的条件是产品或产品原料必须符合农业部制定的绿色食品生态环境标准；农作物种植、畜禽饲养、水产养殖及食品加工必须符合农业部制定的绿色食品生产操作规程；产品必须符合农业部制定的绿色食品质量和卫生标准；产品外包装必须符合国家食品标签通用标准，符合绿色食品特定的包装、装潢和标签规定。我国绿色食品发展中心将国产食品分为 AA 级绿色食品和 A 级绿色食品两类。

AA 级绿色食品（亦称有机食品）：是指生产地的环境质量符合 NY/T391（绿色食品产地环境技术条件）的要求，生产过程中不使用化学合成的化肥、农药、兽药、饲料添加剂、食品添加剂和其他有害于环境和人身健康的物质，按有机生产方式生产，产品质量符合绿色食品的产品标准，经专门机构认定，许可使用 AA 级绿色食品标志的产品。

A 级绿色食品：是指生产地的环境质量符合 NY/T391（绿色食品产地环境技术条件）的要求，生产过程中严格按照绿色食品生产资料使用准则和生产操作规程要求，限量使用限定化学合成的生产资料，产品质量符合绿色食品的产品标准，经专门机构认定，许可使用 A 级绿色食品标志的产品。

7.2.2 绿色食品的标志和防伪标签

绿色食品的标志是经权威机构认证的在绿色食品上使用，以区分此类产品与普通产品的特定标志。绿色食品标志由三部分组成，即图形（上方的太阳、下方的叶片和中心的蓓蕾，象征自然生态；颜色为绿色，象征着生命、农业、环保；图形为正圆色，意为保护）、文字（中文"绿色食品"或同时印有英文"GREEN FOOD"字样）和编号（共 12 位）组成，三者缺一不可。AA 级绿色食品标志与字体为绿色，底色为白色，A 级绿色食品标志与字体为白色，底色为绿色。

A级绿色食品标志(左)　　AA级绿色食品标志(右)

7.2.3 无公害农产品

无公害农产品：是指产地环境、生产过程、产品质量符合国家有关标准和规定的要求，经认证合格获得认证证书并允许使用无公害农产品标志的未经加工或初加工的食用农产品。

无公害农产品：产品质量达到我国普通农产品和食品标准的要求，保障基本安全，满足大众消费。产品以初级食用农产品为主。推行"标准化生产、投入品监管、关键点控制、安全性保障"的技术制度。采取产地认定与产品认证相结合的方式，认证属于公益性事业，不收取费用,实行政府推动的发展机制。

获得无公害农产品认证证书的单位和个人,可以在证书规定的产品或者其包装上加注无公害农产品标志,用于证明产品符合无公害农产品标准。

印制在包装、标签、广告、说明书上的无公害农产品标志图案,不能作为无公害农产品标志使用。

绿色食品区别于天然食品:"天然"、"纯天然"食品绝不同于绿色食品,这是因为环境污染的存在,同时为了生存会产生有毒的化学物质以抵抗病虫害。实验证明,所谓的"天然"、"纯天然"食品含有多种有害化学物质,如亚硝酸盐、生物碱、某些酶类、重金属等。

7.2.4 发展绿色食品的意义

发展绿色食品是社会进步、人类文明、人民生活水平的提高需要。科学的膳食结构既要求量上的满足和多种类的合理搭配,又要求营养丰富、风味上乘、新鲜洁净、色泽鲜亮的美食。人以食为天,发展绿色食品是确保人们健康的首要条件。然而,随着现代工业和城市建设的不断发展,食品生产环境日渐污染恶化且不断加剧,越来越引起各国政府和社会的关注。在蔬菜和粮食生产过程中,由于片面地追求产量,使用了大量的无机化肥、农药、杀虫剂、除草剂、激素和污水灌溉,使产品的质量下降。加上城市的废水、废气、废物及生活垃圾严重污染了大气、土壤和水源,使农产品中的有机磷、砷制剂、重金属元素的含量大大超过了标准限量,潜在地危及人体的健康。另外,在农产品加工过程中,添加了人工色素、防腐剂、食品添加剂等,造成了食品的二次污染。因此,发展绿色食品势在必行。

发展绿色食品是为了与国际市场接轨。开发绿色食品,通过严格监督和实施高标准,提高产品的质量,增加我国食品在国际市场上的竞争力,推动创汇农业的发展。发展绿色食品,使产品质量达到国际公认标准,为我国农业外贸发展开拓了广阔前景。

7.3 转基因食品与健康

袖珍西红柿、袖珍西瓜、延缓早熟耐寒的西红柿、方形茄子、长方形辣椒、带有抗菌能力的玉米、抗杀虫剂的大豆、产人奶化牛奶的奶牛、含人基因的猪、全身不长毛的家禽等,这一切一切新奇的水果、蔬菜、动物映入你的眼帘时,你会感到好奇吗?你会感到疑惑吗?这不是科学幻想,这是转基因食品。

7.3.1 转基因食品的技术基础

基因工程是指在分子水平上,根据人们的需要以人工的方法取得供体DNA上某些有用的基因,在体外重组于载体(质粒、噬菌体、病毒等)DNA分子上,然后将重组DNA分子转入受体细胞进行无性繁殖,表达出供体基因存在的生物学,产生人类所需的产物或创造出新的生物类型。转基因(transgene)是把一种生物的基因移植到另一种生物上,表现为基因的共同表达。转基因食品(transgenic food),也叫基因改性食品(genetically modified food)是指把植物、动物或微生物的细胞中的基因取出来,插到农作物和动物的细胞中,可以使其获得它不能够自然拥有的某些良好特征的转基因生物制成的食品。所用的基因称为标记基因(marker gene)。转基因食品包括转基因农作物和转基因动物。

7.3.1.1　转基因农作物

由于全球人口的不断增加，城市化程度的提高，可耕地的减少，增加了食品生产的紧迫感和责任感。因此，利用基因技术改良农作物，增加粮食的产量是非常需要和相当重要的。利用转基因技术既能降低农业生产成本，又可以提高单位面积的产量，因此转基因技术被广泛采用。转基因农作物的明显优势在于抗病毒、抗虫、抗杂草、抗干旱、抗盐碱、抗重金属和改良产品质量等方面，这对于提高农作物的产品质量，减少收获后的损失，增加农产品的营养价值有着极其重要的意义。

目前，我国转基因农作物在世界上种植面积占第二位，已被批准商品化生产的有 6 种，即转基因耐贮藏番茄（华中农业大学）、转查尔酮合成酶基因矮牛（北京大学）、抗病毒甜椒（北京大学）、抗病毒番茄（北京大学）、抗虫棉花（中国农科院）及保铃棉（美国孟山都公司）。转基因研究及应用在我国得到了迅速发展，首创将鱼的耐寒基因植入西红柿，得到了转基因耐寒西红柿；1999 年湖北省油料作物所初步完成了花生抗病毒转基因工程研究，是继美国、澳大利亚之后，世界上成功转化花生外源性基因的国家。

7.3.1.2　转基因动物

转基因动物的研究方面，由于技术方面和伦理方面的影响，现在只有在一些转基因技术较发达的国家开展得比较多。例如，利用转基因技术使猪的生长速度提高 40%；利用转基因技术在奶牛中植入控制和刺激的基因，使奶牛的产奶量增加 10%～20%。

在我国，利用转基因技术研究转基因动物方面也取得了较大的进展，已获得了转基因的鱼、鸡、兔等，以及在乳汁中表达药用蛋白凝血因子 X 的转基因山羊。

7.3.2　转基因食品的安全性

转基因技术是一门新兴学科，因此对利用转基因技术生产出的转基因食品的安全性问题，即转基因食品对人体健康和生态环境产生的影响引起了广泛激烈的争论。

利用转基因技术可以生产出味道丰富、可口、营养价值高的转基因食品，既丰富了食品市场，又节约了资源，符合绿色生产的要求。研究人员认为，转基因食品的食用是安全的，不会对身体健康产生不良影响，甚至可以通过食用转基因食品摄取更多有益于健康的营养物质，如维生素 C 和类胡萝卜素等。但是，由于转基因技术与人类健康关系的复杂性，加上改变生物基因所带来的远期健康效用等知之甚少，因此，转基因食品的食用问题受到了人们的担忧。尤其是根据转基因食品安全性的研究材料表明，现已发现不少转基因食品具有危害性和毒性。

（1）转基因食品对人体的健康问题

① 标记基因的传递：转基因作物中的抗生素抗性标记基因可能通过转基因食品传递给人肠道中的微生物，并在其中表达，获得抗性，这就可能影响口服抗生素的药效，对健康造成危害。所以，与临床上使用的抗生素抗性编号相同的标记基因，不宜用于转基因食品。另外转基因食品中的标记基因传递给人肠道正常的微生物群，影响肠道卫生与环境，通过菌群影响肠道正常的消化功能。还有提供标记基因的微生物没有致病性。

② 导致食物过敏性：对一种食物过敏的人，有时会对另一种过去不曾过敏的食物产生过敏反应，其原因是蛋白质的转移。在转基因操作中，某种生物的蛋白质也会随基因加入，导致过敏现象的扩展，特别是对儿童和有过敏史的人，若食用此类食品，其后果不堪设想。

③ 干扰体内代谢：转基因技术产出的新的基因可能对机体物质代谢产生干扰作用。转基因食品对人类健康的危害性和毒性是存在的，特别是英法爆发牛肉战之后，对改变基因的

蔬菜和经过激素处理的肉类食品上发生了一系列争端。如美国与欧洲、欧盟内部爆发的多起贸易纠纷。美国30％的奶牛都注射过荷尔蒙激素，产出的牛奶可能间接导致乳腺癌等疾病；美国30％的牛类都注射过荷尔蒙激素，食用此类牛肉可能导致多种癌症；自1996年以来，英国疯牛病发作后，法国至今仍禁止从英国进口牛肉，并且出现了多起疯牛病患者死亡事例；为了加长保鲜期和颜色更好看，番茄、黄瓜和其他蔬菜、水果等可能都经过了基因改良，而这些移植基因可能来自病毒或者细菌。像玉米、大豆、棉花等许多农作物为增强抗杀虫剂能力，都经过基因改造，因而有可能破坏人体免疫功能。

（2）转基因食品对生态环境的影响问题　农作物的抗农药基因有可能通过花粉传给其他妨碍农作物生长的杂草，从而导致除草剂的滥用，使得土壤板结，土质变坏，加重环境污染等。转基因农作物本身有可能变为杂草，由于某些植物导入了新的基因，而使它对亲本植物或野生种有更强的生存竞争力。转基因抗虫农作物产生的杀虫物质在把害虫都杀死的同时有可能杀死益虫，从而必然破坏自然界固有的生物链，对生态系统产生不利影响，甚至这些对害虫有害的物质对人体健康亦有害，这样对环境来说就是污染。

（3）转基因食品的生产不合乎伦理　转基因食品引起伦理方面的问题主要是指转基因动物方面。自动掉毛的绵羊、快速生长的猪、羽毛全无的家禽等，它们都变成了疾病缠身的家禽（就像患类似人的关节炎等），甚至它们产生"中暑"和"不育"。对动物来说，改变了基因，不仅使动物变形，而且改变了它们特有的品性和繁殖能力，增加了疾病传播的可能性，这是有悖于伦理的。

7.4　厨房中的食物

7.4.1　食物的选择原则

食物具有安全优质、营养丰富、无污染的特征，食用卫生安全，这是厨房中食物选择的首要条件；其次是食物的选择要注意它们的营养功能，即用来维持生命的必需营养成分和食物各种成分对人类生命活动的调节功能；第三，食物能够对人具有引人入胜的嗅觉、味觉、视觉的食欲功能（即感觉功能）。人们宜多食用淀粉和多糖，少吃单糖和寡糖等的碳水化合物，以避免身体热量过剩，尤其是老年人最好吃到七八成饱即可；食用过量的脂肪，要增加不饱和脂肪酸和必需脂肪酸的摄入量（油酸、亚油酸、亚麻酸、花生四烯酸、二十碳五烯酸、二十二碳六烯酸等），但不要绝对不食用畜禽类动物脂肪；要食用含有人体必需氨基酸齐全、配比合理的蛋白质，如谷物、肉、豆、蛋、鱼互补，另外要有维生素全面和多种的、平衡好的矿物质和微量元素的食物；还要食用膳食纤维丰富的食物，以促进胃肠道的蠕动功能。

7.4.2　均衡饮食营养

平衡膳食（balanced diet）或健康饮食（healthful diet）是保证供给符合机体生理状况、劳动条件及生活环境需要的各种营养的膳食。

从现代化学看，人体是一个巨大的精巧的化学反应器，生化反应速率的控制是防范这部机器出现故障的核心，是宏观上预防和保障人体健康的主要内容，平衡膳食是关键环节。

7.4.2.1　营养标准

营养标准（nutrient standard）是指必需营养素平均每日供给的数量，此数量是以满足几乎所有健康人的生理需求，所确定营养素的数量能维持生长、保持体重并能预防营养缺乏症。营养素标准可作为计划膳食和评价人群膳食状况的依据。许多国家的营养膳食标准基本上与推出的膳食允许量（recommend dietary allowance，RDA）含义相同。

制定 RDA 的方法是首先估计不同性别和年龄组健康人群对所吸收的营养素平均生理需要量。营养素需要量是指能维持人体正常生理功能和机体健康的最小摄入量，然后再加一个量，有时称为安全因素，用于补偿个体之间营养需要量的差异以及平常所吃食物中营养素生物利用率的差异。

通常制定 RDA 的依据是营养素耗竭和恢复的研究，受试者维持在某一营养素含量低或缺乏的膳食状况下，随后用可测定该营养素含量的膳食予以校正；营养素的平衡研究，以测定与摄入量有关的营养状况，与摄入量有关的组织饱和成分或分子功能适宜性的生化检测；全母乳喂养婴儿的营养素摄入量有关人群营养状况的流行病学观察；在某些情况下，由动物试验推断。

随着营养学的进展，新的营养素缺乏病发生和新的营养素的发现，RDA 需要不断地加以修改，以适应人体的需要。

7.4.2.2 日常膳食指南

膳食指南（dietary guideline），又称为膳食指导方针（dietary guideline principle），是指一个国家或地区的人民或某种疾病患者的膳食指导原则。其目的是指导人们能够按照自己的饮食习惯、经济能力和市场食品供应情况合理地选择和搭配食物，告诉人们哪些食品该多吃，哪些食品该少吃，使之尽可能地符合 RDA 的需求。

（1）食物多样化　以谷类为主，粗细适当搭配。

① 谷类和薯类：谷类有米、面、杂粮。薯类包括马铃薯、甘薯、木薯等。主要提供碳水化合物、蛋白质、膳食纤维和 B 族维生素。

② 动物性食物包括肉、鱼、蛋等，主要提供蛋白质、脂肪、矿物质、维生素 A 和 B 族维生素。

③ 豆类及其制品包括大豆及其他干豆类。主要提供蛋白质、脂肪、矿物质、膳食纤维和 B 族维生素。

④ 蔬菜、水果类包括鲜豆、根茎、叶菜、茄果等。主要提供膳食纤维、矿物质、胡萝卜素、维生素 C。

⑤ 纯热能食物包括动物油、植物油、淀粉、食用糖、酒类等。主要提供能量，植物油还提供维生素 E 和必需脂肪酸。

（2）多食蔬菜、水果及薯类　蔬菜和水果含有丰富的维生素、矿物质和膳食纤维。薯类含有丰富的淀粉、膳食纤维及多种维生素和矿物质。此类食品对保护心血管健康，增强抗病能力，减少儿童发生眼干燥症的危险及预防某些癌症等方面有着重要意义。

（3）每天吃奶类、豆类及其制品　奶类除含有丰富的蛋白质和维生素外，含钙量高且利用率高，是天然的钙质来源。豆类是我国的传统食品，含丰富的优质蛋白质、不饱和脂肪酸、钙、维生素 B_1、维生素 B_2、烟酸等。

（4）经常吃适当的鱼、禽、蛋、瘦肉及少吃肥肉和荤油　鱼、禽、蛋、瘦肉等动物性食物是优质蛋白质、脂溶性维生素和矿物质的良好来源。动物性蛋白质的氨基酸组成更适合人体需要，并且氨基酸含量高，有利于补充植物性蛋白质中赖氨酸的不足。鱼类特别是海产鱼类所含有的不饱和脂肪酸有降低血脂和防止血栓形成的作用。肥肉和荤油为高能量、高脂肪食物，食用过多往往会引起肥胖。

(5) 食量和体力活动要平衡、保持适宜体重 进食量和体力活动是控制体重的两个主要因素。食物提供能量，体力活动消耗能量。食物产生的能量大于体力活动所消耗的能量时，剩余的能量会在体内以脂肪形式积存起来而引起肥胖。劳动和运动量过大，能量不足时会引起消瘦，抵抗力下降。人们要保持食量和能量消耗之间的平衡。体重过高过低都是不健康的表现，可造成抵抗力下降，易患某些疾病。

(6) 吃清淡少盐的膳食 吃清淡少盐的食物有利于健康。钠的摄入量与高血压发病率呈正相关，因此食盐不宜过多。

(7) 饮酒应限量 高浓度酒含能量高，不含其他营养素。过量饮酒，会使食欲下降、食物摄入减少，以致发生多种营养素缺乏，过量饮酒会增加患高血压、脑卒中的危险。

(8) 吃清洁卫生、不变质的食品 选购食品时，食品要外观好，没有污染、变色、变味等，严把病从口入关。进餐时注意卫生条件和提供餐者的健康卫生状况，集体用餐时，最好实行分餐制。

7.4.3 饮食平衡

(1) 改善饮食习惯 食物的主成分要求荤素平衡，增添膳食纤维，蛋白质丰富的凉拌菜、青豆、苜蓿菜等，以及各种水果，达到主成分的饮食平衡；改善微量元素的摄入途径和维生素失调，以达到微量成分的饮食平衡；对于营养的要求随年龄、性别、体质、工作性质的不同提供的膳食各成分的比例要合适，以满足不同群体的膳食结构需要。

(2) 改善进食方法

人的消化周期：胃通常对每日摄入的食物进行处理，分三个阶段。

① 早晨 (5:00~12:00) 糖的降解作用强烈，消化快，食物停留 3~4h，主要处理前晚的积食和当日的早餐。

② 午后 (1:00~6:00) 肠、胃功能全部启动，适宜处理脂肪、蛋白质。

③ 晚上 (7:00~睡前) 消化力较弱，易于积食，所以宜食用易消化的流汁等。消化周期与我国民间谚语"早餐好、中餐饱、晚餐少"的原则相符。

(3) 食物消化分类 为了适合消化周期的肠、胃功能，将食物分成易消化食物（水果、蔬菜）和难消化食物（除易消化食物以外的其他物质如谷类、肉、蛋等）。在此分类的基础上，要注意淀粉和蛋白质食物分开，每餐有所侧重，形成主、副食，但可分别与水果、蔬菜同时食用；防止过饱，过饱会引起胃膨胀、向上压迫心脏、使血流受阻。由于营养过于集中，血中的脂肪、糖很快上升到危险水平，使血液变稠甚至凝结，从而引起各类心血管疾病；进食要安详，吃饭要细嚼慢咽，否则使血液从消化道转移，可引发腹泻、腹疼及其他消化道疾病。

(4) 均衡能量供应 饮食的能量用来维持人体正常生活（环境的热散失、机体生化反应即体温），特别是劳动和活动及饮食自身的分解、转化和个体积累等需要。饥饿和过饱都会影响到生理功能和免疫系统。

7.4.4 食物选择的金字塔图形

膳食平衡的"食物选择的金字塔图形"是由美国农业部最初提出来的，已成为美国人选择和摄取食物的最佳方案。金字塔底层为各类主食（包括面包、米饭、麦片等），提供碳水化合物和热量；第二层为蔬菜和水果，二者平分秋色，是纤维素、维生素、矿物质的主要来源；第三层是鱼、肉、蛋、奶类，是蛋白质的来源；最顶端是脂肪、油类和甜食，这类食物不占主导地位。这个"食物选择的金字塔图形"设计得合理、简单、直观、明了，是指导人们能够吃得饱、吃得好，以达到健康和长寿目标的指南针。

我国上海市营养学会理事长赵洁教授提出"4＋1"金字塔方案，即金字塔底层是粮食、豆类 400～500g，第二层为蔬菜和水果 300～400g，第三层是乳及乳制品 200～300g，第四层是鱼、肉、蛋、禽 100～200g，顶尖是量少、适可而止的调味品、油、盐、汤等。"4＋1"饮食金字塔方案，既可以保持我国膳食以粮食为主、动物性食物为辅，能量来源以粮食为主的基本特点，又可以避免膳食蛋白质欠佳的弊端，防止饮食的"三高一低"（即高脂肪、高糖、高蛋白、低纤维）的膳食结构引起的心血管等疾病的缺陷，有利于国人的饮食结构，提高人体健康素质。

7.5　烹饪化学

烹饪是指将食物细加工的过程，其方法是加热，且做饭做菜要掌握火候，因此烹饪是一种技能，也是一种技术。烹饪化学（cooking chemistry）是指烹饪过程中的化学问题和食品的化学特征。

我国的烹调是在锅里进行的，在锅内将油加热到冒烟，加入葱、姜、蒜等炝锅，用武火进行炒、爆、熘等。一种菜的烹饪往往调和了几种甚至几十种原料和副主料，其中发生了诸多复杂性的化学变化。

7.5.1　烹饪的化学基础

7.5.1.1　加热的作用

食品在加热成熟过程中进行了许多复杂的物理变化和化学变化。食品的加热在人类的进化过程中起到了重要作用，不仅提供了色、香、味俱佳的食品，而且缩短了消化过程，还扩展了食物的品种，促进了人体的体力和智力的形成和发展，尤其是对脑髓的影响最大。

（1）加热分解作用　食经过加热后，原来感觉生的食物成为熟的，是因为食物中的大分子转化成小分子，使其在体内易于消化和吸收。

（2）加热解毒作用　食物的加热可以使食物中的某些有害物质分解，从而得以解毒，有利于人的机体健康。如煮熟的大豆和鸡蛋解除其抗胰蛋白酶；鲜黄花菜食用时用开水焯后烹饪可除去有毒物质秋水仙碱；棉籽油精练后可除去有毒物质棉酚；芸豆煮熟后可除去有毒物质皂素、血细胞凝聚素等。

（3）加热杀菌作用　由于食物特别是蔬菜的生长过程中使用了大量的肥料，存放时有可能引入了大量的病原体、寄生虫和各类细菌（尤其是消化道传染病菌），即使用自来水洗涤过（有时自来水本身不干净），也有可能未全部除去，所以食用前食物的加热是非常必要的。根据不同的蔬菜可以采用不同的加热时间，上述菌类等在加热炒制 2～3min 就可全部杀死，从而保证人体的饮食卫生和身体健康。

（4）加热提味增香作用　加热食物可以使食物的品质得到改善，尤其是食物的色、香、味，增加食物的营养物质，提高食物的质量，从而为增加饮食文化的传统改革和创新提供依据。

7.5.1.2　烹饪方式

根据食物的品种如主食与副食、蔬菜与肉类以及食用的要求，其烹制方法主要分为干式和湿式两种。

（1）干式烹饪　是指炒、爆、熘、烤、烧、熏、煎、炸等烹饪方法。其特点是火大、水少、时间短。干式烧制食物时要防止烧焦，如肉烧焦后，蛋白质中的色氨酸分解，可引起食物中毒，因此烧焦的食物不能吃。火太大时出现的怪味是由于温度太高将脂肪水解的甘油分解成丙烯醛之故，有毒性。

炒、爆、熘：先用油和调料炸锅后，放入菜肴，用武火进行炒、爆、熘，菜肴在锅内须迅速翻动，食物很快变熟，菜肴的色好、味佳、营养素如维生素等损耗少。

煎、炸：由于油的沸点高，可以将食物迅速变熟，形成脆、嫩、鲜的美味。油炸的方式分为脆炸、软炸、香炸、胖炸（挂糊炸）、成形炸和熟料炸等。

烤、烧、熏：将食物如牛、羊肉等在木炭上烤、烧、熏，并加上适当的调料，就形成了此类食品的特有风味。

（2）湿式烹饪　是指煮、蒸、焖、炖、煨、汆、熬等烹饪方法。其特点是火小、水多、加热时间长，配料的味道易渗入主料中，增进了食物的色、香、味。

煮、焖：主要用于主食加工。也可以用于鱼、肉的制作，如酸菜鱼、水煮肉、梅菜扣肉等。

炖、煨：炖、煨的方法是将食物如肉放到用调料等调配好的冷水中文火烧制，这样肉汁、脂肪和蛋白质等从肉的表面逐渐渗出，得到的肉较烂，汤营养丰富。若制作时水少为炖，水多则为煨。

汆、焯、涮：汆的方法是把汤烧开，再投入如肉丸、鱼丸等，则此类食物的表面上蛋白质凝固，将蛋白质、脂肪保存在肉内，这样肉嫩味香，汤味清淡；焯的方法是汤烧开，再投入如蔬菜类食物，时间较汆短，一般达到九成熟；涮的方法是将嫩的肉如牛、羊肉等切得薄、切得匀的肉片放入汤后烫熟，这样肉嫩味香，风味独特。

红烧：是指在烧制如肉、鱼等食品时，通过控制汤的浓度，用小火加热将水分耗去，即称为收汁，汁浓者则为红烧，如红烧牛肉、红烧猪肉、红烧鱼等。

蒸：是用水蒸气来加热食物的，其味一般是在蒸前用调料将食物调和好或腌渍片刻如清蒸鱼。

（3）其他烹饪方法　用温度降低的方法制作冰淇淋、肉皮冻（凝胶）等，用发酵的方法可制作四川泡菜、腐乳等，用盐渍的方法制作松花蛋、咸蛋、酱菜等，用高压的方法制作罐头、爆米花等，微波炉亦可用于烹饪食品，即热源为微波。

7.5.1.3　烹饪火候

烹饪火候是指烹调时间不过长，也不欠火，这是烹调的关键，只有掌握好火候才能做出老、嫩、酥、脆的美味佳肴。

（1）掌握多种菜品的精细火候　根据不同的食品及蔬菜的特性选择不同的火（旺火、中火、小火、文火、武火）烧制，且火候要恰到好处。

（2）要了解传导物体的传热性能　一般来说，油烟以冒烟不冒烟以及冒烟的程度确定火候；水温以冒泡的大小情况而定；气体上升的快慢、猛烈程度作为火候的标准。

（3）烹调食品时加各种原料及调料的次序　根据原料的老嫩、水分多少、形态、大小、厚薄以及原料的数量先后下锅烹饪。

（4）烹调食品要符合不同的技法　如"抢火候"的炒、爆技法，则要旺火，油热，时间短，操作干脆、利落，这样烹饪的菜才能各具风味。

7.5.2　烹饪的佐料及添加剂

佐料是指烹调时的佐料和食用时的辅料。

(1) **佐料**　包括调料、料酒、酱油、醋。

① 调料是烹饪过程中加入的调味品，能够使菜肴具有色、香、味俱佳的作用。调料分为适于温度较高时炸锅用呈香的油溶性调料和分子较小、易挥发，烹调时宜后加的水溶性调料。烹饪过程中，常用调料有油溶性的香油、八角、花椒；油溶性为主并兼有水溶性的辣的调料有葱、姜、蒜、辣椒、胡椒、薤；水溶性的调料有糖、味精、盐。它们的特点具有呈味（如分解生成丙酮酸），赋香（如分解出丙烯硫化物），并且具有杀菌功能（如蒜苷在受热或消化器官内酶素作用下生成蒜苷或丙烯硫化物，具有杀菌能力），还含有多种维生素，是烹饪过程中必不可少的佐料。

葱有香葱和大葱之分，南方人常食用香葱，北方人则愿意食用大葱。葱是咸食的主要佐料，它有去腥赋香的作用，可炝锅、拌馅用。姜被称为"植物味精"，一般做味道赋香的菜都离不开姜。因为姜能够把自身的辛辣味和芳香味溶解到菜肴中，可以使蔬菜的味道更加鲜美。另外可制成姜粉、姜汁等随用调料。蒜主要用作咸味、海味、河鲜、菜肴时使用，具有去腥增鲜、杀菌等功用。蒜可制成方便用的蒜泥、蒜汁。花椒可用于炝锅，取其芳香味。花椒亦可用做花椒油、椒盐等。

② **料酒**　又称黄酒、酥酒、老酒。料酒具有增鲜作用。一些名贵菜肴都用绍兴酒。有时家庭可用白酒、高粱酒等代替。料酒可解腥去腻，不新鲜的原料和带有腥膻味的牛、羊、野味、内脏等烹饪成菜肴时，可加入料酒；料酒可除去贝类、鱼的腥味，此类食物的腥味物质主要是三甲胺，在烹饪时加入料酒可以使三甲胺从鱼体中溶出而挥发；料酒具有杀菌保鲜作用，如肉、蟹、鸡、鸭、蔬菜等以料酒来盐渍，做出来的菜肴具有特别的香味，而且存放的时间较长。

③ 酱油和酱都是以大豆、小麦等粮食为原料，经霉菌、酵母等综合作用所得到的调味品。酱油中含有丰富的氨基酸（呈鲜味），酯类化合物（赋香物质），另外还有有机酸、乙酸、戊糖及甲基戊糖。戊糖及甲基戊糖同氨基酸结合呈现鲜艳的红褐色。酱油的主要作用是着色和赋香。

④ **醋**　主要用于杀菌（特别是流感及其他病毒），溶解鱼刺和骨；促进钙、磷、铁的溶解和吸收；醋能够去腥味，鱼和切鱼的刀具用醋擦洗可除去由呋喃、杂醇、硫化物引起的膻味；醋又可去碱，增加胃酸；醋与醇发生酯化作用增加香味。

(2) **辅料**　是指已熟制、不可单独食用，而可用于就餐时提味的固体或液体。

① 花椒油和花椒盐：花椒油的制作方法是将香油烧至七成热，投入花椒炸至深红色，捞出花椒后即可得到花椒油。花椒盐的制备方法是由烘炒成焦黄色的研细的粉末状的花椒和研细的食盐根据一定比例制成。

② 辣椒油（红油）：制作方法是将一定量的辣椒面用适量的凉开水将其调成稠糊状，另将烧到八成热的香油边倒边搅拌即可。

③ 葱姜油：其制备方法是将一定量的花生油烧至四成热，投入姜片稍炸，尔后放入葱段，炸至金黄色且出香后，葱姜捞出即可得到葱姜油。

④ 清汤：一般清汤的制作方法是将老母鸡和猪骨头洗净投入到盛有冷水的锅中，用旺火烧至沸腾，撇去浮沫，再用文火长时间煨后，捞去骨体，除去肉渣即可得到。高级清汤的制作方法是将鸡腿肉去皮剁成茸，和葱、姜、料酒一起投入到滤好的一般清汤中，用旺火加

热，同时用勺顺一个方向搅动，汤沸腾时改为文火，使汤中渣状物与鸡茸物黏结，浮出汤面，用勺撇去即成。

高汤是加骨入锅内，加清水至刚浸没原料，先用旺火烧沸，撇去浮沫，用文火煮 2～3 小时，使原料解味全部溶入汤汁中即得高汤。

7.6 饮食文化和风味化学

7.6.1 饮食文化的发展

我国的饮食记载一般从夏、商、周三代开始，迄今已有 2800 多年。夏禹时已知种水稻，杜康是夏代的第五代国君且发明了造酒，夏朝有虞氏庖正为专司烹饪厨师。

商朝已有五谷、五畜、烧烤和酿酒记载，学会了用青铜器做余、炸、煎、炒等烹饪方法；商朝盛行饮酒，盛酒器具精美，商纣王和夏桀，酒池肉林，穷奢极欲。真正的饮食文化始于商朝的伊尹，由于擅长烹调技术由一个厨役奴隶成为宰相。周朝的八珍是"珍谓淳熬、淳母、炮豚、炮牂、捣珍、渍、熬、肝膋"，淳熬、淳母是用炸肉酱加油脂浇在熟饭上，淳熬是浇在陆稻米上，淳母是浇在黍米上；炮豚是烧、烤、炖小乳猪；炮牂是烧、烤、炖小羊；捣珍是捣肉松、烩肉扒；渍是酒、酱、醋之品；熬是烹五香牛、羊、猪、鸡、鸭等肉类或熬鱼汤；肝膋是以网油烹制的动物肝脏。

周朝的饮食文化极为璀璨，《诗经》、《周礼》、《礼记》中都有所记载。西周时期的饮食文化已初具规模，东周和春秋战国时代已奠定了我国饮食文化的基础，内容丰富全面，在《史记》、《战国策》、《左传》、《水经注》、《吕氏春秋》、《论语》、《孟子》等著作中均有记载。孔子曰"食不厌精，脍不厌细"，"鱼馁而肉败不食，色恶不食，臭恶不食，失饪不食，不时不食，割不正不食，不得其酱不食，沽酒市不食"。

北魏农学家贾思勰的《齐民要术》中记载的饮食内容丰富，如胡饼、蒸饼、烧饼、馄饨、馒头等，端午节吃粽子、寒食食用大麦粥等民间随节气流传的特色食品也有所反映。

隋唐时代的太平盛世，饮食文化得到了空前的发展。食物的品种多、烹饪技术高，山珍海味、异肴异馔已毋庸细言。饮食不仅仅是满足食欲的需要，而是与养生保健、治疗疾病相结合，发展了食疗、营养的《食物本草》。

宋金元时期，将五谷杂粮演变为稻、麦两种，其他杂粮作为辅助食品。元代的饮膳太医忽思慧所著的《饮膳正要》是我国医学史上一部著名的营养学专著。

明清时代，我国基本形成了在世界上的饮食领先地位。从《红楼梦》中的饮食可窥见一般，使人们不禁感叹食品之无穷而脾胃受纳之有限。

近代的饮食受西方饮食的影响，我国的饮食文化得到了进一步发展和烹饪技术的科学化。

7.6.1.1 饮食发明

中国许多食品的发明来自民间，如酱油、酒曲、豆腐、豆豉、饴糖、粉丝等。主要发明有：酒和制曲技术；饮茶；豆腐和豆腐制品；盐的制造；狗肉和其他动物肉类烹调；与佛道兴起的食品；酱油和调味品；饼和馒头等主食品种，带馅主食；野菜的发掘；食疗、食补；食品的储存保鲜方法如腌制、糖渍、风干、变性（皮蛋）、酒浸。

7.6.1.2 中国饮食文化的重要著作

《黄帝内经》；《神农本草经》；《齐民要术》，北魏，贾思勰著；《茶经》，唐，陆羽著；

《食疗本草》，唐，孟诜；《千金要方》，唐，孙思邈著；《食经》，南宋，刘休著；《本心斋食谱》，宋，陈达叟著；《茶录》，北宋，蔡襄著；《荔枝谱》，北宋，蔡襄著；《酒经》，北宋，朱翼中著；《菌谱》，南宋，陈仁玉著；《饮膳正要》，元，忽思慧著；《农书》，元，王祯著；《食物本草》《天工开物》，明，宋应星著；《野菜谱》，明，王磐著；《本草纲目》，明，李时珍著；《素食说略》，清，薛宝辰著；《随息居饮食谱》，清，王士雄著；《随园食单》，清，袁枚著；《粥谱》，清，黄云鹄著等。

7.6.2　风味化学

中国美食的要素是色、香、味、形、质、声、器。其中"风味"为第一位，所谓的"南甜北咸、东辣西酸"就是反映了各地不同的风味。

"风味"一词在汉语中泛指一切事物的风格特色。在食品中，风味（flavour）是指口味（taste）和人的嗅觉感受。人的感觉器官所能感知的食品属性以物理风味和化学风味来解释。

所谓的物理风味（physical flavour）是指食品的颜色、形状、温度和进食的声音以及食品的质感。所谓的化学风味（chemical flavour）是指食品的滋味和食品中的小分子挥发物质所引起的嗅觉效应。综合上述两方面，风味是指一定地区的民俗风情、文化背景，用于表述人们对食品的生理感受能力的反映。

风味化学（flavour chemistry）是从理论上研究食物的风味形成和变化规律的一门新兴学科，它是在人们生活水平提高后对饮食的要求日益精美和现代分析仪器发展的基础上，分离和检出食物的成分及限量的科学。

7.6.2.1　风味形成的化学基础

（1）食品的风味识别　人类对食品的风味鉴别是通过物理作用和化学作用相结合的方法，即通过观察食品的颜色、闻食品的味道、品尝食品的味道等方法对食品进行鉴别。

① 看是物理观感：是用人的眼睛识别食品的外观，包括形、色、器等。

② 嗅是化学传感：是食品挥发物作用于鼻嗅觉细胞而产生的特意刺激。

③ 尝是化学传感：是食物与人的舌接触，分子量较大、极性较大、溶于水的成分与味蕾作用而产生的刺激。

（2）风味食品的化学特征　风味食品除地区、历史背景、文化传统、食具及环境外，风味食品的主要风味是食品的呈味物的酸、甜、苦、辣、咸、鲜、涩、淡等均与一定化学结构特征相联系。

① 鲜是表明荤、素菜营养信息的主要特征。由氨基酸、核苷酸等钠盐组成，它们是优良的配合剂，可有效地抑制苦味。

② 酸是食品中释放出 H^+ 的味征。由于质子有隧道效用，水层厚度、分子尺寸、空间位阻均无阻碍出酸的味道。

③ 甜是由静电引力引起的，食物中多醇、多糖、糖等成分的分子间作用力和氢键作用增加了甜感。

④ 苦是相对分子质量大于 150 的盐、胺、生物碱、尿素及内酯等作用于味觉的效果。

⑤ 辣是由于食物中的亲水亲油分子如辣椒素，有扰乱和穿透细胞膜的类脂成分所为。

⑥ 咸是相对分子质量小于 150 的钠盐作用于味觉的效果。

⑦ 涩是能使细胞膜蛋白部分变性的基团如单宁、卤化乙酸等作用于味觉的效果。

⑧ 淡是非极性分子如石蜡、全卤代饱和烃等作用于味觉的效果。

（3）风味形成的化学机制

① 呈味物的协同作用：烹调的化学基础是诸多呈味物协同作用以形成特殊的风味，风味的协同作用取决于各种佐料的配比和加工方式。如全聚德烤鸭佐料精美，制作方法独特，各种呈味物相得益彰；味精与食盐共存，或味精与核苷酸共存时其鲜味大增，可减少味精的用量等。

② 呈味物的特殊作用：各种风味食品往往由一类特征呈味体现。如四川的麻辣、晋菜的酸、湘菜的辣、粤菜的甜等，它们的形成与其地理环境、气候适应及治病防病等有关。

③ 与地方特产相适应：任何风味食品的形成出现与地区的特产密不可分。如粤菜中的蛇、湘菜中的犬、东北的鹿及其他野味等。

（4）风味化学的研究内容　主要是食物的分子结构和性能关系。

① 风味化学的味感：对食物进行定量化研究，考察食物的味征（酸、甜、苦、辣、咸、鲜、涩、淡等）的选择性和灵敏性。

② 风味化学呈味物的结构特征：呈味物是形成风味食品的首要条件，因此就要研究某一类呈味物的结构特征，如它所含有的官能团、母体、尺寸、极性、构象以及在体液中的形态变化特征等。

③ 风味化学形成过程中的各类反应：在形成风味食品的制作过程中，呈味物与呈味物之间、呈味物与其他分子之间（食物中的各种化合物、调料中的化合物等）的化学反应类型，呈味物在体内发生的化学作用状况和作用机制等。

研究风味食品的味感、呈味物的结构特征及形成风味的各类反应是风味化学本身所要解决的问题，也对有关的食品化学、生物化学、医学、药学等学科起到了不可估量的作用。另外，研究风味化学还具有深远的文化意义，可以研究风味形成地区的文化传统、民族传统、地区风俗、人情世故等的深刻背景，可以弘扬民族文化，加强民族团结和交流，开发地区民族优势，扩大旅游项目，从而提高地区的知名度和社会影响力。

7.6.2.2　风味化学的研究趋势

（1）改善风味添加剂的性能　研制出新的风味调料、风味增效剂、风味前驱化合物等以丰富食品的品种，如配制食用的肉类香精。

（2）增加食物的复合风味　烹饪食物时注意原料和调味品的综合利用，或者两种以上调味料的混合使用的结果，以达到增加食欲，刺激消化，提高人体对食物的利用率。如香辣味、麻辣味、酸辣味、怪味等。

（3）改善食物的保健功能　通过对食物风味进行改善，增加食物中的某些营养物质，从而预防某些疾病的发生。

（4）仿制品的合成和制备　根据某些食物的风味和特点通过合成和制备的方法生产出价值高、目前又不易得到的食物，如熊掌、鱼翅、鲍鱼、蟹肉等。

（5）研制、开发新的风味食品　根据人们的饮食要求，研制、开发新的风味食品，以适应社会的发展。如研制适合宇航员的营养合成食品，并具有自然食品的味道；研制营养均衡的风味独特强化食品，使其更加符合人体的营养需要，尤其是婴幼儿和老年人的需要。

7.6.3　佳肴名点及地方菜的特点

我国幅员辽阔，地域广大，地处寒、温、热三带，生长着各种原产植物和特产植物，加上广阔的海域、湖泊及高山险要，生产出了"山珍海味"的特产动物，构成了丰富多彩的世界一流的饮食文化。如原产我国的食物有紫米和黑米、糯米、山药、芋头、小米、大豆、红小豆、绿豆、豌豆；白菜、荠菜、莴笋、萝卜、姜、黄花菜、韭菜、葱、蒜（大蒜是从西域传来，小蒜原产我国）、竹笋、苋菜、莲藕、香椿、茼蒿、银耳和黑木耳、发菜、竹荪（"菌中皇后"、"山珍之王"）、百合；苦瓜、丝瓜、甜瓜、荸荠、菱角、石榴、梨、栗子、金橘、山楂、荔枝、樱桃、白果、柿子、榧子、榛子、梅子、枣、杏、李子、桃子、杨梅、橄榄、花生；鲫鱼、银鱼、大马哈鱼、鲟鱼、河豚、刀鱼、蟹、泥鳅、贻贝、鳖和龟、海参、海带、紫菜、田螺；各种禽肉、燕窝等。

7.6.3.1　腌制品

（1）腐乳的制作方法　把豆腐切成适量的块状于竹筐中，然后盖以稻草，置于 32℃ 密封的暖箱中数日，豆腐块的表面则长满绒毛（在发酵过程中，绒毛就是腐乳毛霉，从稻草上"传染"至豆腐，此酶属于反应能力特别强的蛋白酶，能使蛋白质水解成多种氨基酸和易消化的蛋白胨，其中谷氨酸等呈鲜味），再置于坛中加料并密封，发酵 2~3 日，尔后在腐乳中加入红曲霉素、盐、花椒、老酒、酱等则得到红腐乳，如绍兴腐乳、湖南益阳的金花腐乳、北京腐乳，桂林腐乳、广东开平的水口腐乳；若发酵稍深时，有 H_2S、氨及其他硫化物释出，则称为臭豆腐，如王致和臭豆腐。

（2）泡菜　泡菜的腌制方法有两种，即浸泡法和蕴藏法。

① 浸泡腌制方法：料菜（如白菜、萝卜等）洗净、切片、风干后浸泡在盛有含食盐 3%~4% 的凉开水的罐中，密封一周后即可得到所需的泡菜。

② 蕴藏腌制方法：料菜（如白菜、萝卜等）洗净、切片、风干后擦盐，置于坛中密封变酸即可得到泡菜。

浸泡法和蕴藏法腌制时必须注意密封，这是因为发酵生成的微生物乳酸菌和乳母菌在 3%~4% 的盐水中易繁殖，并且需要缺氧（因为乳酸菌厌氧）；如果开口通气，乳酸菌不能活动，而嗜氧的乳母菌及霉菌迅速生长，能使菜霉变腐烂。发酵过程中，乳酸菌转化成乳酸，酵母菌一部分转化为乳酸和乙酸，这些酸有利于保护蔬菜中的维生素 C，同时限制了霉菌的活性。发酵过程中还有部分糖转化为醇，醇和酸发生酯化反应形成的酯使泡菜具有风味香。

（3）腌制黄瓜及其他　腌制黄瓜时，需洗净、风干，尔后先用 8% 盐水盐渍 3~5 日，使乳酸菌将糖转化为乳酸，然后在 16% 的盐水中保存。

通过此法可以腌制姜、辣椒、茄子等。其中腌制的关键是密封，可采取泥封、凡士林粘封或水封。

（4）松花蛋（皮蛋）　200 年前我国就发明了制松花蛋的方法。鸭蛋经烧碱、石灰或草木灰等碱性物质腌制 24 小时以上即制得。由于松花蛋剥壳后茶色的凝胶状的蛋白表面常有松针状结晶花纹，因此得名松花蛋。松花蛋中的松花是由于蛋白中的水减少后分解的氨基酸（如酪氨酸）析出而成；蛋黄呈暗绿色的原因是由于有铁的硫化物生成，并伴有硫化氢及氨生成，因此有臭味并且松花蛋显碱性；松花蛋中的蛋白质已分解成小分子，人体食用后易消化，但是维生素 A、维生素 B_1、维生素 B_2 较原蛋中减少 1/3 左右，氨基酸亦减少。由于松花蛋呈碱性，食用时应该加醋并加少量姜末，并且不宜多吃，以免影响人体的酸碱平衡，导致美尼埃病。

（5）平湖糟蛋　将鸭蛋放入盛有糯米酒糟中糟渍而成。蛋壳完全或部分脱落，只有壳膜包裹着蛋，像是软壳蛋似的，质嫩、芬芳，味鲜可口。

7.6.3.2　地方菜的特点

地方菜是各个地区具有不同特色的民间菜（以区别宫廷菜、官府菜、寺院菜），是构成中国菜的主体。地方菜主要有山东菜（鲁菜）、四川菜（川菜）、湖南菜（湘菜）、广东菜（粤菜）、江苏菜（淮扬菜）、浙江菜（浙菜）、福建菜（闽菜）、安徽菜（徽菜），被称为"八大菜系"。影响较大的是川菜、鲁菜、粤菜、京菜、淮扬菜和湘菜。

（1）鲁菜素有"北方代表菜"之称，遍布华北及东北。有济南菜和胶东菜之分。济南菜以爆、烤、炒、炸见长，菜品以清、鲜、脆、嫩著称，讲究使用清汤和高汤，名菜有"糖醋黄河鲤鱼"、"奶油蒲菜"、"九转大肠"等；胶东菜则以爆、炸、熘、扒、蒸擅长，口味以鲜为主，并且偏于清淡，讲究保持主料的鲜味，名菜有"油爆海螺"、"炸蛎黄"、"干蒸加级鱼"等。

（2）川菜的特点是加工细致、调味多变、有"百菜百味"之说。川菜的口味有咸、甜、酸、辣、麻、苦、香七味之多。其中麻为其他地方所少有。名菜有"毛肚火锅"、"麻婆豆腐"、"回锅肉"、"鱼香肉丝"、"烤酥方"、"烧牛头"、"宫保鸡"、"樟茶鸭"等。

（3）京菜（唐家菜）由本地菜与鲁菜、宫廷菜融汇发展而来。以爆、烤、涮、熘、炒、扒等见长，菜肴质地讲究酥、脆、鲜、嫩，名菜有"北京烤鸭"、"涮羊肉"、"烤肉"等。

（4）粤菜品种繁多，有"食在广州"之美名。广东菜取料极为广泛，"不问鸟兽虫蛇，无不食之"。广州菜配料较多，注重"装潢"、讲究鲜、嫩、爽、滑，以小炒见长。潮州菜以烹制海鲜擅长，尤以汤菜最有特色，加工精巧、口味清纯，注重保持主料原味。东江菜则下油重、味偏咸、主料突出、朴实大方。粤菜的名菜有"爆狸烩三蛇"（俗称"龙虎斗"）、"片皮乳猪"、"红烧鱿鱼"、"潮州冻肉"、"炸脆皮鸡"、"大良炒鲜奶"等。

（5）淮扬菜是江苏淮阴菜和扬州菜的总称。而以扬州菜为代表，它的特点是选料严格，主料突出，刀工精细，讲究火候，口味清淡，甜咸适中，以炖、焖为主，善用原汁浓汤调味。著名的菜有"清炖鱼翅"、"清蒸狮子头"、"沙锅菜核"、"炸脆鳝"、"荷包鲫鱼"、"炝虎尾"、"翡翠烧卖"、"三丁包子"等。

（6）湘菜用料广泛，切配精细，烹制讲究，品种繁多，其特点是油重色浓，主味突出，尤重酸辣、鲜香、软嫩，具有浓厚的湖南乡土风味。著名的菜有"麻辣子鸡"、"鸭掌汤泡肚"、"腊味合蒸"、"花菇无黄蛋"、"冰糖莲子"等。

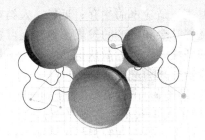

第8章
饮品化学与健康

饮品（drinks）是指为饮用使用或制作的任何液体，主要包括水、奶及奶制品、豆制品、酒、茶及软饮料等。

8.1 水

人类很早就开始对水产生了认识，东西方古代朴素的物质观中都把水视为一种基本的组成元素，五行之一；西方古代的四元素说中也有水。

水在地球上分布广泛，它存在于大气和地壳中，是动植物生命体的重要组成部分。水是人类维系生命的营养素。成人体重50%～70%是水分。脂肪组织中含水量仅占10%左右，故女子体内的含水量少于男子。机体总水量的50%是细胞内液，50%是细胞外液。细胞外液包括细胞间液和血浆。各部分体液的渗透压基本相同，其中水和晶体成分可透过细胞膜或毛细血管壁进行交流，但各自总量维持相对稳定，保持动态平衡。由此可知水是生命之源。

8.1.1 水与生命

8.1.1.1 自然界原始生命起源于水

原始大气中的水蒸气及甲烷、氨、氢、氮、二氧化碳等在宇宙射线、紫外线、闪电等高能作用下形成一系列有机化合物，这些有机化合物经雨水作用，经地表径流、汇入原始海洋，使海洋既汇聚了大量的无机盐，又具有形形色色的有机化合物，如核苷酸、有机酸等，经过长期的缩合作用或聚合作用的化学进化过程，从有机水分子合成有机大分子，逐渐显示原始生命现象。再经过不断进化、进行原始的新陈代谢作用和繁殖作用，则进化和演变成了原始生命。从非细胞形态的生命不断演化，发展为细胞形态的生命，再由单细胞生物逐渐演化成多细胞生物，直至发展成为种类繁多的动植物。水是生命起源的基础条件。水在生命演化中起到了重要的作用。

8.1.1.2 生命过程中水的作用

生命过程中任何生物体都离不开水，其中大部分是由水组成的。据测定，蔬菜、水果里大约有90%的水，鱼类体中含水量可达80%，人体中的水量占体重平均值的50%。水在生物体内起到新陈代谢的介质作用，它能够将生物体的营养过程和新陈代谢过程联系起来，从而维持生物体内物质和能量的转化过程。

水能调节气候。大气中的水汽能拦阻地球辐射量的60%，保护地球不致冷却。海洋和陆地水体在夏季能吸收和积累热量，使气温不致过高，在冬季能缓慢地释放热量，使气温不致过低。水侵蚀岩石土壤，冲淤河道，搬运泥沙，营造平原，改变地表形态。水使地球产生生命，它是一切有机体的主要组成部分，全球动植物和 40 亿人体内含有约 11200 亿吨水。人类社会依赖水而生存发展。古代，人类对水取利避害，适应水而生存；近代，人类对水兴利除害，兴建工程，开发水利，控制水害；现代，随着社会和生产的发展，地球上可资利用的水日趋短缺，水体受到污染，严重影响人类生存的环境，人类逐渐认识到水是一种重要的资源和环境因素，从而在更高的水平上开始对水开展新的兴利避害活动。

世界气象组织 1996 年初指出，缺水是全世界城市面临的首要问题，估计到 2050 年，世界 2/3 以上的人口将生活在城市，而全球有 46% 的城市人口缺水，必须平衡社会经济发展和城市淡水供应管理二者之间的关系，进行水资源的储存、输送和管理的大规模工程建设。

8.1.2 水的化学组成、性质及生理功能

8.1.2.1 水的化学组成及性质

水是由氢、氧两种元素组成的无机物，化学分子式为 H_2O。在常温常压下为无色无味的透明液体。水在某种条件下会分解成 H^+ 和 OH^-，这些离子又能和溶解在水中的物质发生水解作用。

8.1.2.2 水的生理功能

水能影响机体各种生化反应，也是体内进行生化反应的良好场所。人如果不摄入某一种营养物质、维生素或矿物质，也许还能继续活几周或带病活上若干年，但人如果没有水，却只能活几天。

(1) 人的各种生理活动都需要水　各种营养物质先溶解于水中，才能运送到身体的各个组织器官中的细胞中，水的溶解作用和运输作用是人体进行新陈代谢的动力。脂肪和蛋白质等要成为悬浮于水中的胶体状态才能被吸收；水在血管、细胞之间川流不息，把氧气和营养物质运送到组织细胞，再把代谢废物排出体外，总之人的各种代谢和生理活动都离不开水。大面积烧伤以及发生剧烈呕吐和腹泻等症状，体内水分大量流失时，都需要及时补充液体，以防止严重脱水，加重病情。

(2) 水具有调节体温的功能　水的比热大，当外界温度增高，体内生热过多时，人就靠出汗，使水分蒸发带走一部分热量，来降低体温；而在天冷时，由于水贮备热量的潜力很大，人体不致因外界温度低而使体温发生明显的波动。

(3) 水是体内的润滑剂　体内一些关节囊液、浆膜液可使器官之间免于摩擦受损，且能转动灵活。眼泪、唾液也都是相应器官的润滑剂。

(4) 水是世界上最廉价、最有治疗力量的奇药　矿泉水和电解质水的保健和防病作用是众所周知的。主要是因为水中含有对人体有益的成分。当感冒、发热时，多喝开水能帮助发汗、退热、冲淡血液里细菌所产生的毒素；同时，小便增多，有利于加速毒素的排出。

(5) 水能滋润皮肤、美容　皮肤缺水，就会变得干燥失去弹性，显得面容苍老。睡前饮一杯水有利于美容，当人睡着后，那杯水就能渗透到每个细胞里。细胞吸收水分后，皮肤就更娇柔细嫩。所以这杯水的美容功效非常大。入浴前喝一杯水常葆肌肤青春活力。沐浴时的汗量为平常的两倍，体内的新陈代谢加速，喝了水，可使全身每一个细胞都能吸收到水分，创造出光润细柔的肌肤。

8.1.2.3 人日常饮水量

水是身体构造不可缺少的材料。通常人体每日需补充水分 2500mL，其中 1000mL 来源

于每日摄取的食物，来源于饮水或饮料约 1200mL，荤素搭配膳食的人，每日体内生物氧化所产生的代谢水约 300mL。

对老人和儿童来说，自来水煮沸后饮用是最利于健康的，目前市场上出售的净水器，净化后会降低水中的矿物质，长期饮用效果并不如天然水源。

8.1.3 天然水和自来水、矿泉水和纯净水

8.1.3.1 天然水

天然水体（包括大气水、地表水和地下水）是地面上的水不断蒸发升空，又凝聚成雨雪返回大地，滋润万物，侵蚀岩石，汇集成江、河、湖泊，流入大海。在循环过程中，各种物质主要通过降雨、下雪把溶解于空气中的无机离子、有机可溶物带入江、河、湖、海；随着流动着的地表水和地下水对土壤和岩石一些易溶盐类溶解，从而使天然水体含有大量的无机盐如碱金属和碱土金属的硝酸盐、碳酸盐、氯化物等；地表水和地下水在流经岩石和渗浸土壤时，可能将水体中的碱金属离子、碱土金属离子与岩石及土壤中的其他离子交换位置，使其他离子进入水体。在各种天然水体中，含量较多的 8 种离子为氯离子（Cl^-）、硫酸根离子（SO_4^{2-}）、碳酸氢根离子（HCO_3^-）、碳酸根离子（CO_3^{2-}）、钙离子（Ca^{2+}）、钠离子（Na^+）、镁离子（Mg^{2+}）和钾离子（K^+），占水中各种离子总量的 95%～99%。天然水中微量元素的种类及含量与该地区的地质、地貌、气候、土壤和水文等影响因素有关。

海水中生长着大约 20 多万种生物，但海水中含有大量的化学元素，海水的盐度（1kg 水中所能溶解的固体物质的总量）平均高达 3.5%，盐度如此之高，海水咸、苦（可溶性无机盐的缘故），因此人不能在海水中生存，海水也不能直接饮用和灌溉农田及工业生产。但占地表总水量 97.2% 的海水是丰富的水资源。

河水、江水、湖泊及浅层地下水是人类较易开发和利用的淡水资源。在此类水中，化学元素的种类和含量与气候、水流经过的土壤等有关，各种元素的存在形态有简单离子、水解产物、胶体、有机化合物等。若水的硬度（硬水是指含有较多的 Ca^{2+}、Mg^{2+} 的水，1L 水中含有 Ca^{2+} 的总量 1mmol，称硬度为 1°）较大，则不适合于饮用，若常饮用硬水，会增加尿结石症的患病率；硬水不适合洗涤衣物，因为肥皂等的硬脂酸与 Ca^{2+}、Mg^{2+} 生成难溶于水的硬脂酸钙或硬脂酸镁，有黏着性，会在衣物上形成斑污且浪费肥皂；硬水也不适合于工业使用。

8.1.3.2 自来水

自来水（城镇生活用水）是指通过自来水处理厂净化、消毒后生产出来的符合国家饮用水标准的供人们生活、生产使用的水。它主要通过水厂的取水泵站汲取江、河、湖泊及地下水、地表水，由自来水厂按照《生活饮用水卫生标准》（GB 5749—2006）的要求，经过沉淀、凝聚、过滤、杀菌、消毒等工艺流程的处理，最后通过配水泵站输送到千家万户。

自来水消毒采用氯化法。此法具有生产技术和设备较完善，消毒效果好，费用较低，几乎没有有害物质等优点。氯气易溶于水，与水结合生成次氯酸（HClO）和盐酸，在整个消毒过程中起主要作用的是次氯酸。对产生臭味的无机物来说，它能将其彻底氧化消毒，对于有生命的天然物质如水藻、细菌而言，它能穿透细胞壁，氧化其酶系统（酶为生物催化剂），使其失去活性，使细菌的生命活动受到障碍而死亡。次氯酸本身呈中性，容易接近细菌体而显示出良好的灭菌效果，次氯酸根离子也具有一定的消毒作用，但它带负电荷而难于接近细菌体（细菌体带负电荷），因而较之次氯酸，其灭菌效果要差得多，所以氯气消毒效果要比采用漂白粉消毒更佳。

消毒剂除氯气外，还有二氧化氯、臭氧（O_3），采用代用消毒剂可降低有害物质的生成量，同时提高处理效率。

目前，世界上安全的自来水消毒方法是臭氧消毒，不过这种方法的处理费用太昂贵，而且经过臭氧处理过的水，它的保留时间是有限的，至于能保留多长时间，目前还没有一个确切的概念。所以目前只有少数的发达国家才使用这种处理方法。

8.1.3.3 矿泉水

泉水一般为地下水，由于流经的地层不同，其组分含量也不同。

饮用天然矿泉水指来自地壳深处的天然露出或经人工开采适于饮用的水，其特点是含盐量低（8g/L以下）、富含微量元素、溶有二氧化碳。矿泉水通常含有极丰富的人体所需的微量元素，然而矿泉水的主要医疗功能取决于六种离子：Mn^{2+}、Ca^{2+}、Mg^{2+}、Cl^-、SO_4^{2-}、HCO_3^-，几乎所有的矿泉水都是这六种离子不同含量的组合。

国家标准中规定的九项界限指标包括锂、锶、锌、硒、溴化物、碘化物、偏硅酸、游离二氧化碳和溶解性总固体，矿泉水中必须有一项或一项以上达到界限指标的要求，其要求含量分别为（单位：mg/L）：锂、锶、锌、碘化物均≥0.2，硒≥0.01，溴化物≥1.0，偏硅酸≥25，游离二氧化碳≥250和溶解性总固体≥1000。市场上大部分矿泉水属于锶（Sr）型和偏硅酸型，同时也有其他矿物质成分的矿泉水。如偏硅酸矿泉水、锶矿泉水、锌矿泉水、锂矿泉水、硒矿泉水、溴矿泉水、碘矿泉水、碳酸矿泉水、盐类矿泉水。

以中国天然矿泉水含量达标较多的偏硅酸、锂、锶为例，这些元素具有与钙、镁相似的生物学作用，能促进骨骼和牙齿的生长发育，有利于骨骼钙化，防治骨质疏松；还能预防高血压，保护心脏，降低心脑血管的患病率和死亡率。因此，偏硅酸的含量高低，是世界各国评价矿泉水质量最常用、最重要的界限指标之一。矿泉水中的锂和溴能调节中枢神经系统活动，具有安定情绪和镇静作用。长期饮用矿泉水还能补充膳食中钙、镁、锌、硒、碘等营养素的不足，对于增强机体免疫功能，延缓衰老，预防肿瘤，防治高血压，痛风与风湿性疾病也有着良好的作用。此外，绝大多数矿泉水属微碱性，适合于人体内环境的生理特点，有利于维持正常的渗透压和酸碱平衡，促进新陈代谢，加速疲劳恢复。

矿泉水中丰富的矿物质和微量元素并非多多益善，也不是人体全部需要，长期饮用，过量积累，未必是对身体有益的好事。

8.1.3.4 纯净水

（1）纯净水（简称净水或纯水） 是纯洁、干净、不含有杂质或细菌的水。纯净水是以符合生活饮用水卫生标准的水为原水，通过电渗析器法、离子交换器法、反渗透法、蒸馏法及其他适当的加工方法制得而成的，密封于容器内，且不含任何添加物，无色透明，可直接饮用。市场上出售的太空水、蒸馏水均属纯净水。纯水器的出水水质卫生要求应符合中华人民共和国卫生部1998年颁布《反渗透饮水处理装置卫生安全与功能评价规定》中的要求。

（2）纯净水的危害 纯净水又称"穷水"，因为纯净水不但不含有任何微量元素，而且它把水中所有滋养人体的生命离子也去掉了，这种水，越喝体液越酸。健康人的体液pH值为7.35~7.45，当一个人pH值降到7.3以下时，就是典型的亚健康；如果pH值降到中性7.0，已经是一个重大疾病患者，降到6.8~6.9就成为植物人，降到6.8以下，生命就不能存在。所以，饮用纯净水越多体液越酸。体液越酸细胞自我修复和基因的复制就越差，自我修复就越慢，免疫机制急剧下降。

8.1.3.5　健康水的标准

（1）不含有害人体健康的物理性、化学性和生物性污染；

（2）含有适量的有益于人体健康，并呈离子状态的矿物质（钾、镁、钙等含量为100mg/L）；

（3）水的分子团小，溶解力和渗透力强；

（4）应呈现弱碱性（pH值为8～9）；

（5）水中含有溶解氧（6mg/L左右），含有碳酸根离子；

（6）可以迅速、有效地清除体内的酸性代谢产物和各种有害物质；

（7）水的硬度适中，介于50～200mg/L之间（以碳酸钙计）。

到目前为止，只有弱碱性高能量活化水能够完全符合以上标准。因此它不仅适合健康人长期饮用，而且也由于它具有明显的调节肠胃功能、调节血脂、抗氧化、抗疲劳和美容作用，也非常适合胃肠病、糖尿病、高血压、冠心病、肾病、肥胖、便秘和过敏性疾病等体质酸化患者辅助治疗。

8.1.3.6　不能饮用的水

（1）生水　含有各种各样的对人体有害的细菌、病毒和人畜共患的寄生虫。若喝了生水，很容易引起急性胃肠炎、病毒性肝炎、伤寒、痢疾和寄生虫感染，特别是现在很多河流、水库、塘坝、井水等都不同程度地遭受到工厂废液、生活废水、农药残余等的污染，若喝了这种被污染的水的话，会更容易引起各种疾病。

（2）老化水　又叫"死水"，也就是长时间贮存不动的水。若常饮用此种水，对未成年人来说，会使细胞新陈代谢明显减慢，影响身体生长发育；中老年人则会加速衰老；许多地方癌症（食道癌、胃癌）发病率日益增高，经医学家研究发现，可能与长期饮用老化水有关。有关资料表明，老化水中的有毒物质，也随着贮存时间的增加而增加。

（3）千滚水　是指在炉上沸腾了一夜或更长时间的水，还有电加热热水器反复煮沸的水。这种水因煮时间过长，水中不挥发性物质如钙、镁等离子和亚硝酸盐含量高。久饮这种水，会干扰人的胃肠功能，出现暂时的腹泻、腹胀，有毒的亚硝酸盐还会造成机体缺氧，严重者会昏迷惊厥，甚至死亡。

（4）蒸锅水　是蒸馒头等的水的剩锅水，经过多次反复使用的蒸锅水，亚硝酸盐浓度很高，常饮用此水或用这种水煮稀饭，会引起亚硝酸盐中毒；水垢会同水一起进入人体，还会引起消化、神经、泌尿和造血系统病变，甚至引起早衰。

（5）不开的水　人们饮用的自来水，都是经过氯化消毒灭菌处理的。氯处理过的水中可分离出13种有害物质，其中卤代烃、氯仿能致癌、致畸。专家指出，饮用未煮沸的水患膀胱癌、直肠癌的可能性会增加21%～38%。若水煮沸到100℃后，有毒物质会大大减少。

（6）重新煮开的水　有人习惯把热水瓶中的温开水重新烧开饮用，目的是节水、节能源，但是，重新烧开的水会增加亚硝酸盐的含量，常饮用此水，亚硝酸盐会在体内积聚而引起中毒。

8.1.4　水污染

水是大自然赐予人类的宝贵财富，但不是取之不尽、用之不竭的财富。随着人口的激增和工农业的快速发展，水的用量也大量增加。水污染（water pollution）包括水体自然污染和人为污染。自然污染（natural pollution）是由于自然原因造成的，如特殊地质条件使某种化学元素大量富集，天然植物腐烂产生毒物或降雨淋洗大气和地面后夹带各种物质流入水体。人为污染（man-made pollution）是人类生活和生产活动中给水源带进了许多污染物，如城镇生活污水和垃圾、农药的使用、化肥的大量使用等。

8.1.4.1 水污染的途径

外来的其他物质在水中的含量超过水体本身的自净能力，使水达不到洁净水的标准，水就被污染了。对水造成污染的污染源有地质原因造成的污染源、生活污染源、工业污染源和农业污染源。水被污染的途径有四条。

（1）地质背景 地质造成的地球化学污染，使水增加许多有毒物质与有害元素，如铅、镉、汞、砷、氟、铁、锰、铬、铜等。

（2）生活污染 造成污染的主要原因是未经处理的生活垃圾，人、畜、禽、鼠等的粪便与尸体，肠道病菌、病毒、支原体、螺旋体与原虫等进入水源，如消毒不力，便会引起痢疾、肝炎、伤寒、肠炎等多种疾病。

（3）工业污染 石油工业、化学工业、造纸工业等工业废水、废气、废渣对地下水和水源的污染。

（4）农业污染 农业生产中使用农药、化肥、杀虫剂、杀菌剂等进入地下水，使人、畜中毒，甚至致癌、促癌、助癌和致致突作用。

8.1.4.2 水污染的类型

随着工业的发展，城市的高度集中，矿产的滥采滥挖，使污染物质大量进入天然水体中；化学工业快速发展，人工合成的物质越来越多，新产品的不断涌现，使水中的污染物更加复杂化。水污染主要包括以下类型。

（1）微生物污染 生活污水、医院污物、垃圾随地表水进入河、湖、塘、海，污染了水体。它们带来了大量的病原微生物，人、畜喝了污染的水便会生病。

（2）有机污染 有机物在水中是微生物的营养来源。有机物在生化作用时分解，消耗水中的氧，严重影响水中的水生生物，尤其是鱼类。

（3）富营养化 生活中的有机物、洗涤剂、农药、化肥和工业垃圾、废水中含有许多氮、磷及有机碳等植物所需的营养物质，它的存在促进水生植物的大量繁殖，是海洋形成"赤潮"的根源。

（4）恶臭 金属冶炼、石油化工、塑料、橡胶、造纸、制药、农药、化肥、颜料、皮革、油脂及鱼肠兽骨的加工，产生的恶臭，会污染环境和大气。

（5）酸碱污染 主要来自于造纸、化纤、制革、采矿、炼油等工业的废水，给生活用水带来了污染，杀死鱼类和水生生物，抑制水中微生物，使水失去自净能力；空气环境污染，使天然降水产生酸雨或酸雾，损害植物的生长，使土壤酸化板结。

（6）水的硬度 生活垃圾、污水、土壤中的有机质生化分解，产生二氧化碳，导致水中钙离子浓度升高，水质硬度增大，从而影响人类的身体健康。

（7）污染毒物 非金属的无机毒物，如氰、硫等离子，重金属和金属无机毒物如汞、铬、铅、镉等离子，易分解的有机毒物如挥发性的酚、醛、苯等烃类化合物，难分解的有机毒物如多氯联苯、多环芳烃、芳香胺等烃类化合物，易污染水，并且通过食物链使人中毒。

（8）油的污染 冲洗油件、工业排污、海洋油矿开采等的油能够污染水，严重影响鱼类的生产和水的生态环境。

（9）热的污染 冶金、化工、机械、电力等排出的热，会导致水体的化学、生化变化，使水温升高，从而减少了水中的含氧量，加速水的富营养化。

（10）放射性污染　天然放射性核素、核武器试验、核工业和其他工业废水、废气、废渣等废弃物都会污染水体，使人类产生放射性疾病和白血病及恶性肿瘤。

8.1.4.3　水污染的主要危害

（1）危害人的健康　水污染后，通过饮水或食物链，污染物进入人体，使人急性或慢性中毒。砷、铬、胺类、苯并 [a] 芘等，还可诱发癌症。被寄生虫、病毒或其他致病菌污染的水，会引起多种传染病和寄生虫病。重金属污染的水，对人的健康均有危害。被镉污染的水、食物，人饮食后，会造成肾、骨骼病变，摄入硫酸镉 20mg，就会造成死亡。铅造成的中毒，引起贫血，神经错乱。六价铬有很大毒性，可引起皮肤溃疡，还有致癌作用。饮用含砷的水，会发生急性或慢性中毒。砷使许多酶受到抑制或失去活性，造成机体代谢障碍，皮肤角质化，引发皮肤癌。有机磷农药会造成神经中毒，有机氯农药会在脂肪中蓄积，对人和动物的内分泌、免疫功能、生殖机能均造成危害。稠环芳烃多数具有致癌作用。氰化物也是剧毒物质，进入血液后，与细胞的色素氧化酶结合，使呼吸中断，造成呼吸衰竭窒息死亡。更为严重的是，现在水污染在很大程度上已经影响到了人类性激素的分泌，从而一定程度上影响到了人类的繁殖能力；还有人指出水污染会造成自然流产或是先天残疾。总之，水污染危害人体健康是多方面的。

（2）危害工农业的生产与质量　水质污染后，工业用水必须投入更多的处理费用，造成资源、能源的浪费。食品工业用水要求更为严格，水质不合格，会使生产停顿。这也是工业企业效益不高、质量不好的因素。农业使用污水，使作物减产，品质降低，甚至使人畜受害，大片农田遭受污染，降低土壤质量。海洋污染的后果也十分严重，如石油污染，造成海鸟和海洋生物死亡。研究表明，在一些污水灌溉区生长的蔬菜或粮食作物中，可以检出痕量有机物，包括有毒有害的农药等，它们必将危及消费者的健康。

（3）危害渔业的生产与质量　水污染对淡水养殖会造成鱼类大面积死亡，很多天然水体中的鱼类和水生生物正濒临灭绝或已经灭绝。水污染使海水养殖也受到了极大威胁。水污染除了造成鱼类死亡影响产量外，还会使鱼类和水生生物发生变异。有害物质在鱼类和水生生物体内蓄积，使它们的食用价值大大降低，而食用这些鱼类也会使人类健康受到威胁。

作为社会经济支柱的工业生产，需要水作为原料或洗涤产品和直接参加产品的加工过程，水的污染将直接影响产品的质量。工业冷却水的用量最大，水质恶化会造成冷却水循环系统的堵塞、腐蚀和结垢问题，水硬度的增高会影响锅炉的寿命和安全。说明水的污染在一定程度上影响了工业的产出，而水污染不论是对于人类健康的影响，还是对于农业、渔业和其他副业的影响，都在很大程度上影响了经济的发展。

8.1.5　净水处理

水源不仅严重地威胁着人类的生存。我国的长江、黄河、淮河等河流、塘坝也在日日受到污染的威胁，"母亲河"在哭泣，生命之泉在呻吟。污水的处理方法有物理方法、生物方法和化学方法，这里简单介绍化学治污方法。

（1）中和法　对酸性废水或碱性废水的处理采用中和的方法。处理酸性废水的碱性物质有碳酸钙、碳酸镁、氧化钙及氧化镁。对碱性废渣可采用烧碱、苏打、氨水等处理，也可使用废弃的无机酸、酸性废气、酸性废水等进行处理。

（2）氧化还原法　氧化还原多采用空气氧化法、臭氧氧化法和氯氧化法。其中臭氧是理想的氧化剂，其优点是能够分解一般氧化剂难以破坏的有机物，反应完全，不产生二次污染和异味。氯氧化法主要用于自来水消毒，也用于废水中酚、醛、油类、氰化物、硫化物等的氧化分解。

还原法主要用于处理废水中的铬和汞等重金属离子。电解的方法是将废水中的重金属离子通过电流使其发生氧化还原反应变成固体等处理掉，从而获得洁净的水。

（3）化学沉淀法　对于废水中的重金属离子，可采用投入化学沉淀剂的方法，使污染物生成难溶固体或污染物胶体的电性中和，使其发生凝聚作用。

（4）离子交换法　离子交换法处理污水时，水中的电解质离子与离子交换剂充分接触并且能够等量交换，从而达到分离水中的电解质离子的目的。常用的天然沸石（是由铝、氧、硅原子形成的一种带负电荷的大分子结构，带正电的钠离子松弛地保持在晶格内的空隙中）可以与污水中带正电的电解质离子进行交换反应。强酸性强阳离子交换树脂磺化煤，其制备方法是用发烟硫酸处理煤或无烟煤。交换原理是将活性基团磺酸基引入煤的骨架上，可以与污水中带正电的电解质离子进行交换反应。有机合成树脂是人工合成的有机高分子电解质树脂。每种离子交换树脂可以含有一种或几种活性基团，如磺酸基、次甲基磺酸基、磷酸基、羧酸基等，用于交换各种阳离子，称为阳离子交换树脂；含有季氨基、叔氨基、仲氨基和伯氨基等活性基团的树脂称为阴离子交换树脂，用于交换各种阴离子。离子交换法具有安全、简便、无二次污染等优点，而且离子交换树脂可以再生，反复使用，符合可持续发展和清洁生产的要求。

8.1.6　水源和地方病

各类天然水源为人类的生命活动提供了必不可少的微量元素，若某一地区的水和土壤中的某些元素（或化合物）含量过多或过少或比例失常，可能出现某种疾病，由此而导致的疾病为地方病。常见的地方病有如下几种。

（1）水与甲状腺肿大病　据考察研究表明，甲状腺肿大病比较多的地区，水和土壤中严重缺碘，特别是在大山区、第四代冰川剥蚀区、古河床区和洪水泛滥区，由于碘的流失，致使地表水中碘含量降低，居住在该地区的居民因而易患甲状腺肿大病。

（2）水与牙齿斑黄　牙齿的珐琅质是一种羟基磷灰石，F^-可以置换羟基的位置，形成更坚硬的珐琅质氟磷灰石：

$$Ca(PO_4)_6(OH)_2 + 2F^- = Ca(PO_4)_6F_2 + 2OH^-$$

若饮用水中氟化物含量过高，对人体有害，特别是对发育期的青少年危害更大，能使牙齿出现黑褐色斑点，影响体内钙的新陈代谢，造成肾功能衰竭，甲状腺功能紊乱。

（3）水与克山病　克山病是一种心肌病变的地方病，死亡率高达85%。经过对患者进行大面积调查证明，在克山病流行地区，饮用水中硒、镁的含量均低于正常值。

（4）水与"伽师病"　新疆伽师地区流行一种人畜共患的地方病，即"伽师病"（主要表现为肝大、早衰、低血钾、低血压、低血糖等症）。考察表明此病是由于该地区饮用水中Mg^{2+}、SO_4^{2-}含量过高而造成生物体电解质紊乱、蛋白质和微量元素吸收减少所引起的。

8.2　奶及乳制品

8.2.1　鲜奶组成

鲜奶主要含有乳蛋白、乳脂、乳糖、维生素、生物碱、矿物质（钙、磷、钾、锌等）和酶。

（1）乳蛋白质　鲜奶中的含量为3%～3.7%，乳蛋白质中主要成分为酪蛋白、乳清蛋白和少量的脂肪球膜蛋白。酪蛋白占牛奶总蛋白的82%，其质地好，含有全部所需的氨基酸，而且蛋白质供给的热量非常平衡。乳清蛋白占总蛋白质不到 18％，乳清蛋白中免疫球蛋白有助于新生儿的免疫。奶呈白色是由于酪蛋白与钙结合形成钙盐与脂肪形成微球悬浮体，微量油溶性叶红素与水溶性黄色素则使原汁牛奶中白中透黄。

（2）乳脂　主要分为乳脂肪和类脂，是乳的重要组成部分。类脂不溶于水，而溶于乙醚、丙酮等有机溶剂。乳脂肪的化学组成主要是甘油与各种高级脂肪酸形成的复合脂，乳脂肪具有补充消耗了的脂肪和构成脂肪组织的作用，能够供给能量（1g 乳脂肪氧化后能放出 9.3kcal 的热量）和产生大量水分，以补给身体（100g 脂肪在氧化时产生 107.1g 水）。类脂主要为磷脂类和甾醇类。磷脂类有卵磷脂（由甘油、脂肪酸、磷酸及含氮的有机碱所形成的复合脂类）、脑磷脂（乙醇胺脑磷脂、丝氨酸脑磷脂）及神经鞘磷脂。乳脂是高度乳化的，故极易消化和有效利用，是快速能源。乳中的固醇有游离态存在，也与脂肪酸结合成酯。

（3）乳糖　是哺乳动物从乳腺中分泌的一种特有的化合物，是乳的主要成分，在乳中全部以溶液状态存在，牛乳中乳糖含量为 4.5％～5.0％。乳糖在人体小肠中分解为半乳糖和葡萄糖，生成的葡萄糖吸收快，而半乳糖吸收慢并且作小肠内细菌的生长促进剂，有利于肠内合成维生素。乳糖在小肠内容易发生酸性发酵，形成的乳酸有利于钙、磷的吸收和杀菌作用，有助于肠蠕动作用。

（4）乳中维生素　水溶性维生素：乳中维生素 B_1 含量为 0.40～0.50mg/L；维生素 B_2 为 0.90～1.90mg/L；泛酸含量为 2.5～5mg/L；维生素 PP 约为 1.5mg/L；维生素 B_6 为 0.6mg/L；维生素 H 含量为 0.23mg/L。维生素 B_{11} 又称叶酸，牛奶中含量 0.8μg/L；维生素 B_{12} 的含量为 0.002～0.007mg/L；维生素 C 为 10～24mg/L。

脂溶性维生素：牛乳中维生素 A 和胡萝卜素每升含量 118 万国际单位；维生素 D 为 0.07～1.2μg/L；维生素 E 含量为 2μg/L；维生素 K 为 4.9μg/L。

（5）生物碱（alkaloid，亦称植物碱）　是一般指存在于植物内具有碱性的含氮有机化合物，大多数具有氮杂环的结构，有旋光性，并且有明显的生理效应。哺乳动物中也含有生物碱如胆碱等。胆碱是合成乙酰胆碱的原料，乙酰胆碱能促进神经、肌肉的兴奋，并能促进动物生长。缺乏胆碱会引起脂肪运转障碍，产生脂肪肝、变性的肝脏对糖原分解功能及氧化功能降低，甚至引起肾脏及脑组织中磷脂含量下降。乳中胆碱含量为 150mg/L，主要存在于脂肪球、卵磷脂、蛋白质膜中。

肉毒碱：人体内可以自行合成肉毒碱，然而在营养学上人们对它无特殊需要。它的生理功能是将有机酸转移通过生物膜，促进有机酸的利用或者降低某些有机酸在细胞内的潜在毒性。肉毒碱有两种光学异构体，L-肉毒碱有生物活性，它广泛分布在动物性食品中，常常以游离态或酯化的形式存在，而植物性食品中几乎没有。肉毒碱非常稳定，食品中加工过程中几乎不降解。

（6）酶　乳中存在多种酶，其来源有三种：一种是由乳腺细胞内的酶进入乳中；一种是由进入乳中的微生物代谢所产生的酶；再就是由白细胞崩解而产生的酶。乳中的酶按其作用特点分为两类，即水解酶（蛋白酶、脂酶、磷酸酶、乳糖酶、淀粉酶）和氧化还原酶（过氧化氢氧化酶、过氧化物酶、黄嘌呤氧化酶、还原酶）。

（7）矿物质　乳中矿物质含量为 0.35～1.21mg/L。其元素有 Ca、Mg、Na、K、Fe、P、S、Cl、I、Cu、Mn、Si、H、F、As、Br、V、Sr、Zn、Co、Pb、Ba、B、Li、Mo、Sn、Cr 等。

（8）牛乳的香味　其香味主要由低级脂肪酸、丙酮酸、乙醛类、二甲硫醚及其他挥发性物质形成。

（9）乳中柠檬酸　乳中柠檬酸含量为 0.07～0.40mg/L，以盐类状态存在，乳中柠檬酸盐呈离子态、分子态和胶态三种形式。其中最主要以柠檬酸钙盐形式存在，并参与酪蛋白颗粒结构中。柠檬酸和磷酸同乳中的钙、镁可保持乳中盐类平衡的稳定性。

8.2.2　牛乳的药理作用

8.2.2.1　降血糖作用

牛初乳制剂（bovine colostrum，BC）有降血糖的作用。给Ⅱ型糖尿病人服用 BC 后，空腹和餐后 2 小时的血糖（PG）、糖化血红蛋白（HbA）和糖化血浆蛋白（FMN 值和 GPP 值）均较服 BC 前明显降低，血清铬含量明显增加，胰岛素分泌量明显减少。降糖机制可能与牛乳中所含牛乳铬复合体（M-LMCr）有关，M-LMCr 具有促进葡萄糖氧化和葡萄糖转化为脂肪的作用。但实验未能证实血清铬含量与 PG、HbA1 和 FMF 之间的相关性，表明降血糖作用尚有其他机制参与。BC 中还含有丰富的胰岛素样生长因子-I（IGF-I），IGF-I 有胰岛素样作用，并能促进周围组织对糖的利用，也可能与 BC 的降血糖作用有关。

8.2.2.2　降血胆固醇作用

从牛乳中分离出的乳清酸（orotic acid，OA）和胸腺嘧啶（thmpine）能抑制胆固醇生物合成酶，有降血胆固醇的作用。胸腺嘧啶也有相似的作用。

8.2.2.3　抗感染作用

口服高效价免疫牛初乳（hyperimmum bevine colostrum，HBC）能缓解隐孢子虫病人的临床症状，并可使实验动物产生一定的抗隐孢子虫感染的抵抗力。隐孢子虫是人类，尤其是婴幼儿和免疫缺陷患者腹泻的病原体之一。牛初乳免疫球蛋白浓缩物能诱导抗各种肠病原体的被动免疫，如用轮状病毒免疫的牛初乳浓缩物具有抗轮状病毒的作用。

8.2.3　乳制品

8.2.3.1　酸奶

酸奶是由乳经乳酸发酵而得。由于乳酸菌的生长繁殖，使乳中的乳糖分解产生乳酸，使牛奶的 pH 值降低，蛋白质凝固且形成酸味。酸乳制备方法：鲜奶经巴氏灭菌到 40℃ 左右，将制备好的生产发酵剂按 2%～10% 的量加到杀菌冷却的原料乳中，混合后即可发酵。发酵温度控制在 42～45℃，发酵时间为 2～4h，发酵 pH 值为 4.0～4.5。正常的酸奶组织状态应是表面平整光滑、凝乳结实，组织细腻、质地均匀，允许有少量乳清析出，无气泡，呈乳白色或稍带黄色，酸味适当，不得有辛辣味和其他异味。酸牛奶是含有丰富的蛋白质、糖类、矿物质、维生素等营养价值高的优良食品。发酵后的蛋白质易消化，适合儿童和老年人食用，尤其是钙质易被机体吸收，有预防和治疗胃肠疾病的功效。增加酸牛奶的品种，改善风味，可加入其他成分形成风味酸牛奶，如加入橘子汁、草莓汁、柠檬汁、可可粉等。

8.2.3.2　奶粉

奶粉是将原汁奶消毒后在真空下于低温脱水而得的固体物。在干燥过程中维生素 C、B 族维生素损失 10%～30%，这些损失可通过加入维生素强化解决。

8.2.4　豆浆及其制品

豆浆及其制品由大豆制成。因大豆中含有胰蛋白酶酵素阻害剂（阻碍胰蛋白酶分解蛋白质成氨基酸）和凝血素（可使动物的红细胞凝结），它们均须加热除去。

8.3 酒

8.3.1 酒与生活

在人类尚为猿的时候，就已经和酒发生了关系。因为，地球上最早的酒，应是落地野果自然发酵而成的。所以，酒的出现，不是人类的发明，而是天工的造化。

人工酿酒的先决条件，是陶器的制造。否则，便无从酿起。在仰韶文化遗址中，既有陶罐，也有陶杯。由此可以推知，约在六千年前，人工酿酒就开始了。在尧时，酒已流行于社会。"千钟"二字，则标志着这是初级的果酒，与水差近。《史记》记载，仪狄造"旨酒"以献大禹，这是以粮酿酒的发端。自夏之后，经商周，历秦汉，以至于唐宋，皆是以果粮蒸煮，加曲发酵，压榨而后酒出。李时珍在《本草纲目》中又说："烧酒非古法也，自元时始创其法。用浓酒和糟入甑，蒸令气上，用器承取滴露。凡酸坏之酒，皆可蒸烧。近时，惟以糯米或粳米或黍或大麦蒸熟，和曲酿瓮中七日，以甑蒸取。其清如水，味极浓烈，盖酒露也。"这段话的核心之点，是说酿酒的程序，由原来的蒸煮、曲酵、压榨，改为蒸煮、曲酵、蒸馏。所谓突破，其本质就是酒精提纯。这一生产模式，已和现代基本相同了。清代乾隆年间，直隶宣化对酿酒户征收烧锅税，标志着白酒业的兴旺发达。

酒与人们的生活似乎结下了不解之缘，辛苦了适量饮点儿酒，会感到疲劳顿消；遇到亲朋好友，畅饮几杯，增添兴奋情绪；家人团聚，沽酒欢叙，传杯把盏，加深感情；喜庆大典，自然举杯贺宴，"酒逢知己千杯少"是人们的亲身体会。翻开我国历史，酒的诗文不可胜数，但绝大多数离不开"愁"字，借酒浇愁，从酒中得到暂时的慰藉。连叱咤风云的曹操在他的《短歌行》中有"何以解忧，唯有杜康"，痛感人生苦短。唐代诗人李白常常乘酒兴吟诗。孔尚任在《桃花扇》中写道："眼看他起朱楼，眼看他宴宾客。"兴也有酒，亡也有酒，确可谓经盛衰而无废，历百代而作珍。

8.3.2 酒的成分、作用及类型

8.3.2.1 酒的成分、含量及分类

酒的主要成分为乙醇（酒精），酒中还含有其他成分如糖、维生素等。20℃时乙醇体积百分率称为酒的度数（或20℃条件下，每100mL酒液中所含纯酒精的体积）。啤酒的度数是指麦芽汁含糖的度数。

酒饮料分为白酒、果酒、黄酒、露酒和啤酒五类。白酒按乙醇的含量分为烈性酒（70°以上）和低度酒（65℃以下）。各种酒的特色取决于所用的水质和制作工艺。

8.3.2.2 酒的主要作用

酒的主要作用如下：

① 对人体内各组织有局部刺激作用，加速血液循环，有温热感；

② 少量饮酒能减轻疼痛、引起睡眠和镇静作用；

③ 某些中药常常依靠酒作药引，以加强疗效；

④ 酒具有调味及营养作用，赋香和助消化作用；

⑤ 酒具有特殊的心理作用如增进欢乐气氛，造成平和安详的快感（加速血液中兴奋剂，如内啡呔的分泌）。

8.3.3 烈性酒

烈性酒用含糖的食物如谷物（高粱）、薯类等为原料，煮熟后在温度为 24～29℃ 时发

酵，糖酵解为乙醇，压汁后，蒸馏、陈化和勾兑即得。

8.3.3.1　中国名酒

（1）汾酒（清香型）　以山西省的汾酒为代表。由高粱酿制，其制品竹叶青以汾酒为基础，配砂仁、当归、竹叶等 10 种名贵中药材和纯净冰糖泡制而成，颜色清亮透明，气味芳香，入口绵绵，落口甘甜。早在唐朝时期就享有盛名，杜牧的诗文"清明时节雨纷纷，路上行人欲断魂。借问酒家何处有？牧童遥指杏花村"是对汾酒的绝好赞叹。

（2）泸酒（浓香型）　以四川省泸州大曲为代表。其特点浓香馥郁、入口甜、落口绵。四川泸州大曲以传统的"老窖"发酵而得名，素以"千年老窖万年糟"来形容其特色，泸州大曲喝到嘴里，全无辛辣感觉，只觉一股极其强烈的苹果浓香味，有似暖流自喉头直入肺腑，一盏下肚，回肠荡气，香沁肌骨，真是涓滴可爱。

（3）茅台酒（酱香型）　以贵州省茅台酒为代表，其特点是酒度低，刺激性小。茅台酒的基料为高粱、小麦。采用多次加曲、多次摊凉、多次堆积、多次发酵、取酒后精心勾兑、再经 3 年以上贮存陈化。茅台酒具有色清透明，醇香馥郁，入口柔绵、清洌甘爽、余香悠长的特色。国际上常以茅台酒来代表中国酒类水平。

（4）陕西西凤酒（大曲清香）　以高粱为原料，大麦、豌豆做曲，配以陕西凤翔柳林的水，用土窖固态续渣法发酵 14 天，蒸馏后经"酒海"贮存三年以上，精心勾兑而成。它清澈如水晶，香醇似幽兰，甜、酸、苦、辣、香五味俱全，不上头，不干喉。

（5）四川五粮液（大曲浓香）　用高粱、大米、糯米、玉米、荞麦 5 种粮食按一定比例混合，以小麦制成的曲为糖化发酵剂，发酵、蒸馏、陈化制得。其特点是喷香、醇厚、味甜。

（6）四川绵竹剑南春（大曲浓香）　剑南春酒液无色透明，芳香浓郁，醇和甘甜、清洌净爽，余香悠长，并具有独特的"曲酒香味"。

（7）安徽古井贡酒（大曲浓香）　产于安徽亳州。酒液清澈透明如水晶、余香悠长。

（8）江苏洋河大曲（大曲浓香）　酒液透明无色、清澈、醇香浓郁、质厚而醇、回香悠长。

（9）遵义董酒（其他香型）　晶莹透亮，浓香扑鼻，有独特的香气。饮时甘美、清爽，满口香醇。

（10）成都全兴大曲酒（大曲浓香）　酒液无色，清澈透明，醇香浓郁，和顺回甜。

8.3.3.2　外国名酒

（1）威士忌（源出爱尔兰，指"生命之水"）　以黑麦、玉米作原料，发酵芽浆分多步蒸馏，在木桶中陈化 3～4 年，有独特香味，可直接饮用。

（2）伏尔加（俄国）　以马铃薯为主要原料，其淀粉需用酶转化为糖。其特点是酒精含量高且无香味。通常用木炭除去不需要的成分，经冰冻后饮用。

（3）白兰地（法国）　以苹果、草莓、葡萄等为原料，由水果发酵浆蒸馏制得，陈化 2 年以上去涩，与水、咖啡、苏打水配用。

（4）杜松子酒（美国）　以谷物和麦芽混合物为原料，发酵后重蒸得高酒精含量的混合液，并掺以杜属植物的浆果、柠檬或橙皮等香料，可直接饮用或与其他烈性酒配用。

8.3.4　低度酒

用葡萄、大麦、稻米等为原料，经发酵、澄清（不蒸馏）、加工制得的乙醇含量较低的酒。此类酒中含有大量酵素、维生素、微量元素，有明显的抗病毒作用和其他营养作用，主要有葡萄酒及各种果酒、啤酒、甜酒。

8.3.4.1　葡萄酒及果酒

（1）葡萄酒

① 葡萄酒的酿制：新鲜葡萄榨汁，然后通入 SO_2 处理，杀死不需要的野酵母；将酵母菌株培养基加到发酵罐的葡萄汁中，使其糖分转化为酒；加胶或蛋清作为澄清剂并滤去悬浮物质得到新酿的酒，即可饮用，也可以陈化几年，去掉涩味即为成熟后装瓶即可。

② 葡萄酒的分类：可以按色泽、含糖量、酿制方法等进行分类。以色泽分类，有白葡萄酒、红葡萄酒和介于红、白中间的桃红葡萄酒；按含糖量分类，有干型、半干型、半甜型、甜型葡萄酒。也可按酿制方法分类，有天然葡萄酒、加强葡萄酒和加香葡萄酒。

随着人们对葡萄酒的不断认识和健康理念的追求，天然的、低糖、低热量的干型葡萄酒成为人们的时尚。

③ 葡萄酒的主要功效如下。

第一是延缓衰老。人体跟金属一样，在大自然中会逐渐"氧化"。人体氧化的罪魁祸首不是氧气，而是氧自由基，它很容易引起化学反应，损害 DNA、蛋白质和脂质等重要生物分子，进而影响细胞膜的转运过程，使各组织、器官的功能受损，促进机体老化。而红葡萄酒中含有较多的抗氧化剂，如酚化物、鞣酸、黄酮类物质、维生素 C、维生素 E、微量元素硒、锌、锰等，能消除或对抗氧自由基，所以具有抗老防病的作用。

第二是预防心脑血管病。红葡萄酒能使血中的高密度脂蛋白（HDL）升高，而 HDL 的作用是将胆固醇从肝外组织转运到肝脏进行代谢，所以能有效地降低血胆固醇，防治动脉粥样硬化。红葡萄酒中的多酚还能抑制血小板的凝集，防止血栓形成。在饮用 18 个小时之后仍能持续抑制血小板凝集。

第三是预防癌症。葡萄皮中含有极高成分的白藜芦醇，抗癌性能在数百种人类常食的植物中最好。可以防止正常细胞的癌变，并能抑制癌细胞的扩散。

第四是美容养颜作用。自古以来，红葡萄酒作为美容养颜的佳品，备受人们喜爱。有人说，法国女子皮肤细腻、润泽而富于弹性，与经常饮用红葡萄酒有关。除此之外，还有不少人喜欢将红葡萄酒外搽于面部及体表，因为低浓度的果酸有抗皱洁肤的作用。常将陈年红葡萄酒内饮并外用，以此来保养皮肤，使皮肤更加光泽、细腻，富有弹性。

饮用红葡萄酒，按酒精含量12％计算，每天不宜超过 250mL，否则会危害健康。

（2）果酒　除葡萄酒外，其他果类亦可直接发酵酿制成低度酒，一般酒精含量12％～18％。果酒含有丰富的维生素和矿物质，并具有原有果实的芳香和酒的酚香，口味甜美。

（3）葡萄酒、果酒的鉴别

① 优质果酒及葡萄酒应该是清亮、透明，具有光泽，无沉淀物和悬浮物，给人一种清澈的感觉。果酒的色泽要具有该果汁本身特有的色素，如红葡萄酒，要以桃红、琥珀或红宝石色为好；白葡萄酒应该是无色或微带绿色为好；苹果酒应为黄色带绿为好；梨酒则应该以金黄色为佳。

② 各种果酒应该有自身独特的色、香味。如葡萄酒有浓郁醇和而优雅的香气。苹果酒则有苹果香气和陈酒酯香。酒香越丰富，酒的品质越好。

③ 汽酒是一种含有 CO_2 的果酒。好的汽酒泡沫应该均细且嗞嗞作响，酒液散发着水果清香，喝到嘴里可以隐约品出新鲜水果的味道，酸甜适口，清凉爽口，醇厚纯净无味。

（4）国内外名果酒

① 丁香葡萄酒（中国） 用藏红花、丁香为中草药与葡萄鲜汁发酵制得，可滋阴补脾、健胃祛风、舒筋活血、益气安神，适宜妇女饮用。

② 烟台红葡萄酒（中国） 以著名的玫瑰香、玛瑙红、解百纳等优质葡萄为原料，经过压榨、去渣皮、低温发酵、木桶贮存、多年陈酿后，再经过匀兑、下胶、冷冻、过滤、杀菌等工艺处理而成。红葡萄酒，色泽呈宝石红，酒液鲜艳透明，酒香浓郁，口味醇厚，甜酸适中，清鲜爽口，具有解百纳、玫瑰香葡萄特有的香气。酒中含有单宁、有机酸、多种维生素和微量矿物质，是益神延寿的滋补酒。

③ 波尔多葡萄酒（法国） 有红色、白色或玫瑰色的酒，用餐或甜食时饮用。年轻时，最好的波尔多葡萄酒是深宝石红色，带有黑加仑、李子、香料、雪松和黑醋栗的香气。十年后酒的口感更干，紧缩感更强，单宁会掩盖住果香。最后红酒变成石榴红色，发展出格外复杂的香气和口感，单宁圆润。优质波尔多需要 20 年的时间才能达到最高峰；少数顶级波尔多可以在 100 年后饮用。

④ 红葡萄酒（意大利） 用意大利红葡萄制成，食用意大利面或面糊时饮用。如卡皮诺法尼多赤霞珠干红葡萄酒有红宝石色泽，折射出热烈的橙黄色。香味清新而浓郁，散发出香料、欧亚甘草、香草和樱桃的馨香。口感饱满，回味悠长，单宁结构优雅完美。

⑤ 香槟酒（美国） 是一种汽葡萄酒，是开胃酒。香槟"CHAMPAGNE"一词，与快乐、欢笑和高兴同义。因为它是一种庆祝佳节用的酒，具有奢侈、诱惑和浪漫的色彩，也是葡萄酒中之王。在历史上没有任何酒，可媲美香槟的神秘性，它给人一种纵酒高歌的豪放气氛。香槟酒的味道醇美，适合任何时刻饮用，配任何食物都好。制作香槟酒用的红葡萄和白葡萄中含有一种多酚，它能延长人血液中一氧化氮的存留时间，而一氧化氮在血管中可促进血液流动，从而具有降低血压，防止血液凝块形成的作用。

⑥ 苹果酒（法国） 苹果酒当然是以苹果为主要原料，遵循采摘→清洗→选果→二次清洗→破碎→榨汁→氧化→酶解→澄清→发酵→过滤→接种→灌装→二次发酵→成品的工艺流程加工而成。法国诺曼底苹果酒（Cidre），清冽甘甜，回味悠长。

⑦ 树脂酒（希腊） 由希腊葡萄制成，含树脂松香味，适合食用鱼、肉、家禽等菜肉时饮用。

8.3.4.2 啤酒

啤酒是一种主要由大麦为原料制成的、在其泡沫中富含蛋白质和有机酸的发酵饮料（乙醇含量通常为 2%～8%），俗称"液体面包"，营养丰富。

（1）啤酒制备 先使大麦粒发芽后去根粉碎，加入碎末（以增加糖分）煮熟制成麦芽浆，此时麦芽中的酶使淀粉转化为糖；过滤后将所得糖汁与啤酒花共煮，随后用酵母发酵，将澄清后的发酵麦芽汁过滤即可制成啤酒。在糖化过程中，淀粉酶分解淀粉成麦芽糖和糊精，蛋白质分解酶分解高分子蛋白质为可溶性低分子蛋白质，糖被酵解成酒，并含有戊糖、氨基酸、色素、单宁、酯。啤酒的泡沫中富含蛋白质和有机酸，含乙酸 2%～8%。

（2）啤酒的功效 饮少量啤酒能使血管口径变大，血流增加，血管壁松弛。啤酒含有微量元素硒和铬，可促进体内碳水化合物的利用和体内的维生素搭配更好。

（3）啤酒质量鉴别 将啤酒倒入无色透明的杯中，观察啤酒呈浅黄带绿色，不呈暗色，清亮透明，无明显的悬浮物及沉淀物，这是其一观其色；泡沫鉴别，优质啤酒倒入杯中的泡沫应达到 1/2～2/3 杯高，而且泡沫洁白、细腻，持杯持久。优质啤酒应具有显著的玫瑰清香和酒花特有香气，无生酒花味、无老化味。优质啤酒呷一口，含在嘴里，有酒花的爽口苦味和独特风味，其口味纯正、清爽、苦味柔和。黄啤酒酒味清苦、爽口、细腻；黑啤酒味道纯香。而次啤酒泡沫升起高度低、泡沫微黄、较粗、不持久；香气和酒花味不明显；口味平淡，带有苦味、涩味、不成熟的啤酒味。

（4）国内外名啤酒　青岛啤酒（中国）、德国的白啤酒、俄国的格瓦斯、美国的烈性黑啤酒等。

8.3.4.3　甜酒

（1）甜酒的制备　将糯米（黍米）泡软蒸熟成较干而稍硬的饭后，用冷开水冲至冷透且不粘为止，然后加入酒糟（酵母）拌匀，盛于瓦缸中（不要装满，发酵时会膨胀），于中心处挖一小洞，密封置于暖处（29～32℃），24 小时，过滤即可得到甜酒。

（2）甜酒的功用　制成的甜酒含有丰富的糖、有机酸、蛋白质、维生素、酵素、香料及具有特有药料的甜味。常见的甜酒有浙江绍兴黄酒、山东即墨老酒等。

8.4　茶

茶是中国的特产和发明，中国是茶的故乡和祖国，唐朝时茶已成为普通饮料，世界上第一部有关茶的专著是唐代被称为"茶圣"的陆羽所著的《茶经》，书中对茶叶的饮用等方面作了较详细的论述。《茶经》三卷，对茶树的形状、茶叶产地、制茶工序等记叙详尽。

中国的开门七件事为：柴、米、油、盐、酱、醋、茶。茶具有去热解渴、兴奋解倦、利于消化、防癌杀菌、有益健康等功效。

8.4.1　茶叶的化学成分及功用

茶叶中含有鞣质、茶素、水溶性矿物质、维生素等，它们赋予茶某些特殊功能。

（1）鞣质　系多元酚类，为茶单宁，其中的儿茶素是涩味及色素的来源。鞣质有收敛性，可以保护黏膜和止血，是治疗烧伤的有效药物，有抗菌作用。茶单宁对人体有重要作用，是增强微血管壁抵抗力的有效药物，并有利于抗坏血酸的吸收。

（2）茶素（茶碱）　是构成茶苦味的主要成分，富有刺激性，有提神强心之效。可强化筋骨伸缩功能并有利尿作用，是咖啡碱、烟碱及酒精的有效减毒剂和醒酒剂，服之使人感到心清回明；还可中和由于偏食蛋白质或脂肪过多引起的酸，牧区人们常食肉喝奶，故必须喝茶。

（3）矿物质　茶叶中的矿物质丰富，包括 P、K、Mg、Mn、F、Al、Ca、Na、S、Fe、As、Cu、Ni、Si、Zn、B、Pb、Cd、Co、Se、Br、I、Cr、Ti、Sr 及 V 等。这些矿物质在热水中能被溶解其 60%～70%为人体利用，对人体健康有着重要的意义。其中 Br、K 在泡茶过程中几乎全部溶出，Ni、F、Zn、Cr、Mn、Mg、Co 等大部分溶出，而 As、Se、Ca、Al、B、Na、P 等只有 5%～30%溶出，Cu、Fe 等溶出率在 10%以下。

（4）维生素　茶叶中含多种维生素，尤富含胡萝卜素、维生素 A、维生素 B_2、烟酸，它们与所含的芳香油一起，能解除臭味物从而除口臭（例如吃蒜、葱等食物后嘴中含一点茶叶咀嚼，可除去异味）；可解油腻；能降低血脂、软化血管、增强血管的韧性和弹力，预防脑出血及血管硬化。

（5）L-茶氨酸（N-乙基-L-谷氨酰胺）是一种特有的氨基酸，是构成绿茶风味的物质。除了蘑菇外，它仅存在于产茶植物中。L-茶氨酸占茶叶干重的 1%～2%，它以一种游离的形式存在而且是茶叶中主要的氨基酸，占所有游离氨基酸的 50% 左右。

茶氨酸可以抵抗咖啡因引起的瘫痪，同时茶氨酸可以在小肠中快速吸收，从而发挥其生理功能。茶氨酸可以对人产生显著的放松功能。茶氨酸可以降低 5-羟色胺的水平，因此，茶氨酸可以明显降低血压，而且剂量越高降低得越明显，因此，茶氨酸是通过降低血压来使精神镇定。茶氨酸可以明显影响神经递质如多巴胺和 5-羟色胺的释放或减少，这些神经递质与记忆和学习能力密切相关。L-茶氨酸被肠道吸收，通过血液输送到肝脏及脑中，L-茶氨酸进入脑后使脑线粒体脑内神经传达物质多巴胺显著增加。多巴胺是肾上腺素及去甲肾上腺素的前驱体，是传达脑神经细胞兴奋起重要作用的物质。

8.4.2 茶叶的种类

茶叶按照制备方法的不同，可分成绿茶（不经过发酵）、红茶（经过发酵）、乌龙茶（半发酵茶，由界于绿茶、红茶之间的方法制作）、紧压茶（砖茶，由红茶碎粉制成）、花茶等。

（1）绿茶 是采用中小叶型茶树嫩芽叶经高温杀青（破坏酵素和防止变色），再经揉捻和干燥直到爽手为止。经这样处理，可抑制抗坏血酸氧化酶的活动，维持绿茶中含较高的维生素 C。原茶成分在绿茶中保存最多，如各种醇（β-己烯醇、γ-己烯醇、苯乙醇），为茶赋香；各种糖及胶质（阿聚糖、半乳聚糖、糊精、果胶）给茶添味。常饮绿茶有三大好处：一是绿茶中的茶坨酚能抗癌，二是内含的氟能坚固牙齿，三是单宁能提高血管韧性，预防脑血管破裂。

（2）红茶 是用采摘下的茶树嫩枝芽叶，经过萎凋、揉捻、发酵、烘干而制成的特有的色、香、味的一种茶。制作过程中维生素 C 几乎被破坏，但含果糖、葡萄糖、麦芽糖、游离氨基酸较多，因而富甜、解味，其香优雅且有刺激作用（含酵素、醇等引起）。红茶品种、产地非常多，如安徽祁门一带的祁红茶、云南佛海一带的滇红茶、江苏宜兴的苏红茶、浙江诸暨的越红茶、湖南安化一带的湖红茶及四川宜宾一带的川红茶等。

（3）乌龙茶 是红绿茶加工技术的结合，是半酵茶的总称，先经萎凋（部分发酵）。然后杀青（即停止发酵），制得红棕色带绿（绿叶镶红边色似乌龙）的叶片。其香较绿茶浓而较红茶醇和，且兼有二者的优点；乌龙茶还有防癌功效。如福建武夷的央茶、铁观音、大红袍等。

（4）花茶（窨花茶）是用制好的烘青茶配进香花窨制出来的，花色及品种是以鲜花命名，如茉莉花茶、玉兰花茶、玫瑰花茶等。

（5）白叶茶 它是从大白茶树上的细嫩芽叶，利用日光萎凋、低温烘干、不经炒揉的特异精细的方法加工而成。如白毫银针、白牡丹等。

（6）紧压茶（砖茶） 是一种经再加工的复制茶，用黑茶、晒青、红茶的副茶为原料，经蒸压干燥而成的各种不同形状的砖茶成茶饼，如青砖茶、黑砖茶、康砖茶等。

（7）其他茶类

① 马黛茶（产于巴西）是一种刺激性饮料。由南美的马黛或冬青的干叶仿茶叶加工法制得，含咖啡因。

② 绞股蓝是近年来我国浙江地区开发的一种药茶。绞股蓝叶是一种含 70 多种皂苷（超过高丽参）和高量硒的不含咖啡因的珍品，有第二人参之称，具抗癌保肝、滋补强壮、镇静安神、清热解毒等功效。

③ 药茶是将制好的茶加入已精制的药物或将含有茶叶（及不含茶叶）的药物经粉碎后混合而成的粗制品，或加入黏合剂制成块，在应用时只要用沸水泡汁或稍加煎煮即可服用。

如香料茶、减肥茶、中药茶、桑菊感冒茶、参和茶、八珍茶、泻下茶、止咳茶等。

8.4.3　中国十大名茶

（1）西湖龙井茶："茶中之美数龙井"。因它产于杭州市西湖区的龙井村而得名。

（2）洞庭碧螺春："洞庭碧螺春，茶香百里醉。"它产于江苏太湖之滨的洞庭山上。

（3）武夷岩茶："溪边奇茗冠天下，武夷仙人从古栽。"它产于闽北"秀甲东南"的名山武夷山，与铁观音茶同被视为乌龙茶中的名贵珍品。

（4）铁观音：产于闽南的安溪县。

（5）屯溪绿茶：简称"屯绿"，是安徽屯溪一带所产炒青绿茶的总称。

（6）祁门红茶：简称"祁红"，产于安徽祁门县的山区。

（7）信阳毛尖：产于河南信阳境内的大别山区，又称"豫毛峰"。

（8）君山银针：产于湖南岳阳君山，全由肥嫩芽头制成。

（9）普洱茶：因产地是云南普洱而得名。

（10）滇红茶：云南盛产红茶，并多优品，人称"滇红茶"。

8.4.4　茶叶的质地鉴别

茶叶种类繁多，规格各异，鉴别茶叶的质量可以从茶叶的匀度、净度、色泽、条索、嫩度、香气、滋味、汤色等方面进行全面考察。

8.4.4.1　茶叶的外观鉴别

（1）匀度：质量好的茶叶大小、长度均匀整齐，下脚茶、粗茶比例少。

（2）净度：是指茶叶中含杂质的多少。正品茶叶中，一般不允许有任何杂质。以无梗、无茶末和其他夹杂物为好。

（3）条索：条索松紧和鲜叶老嫩有直接关系。以紧细、圆直、匀齐、身骨重实为好。如珍眉茶要求条索呈眉状、紧洁光滑者为优；珍茶外形要圆结，越圆越细越重实者为最好；龙井茶、旗枪、大方等扁形茶，则扁平、光滑、挺直的质量好。

（4）色泽：观看茶叶的颜色和光泽。绿茶的色泽有嫩绿、洋绿、青绿、青黄，以及光润和干枯不同，以嫩绿、光润为好；红茶的色泽有乌润、褐润和灰枯不同，以乌润为好。

（5）闻干茶香气：抓一把茶叶闻其香气，香气愈浓愈好。绿茶以具清香为好；红茶以有股甜香气为好，花茶要有绿茶的清香和花茶品种应有的鲜花之芬芳香气。

8.4.4.2　茶叶的内质鉴别

取一小撮茶叶（3～5g），放入 150mL 的开水冲泡，并盖上杯盖，5 分钟后，打开杯盖，先嗅杯中香气，再看汤色，品尝滋味，看叶底等鉴别。

（1）闻香气：湿闻香气是用嗅觉来辨别茶叶的香气高低、强弱、持久度、纯正度。一般以鲜爽、浓烈、持久的质量为好。如绿茶有"栗子香"；红茶有蜜糖般的甜香；乌龙茶有绿茶的清香和红茶的醇香；花茶要有明显的花香，且纯正、鲜爽、持久。

（2）汤色：汤色是指茶叶内容物被开水冲泡出的汁液所呈现的色泽。汤色明亮、纯净透明、无混杂的为好。如绿茶以碧绿清澈者为好，红茶以红艳明亮者为优。

（3）尝滋品味：茶叶经沸水浸泡后，大部分可溶性有效成分都进入茶汤，形成一定的滋味，滋味在茶汤温度降至 50℃ 左右时最好。品茶时，含少量茶汤于口中，用舌细细品味，从而辨别出滋味的浓淡、强弱、醇和或苦涩等。绿茶为先感稍涩，而后转甘，如含橄榄；红茶以醇厚甘甜者为优；花茶的滋味因鲜花香气明显，使滋味鲜爽，且富有收敛性。

（4）看叶底：观察杯中经浸泡后的茶叶的嫩度、色泽和匀度。绿茶和花茶翠绿，黄绿明亮一致的质量好；红茶的叶底为铜红色，鲜明、均匀一致的质量好。若陈茶则枯暗无光。

8.4.5 茶文化

茶文化是指饮茶的方式和习惯，由于茶叶的种类不同，地区不同、水质不同，则饮茶的文化各不相同。

8.4.5.1 沏茶

（1）茶具：好茶需要好茶具，一件好茶具可保持茶汤明亮纯净，茶香浓郁爽口。以瓷器、陶器为最好。江苏宜兴的紫砂茶具有良好的透气性能，茶叶既有茶香，又无热气，汤色澄清，滋味醇正，是茶具的上品。

（2）水：饮茶用水，陆羽在《茶经》中写道："其水用山水上，江水中，井水下。"甘冽醇厚的泉水，用来泡茶，最为理想。

（3）水温：沏茶的水温根据不同的茶叶类型选用不同的水温。红茶、乌龙茶、砖茶要用开水沏泡；绿茶，尤其是芽叶幼嫩的高级绿茶要把开水回凉到 70℃ 左右沏泡，且不要加盖。

8.4.5.2 茶道

茶道通过品茶活动来表现一定的礼节、人品、意境、美学观点和精神思想的一种行为艺术。它是茶艺与精神的结合，并通过茶艺表现精神。茶道亦被视为一种烹茶饮茶的生活艺术，一种以茶为媒的生活礼仪，一种以茶修身的生活方式。它通过沏茶、赏茶、闻茶、饮茶而增进友谊，美心修德，学习礼法，是很有益的一种和美仪式。喝茶能静心、静神，有助于陶冶情操、去除杂念，这与提倡"清静、恬澹"的东方哲学思想很合拍，也符合佛道儒的"内省修行"思想。茶道精神是茶文化的核心，是茶文化的灵魂。

8.4.5.3 茶饮

（1）奶茶是蒙古族每餐必备的饮料。系将剁碎的砖茶和牛、羊奶及盐放在铜壶或铁罐里煮开制成。由于含动、植物营养素及微量元素，特别是维生素和酵素等，有利于脂肪的吸收。

（2）酥油茶是西藏人每日必需品。即将煮过的砖茶、黄油和盐充分搅和直至变稠，和糌粑（用大麦做成的面包）、牛肉及羊肉一起吃。

（3）煮茶是俄国的古老习惯。用一只铜或银制的大而优美的火壶，装约 6L 开水煮沸；火壶的顶部为盘形，可放一只小茶壶，内盛保持滚烫的浓茶，在饮用时，取 1/4 杯浓茶，再用大壶中的开水倒满。

（4）冰茶是西方人喜欢将沏出的浓茶汁注入有 2/3 冰的高脚玻璃杯中，根据各人的口味加糖、牛奶、柠檬、丁香、威士忌酒等。

（5）袋泡茶是由日本人提出并取得专利，这是将茶粉碎为 10～32 目后装入能耐沸水的滤纸袋中，用沸水冲泡 10 分钟后，有效成分即浸出。由于药渣留于袋内，故药液澄清，可代茶作饮料用，通常浸泡二汁后即弃袋及渣。

8.5 饮料、冷饮类

8.5.1 固体饮料

固体饮料包括咖啡、可可、麦乳精、果味粉等。

8.5.1.1 咖啡

咖啡是热带的咖啡豆经 200～250℃ 烘烤和磨碎后制成的饮料。咖啡的主要成分是：蛋白质（14%）、脂肪（12.3%）、糖（47.5%）、纤维（18.4%）、灰分（4.3%）。当制成饮料后，溶于水中的有用成分有：咖啡碱（提供刺激性）、咖啡酸（又称绿原酸，提供咖啡色素）、蛋白质、单宁（涩味）。咖啡的特点及其质地优劣的依据是其特有的咖啡香和味，这是由咖啡中的碱和酸及脂肪在烘焙过程中酯化形成的。

咖啡碱是咖啡的有效成分，它是白色结晶，熔点 235℃。

（1）咖啡粉　原封罐装咖啡粉是真空包装的，在不冷藏条件下可保存几个月，然而一旦打开就只能保存 7～10 天（常温）或 1 个月（冰箱），并且香味很快消失。为了得到 19% 的提取物，标准用量是 180mL（即 1 杯）水加 15～20mL（1～2 匙）咖啡，要用新鲜的凉开水，千万别煮沸，否则会产生令人讨厌的味道。煮好后要尽快饮用，凉了不要重新加热。一般煮 6～8 分钟足够，不宜过长，以防变味。咖啡渣应弃去，不可煮第二次。

（2）速溶咖啡　用温水冲开磨碎的咖啡，制成浓液。真空蒸发或热气流喷雾除去水分，也可用冷冻干燥法，或加些焙烤咖啡豆时出现的油，使其看上去像磨碎的咖啡粉，但经鉴定、品尝质量还是较差。

（3）掺和咖啡　将各种咖啡掺和，能创造色、香、味更佳的混合物。有时也掺和别的物质如菊苣（即法国莒荬菜）、淀粉、豆粉、果晶、花生炒面等，用开水冲开即可食用。还可加入蛋黄粉、肉松、鱼松，制成质地更高的掺和咖啡。

8.5.1.2　可可

将热带可可树的果实可可豆，经发酵、洗净、干燥、焙炒而生香后，去掉壳和胚芽，将留下的胚乳磨成细粉，此时产生的热量足以使其中所含的脂肪溶化，生成溶脂（可可脂，熔点约 37℃）和果肉粉形成稠状物，称为可可浆，这是制作可可系列食品的基础。其主要成分为糖（38%）、脂肪（22%）、蛋白质（22%）、灰分（8%）。还有 6% 的单宁、3% 的有机酸及少量咖啡碱、可可碱和酵素等，后一类特征成分使可可具有苦、香、涩味、刺激性及深色。本品营养丰富，可加工成多种美食。其特点是脂肪含量高，属于高能食品。

可可碱是可可的有效成分，它是白色结晶，熔点 351℃，升华 290℃。

（1）可可粉　往可可浆中加入碱性化合物（钠、钾、铵、镁的碳酸盐）以改变其味和色。经压榨挤出可可脂，再经冷却、粉碎和过筛，即成可可粉。其脂肪含量为 10%～22%，是牛奶等饮料的香味添加剂，可和麦乳精调制成各种可可饮料。

（2）巧克力　是可可浆、糖、可可脂和香草香精的混合物。在高温（54～80℃）空气流中进行混合，称为"巧克力精炼"，这样可提高其香味（脂肪分解成较小分子），颜色变深，促使可可脂覆盖所有颗粒物。最后用模子铸成人们喜欢的形状。

8.5.2　液体饮料

液体饮料包括汽水、浓缩果汁、矿泉水、可乐型饮料和发酵型饮料等。

8.5.2.1　汽水

汽水分清汁型和混汁型两类。

由矿泉水或煮沸过的凉饮用水或经紫外线照射消毒的水充入 CO_2 制成，其品位受水质主要是硬度高低、氯化物含量多寡影响。首先要选择合适的水，经消毒、过滤。酸甜味料溶液要多次过滤，务求清澈透明，以保证存放不变质。香料的调制也十分重要，应根据不同的品种确定比例。小苏打的加入量应精确控制，通常应经小型兑制、品尝、鉴定、消毒等程序以保证质量。

8.5.2.2　果汁

由各种果汁压制而成，保持了原果的营养或更强化。果汁有原果汁、鲜果汁、浓缩果汁和果汁糖浆等。优质果汁应具有该果的天然色泽，澄清果汁（如葡萄汁、苹果汁等）应透明无浑色、无沉淀和杂质；浑浊果汁（如菠萝汁和柑橘汁混合汁）应浑浊均匀一致，应具有该果汁特有的香味和滋味。

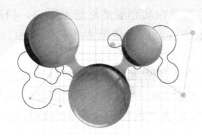

第9章
食品贮存、污染及预防

9.1 食品的贮藏、保鲜与保健

植物组织脱离母体后，还会继续呼吸，而动物组织则不能继续呼吸，但是能发生酶促反应。食物在贮藏过程中能生成一些增添风味的组分和可口性的有用物质，同时会有相当数量的组分被消耗，并逐渐地发生诸如颜色变坏、风味损失的变化，甚至导致食物变坏，完全不能食用。发生这些现象的原因是受水、空气、光和温度影响，受酶促反应影响以及无机催化剂如微量元素的影响，最主要的是微生物造成的败坏。总而言之，食物在贮藏保鲜过程中发生如下变化：物理变化，胶体化学变化、膨胀、水分减少、挥发物损失而使香味减少；化学变化，脂肪、维生素 C、芳香物质和色素等的氧化；生物化学变化，是食物中天然酶的活性造成的，例如脂肪酶分解脂肪、蛋白酶分解蛋白质、过氧化物酶的酶促氧化作用。微生物过程：发酵、发霉、腐烂、生成霉毒素，例如食品中的黄曲霉毒素，以及其他食品毒素。

为了减少食物中营养物质的损失和避免上述过程的发生，最容易和最有效的方法是食用新鲜的食物。但是由于受到季节的原因，有些食物不能及时地消耗，必须贮藏和加工以及保鲜，所以人们要知道食物贮藏、保鲜和加工过程中的化学变化和微生物作用。

9.1.1 食物贮藏、保鲜中的化学变化

9.1.1.1 食物贮藏保鲜过程中的氧化作用

食物在贮藏保鲜过程中，空气中的氧气能够破坏食物中的脂肪、糖、蛋白质、维生素的营养成分。

（1）脂肪 食物中的脂肪发生氧化反应是基于自由基链反应，并被热、光和其他催化剂如叶绿素、血红素、微量金属及酶所催化。脂肪酸自由基与氧的特殊反应性导致各种化学反应，包括生成脂肪的氢过氧化物自由基、脂肪的氢过氧化物、脂肪过氧化物、分子的增大和分子的断裂。

脂肪酸在空气中受到氧化作用，生成二聚体，像陈油、多次使用油中均可能含有二聚体。脂肪酸二聚体对人体具有致癌作用，因此要尽量不食用或者少食用陈油、多次反复使用油或此类油制成的食品如小摊上炸制的油条、菜饼及其他炸制品。

（2）糖 食物加热氧化时伴随着脱水分解反应。例如，食物在烹饪时受氧作用发生脱水分解反应，生成羟甲基糖醛，此化合物能与氨基酸作用生成褐色物，褐色物可以作为酱油等

物质的着色物。

（3）蛋白质 食物加热后，蛋白质的生化功能并没有显著影响，只是使蛋白质结构松散，更容易接触到消化酶，有助于蛋白质转变，更易被人体消化吸收。在加热过程中，蛋白质的溶解度减小甚至凝固。如加热破坏了大豆中的抗胰蛋白酶和凝结红细胞蛋白，消除其毒性；煮熟的鸡蛋能够破坏鸡蛋白中的卵黏蛋白和抗生物素蛋白；煮熟煮透的四季豆（芸豆）能够破坏血细胞凝集素等。在加热过程中能够发生美拉德反应。

（4）维生素 各类维生素在空气中烹饪加热时都有不同程度的损失和破坏。例如维生素C对热稳定，但由于食物中存在着维生素氧化酵素，初热时，维生素C易被破坏，但当维生素C氧化酵素分解后，维生素C分解减小。另外，重金属（铜器）也能很快破坏食物中的维生素C。

9.1.1.2 食物贮藏保鲜过程中的呼吸作用

植物类食物如蔬菜、水果、谷物等在贮存保鲜期间，能够继续进行吸收氧气呼出二氧化碳的呼吸作用，因此会产生熟化甚至腐烂。

9.1.1.3 食物贮存保鲜中的微生物作用

食物中存在着多种酵素如氧化酵素、过氧化酵素等，能够使食物发生分解并且引起食物腐败变质。如动物屠宰后的肉或者加工成的食品中的动物酶能使其变质，其适宜温度40℃，而脂解酶在−30～−18℃时仍有活性，故肉及制品即使冷藏亦可变质。食物中存在的植物酶能够发生糖酵解使其酸败，其适宜温度为50～60℃。如大米放置久了会出现陈米的特殊气味，是由于酶的作用使其脂肪酸分解之故；蛋白质酶使氨基酸分解成胺类、硫化氢等，使其具有难闻的气味甚至有毒。

在食物的贮藏和保鲜过程中，如果在合适的温度（25～40℃）和适宜的相对湿度（10%～70%）及不同pH值时细菌能够迅速繁殖，产生各种霉菌，它们能附着于食物上，长成绒毛状物，并且分泌出各种酶，可溶解蛋白质、维生素等，因此，细菌能够破坏食物，甚至使衣物、书籍等发生霉变，尤其是天然纤维和丝毛角蛋白。

9.1.2 食品的贮藏和保鲜方法

食品的贮藏保鲜应尽可能保存食品的天然营养成分，采取一系列特殊工艺，防止和尽量减少贮藏期间的营养物质流失，氧化降解，最大限度地保留营养价值。贮藏期间要科学管理，严格控制污染源，不带来二次污染，降低损耗，节省费用，促进商品流通，以满足人们对绿色食品的需求。

9.1.2.1 物理方法保藏食物

（1）低温贮藏及保鲜 低温贮藏是指在低于常温15℃以下环境中贮藏的方法。其原理是低温贮藏保鲜能延缓微生物的繁殖能力，抑制酶的活性和减弱食品的理化变化。因而低温贮藏能够很好地保持住食品的原有风味品质、新鲜度及营养价值。

① 冷却食品贮藏 对于大多数一般保藏的水果及蔬菜，冷却的温度在−4～−2℃之间，能减慢贮藏食物的酶促反应。贮藏时间不是无限期的，若同时使用中性气体或者惰性气体作为隔离大气的手段，则冷藏食物可持续较长的时间。

② 冷冻食品的贮藏（食品冻结贮藏）：其方法是先将食品在低于冰点下冻结，即使动植物组织的细胞液大部分冻结，再以0℃以下低温进行贮藏。一般温度控制在−30～−18℃，可以冷冻贮藏的食品有蛋类、肉类、禽类、鱼类、水果及蔬菜等易腐败食品和冷饮食品。

另外，还有便于短期贮藏或运输的食品如肉类、鱼类等的半冻结食品贮藏（-3～-2℃）和便于肉类食品运输途中的冷冻食品贮藏（0℃±1℃或-5～5℃）。

（2）消毒和巴氏灭菌　消毒是在高温下充分加热（100℃或者更高）以杀死微生物的方法。若排除新的微生物污染源的可能性，则可使食物保存时间较长，这是由于食物加热破坏了天然酶如脂肪酶、蛋白酶和氧化酶等。常用的消毒温度是 100～130℃。

在 100℃以下的巴氏灭菌法适用于乳和鱼类食物，因为高温时蛋白质、碳水化合物和维生素含量可能在高温消毒杀菌时受到破坏。此方法只能在一定程度上降低细菌活性，在有限的时间内防止食物腐败。其优点是，能保持食品的新鲜度和营养价值。

（3）干燥贮藏　食物干燥的目的是除去水分，抑制化学反应和酶促反应，防止微生物的繁殖。食物中水分应控制在 10%～25% 以下，因为大多数微生物在空气的相对湿度为 90%～100% 时最适于生长，而有些微生物如霉菌在相对湿度 75% 以上生长，甚至在相对湿度低于 60% 也能生长。干燥脱水时食物的整个结构发生变化，食物的许多成分在化学上差别很大，在干燥脱水过程中经历一系列化学和物理的相互关联反应。

（4）高频加热（微波加热）　高频加热是食物内部各处同时产生热能，即通过所谓的磁控电子管转变成频率非常高（可达 5000MHz）的振动能，引起食物内分子的快速振动，食物在很短的时间内被均匀快速地加热。用于牛奶、啤酒及卷制面包的灭菌，烘烤咖啡，处理谷物等，能消灭害虫、孢子和细菌。高频加热时只能用玻璃、陶瓷及一些人造塑料材料的容器盛放食品。

（5）气调贮藏　是一种通过调节和控制环境气体成分的贮藏方法，其基本原理是在适宜的低温下，改变贮藏库或包装中正常空气组成，降低氧含量，增加二氧化碳含量，以减弱鲜活食品的呼吸强度，抑制微生物的生长繁殖和食品中化学成分的变化，从而达到延长贮藏期和提高贮藏效果的目的。

9.1.2.2　加工法保鲜贮藏

利用盐渍、腌制、酸化、烟熏、糖渍、使用硫和酒保藏的动植物食品加工方法，经历了很长年代，它们是劳动人民智慧的结晶。

（1）盐渍和腌制的食物保鲜贮藏　盐渍是指在高浓度 15%～25% 的食盐溶液中将食物浸入并且盐水液漫过，从而抑制食物中微生物活性的方法。通常情况下，盐渍不能杀死所有的微生物，而仅仅是抑制，而少量的食盐（NaCl）往往使微生物的生长加快。较浓的盐水液从食物细胞中脱去水分（渗透作用），从而改变食物的风味。

肉类食物可以采用干腌和湿腌两种方法。干腌的方法是用食盐和硝石混合物摩擦、隔离空气在栎木桶里放置几个月；湿腌的方法是把肉类食物浸在食物和硝石的溶液里。硝石能保持肉的颜色，并且部分被酶还原为亚硝酸盐，其原因是在肉的酸性溶液中（pH=5.5～6.5），亚硝酸生成的一氧化氮（NO）能够和肌肉球蛋白反应生成红色的亚硝基肌红蛋白，它还会转变，当肉类食物贮存时间较长而且温度适中时，则生成稳定的红色的硝基肌色原。因此，在腌制肉类食物中要严格控制硝石的用量。

（2）烟熏方法贮存肉类食物　烟熏主要是用来保护肉类、香肠和鱼类。一般来说，在烟熏过程中，将腌制的食物（食盐脱去水分）用烟进行杀菌、干燥，从而使食物得以保藏。烟熏的杀菌作用是由于烟中含有酚、甲酚、甲酸、乙酸、甲醇和甲醛等成分，烟熏的同时产生特殊的香味和滋味。

烟熏根据烟的强度和温度分为冷熏和热熏。冷熏是 20℃的烟慢慢地、深深地穿透肉类，获得好的保藏作用，但缺点是质量损失较大。热熏是 50～100℃ 之间的烟熏制肉类食物，肉的贮存性质略有改善，且脂肪熔化，渗入肉中，其优点是质量损失较小。烟熏的食物具有贮藏时间长和特殊的风味，比较著名的有金华火腿。

（3）食物的酸化保藏 利用食用酸或者自然发酵的酸抑制微生物，进而保藏食物的方法。酸化的食物与原来的食物大不相同，由于酶促和人为的酸化，使得食物产生了胶体化学变化，蛋白质和碳水化合物的分解，酸化食物对人体具有有益的效应，提高了吸收率且美味可口。

食物的酸化常用于蔬菜等的保存。泡菜和腌豆等就是通过自然发酵的酸化过程，发酵时碳水化合物生成酸如乙酸、苹果酸、柠檬酸、乳酸，降低 pH 值，以保存食物。在酸化的同时，食物的细胞结构被酶作用松散，消化性提高。

由细菌产生的生物酸化法可以生产乳制品，如酸牛奶、乳酪、酸牛奶酒、酸马奶酒等。生物酸化法不适用于肉类，因为能产生有毒分解产物，并产生不合需要的颜色和气味变化，但是肉类可以加酸保藏。

（4）浸酒保藏浆果和核果 浆果和核果可以用乙醇或者其他酒精饮料浸泡，乙醇能够阻碍微生物的生长，从而保藏食物。例如酒枣，风味独特。

（5）糖腌保藏水果等食物 大量糖如蔗糖、转化糖、葡萄糖或淀粉糖浆等对水有结合效应，使食物的含水量降低，使得多数细菌和真菌能生长在限度之下，同时浓糖溶液的渗透作用能抑制微生物的生长，若加酸可以增强糖的保存作用。主要用于制造糖腌水果（橘子、柠檬、杏、苹果等）、甜水果浆、果冻、果酱和其他食物。

9.1.2.3 化学保藏食物

食品化学贮藏是指在生产和贮藏过程中，添加某种对人体无害的化学物质，增强食品的贮藏性能和保持食品品质的方法。按化学贮藏剂的贮藏原理不同，可分为防腐剂、杀菌剂、抗氧化剂。

（1）化学防腐剂 不同的国家允许使用防腐剂的标准不同。我国允许使用防腐剂有34种。通常微生物在 pH＝5.5～8.0 最容易繁殖，故加入适量酸使 pH 值低于 5，从而抑制微生物生长。抗微生物防腐剂广泛用于各种食物。常用的防腐剂有苯甲酸及其钠盐、山梨酸及其钠盐、丙酸及其钠盐等。如苯甲酸钠在 pH3.5 时 0.05％ 溶液可阻止酵母繁殖，其可用于不含酒精的饮料、果汁、矿泉水、人造奶油、腌菜、调味品、果酱、果子冻及蜜饯中，苯甲酸钠的最高用量不得高于 0.1％。山梨酸（2,4-己二烯酸），可在食品保藏中优先使用，它能有效地抑制酵母菌和霉菌的生长。具有明显的抗微生物作用，且不影响食品的气味、风味和结构。氯化钠（8％NaCl）溶液能使山梨酸作用增加 3～5 倍，糖也具有增效作用，从生理观点来看，山梨酸是安全的，它在人体的代谢过程中与稀的食用脂肪一样被分解；丙酸钠具有防止霉菌的生成和黏结现象，故可以用于面包、巧克力、干酪等食品中，丙酸钠的用量不得高于 3.0％。

（2）杀菌剂 还原性的亚硫酸盐如亚硫酸氢钠（$NaHSO_3$）、焦亚硫酸氢钠（$Na_2S_2O_5$）、焦亚硫酸氢钾（$K_2S_2O_5$）及 SO_2、H_2SO_3 等具有抑制褐变反应和杀菌作用，常用于水果、果脯、肉制品（如香肠和葡萄酒）中。此类杀菌剂的使用量应严格控制。甲酸及其盐具有抑制细菌、霉菌和酵母作用，故可以作杀菌剂和防腐剂。邻甲基苯甲酸及其钠盐具有防止霉菌的作用，尤其能够抑制绿霉菌和蓝霉菌，广泛用于柑橘类水果的保藏。

（3）抗氧化剂 食品中常用的抗氧化剂为丁基羟基苯甲醚（BHA）、丁基羟基甲苯

（BHT）或者脂类复配的混合物等油溶性抗氧化剂，可防止油脂酸败，能杀死葡萄球菌等作用。L-抗坏血酸是水溶性的，可应用于肉类制品防止变色，水果罐头防止变褐，果汁及啤酒中有助于维持风味。

另外，动植物体内常含有天然抗氧化剂，如没食子酸、抗坏血酸以及小麦胚芽中维生素E、芝麻油中芝麻油酚及丁香等。

9.1.2.4　常见食物的贮存

（1）谷物贮存

① 大米：谷仓的适宜温度是 $15℃$，水分 14% 以下，可抑制害虫的繁殖。若稻谷在 $10℃$ 以下干处密封贮存，可数年不变。但是陈旧大米由于受到脂解酶素的作用，使米中的脂肪分解释放出酸，此酸能够包藏于螺旋构造的直链淀粉中，阻碍米粒吸水，蒸饭时淀粉不易破裂，因此陈旧米蒸出的饭粗硬、无新米的香味。

② 小麦：小麦应贮存的温度是 $15℃$，水分低于 14%。这是由于小麦中蛋白质的含量较高，并且谷氨酸含有巯基（—SH），在湿润时柔韧而黏着力强（形成—S—S—键），放置时间长被氧化成团的缘故，所以小麦贮藏需防潮。

（2）肉、乳、蛋类贮存

① 肉：控制细菌的生长。采用方法为腌制、干燥、盐渍、烟熏、排除空气（真空或充 CO_2、N_2 包装）、保鲜剂，短期贮存可以采用冷冻。

② 水、海产品：鱼及贝类内脏易腐败，贮存时应先除去，尔后快速冷冻或加入保鲜剂如壳聚糖与海水、淡水（$0.05\%\sim1\%$）的混合液保藏保鲜。鱼类在 $0\sim1℃$ 时可保存 $1\sim2$ 个月，深度冷冻可以存放数月。

③ 蛋：低温冷藏，也可以采用凡士林或石蜡等盖住气孔再冷藏防止水分损失；可以浸入 3% 的硅酸钠液或石灰水液中贮存。

④ 乳及其制品：鲜奶适于 $1\sim2℃$ 保存 $1\sim2$ 天，酸奶在 $0\sim1℃$ 可保存 $3\sim5$ 天，故鲜奶应冷藏、避光、密封；奶粉应于干燥、防潮、凉爽的地方贮存，这是由于奶粉吸潮结块后易变质的缘故。

（3）蔬菜水果贮存　一般贮存方法是 $10℃$ 以下保鲜（由于 $10℃$ 以下酵素和细菌活动减弱），可以因食物不同而区分。

① 蔬菜类：蔬菜类贮存的目的是延长蔬菜保鲜的时间，以便于加工和运输，保持其原色原味。如马铃薯，贮存适宜温度为 $7\sim8℃$，湿度 $85\%\sim90\%$，否则，由于马铃薯上附有霉菌马铃薯菌的作用，会发芽而霉变。若马铃薯碰伤后，由于其含有酪氨酸、绿原酸等受氧化酶素作用或者 Fe^{3+} 作用，会变色；若马铃薯收获较早或受到日晒，则会出现"黑心"、"内部黑斑"等情况。

② 水果：水果贮存的适宜方法是冷藏（$0\sim10℃$）、气调贮藏、干燥贮藏、涂料贮藏等方法。不同的水果应根据不同的性质进行贮藏。如香蕉的适宜贮藏温度是 $11\sim14℃$，可存放两周。若超过 $25℃$ 时，果肉变黑，若温度过低时，则生障害变质；猕猴桃的贮存可以涂上壳聚糖液，尔后形成薄膜，抑制呼吸，以延长猕猴桃的贮藏寿命，保持新鲜，且壳聚糖对人体无害。

（4）油脂的贮存　油脂的贮藏必须考虑到油籽、甘油酯以及营养价值的微量伴随物。因此贮油的办法常采用低温冷冻贮藏、气调贮藏、加入适当的天然抗氧化剂（如加入花椒、胡椒、丁香、生姜、香子兰荚、香车叶草等）。

（5）茶贮存　茶的贮存应在通风处干燥后罐装或底部放有石灰的坛内（需用布或铁丝网等与石灰隔开），利用石灰的吸湿和杀菌作用，可较长时间贮存。

（6）干果品贮存　干果品贮存应防潮、防霉，故此类物质应放在通风、干燥、密封、阴凉的地方贮存。如大枣、肉桂等应保持香味，可以采用阴凉干燥、喷洒3%～5%的乙醇密封贮存。

9.2　食物中的毒物

食物本身是由化学物质组成的，食物内化学物质的存在也可能是由于意外污染的结果，或者是有意识地将它们加到食物中以改进食物的色、香、味或改进加工质量或贮存质量，或补充营养物质等。这就要求我们对食物致毒因素的化学起因和消除方法进行探讨，并在防毒的基础上进行科学的营养分析，从健康角度合理搭配食物。

9.2.1　食物中的天然毒物

9.2.1.1　食用油中的毒物

食用油的毒性来源于原油加工过程。

（1）原油　由油料食物直接得到没有精制的油。

① 生棉籽油系指从生棉籽直接榨制而得，有毒物质为棉酚、棉酚紫、棉酚绿。这类有毒物质通过加热的方法不能除去，其中毒症状为头晕、乏力、心慌等，影响生育。

② 菜籽油中含有芥子苷。芥子苷在芥子酶作用下生成噁唑烷硫酮，具有使人恶心的臭物。噁唑烷硫酮是挥发性的，烹饪时将菜籽油加热至冒烟则可除去。

（2）陈油　指高温下用过的油或长期存放的油。

① 多次高温加热的油中维生素、必需脂肪酸被破坏，营养价值大降。在长时间的加热过程中，油中的不饱和脂肪酸发生氧化聚合，生成二聚体等各种聚合体。二聚体被人体吸收后，使人生长停滞、肝脏肿大、胃溃疡，甚至可能引发各种癌变，因此人们尽量不要食用或少食用街摊上油质发黑发乌的油炸制品。

② 存放过久的油中的不饱和脂肪酸与空气、光、金属接触后，被氧化成有毒的过氧化物，可破坏维生素E，使不饱和成分双键断裂形成低分子量的醇、醛、酮等物质，从而产生异味和强烈刺激性。

（3）反式脂肪酸及其危害

① 顺式双键脂肪酸：人体细胞膜控制着电子传递，调节营养物质进入细胞内和细胞内废物的排出，生理功能极为重要。要保持细胞膜的相对流动性，脂肪酸必须有适宜程度的不饱和性，以适应体内的黏度且具有必要的表面活性，只有顺式双键脂肪酸才具有上述生理功能，这是因为顺式双键两端碳链不在一直线上而呈折叠形状，只有这样才能把外界的营养物质送进细胞内而同时将不需要的废物分子从膜内运送出去。若缺乏必需脂肪酸，细胞的生理功能则会失常。

② 反式脂肪酸：反式脂肪酸在自然食品中含量很少，人们平时食用的反式脂肪酸，大多是人为加工后的产品。

反式脂肪酸是食品制造商为了防止对人体有益的植物脂肪（多为液态、含多种不饱和脂肪酸）变质、便于保存或者改善口感，采用氢化（把液态油脂转变为可涂抹的半固态脂类）的加工方式，将多种不饱和植物油，在室温下从液态变成固态或半固态的油脂，以延长食品的销售期，这就产生了反式脂肪。

③ 反式脂肪酸的危害：医学研究证实摄入过多的反式脂肪酸，会增加人们罹患冠心病的风险；反式脂肪酸有增加人体血液的黏稠度和凝聚力的作用，更容易导致血栓的形成；怀孕期或哺乳期妇女，若吃了过多含有反式脂肪酸的食物，通过胎盘或乳汁，使胎儿或婴儿被动地摄入反式脂肪酸，可能会使胎儿和新生儿比成人更容易患上必需脂肪酸缺乏症，影响生长发育；反式脂肪酸还会减少男性荷尔蒙分泌，对精子产生负面影响，中断精子在身体内的反应。此外，反式脂肪酸还会影响生长发育期的青少年对必需脂肪酸的吸收，对青少年的中枢神经系统的生长发育造成不良影响。但并不是所有的反式脂肪酸都有害，有一种叫做共轭亚油酸，就是一种有益的反式脂肪酸，研究证实其具有抗肿瘤的作用。

④ 反式脂肪酸常见于人造黄油、奶油蛋糕之类的西式糕点，烘烤食物，如饼干、薄脆饼、油酥饼、油炸干脆面、炸面包圈、巧克力、色拉酱、大薄煎饼、马铃薯片以及油炸快餐食品如炸薯条、油炸土豆片、炸鸡块等食物中。

全球最大的快餐集团麦当劳公开承认，在每份麦当劳薯条中，反式脂肪酸含量从过去的6克增加到了8克，整体脂肪酸总含量从过去的25克增加到了30克。在每份麦当劳炸薯条中，不利于身体健康的反式脂肪酸含量比过去增加了1/3。为了保障公众的健康和知情权，美国FDA已要求在食品的营养标注中，标注反式脂肪酸的含量。

9.2.1.2 植物性食物中的毒物

植物性食物中的毒物依化学结构来分，可分为有毒的植物蛋白和氨基酸类、毒苷类、生物碱类和酚类等。

（1）有毒的植物蛋白和氨基酸类

① 豆类中含有植物凝血素，有凝血作用，其中毒症状为胸闷、麻木等。由于植物凝血素属于蛋白质，加热煮熟即可使蛋白质凝固而失去毒性。如四季豆（俗称芸豆）中毒的病因可能与皂素、植物凝血素、胰蛋白酶抑制物有关。

② 豆类、谷物、马铃薯等组织中含有胰蛋白酶抑制剂（存在于豆类、马铃薯）和淀粉酶抑制剂（存在于谷物如小麦、菜豆、生香蕉等）。如不加热处理和未成熟就吃，则会引起消化不良等症。

③ 在真菌属的毒蕈中含有毒肽，其主要毒素有使人大部分器官发生细胞变性的原浆毒，能使人痉挛、昏厥的神经毒，使人胃肠剧痛的胃肠毒和使人发生溶血性贫血的溶血毒。毒蕈的特点是蕈冠处色泽艳丽或者呈黏土色、表面黏膜、蕈柄上有环、多生长于腐物或粪土上，碎后变色明显，煮时可使银器、大蒜、米饭变黑。

毒蕈中毒潜伏期从7、8小时到30小时不等，以10～24小时多见。毒蘑菇毒素复杂，且尚无特效解毒药。一旦误食应迅速采取催吐、洗胃、导泻、灌肠等方法将毒素排出，并及时送往医院对症救治。

（2）毒苷 包括有氰苷类、皂苷类和致甲状腺肿素。

① 氰苷类存在于某些豆类、核果和仁果中，木薯的块根中也含有少量氰苷。氰苷的毒性是源于氰苷会产生HCN，HCN解离出来的CN^-极易与细胞中的细胞色素氧化酶中的铁结合，破坏细胞色素氧化酶在生物氧化中传递氧的功能，使机体陷于窒息状态。常见的有核仁如苦杏仁中苦杏仁苷等。

② 皂苷类广泛存在于植物界。皂苷可分为三萜烯类、螺固醇类和固醇生物碱类三类。大豆皂素对消化道黏膜有刺激作用，若熟吃则可除去。大豆类食品含有致甲状腺激素（硫代葡萄糖苷酶，俗称内源性芥子酶），加热可以使之不能酶解硫代葡萄糖苷，也就不产生致甲

状腺肿素。

③ 生物碱是一种含氮的有机碱，味苦，多数有毒，存在于某些植物和毒蕈中。如黄花菜中的秋水仙碱，其本身无毒，但在体内被氧化成强毒的氧化二秋水仙碱，从而破坏血液循环。除去方法是食用时用开水焯一下，再用清水浸泡 2～3 小时，即可除去毒物。

④ 土豆若发芽或皮变绿时含有茄碱龙葵素（龙葵碱），可破坏人体红细胞而致毒，主要症状是呼吸困难、心脏麻木。其除去方法是吃时挖掉芽，削去绿皮，切皮或切丝后，用水泡掉水溶性龙葵碱，炒时加少量食醋即可食用。

（3）水果中的毒物

① 荔枝：过食则乏力、昏迷等，中医称为"荔枝病"，实为低血糖，是由于荔枝中的 α-次甲基环丙基甘氨酸具有降血糖的作用引起的。

② 菠萝：对菠萝过敏的人吃了菠萝后得"菠萝病"，是由于菠萝中的菠萝蛋白酶能作用于肠道，引起肠黏膜通透性增加，使胃肠中的大分子异性蛋白渗入血液中，引起过敏反应。除去方法是将菠萝浸入淡盐水将菠萝蛋白酶的活性破坏而避免过敏症发生。

③ 柿子：柿中含有较多的单宁，有强收敛性，刺激胃壁造成胃液分泌减少。空腹过量食用、或与酸性食物及白酒同食，则可得"胃柿石"，故柿子不能空腹食用，不能与单宁生成凝聚物的酸、蛋白质等食物（如地瓜可促使胃酸分泌）同食。

④ 含毒花蜜：若蜜蜂采集了杜鹃花、山月桂、夹竹桃等花蜜，由于此类花蜜中含有化学结构与洋黄相类似的物质，能够引起人体的心律不齐、食欲不振、呕吐等症状。

9.2.1.3　动物性食物中的毒物

（1）河豚鱼的内脏、卵巢、眼睛、血液等均含有毒素，其毒素成分有河豚素、河豚酸、河豚卵巢毒素等，加热烹饪不能除去毒性。河豚毒素是一种神经毒剂，能致人死亡。其毒性机制是与体内的酶发生作用，使酶的活性丧失，同时与体内带负电荷的重要生理功能物质结合，从而强烈干扰人体代谢，引起中毒。因此食用时除去内脏、皮，放血干净等。

（2）贝类：许多贝类如贻贝、扇贝等含石房蛤毒素和膝沟藻毒素等，食用时仅食其肉，丢弃内脏。

（3）含组胺的鱼类：容易形成组胺的鱼类有鲐鱼、金枪鱼、沙丁鱼等，此类鱼死亡后，由鱼体内的组织蛋白酶将组氨酸释放出来，然后再由微生物的组氨酸脱羧酶将组氨酸脱去羧基而形成组胺。组胺中毒的主要症状为皮肤潮红、荨麻疹等，有的可能有恶心、呕吐症状。

（4）螃蟹：本身无毒，但蟹生长过程中食用了动物的腐尸等，胃肠内细菌较多，因此人们食用蟹时，要将胃、肠、腮、脐等弃去，以免中毒。另外死的河蟹不能食用，死去太久的海蟹亦不能吃。

（5）畜肉：畜肉中的甲状腺未除去不能食用，否则中毒。

（6）熏肉、腊肉：通常指南方用稻草熏制的熏肉、腊肉。此类食物中含有黄曲霉毒素和亚硝基化合物，二者均为致癌物。

9.2.2　食物中的微生物毒素

微生物是肉眼见不到的一种极为细小的生物，它无处不在，有嗜氧的微生物和厌氧的微生物。微生物可分为病毒、细菌和真菌三大类。大部分微生物对人类是有益无害的。有害微生物可以造成食物腐败或由食物传染疾病，腐肉、臭蛋、酸臭牛奶、食品褐变等都是由细菌引起的。由食物传染的疾病可分为细菌性的传染病、食物中细菌毒素的中毒症、过敏型食物中毒症、真菌毒素和霉变食品中毒症四类。

9.2.2.1 细菌感染型中毒

（1）沙门杆菌 能在食物烹调后几小时未冷冻使其感染而使食物污染。加热60℃，20分钟则可灭菌，中毒症状是腹泻、呕吐，传播途径是苍蝇、老鼠等；副溶血性细菌引起食物中毒的症状是急性胃肠炎，此菌来源于海水、浮游生物。

（2）变形杆菌 分布较广，能使人产生恶心、呕吐、头痛、腹泻、发热等症状，污染的鱼虾类较常见。

（3）致病性大肠杆菌 是婴儿腹泻的主要原因，中毒表现为急性胃肠炎和痢疾，轻者不治而愈，急性者需用抗生素治疗。

（4）空肠弯曲菌 未消毒的牛奶中常有此菌，可引起人头痛、头晕，有时呕吐。

（5）霍乱杆菌 由患者的粪便、水源、食物传播，症状为发烧、严重腹腔、呕吐、虚脱。

（6）产气荚膜杆菌 是一种厌氧菌，能在肉类及肉汤中传播，此芽孢抗热，经煮沸5h仍能存活，中毒症状为腹痛、头痛、呕吐。因此肉类食品要煮透食用；通常还有结核病菌、链球菌、细螺旋体菌等。

（7）肉毒梭状芽孢杆菌（又称肉毒） 传播途径为未充分烹调的罐装肉类和蔬菜。肉毒分布土壤中，它能形成抗热的芽孢、不易杀灭。它是无性厌氧繁殖，是已知毒性最强的毒素，比氰化物的毒性大几百万倍。预防办法是不食用产生气体、变色、变稠的罐装食物（如变凸的罐头），食物、蔬菜充分煮透（10min可使毒素失活）。

（8）葡萄球菌 广泛分布于空气、水、土壤、粪便和食物中。主要中毒的食物是奶油、糕点和奶制品、肉类、火腿、香肠等。毒素是由葡萄球菌产生的，特别是金黄色葡萄球菌。其中毒症状为呕吐、腹泻。

9.2.2.2 食物中霉菌毒素型中毒

霉菌毒素主要包括曲霉毒素、青霉毒素及镰孢霉毒素。曲霉毒素是黄曲霉菌、小柄曲霉菌、棕曲霉菌等分泌出来的。常见受曲霉毒素污染的食物有花生、油料籽、玉米和其他谷物。中毒症状是肝损伤、肝癌和儿童急性脑炎。青霉毒素包括黄变米毒素、棒曲霉素、枯绿青霉素等，人畜食用后会双腿浮肿，长期服用会导致癌变。在苹果、玉米、小麦、米中均已发现。镰孢霉毒素包括玉米赤霉菌分泌的烯酮化合物、镰孢霉菌产生的能引起中毒性白细胞缺乏症的毒素及由镰孢霉菌和粉红孢霉菌产生的环氧顶孢毒素。中毒症状为白细胞缺乏、心血管衰竭、骨髓损害等，死亡率很高，主要存在玉米、大麦、小麦、燕麦和其他谷物中。

9.2.3 食物的化学污染

9.2.3.1 食物中的农药污染

许多蔬菜、谷物使用杀虫剂预防或控制病虫害，使用杀菌剂以防止真菌的生长，使用除草剂或生长抑制剂有选择性地除去杂草，这些都能造成食物的化学污染。尽管在食用前有足够长的时间，以使雨水将农药除去，但常常很不稳定，在土壤中存长达数年。

农药污染食品的主要途径：农药喷洒直接污染农作物，黏附作物表面；吸收到作物体内；农药沉积在土壤中，经植物根系摄入植物体内；生物富集，水产生物富集如有机氯、汞、砷制剂；喷洒农药对空气、水体的污染；其他，粮库、含农药工业废水、运输过程、事故性污染、投毒。

9.2.3.2 抗生素对食物的污染

牛、羊、猪等患了乳腺炎、肠炎、肺炎及创伤等疾病，一般采用抗生素使疾病得以控制。但是在无形中奶及肉类食品中引入了抗生素，从而会引起人体食用此类食品的不良效果。这些抗生素既能够产生对抗生素有抗药性的微生物，又能使部分人产生过敏反应。因此禁止出售在 48 小时内从用抗生素处理过的牛身上挤出牛奶，含有抗生素 1‰的牛奶，过敏反应仍存在。

9.2.3.3 有害金属对食品的污染

有害金属的中毒作用特点：有害金属进入人体后，多以原形金属元素或金属离子形式存在，但有的转变为毒性更强的化合物。有毒金属大多数通过抑制酶系统的活性发挥毒性作用，因酶蛋白活性的许多功能（如巯基、羧基、氨基、羟基等），可以与重金属发生结合，使酶活性减低甚至丧失活性。如铅、镉、汞等均能与肝、肾中含巯基氨基酸结合，与酶巯基结合后，具有很强的亲和力。

（1）食品中铅的污染

① 铅污染的来源：土壤中通常含有 2～200mg/kg 的铅。人为的铅污染如开采铅矿、冶炼、蓄电池、含铅物质（汽油等）的燃烧等。我国每年从工业废气中排出铅 2918t，废水中排出铅 2382t。一辆汽车每年可向环境排出 2.5kg 的铅，含铅汽油已造成严重污染。用铝合金、搪瓷、陶瓷、塑料、马口铁、玻璃、橡胶等为原料制备的容器和用具均含有铅。陶瓷工业每年用铅很多，其中 1/5 的陶瓷为食品容器，而陶瓷上的釉彩是铅污染的重要来源。

② 铅对人体健康的影响：成人膳食中铅的吸收率在 10%以下，而 3 个月至 8 岁的儿童膳食铅的吸收率最高可达 50%，吸收部位为十二指肠。人体内铅 90%蓄积于骨骼中。各脏器亦可检出铅，以肝脏最高；血液中的铅仅占人体总铅量的 1%左右，但它是慢性铅中毒急性发作的原因。血铅在 100μg/L 以上时，就可影响儿童的智力发育。

铅主要侵犯神经系统、造血器官和肾脏。铅中毒的常见症状有食欲不振、胃肠炎、口腔金属味、失眠、头昏、关节肌肉疼痛、便秘或腹泻、贫血等。慢性铅中毒影响凝血酶活性，使凝血时间延长，在后期出现急性腹痛或瘫痪。人体内的铅主要经肾脏和肠道排泄，汗液和头发也是其排泄的途径。铅在人体内的生物半衰期为 4 年，以骨髓计可达 10 年，因此铅进入人体后较难排出。

（2）食品中汞的污染

① 汞的来源：在自然界中，有金属单质汞、无机汞和有机汞等几种形式。大部分是硫化汞，分布于地表层。随着工业的发展，汞的用途越来越广，大量汞流入环境。如生产 1t 氯，要流失 100～200g 汞；生产 1t 乙醛，就流失 5～15g 汞。

② 汞对人体健康的影响：有机汞在人的消化道中吸收率很高，甲基汞的吸收率达 90%以上，分布于全身各器官，其中肝、肾、脑的含量最高；汞是蓄积性很强的毒物，在人体内的生物半衰期为 70 天；在脑内的存留时间更长，半衰期达 180～250 天。人体内的汞可通过尿、粪和毛发排出。

甲基汞中毒主要表现为神经系统的损伤症状：运动失调、语言与听力障碍、视野缩小、感觉障碍等，严重者可发生瘫痪、肢体变形、吞咽困难，甚至死亡。如 20 世纪 50 年代，日本因含汞工业废水污染水俣湾，当地居民长期食用甲基汞污染的鱼类，引起典型的公害病——水俣病。

（3）食品中镉的污染

① 镉的来源：在自然界以硫镉矿形式存在，并常与锌、铅、铜、锰等共存。在这些金属的冶炼过程中，会排出大量的镉，进而污染环境。电镀工业、塑料工业、油漆、镉电池等

也广泛使用镉，这是工业"三废"对环境的污染。被污染的水和土壤种植的植物，含镉就会增加。

② 镉的污染途径：通过食物链的富集，使镉的污染维持在高水平。如贝类，非污染区镉的浓度为 0.05mg/kg，污染区为 0.75mg/kg，有的高达 12mg/kg。

③ 镉对人体健康的影响：人体对镉的吸收，受镉化合物以及膳食中的蛋白质、维生素 D、钙、锌含量的影响。当缺乏蛋白质和缺钙时对镉的吸收率会提高；镉进入人体后，大多数与低分子硫蛋白结合，形成金属硫蛋白，主要积累于肝脏，其次是肾脏；镉对体内巯基酶有强烈的抑制作用。体内的镉可通过粪便、尿液、汗液和毛发等途径排出体外，生物半衰期为 15～30 年。

镉中毒主要损伤肾脏、骨骼和消化系统，引起肾脏吸收功能障碍、骨钙流失。镉及其镉化合物对动物和人体有一定的致畸、致癌和致突变作用。

（4）食品中砷的污染　砷是一种非金属元素，但由于其许多理化性质类似于金属，故称为"类金属"。砷包括无机砷，如剧毒的有三氧化二砷（砒霜）、砷酸钠、亚砷酸钠、砷酸钙、亚砷酸等；强毒的有砷酸铅；有机砷，如天然存在的一甲基胂、二甲基胂；农用制剂，如甲基砷酸锌（稻谷青）、甲基砷酸钙（稻宁）、甲基砷酸铁铵（田安）、二甲基二硫代氨基甲酸砷（福美胂）、乙酰亚砷酸铜（巴黎绿）、新砷凡钠明等。

① 砷污染的来源：含砷矿石的冶炼和煤的燃烧产生的"三废"；含砷农药的使用；畜牧业中含砷制剂的使用，如五价砷作为促生长添加剂，苯砷酸造成的兽药残留；水生生物的富集，通过食物链可富集 3300 倍。龙虾含砷可高达 170mg/kg，大虾 40mg/kg；食品加工中原料、添加剂、容器及包装材料的砷污染。

② 砷对人健康的影响：食品中砷的毒性与其存在的形式有关：元素砷几乎无毒，砷的硫化物的毒性低，而砷的氧化物和盐类的毒性较大。有机砷的毒性一般随着甲基数量的增加而递减，但三甲基胂具有高毒性。食品和饮水中的砷经过消化道吸收，与血液中的血红蛋白某些成分结合，24 小时后，分布于全身，以肝、肾、脾、肺、皮肤、毛发、指甲、骨骼等器官和组织中蓄积最高。

砷的生物半衰期为 80～90 天，主要由粪便和尿液排出。砷与毛发和指甲中的角蛋白巯基有强结合力，成为重要的排泄途径。故毛发和指甲能反映机体对砷的暴露水平。

砷与巯基有强亲和性，尤其是对双巯基酶（如胃蛋白酶、胰蛋白酶、丙酮酸氧化酶、ATP 酶等）有很强的抑制作用，发生代谢障碍。砷急性中毒主要表现为胃肠炎症状，严重者可导致中枢神经系统麻痹而死亡，并出现全身出血。慢性中毒主要表现为神经衰弱、四肢末梢神经疼痛等多发性末梢神经症状，皮肤色素异常如皮肤白斑、砷源性黑皮症、皮肤角化过度等。

9.2.4　食物中的化学毒物

9.2.4.1　二噁英及其类似物

（1）二噁英类（dioxins）　属氯代含氧三环芳烃类化合物。二噁英无色无味，是毒性很重的脂溶性物质，如氯代二苯并二噁英（PCDDs）、氯代二苯并呋喃（PCDFs）等。这类物质是燃烧和各种工业生产的副产物，在环境中广泛存在，化学性质极为稳定、挥发性低、具有亲脂性的特性（食物链是 PCDDs、PCDFs 经脂质发生转移和生物累积的主要途径），对于理化因素和生物降解具有抵抗作用，因此可以在环境中持续存在。

环境中的二噁英来源：①含氯化合物合成使用，如氯酚、多氯联苯（PCBs）、氯代苯醚类农药、六氯苯和菌酚等；②不完全燃烧和热解如固体废弃物焚烧；汽车尾气；金属冶炼等；③光化学反应与生化反应。

① 污染食品的途径：人们接触二噁英的途径有直接吸入空气或通过空气中的颗粒、污染的土壤及皮肤吸收和食物消费。PCDDs、PCDFs 对食物的污染主要是由农田里沉积物引起的，废弃的溢出物、淤泥的不恰当使用、随意放牧等引起。

② 二噁英的主要毒性：二噁英能使胸腺萎缩，主要以胸腺皮质中淋巴细胞减少为主；能使皮肤发生增生或角化过度、色素沉着，形成氯痤疮；能使肝脏肿大、实质细胞增生和肥大；使免疫功能发生改变，以影响机体的抵抗力；具有致癌性，并且影响生殖能力，二噁英表现为抗雌性激素的作用，其机制是二噁英诱导酶的活化，使雌二醇羟化代谢增加，从而导致血中雌二醇水平降低，进而引起月经周期和排卵周期的改变或者是雌激素受体水平减少，而对于男性来说，主要是精子细胞减少为特征，输精管中精母细胞及成熟精子退化、数量减少。

(2) 多氯联苯（PCBs） 是黏合剂、涂料等的增塑剂、堵缝物，通过含本品的纸、塑料包装的食品而致残留，可经肺、胃肠道和皮肤吸收，可引起视力模糊、黄疸、麻木等症状。

9.2.4.2 多环芳烃类化合物

多环芳烃（PAH）是指含有两个以上苯环的烃类化合物，包括联苯类和稠环芳烃（如萘、苯并芘等）。

多环芳烃来源是由于有机物不完全燃烧，产生大量的 PAH 并排放到环境中，如柴油机、汽油机、炼油厂、煤焦油加工厂等排放的废气和废水中含有 PAH，森林大火、垃圾焚烧、熏制食品、香烟烟雾等也是 PAH 的重要来源。

PAH 属于脂溶性化合物，能通过肺、胃肠道和皮肤吸收，因此，人类摄入 PAH 的途径为肺和呼吸道吸入含有 PAH 的气溶胶和微粒；摄入受污染的食物和饮水进入胃肠道；通过皮肤和携带 PAH 的物质接触。

PAH 可以在整个机体内广泛分布，几乎在所有的脏器、组织中均可发现，而在脂肪组织中最丰富。PAH 能够通过胎盘屏障，在胎儿组织中可以检出。接触 PAH 较多的人如炼焦、沥青作业、铝冶炼、赤铁矿开采及钢铁铸造等可造成肺癌的发病率升高。

9.2.4.3 *N*-亚硝基化合物

N-亚硝基化合物根据其结构分为两类：一类为 *N*-亚硝胺；一类为 *N*-亚硝酸胺。研究较多为 *N*-亚硝基化合物，其基本结构为：

$$R^1 \atop R^2 \Big\rangle N-N=O$$

(R¹，R² 为烷基、环烷基、芳香基或杂环)

若 R¹、R² 相同称为对称性亚硝胺、R¹、R² 不同则为非对称性亚硝胺。亚硝胺分子中 N—N 键的键能较低，加热易断裂。

(1) *N*-亚硝基化合物的来源 *N*-亚硝基化合物在自然界中广泛存在，人类是通过饮食、饮水等途径吸收进入体内。*N*-亚硝基化合物的前体物是硝酸盐、亚硝酸盐和胺类，它们可以通过化学或者生物学的途径合成多种多样的 *N*-亚硝基化合物，人们接触 *N*-亚硝基化合物及其前体，可能引起某些肿瘤的发生。在食物中存在的亚硝胺如鱼和肉类食物，其本身含有少量的胺类和丰富的脂肪、蛋白质，当此类食物在腌制和烤、烧过程中会产生一些胺类化合物。若此类食物发生变质，则会生成一些诸如二甲胺、三甲胺、脯氨酸、胺、脂肪族聚胺、精脒、精胺、吡咯烷、氨基乙酰-L-甘氨酸及胶原蛋白等胺类化合物。乳类制品中如干奶酪、奶粉、奶酒等中也含有少量的挥发性亚硝胺，肉类制品中的亚硝胺主要是吡咯烷亚硝胺（NPYR）和二甲基亚硝胺（NDMA）。蔬菜腐烂变质或在腌制过程中产生大量的亚硝酸盐。啤酒中也含有微量的二甲基亚硝胺。亚硝酸盐、硝酸盐为盐类、肉类及其制品的防腐剂或发色剂。

（2）N-亚硝基化合物的毒性　亚硝酸盐能使血液中的血红蛋白氧化为高价铁而失去转运氧的能力，使组织缺氧；N-亚硝基化合物具有致癌、致突变、致畸作用。亚硝酸盐中毒症状为头胀、头痛、头昏、手指麻木、全身无力。中毒较深者可因为呼吸困难而有生命危险。

9.2.4.4　杂环胺类化合物

杂胺类化合物是在食品加工、烹饪过程中由于蛋白质、氨基酸加热而产生的一类化合物。食品中杂环胺，从化学结构上可分为氨基咪唑氮杂芳烃类（amino-imidazoazaarenes，AIAs）和氨基咔啉（amino-carboline congeners）两类。AIAs 包括喹啉类（quinoline congeners，IQ）、喹喔类（quinoxaline congeners，IQx）和吡啶类（pyridine congeners）。AIAs 均含有咪唑环，其 α-位置上有一个氨基，氨基咔啉包括 α-咔啉、γ-咔啉和 δ-咔啉。测试表明杂环胺对啮齿动物均具有致癌性和致突变性（如基因突变、染色体畸变、DNA 断裂、程序外 DNA 修复合成和癌基因活化等）。

9.2.4.5　塑料包装材料对食品的污染

包装材料采用的物质常常是塑料，在制作塑料中往往要加入有机过氧化物或金属盐，作为引发聚合反应的催化剂。另外还加入塑料助剂如增加柔软性的增塑剂，防止氧化的抗氧化剂，增加稳定性的稳定剂等，当塑料用作食物包装材料时，塑料助剂有可能进入食物中，污染食品，从而影响人体健康。我国允许使用的食品容器、包装材料以及用于制造食品用工具、设备的热塑性塑料有聚乙烯、聚丙烯、聚氯乙烯、偏氯乙烯、聚碳酸酯、聚对苯二甲酸乙二醇酯、尼龙、不饱和聚酯树脂、丙烯腈-苯乙烯共聚树脂、丙烯腈-丁二烯-苯乙烯共聚树脂等。热固性塑料有三聚氰胺、甲醛树脂等。

9.2.4.6　食品添加剂等对食物的污染

食品添加剂是指在食品生产、加工、保藏等过程中有意识地加入食品中的化学合成物质或提取的天然化合物。添加这些物质必须不影响食品的营养价值，并具有增强食品感官性状或提高食品质量的作用。

使用食品添加剂的目的：①使食品的感官性质（色、香、味、外观）良好，如加入香料、色素、人工甜味剂等；②控制食品中微生物的繁殖，防止食品腐败，如加入防腐剂；③防止食品在保存过程中变色、变味，如油脂中加入抗氧化剂；④满足食品加工某些工艺过程的需要，如漂白剂和增稠剂的加入。

长期以来我国在使用食品添加剂方面积累了丰富的经验。随着食品工业和化学工业的发展，食品添加剂的种类和数量越来越多，许多原来认为无毒害的食品添加剂，近年来发现可能存在慢性毒性、致癌作用、致畸作用或致突变作用等危害，所以食品添加剂对人体健康的影响应特别注意。

（1）食品添加剂的使用要求

① 食品添加剂应经过规定的食品毒理学鉴定程序，证明在使用限量范围内对人体无害，

也不含有其他有毒物质，对食品的营养成分无破坏作用，更不能在人体内分解或与食品发生反应，形成对人体有害的物质。

② 食品添加剂在加工以后或烹调过程中最好能消失或破坏，避免被人体摄入；或在添加剂摄入人体后最好能参与正常的物质代谢，分解为无毒性物质而全部排出体外。

③ 食品添加剂应有严格的质量标准，不得含有有害物质或不能超过允许限量。

④ 不得使用食品添加剂来掩盖食品的缺陷或作为掺假用。

（2）常用食品添加剂

① 防腐剂：防腐剂有有机化学防腐剂（苯甲酸及其盐类、山梨酸及其盐类、对羟基苯甲酸酯类亦称尼泊金酯、丙酸盐类等）和无机化学防腐剂（SO_2、H_2SO_3 及其盐类、硝酸盐及亚硝酸盐类等），能防止由微生物所引起的食品腐败变质，以延长食品保存期。

② 抗氧化剂：按溶解性分为油溶性〔合成的抗氧化剂有丁基羟基茴香醚（BHA）、二丁基羟基甲苯（BHT）、没食子酸丙酯（PG），油溶性天然抗氧化剂有生育酚（维生素 E）〕和水溶性抗氧化剂如 L-抗坏血酸（维生素 C）、异抗坏血酸及其钠盐、植酸、苯多酚、甘草抗氧化物等。其作用机制是抗氧化剂通过还原反应，降低食品内部及周围的氧含量；抗氧化剂释放出的氢原子，与油脂自动氧化反应产生的过氧化物结合，从而中断连锁反应，防止氧化过程进行。

③ 发色剂：用于肉制品的发色剂是硝酸钠和亚硝酸钠。肉经空气氧化后，肌红蛋白转变为高铁肌红蛋白，使肉失去原来的鲜红色。亚硝酸盐能还原肌红蛋白中的铁原子，使其不被氧化，生成亚硝基肌红蛋白，肉呈红色；但亚硝酸盐能与食品中的胺类化合物生成亚硝胺化合物，这是一种强烈的致癌物质，故我国的肉类罐头内的残留量以亚硝酸钠计不得超过 50mg/kg 食品。目前肉制品的着色主要使用抗坏血酸作还原剂，使失去鲜红色的高铁肌红蛋白还原为肌红蛋白。

④ 漂白剂：食品中有色物质经化学物质处理变为白色或无色称为漂白。漂白一般有两种办法：氧化漂白和还原漂白。氧化漂白是使食品中的有色物质经氧化作用生成白色或无色物质，例如，使用次氯酸钠或过氧化氢等强氧化性物质漂白。还原漂白是使食品中的有色物质还原呈现白色或无色。漂白剂对微生物也有抑制作用，其原因是漂白剂氧化或还原微生物体内的酶，从而阻断微生物的正常代谢活动。有些漂白剂对食品中的氧化酶有抑制作用，能防止食品氧化褐变。

⑤ 凝固剂：是指沉淀、凝固蛋白质的化学物质，我国普遍使用于豆制品的凝固剂是氯化钙、氯化镁，硫酸钙（熟石膏）等。

⑥ 疏松剂：饼干、糕点加工过程中，为使它们在烘烤时产生二氧化碳，生成均匀致密的多孔组织，以达到疏松的目的而使用的添加剂，称为疏松剂。我国常用的疏松剂有碳酸氢铵、碳酸氢钠、软质碳酸钙、铵明矾（硫酸铝铵）、磷酸氢钙等。

⑦ 增稠剂（又称糊料）：它可以改变食品的物理状态，增加液体食品的黏度，赋予食品滑润适口的感觉，并能保持食品一定的持水性。常用的增稠剂有琼脂、食用明胶、羧甲基纤维素、果胶等。

⑧ 品质改良剂：指食品加工过程中加入的磷酸盐类，它加热后得到脱水聚合物，在食品加工中起改良品质的作用。如提高肉制品的持水性，使肉中的营养物质减少损失，保持鲜嫩，同时对肉中的金属离子有配合作用，防止矿物质结晶。若加入水果中，在加热时可保护天然颜色；加入饮料中可防止浑浊。我国用作食品品质改良剂的有磷酸二氢钠、磷酸氢二钠、六偏磷酸钠、焦磷酸钠、三聚磷酸钠等。

⑨ 抗结剂：为防止食品固结，保持疏松而加入抗结剂。我国仅用于防止食盐固结而加入亚铁氰化钾。亚铁氰化钾为柠檬黄色的晶体或粉末，溶于水和丙酮，在70℃开始失去结晶水，100℃干燥生成白色粉末状无水物，强烈灼烧分解放出 N_2 和生成极毒的氰化钾。它和碳化铁遇酸则生成氢氰酸，遇碱则生成氰化钠。在亚铁氰化钾中由于氰根与铁结合牢固，因此是低毒的。

（3）食品添加剂的毒性　食品添加剂在食物中使用要有量的控制，我国和世界各国对此类物质都有严格的规定和质量标准。在其使用范围内对人体无害，进入人体后最好能参与人体正常的物质代谢，或者被正常解毒过程解毒后排出体外。

有的添加剂可以引起一些变态反应，如糖精可引起皮肤瘙痒症、日光性过敏性皮炎；苯甲酸和偶氮类染料可引起哮喘等一系列过敏症；香料中很多物质可引起呼吸道器官发炎、咳嗽、喉头浮肿、支气管哮喘、皮肤瘙痒、皮肤划痕症、血管性浮肿、口腔炎等；着色剂柠檬黄等可引起支气管哮喘、荨麻疹、血管性浮肿等。

（4）禁止使用的食品添加剂

① 甲醛：防腐力强，但食用可引起胃痛、呕吐、呼吸困难等，有致突变和致癌作用。

② 硼酸、硼砂：有防腐作用和膨胀作用。在人体内蓄积，排泄很慢，影响消化酶的作用，可使食欲减退。致死量为20g（成人）。

③ β-萘酚：对丝状菌和酵母菌有抑制作用。对人体黏膜具有刺激作用，造成肾脏障碍，引起膀胱疼痛、蛋白尿、血尿，大量时可引起石炭酸样毒性、神经萎缩，甚至导致膀胱癌。

④ 水杨酸：对蛋白质有凝固作用。对人可引起中枢神经麻痹、呼吸困难、听觉异常。

⑤ 吊白块：用于印染工业，但目前许多不法分子在食品的制作过程中使用，漂白白糖、单晶冰糖、粉丝、米线（粉）、面粉、腐竹等。主要副作用为：一次性食用10g吊白块就会有生命危险，少量则可使人发热头痛、乏力、食欲减退等，造成中毒者肺、肝、肾系统的损害。中毒以呼吸系统及消化道损伤为主要特征。此外，还可致癌。

⑥ 硫酸铜：摄入 $CuSO_4$ 可引起金属热。人服0.3g可引起胃黏膜刺激、呕吐，大量可引起肠腐蚀，部分在肠吸收，在肝、肾蓄积可引起肝硬化，人长期食用可引起呕吐、胃痛、贫血、肝大和黄疸、昏睡死亡。

⑦ 黄樟素：黄樟素、异黄樟素、二氢黄樟素有致癌作用。

⑧ 香豆素：香豆素、二氢香豆素、6-甲基香豆素（存在于大茴香油、樟脑油、黄樟油中），有致癌作用。

（5）含食品添加剂较多的食品

方便面：一包方便面最多可有25种食品添加剂，常见的有谷氨酸钠、焦糖色、柠檬酸、叔丁基对苯二酚等。

火腿肠：所含添加剂包括亚硝酸钠、山梨酸钾等。其中亚硝酸钠可能在体内生成致癌物亚硝胺。

蜜饯：所含添加剂为柠檬酸、山梨酸钾、苯甲酸钠等。其中苯甲酸钠会破坏维生素 B_1，并影响儿童对钙的吸收。

果冻：山梨酸钾、柠檬酸及卡拉胶等添加剂应用最普遍。过多摄入山梨酸钾会导致过敏反应，并影响孩子对钙的吸收。

冰淇淋：人工香精、增稠剂、人工合成色素等添加剂使用最普遍。而其中有的人工色素，国外规定不能用于食品。

饼干：所含添加剂包括焦亚硫酸钠、柠檬酸、山梨糖醇。大量的焦亚硫酸钠会损伤细胞，具有生物毒性。

奶茶：所含添加剂包括山梨酸钾、六偏磷酸钠等。后者过量会引起钙代谢紊乱。

口香糖：可能含阿斯巴甜、山梨糖醇、柠檬酸等添加剂。过多的山梨糖醇会引起腹泻。

薯片：可能含有的添加剂包括谷氨酸钠、5′-鸟苷酸二钠等。上述两种都是禁止用于婴幼儿食品的。

（6）危害健康的八种食品添加剂

① 亚硝酸钠（护色剂）：用于肉制品中。不仅可以使肉制品色泽红润，还可以抑菌、保鲜和防腐。副作用：过量食入可麻痹运动中枢、呼吸中枢及周围血管，更可疑的是有一定致癌性。

② 山梨酸（防腐保鲜剂）：防腐保鲜，用于饮料、酱菜、肉制品、水产制品中。副作用：如果食品中添加的山梨酸严重超标，长期服用将抑制骨骼生长，危害肾、肝脏的健康。

③ 食用人工色素：改善食品的色泽。多用于罐头制品和运动饮料中。副作用：致癌，致泻。

④ 柠檬酸（酸味剂）：调味。柠檬酸普遍用于各种饮料、糖果、点心、乳制品等食品的制造中。副作用：过量摄取，有可能导致低钙血症。儿童可能表现出神经系统不稳定、易兴奋；成人则为手足抽搐、肌肉痉挛等。

⑤ 安赛蜜：人工合成的新型甜味剂，多用于中老年人、肥胖病人、糖尿病患者的食品中。副作用：摄入过量会对人体的肝脏和神经系统造成危害。

⑥ 氢化植物油（保鲜剂和提味剂）：不但能延长保鲜期，还能使糕点更酥脆。常代替黄油和脂肪用于沙拉酱、人造黄油和焙烤食物的加工。副作用：过量食用氢化植物油会对心脏和肝脏产生一定的危害。

⑦ 阿斯巴甜（甜味剂）：蔗糖替代物。常用于糖果、蜜饯、果味奶、口香糖、冰淇淋中。副作用：过量食用有可能引发脑瘤、脑损伤以及淋巴癌等严重后果。

⑧ 甜蜜素（甜味剂）：用于调配清凉饮料、加味水及果汁汽水。罐头、酱菜、饼干、蜜饯、凉果等均有使用。副作用：过量食用对肝脏及神经系统有影响，对代谢排毒能力较弱的老人、孕妇、小孩的危害则更为明显。

9.3　癌症与污染食品

9.3.1　污染食品的三大致癌物质

人类癌症65%以上是因饮食被污染引起的，其中一部分是环境污染造成的。目前世界上公认的三大致癌物质是黄曲霉毒素、苯并芘和亚硝胺。

（1）黄曲霉毒素　某些细菌和霉菌污染食品后，可引起中毒或致癌，其中最危险的是黄曲霉毒素 B_1，是黄曲霉毒素异构体中毒性最强的一种，它主要是诱发肝癌，同时还能诱发胃癌、直肠癌、肾癌，能使乳腺、卵巢、小肠等部位发生癌变。

易被黄曲霉毒素污染的食品有花生、玉米、花生油、大米、棉籽油等；小麦也常被污染；家庭自制的面酱等发酵食品有时也会被污染；火腿、香肠等肉制品也有可能被污染。

黄曲霉毒素产生的温度是25~29℃，相对湿度是85%以上。黄曲霉毒素具有耐热的特点，在一般的烹饪加工温度下破坏很少，200℃下加热也不能全破坏，280℃下才会裂解。因此控制黄曲霉毒素的方法是控制粮食的含水量，防止粮油食品霉变，对储存的食品要通风防潮，并且要保证食物皮壳完整，以免霉菌侵入。所以预防黄曲霉毒素食物中毒的方法是食品防霉去毒，不要食用霉变的食品。同时对霉变的食物未经处理去毒又去喂养家禽也会通过食物链引起人中毒。

（2）3,4-苯并芘　此物质是由含碳物质燃烧过程所产生的。3,4-苯并芘混于空气尘埃中，可通过皮肤、呼吸道和被污染的食物等途径进入人体，或沉积入肺泡、或进入血液，严重危害人体健康。

在烟熏食品和烘烤制品中，3,4-苯并芘的含量比较高。所谓的烟熏制品，通常是将调味料腌制过的肉、鸭、鱼、豆腐等食物，用燃烧的柏树枝、木屑、花生皮、稻草等产生烟雾等熏烤，从而减少食物中的水分，便于保存，且能增加食物的特殊风味。但是在熏制过程中，3,4-苯并芘等有害物质不可避免地造成熏制食品的污染，而且浸入食物内部，不易清除。尽管熏制食物风味好，越嚼越香，但长期食用对人体健康有害。

预防 3,4-苯并芘污染食品的方法，首先防止环境污染，其次改进不合理的烟熏、火烤食品的工艺。膳食中注意不要食用焦煳的食物，少吃烤羊肉串等一类烘烤食品，不吸烟或少吸，防止被动吸烟。多食维生素 A 含量高的十字花科植物如白菜、萝卜等蔬菜，有降解 3,4-苯并芘的作用。

（3）强致癌物亚硝胺　亚硝胺能够引起不同的肿瘤，主要有食道癌、鼻咽癌、胃癌、膀胱癌等。

食物中自然存在少量的亚硝胺，但其前体如硝酸盐和胺类在体内能合成亚硝胺。含量较高的食品有未腌透的酸菜、咸鱼、咸肉、虾皮、啤酒、香肠等，放置较长时间的剩饭与剩菜等。

防止亚硝基化合物危害的主要措施如下。

① 防止食物霉变和被微生物污染，以降低食物中的亚硝基化合物含量。细菌能够还原硝酸盐为亚硝酸盐，某些微生物能够使蛋白质分解且转化为胺类化合物，还有酶能够促使食物亚硝基化作用。因此，食物应新鲜，防止被微生物污染。

② 控制食品加工中的硝酸盐和亚硝酸盐的使用量。

③ 控制蔬菜和粮食生产中的化肥品种和用量及浇灌用水的质量。可以使用钼肥，以减少硝酸盐含量。

④ 多食用能够防止亚硝基化合物危害的食物和蔬菜：维生素 C 可阻断胃内亚硝化过程。中华猕猴桃、大蒜、沙棘等及一些新鲜蔬菜中的维生素 C 能够有效地阻断强致癌物 N-亚硝基化合物在体内的合成。吸烟者应多食用新鲜蔬菜，防止肺癌的发生，含有番茄红素、黄体素的花椰菜也有防止肺癌发生的作用。

若蔬菜新鲜度不够，可在清水中多泡一会儿，并用沸水焯一下后烹饪，以消除硝酸盐、亚硝酸盐（二者均溶于水）。久贮存的大白菜，应该吃完整的，切莫吃变质和坏死的。

9.3.2　预防癌症的措施

维持理想的体重，做到膳食平衡；避免过多摄取油脂，少吃含脂肪多的猪肉，可多食用鱼类海产品和兔肉等；多吃蔬菜和水果，要多样化，尤其是蔬菜中的叶菜、红色及黄色蔬菜，是多种维生素如 B 族维生素和维生素 C 的主要来源；多采用富含膳食纤维的食物，包括果胶等胶体物质，可降低大肠癌、直肠癌的发病率；不抽烟或被动吸烟，饮酒适量；对烟熏、腌渍的食品要限制。

9.3.3　能杀死体内癌细胞的食物

（1）茄子　"霜打茄子"是好药。中药许多方剂及民间验方中，时常使用"秋后老茄子"、"霜打茄子"。越来越多证据表明，茄子具有抗癌功能。曾有试验从茄子中提取的一种无毒物质，用于治疗胃癌、宫颈癌等收到良效。另外，茄子中含有龙葵碱、葫芦素、水苏碱、胆碱、紫苏苷、茄色苷等多种生物碱物质，其中龙葵碱、葫芦素被证实具有抗癌能力，茄花、茄蒂、茄根、茄汁皆为良药，古代就有用茄根治疗肿瘤的记载。

茄子还含有丰富的营养成分，除维生素 A、维生素 C 偏低外，其他维生素和矿物质几乎跟西红柿差不多，而蛋白质和钙甚至比西红柿高 3 倍。

(2) 苦瓜　明代大医学家李时珍称其为"一等瓜"，是不可多得的抗癌瓜。西医证明，苦瓜的抗癌功效来自一种类奎宁蛋白，它是一种能激活免疫细胞的活性蛋白，通过免疫细胞做"二传手"，将癌细胞或其他不正常的细胞杀掉。苦瓜种子中含有一种蛋白酶抑制剂，能抑制肿瘤细胞分泌蛋白酶，从而抑制癌细胞的侵袭和转移。

(3) 海带　海带中药名为"昆布"，可预防乳腺癌和甲状腺肿瘤。海带富含碘，能防"大脖子"病在中国已经妇孺皆知，实际上，海带还有其他诸多"本领"，它含的海藻酸钠与具致癌作用的锶、镉有很强的结合能力，并能将它们排出体外；海带可选择性杀灭或抑制肠道内能够产生致癌物的细菌，所含的纤维还能促进胆汁酸和胆固醇的排出；海带提取物对各种癌细胞有直接抑制作用。

(4) 地瓜　别名甘薯、红薯、白薯，被认为是祛病延年、减肥保健的绝佳食品。其实地瓜也有强大的防癌功能。最近科技人员在地瓜中发现了一种去氢表雄酮的物质，它能预防肠癌和乳腺癌的发生。

(5) 南瓜　在某些国家它被誉为"神瓜"，因为它既可为粮，又可为菜。南瓜可预防肥胖、糖尿病、高血脂和高胆固醇血症，对癌症预防有很好的效果。南瓜中维生素 A 的含量之高，是常人无法想象的。另外含有丰富的维生素 C、钙质和纤维素，还含有抑制致癌物色氨酸-P 的不明成分。

(6) 麦麸　别名麸子，是小麦磨粉时脱下的种皮。现在，西方不少机构号召人们吃全谷食物、全麦食物。全麦食物即把小麦全粒磨成面粉，不再分出麦麸，用这种粉制成的食品。

麦麸是小麦主要营养成分的"仓库"，B 族维生素、硒、镁等矿物质及纤维素几乎都集中在它身上。它能预防并治疗结直肠癌、糖尿病、高胆固醇血症、高脂血症、便秘、痔疮等。因此，不少专家认为，麦麸是最好的防癌食物。

(7) 萝卜　根茎类蔬菜中的"健康保护神"。萝卜别名莱菔，品种多，皆为抗癌能手，所以有农谚"冬吃萝卜夏吃姜，一生不用跑药堂"以及"十月萝卜水人参"之说。荷兰人定胡萝卜为"国菜"，日本、美国认为它是根茎类蔬菜中的"健康保护神"。

萝卜具抗癌、宽胸、化痰、利尿的功能。萝卜中含有多种酶，能消除亚硝胺的致癌作用，其中的木质素能刺激肌体免疫力，提高巨噬细胞的活性，增强其吞噬杀灭癌细胞的能力。萝卜的辣味来自芥子油，它可刺激肠蠕动，促进致癌物的排除，萝卜中还含有许多抑制致突变活性的不明成分。萝卜中维生素 C 含量比苹果、梨高出 8～10 倍。而胡萝卜因含丰富的胡萝卜素，也具有极好的防癌作用。

(8) 猕猴桃　其果实富含糖、蛋白质、类脂、维生素、有机酸及多种矿物质。维生素 C 含量居水果之冠，每 100g 果子含 200mg，几乎是柑橘的 100 倍，西红柿的 30 倍，是名副其实的"天然维生素 C 片"，另外还含有丰富的具有保护血管功能的维生素 P，其营养价值甚高。

9.4 食品安全标志

食品安全（food safety）指食品无毒、无害，符合应当有的营养要求，对人体健康不造成任何急性、亚急性或者慢性危害。根据世界卫生组织的定义，食品安全是"食物中有毒、有害物质对人体健康影响的公共卫生问题"。食品安全也是一门专门探讨在食品加工、存储、销售等过程中确保食品卫生及食用安全，降低疾病隐患，防范食物中毒的一个跨学科领域。

而食品安全标志（quality safety，QS）是获得质量安全生产许可证的企业，其生产加工的食品经出厂检验合格的，在出厂销售之前，必须在最小销售单元的食品包装上标注由国家统一制定的食品质量安全生产许可证编号并加印或者加贴食品质量安全市场准入标志"QS"。食品质量安全市场准入标志的式样和使用办法由国家质检总局统一制定，该标志由"QS"和"质量安全"中文字样组成。标志主色调为蓝色，字母"Q"与"质量安全"四个中文字样为蓝色，字母"S"为白色，使用时可根据需要按比例放大或缩小，但不得变形、变色。加贴（印）有"QS"标志的食品，即意味着该食品符合了质量安全的基本要求。

第三篇
衣着、美容化学与健康

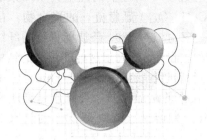

第 10 章
衣着化学和合成纤维

　　服装的穿着能够使人风度翩翩，能够显示出人的文明和气质。苏东坡写道"羽扇纶巾，谈笑间，樯橹灰飞烟灭"，这是描述三国时期的周瑜在赤壁之战中，运筹帷幄，指挥若定，大败曹军而形成三足鼎立之势的穿戴饰物和儒将风度。合适的服装，使男人显得英俊、女人显得娟美、教师显得庄严、演员显得潇洒、运动员显得矫健、军人显得英武。服装在一定程度上能体现一个人的人格，对于不同的服装样式、线条、结构，就形成不同的风格，而风格和人格的统一，就产生了科学的美和风度的美。

　　衣着（clothing）包括衣裤、鞋、帽，它们具有生理功能、生活功能和社会功能。衣着材料（clothing material）包括纤维（天然纤维、人造纤维、合成纤维）、皮革、塑料和其他制品。衣着化学（clothing chemistry）就是研究衣着材料如纤维、皮革、塑料及其他制品的组成、性质，对人体的生理功能、生活功能和社会功能，以显示人的风度和气质的一门综合性科学。

10.1　纤维与衣着品

　　衣着纤维（clothing fiber）是指纤维长度（fiber length）比纤维的直径大（其比值大于100）许多倍，并且有一定柔韧性，通过加工可以制成各种衣物的纤细物质。

　　丝（silk）的粗细计量单位是旦（D）：定义为 9000m 长的纤维的质量为 1g 的即 1D，我国生产的人造丝为 70D 和 120D。人造短纤维（纤维长 5～33mm）称为"纤"；合成短纤维称为"纶"；长纤维（76mm 以上），不管人造还是合成的都称为"丝"。

10.1.1　天然纤维

　　天然纤维（nature fiber）是指自然界原有的或从人工培植的植物上、人工饲养动物上直接取得的纺织纤维。主要包括植物纤维、动物纤维和矿物纤维等。

10.1.1.1　天然植物纤维

　　天然植物纤维主要组成是纤维素（又称为天然纤维素），是由植物上种子、果实、茎、叶等处获得的纤维。根据在植物上成长的部位的不同，分为种子纤维、叶纤维和茎纤维。种子纤维，如棉、木棉等；叶纤维，如剑麻、蕉麻等；茎纤维，如苎麻、亚麻、大麻、黄麻等。

　　（1）植物纤维的结构及性质　植物纤维（plant fiber）的主要成分是纤维素，纤维素用酸水解后，只得到 D-(＋)-葡萄糖，说明纤维素是由一种单体失水而成的聚合体。若用高浓度的酸水解，可以生成纤维二糖、纤维三糖、纤维四糖等，说明纤维素这个大分子是由多个纤维二糖聚合而成的。纤维二糖是由两分子葡萄糖通过 1,4-两位上的羟基失水而来的。纤维二糖为 β-$C_6H_{12}O_6$（葡萄糖）苷，纤维素是 β-$C_6H_{12}O_6$（葡萄糖）的聚合物，包括约 5000 个该糖的单体。纤维素呈一束一束的形状，每一束由 100～200 条彼此平行的纤维分子的链通过氢键结合起来，纤维素的化学稳定性和力学性能可能取决于这种纤维束的结构。

用 X 射线衍射和电子显微镜研究，纤维素分子形成的小束直径大约是 3nm，分子之间通过氢键连接，每一个小束大约有 30 个分子，具有很强的结晶性质，纤维素是搓成麻线状的长链。纤维素不溶于水，可溶于斯外兹（Schweitzer）溶液（硫酸铜 20％的氨水溶液），分子中的羟基可形成铜氨配合物。此配合物遇酸分解，原来的纤维素又沉淀下来。

人的消化道中没有水解 β-$C_6H_{12}O_6$（葡萄糖）苷键的纤维素酶，所以人不能消化纤维素。而食草动物的消化道中有纤维素细菌，它们能分泌出纤维素酶将纤维素分解成纤维二糖，再由纤维二糖酶分解成 D-葡萄糖。

（2）常见的植物纤维 包括棉和麻两类。纤维素是植物细胞壁的主要组分，构成植物组织的基础。棉花含纤维素 90％以上，亚麻约含 80％，木材的细胞壁约含 50％，其他如竹子、芦苇、稻草等，都含有大量的纤维素。纤维素是具有不同形态的固体纤维状物质，它不溶于水和有机溶剂，加热时分解，所以也不能熔化。纤维素是以葡萄糖苷键形成的高分子化合物，糖苷键对酸不稳定，对碱则比较稳定。纤维素燃烧时生成二氧化碳和水，无异味。

① 棉（cotton） 是指从种植的棉花中获得的皮棉经过加工而成的棉纤维。在显微镜下看到棉纤维呈细长微扁的椭圆管状结构。由于棉纤维是空心的，所以棉布具有吸湿性、透气性好，可吸汗和保暖的特点，因此棉布是内衣制品的理想材料。

尽管棉布可以染色，但是染料对人体是有危害的。棉花在生长时使用了大量的农药，加工制造时采用了某些化学物质处理，因此都有可能留有部分残留物。"免烫"布料是因为此布料经过了甲醛类物质的处理。所以，天然棉有时对人体也能够造成伤害。

有色棉是经过科学培育而形成的真正的天然棉，它不使用化学物质培育，不用甲醛类物质处理。现在，已经培育出了许多有色棉，有绿色的、褐色的、赤褐色的、奶油色的等。天然有色棉的颜色洗涤后会加深，可以直接采用有色棉纺织成格子布和人字形布。内衣用品、床上用品和沐浴用品的发展趋势是不漂白、不染色、不经过化学处理的棉布内衣、棉布床单及棉布毛巾。有色棉的用品质地柔软，用起来具有舒适的感觉，同时对环境有利和可持续发展。

② 麻（fiber crops） 是指从种植的麻中通过剥下麻皮后经过加工而成的麻纤维。麻在显微镜下呈实心棒状长纤维，不卷曲挺括，强度极高，具有通气性好和舒适性强的功能，所以麻是夏季衣服制品、蚊帐的理想材料。麻的生产适应性强，具有耐寒耐旱的特点，不需要杀虫剂、除草剂或者化肥，其产量远比棉花高，因此，麻布具有广阔的应用前景。

③ 竹原纤维（bamboo fiber） 竹材纤维制品的构成单元，可为单体纤维细胞或纤维束。竹纤维有天然竹纤维（竹原纤维）和竹浆黏胶纤维（属再生纤维素纤维）两类。

竹原纤维的化学成分主要是纤维素、半纤维素和木质素。其次是蛋白质、脂肪、果胶、单宁、色素、灰分等，大多数存在于细胞内腔或特殊的细胞器内，直接或间接地参与其生理作用。经扫描电子显微镜观察，竹原纤维纵向有横节，粗细分布很不均匀，纤维表面有无数微细凹槽。横向为不规则的椭圆形、腰圆形等，内有中腔，横截面上布满了大大小小的空隙，且边缘有裂纹。

纯竹原纱线用于服装面料、凉席、床单、窗帘、围巾等，如采用与维纶混纺的方法可生产轻薄服装面料。还可以与棉、毛、麻、绢及化学纤维进行混纺，用于机织或针织，生产各种规格的机织面料和针织面料。机织面料可用于制作夹克衫、休闲服、西装套服、衬衫、床单和毛巾、浴巾等。针织面料适宜制作内衣、汗衫、T 恤衫、袜子等，竹原纤维含量 30％以下的竹棉混纺纱线更适合于内裤、袜子，还可以用于制作医疗护理用品。

10.1.1.2　天然动物纤维

天然动物纤维主要组成物质是蛋白质（又称为蛋白质纤维），包括毛和腺分泌物两类。其中，毛发类天然动物纤维包括绵羊毛、山羊毛、兔毛、牦牛毛、骆驼毛等；腺分泌物天然动物纤维包括桑蚕丝、柞蚕丝等。

（1）丝（silk）　是指从蚕的肚子中盛有的液体通过其小口中分泌出的一条细流，细流在空气中很快凝结起来，就变成了一缕连续不断的长丝；通常一个蚕茧由一根丝缠绕，一般长达 1000～1500m；丝的主要成分是蛋白质（角蛋白），它不能被消化酶作用，因而无营养价值。丝是空心管状结构，强度高，有丝光，有凉爽感，丝制品质地好，属于真正的天然材料，所以可以做出夏季高级衣服。

天然彩色茧丝色彩自然、色调柔和、色泽丰富而艳丽。桑蚕彩色茧丝主要有黄红茧系和绿茧系两大类，黄红茧系包括淡黄色、金黄色、肉色、红色、蒿色、锈色等，黄红茧系的颜色来自桑叶中的类胡萝卜素（β-胡萝卜素、新生胡萝卜素）和叶黄素色素（叶黄素、蒲公英黄素、紫黄素、次黄嘌呤黄素）；绿茧系包括竹绿和绿色两种，绿茧丝的色素主要为黄酮色素。

柞蚕、天蚕、野桑蚕、蓖麻蚕、琥珀蚕等天然彩色茧所吐的丝大部分内部有很多空隙，最多达 10％，是一种多孔蛋白质纤维，轻盈飘逸、吸湿性优良、透气性好、穿着舒适；天然彩色茧丝具有很好的紫外线吸收能力，对 UV-B 透过率小于 0.5％，UV-A 和 UV-C 透过率不足 2％；茧丝外层丝胶有很好的抗菌作用，用野蚕丝无纺布接种黄色葡萄球菌、绿脓杆菌、大肠杆菌、枯草杆菌等，使接种的细菌数减少 99.9％；抗氧化功能好，生物在生命活动中，在不良环境中会不断产生多种活性氧自由基，这些自由基氧化能力强，能破坏生物机体。彩色茧丝分解这些自由基的能力远远高于白茧丝，其中绿色茧丝能分解 90％左右活性自由基，黄色茧丝分解 50％左右自由基。将彩色茧丝制成内衣，或者做化妆品有很好的护肤养颜作用，免除这些活性基对人体的危害。

（2）毛（hair）　包括各种兽毛，主要以羊毛为主。羊毛（wool）属于粗短纤维，由两种蛋白质组成，一种是含硫较少的纤维质蛋白，其排列顺序是成条状；另一种是含硫较多的细胞间质蛋白，其作用是连接纤维角蛋白，二者构成了羊毛纤维的骨架。羊毛具有天然阻燃、抗尘防污的作用，并且具有耐磨性和保暖性好的特点，因此，可以做成高级的外衣。

有机羊毛的性能更好，其原因是没有经过化学处理，一般都用污染少的染料染色。

10.1.1.3　矿物纤维

矿物纤维（mineral fiber）是从矿物中开采得到的一种天然无机纤维，主要成分是无机金属硅酸盐类，如石棉纤维。石棉纤维（asbestos fiber）是指蛇纹岩及角闪石系的无机矿物纤维，基本成分是水合硅酸镁（$3MgO \cdot 3SiO_2 \cdot 2H_2O$）。石棉纤维的特点是耐热、不燃、耐水、耐酸、耐化学腐蚀。石棉纤维在工业上使用最多的有温石棉、青石棉、铁石棉。石棉纤维可以织成纱、线、绳、布、盘根等，作为传动、保温、隔热、绝缘、密封等部件的材料或衬料，在建筑上主要用来制成石棉板，石棉纸防火板，保温管和窑垫以及保温、防热、绝缘、隔声、密封等材料。石棉纤维可与水泥混合制成石棉水泥瓦、板、屋顶板、石棉管等石棉水泥制品。石棉和沥青掺合可以制成石棉沥青制品，如石棉沥青板、布（油毡）、纸、砖以及液态的石棉漆、嵌填水泥路面及膨胀裂缝用的油灰等。国防上石棉与酚醛、聚丙烯等塑料黏合，可以制成火箭抗烧蚀材料、飞机机翼、油箱、火箭尾部喷嘴管以及鱼雷高速发射器，船舶、汽车以及飞机、坦克、舰船中的隔声、隔热材料。石棉与各种橡胶混合压模后，还可做成液体火箭发动机连接件的密封材料。石棉有致癌性，在石棉粉尘严重的环境中有感染癌型间皮瘤和肺癌的可能性，因此，在操作时应注意防护。

10.1.2　人造纤维

人造纤维（artificial fiber）又称纤维素面料（cellulose cover fiber），是利用不适宜种植粮食的土地种植的树木、芦苇或者甘蔗渣、棉秆、麦秆等植物纤维，经过必要的化学处理，得到人造纤维。人造纤维主要包括人造棉、人造羊毛、人造丝等。

10.1.2.1　人造棉

人造棉的制备方法：将上述植物纤维和烧碱、二硫化碳一起作用，生成纤维素黄酸酯，把它溶解于稀的碱溶液中，能得到一种黏稠液体，用这种黏稠液体经过纺丝可得到黏胶纤维（viscose fiber）。

黏胶纤维结构与棉纤维相同，但为实心棒状，比较脆，强度差，纤维素分子排列与棉纤维相比其松散零乱，分子之间的空隙较大，水分子容易进入，因此由黏胶纤维制成的面料与棉布相比缩水性要大。若将此制品浸入水后会发胀、变厚变硬，所以不容易洗涤。由于黏胶纤维的性能与棉花相近，常用于制作内衣，穿着舒适，价格相对较低，所以得到了广泛的应用。

在黏胶纤维中加入合成树脂后，合成树脂能够使黏胶纤维分子的排列更加整齐规则，克服了黏胶纤维的脆和强度差的缺点，经过纺丝可得到富强纤维，此纤维制成的面料缩水性非常小，洗涤性能好。

10.1.2.2　人造羊毛

人造羊毛（artificial wool）是指把黏胶纤维的长丝加工成 76～102mm 与羊毛相似的长度，其形状与羊毛近似。人造羊毛的缺点是遇水膨胀变硬，耐磨性能差。

氰乙基纤维是指黏胶纤维中加入丙烯腈后，纤维中的羟基与丙烯腈反应生成的纤维，这种纤维的耐磨性好。

10.1.2.3　人造丝

人造丝（artificial silk）是通过黏胶纤维制成的丝状制品。人造丝与棉布相同，能够制作内衣等，人造丝的缺点是在水中不结实，洗涤易变形。

醋酸纤维（cellulose acetate）是黏胶纤维与醋酐在硫酸或氯化锌的作用下反应生成的产物。醋酸纤维稳定性能好，能阻燃。

铜氨人造丝（cuprammonium rayon）是黏胶纤维加入铜氨溶液（方法是氢氧化钠溶入浓氨水即得铜氨溶液），使其溶解制成纺丝液，尔后在酸液中喷丝，得到铜氨人造丝，质地好。

10.1.3 合成纤维

合成纤维（synthetic fiber）是由合成高分子化合物制成的纤维。由于天然纤维如棉、麻不是在任何地方、任何土壤和气候条件下都能种植，另外，棉、麻每年也只能种植一次。动物纤维的来源如羊毛的产量也受到牧场和草等条件的限制，蚕丝的产量受到桑树的种植的限制。同样，人造纤维也受到了原料的限制。

合成纤维的生产解决了天然纤维、人造纤维资源缺乏的问题。合成纤维有着很好的化学性能和力学性能，加上资源来自于石油，因此世界上合成纤维的产量从 20 世纪 80 年代就超过了天然纤维的产量，并且得到了广泛的应用。

10.1.3.1 合成纤维的成纤条件

（1）高聚物分子必须是线型结构 合成纤维的高聚物分子必须是线型结构的高分子或带有少数支链的线型结构高分子。成纤后，高分子链能够保证进行纤维拉伸时具有一定的强度和弹性。

在纤维的分子链束（分子链束是由若干分子链组成的）中，经常同时有晶形区和无定形区存在，在晶形区链束局部排列规整，分子间吸引力较大，强度较高；在无定形区链束局部排列不规整，呈无规则的卷曲状态，分子链间相互纠缠在一起。因此，合成纤维在制造过程中必须经过拉伸，使分子链能沿着纤维轴的方向取向（单向有序排列），也使无定形区内排列得不规整的分子链顺着纤维方向伸直排列，以提高分子间的作用力，从而增加纤维的强度。

（2）高聚物分子的分子量要适量 合成纤维的分子量适量，才有利于拉丝和保证足够的强度。分子量不够大时，纤维强度差；分子量增大时，纤维强度可以提高，但分子量大到一定程度时对强度影响不大，而对纺丝来说却由于黏度太大带来了困难。一般要求分子量在 10^4 的数量级。

（3）高聚物分子的分子链要有吸引力 一根合成纤维是由无数线型高分子链交织排列在一起形成的。要提高纤维的强度，则必须提高高分子链的作用力（范德华力和氢键）。分子链中有极性基团，如—OH、—NH$_2$、—CO—等容易形成氢键，分子链间的吸引力就大，纤维的强度就增强。

另外，高聚物在溶剂中有较大的溶解度，制成的溶液要有较高的稳定性，以有利于纺丝，形成纺丝纤维要具有易于染色的性能。

纺丝是模拟蚕吐丝的原理，先将成纤的聚合物制成黏稠的纺丝黏液，然后，将这种黏液加压后，从喷头中压出，形成极细的纤维，冷却后，溶剂挥发或凝固，使之成为纤维状的固体。

10.1.3.2 合成纤维的性质

（1）合成纤维的强度和耐磨性 合成纤维的高分子结构决定了其具有好的强度和耐磨性，因此合成纤维的用途非常广，合成纤维制成的纺织品经久耐用。

（2）合成纤维的吸水性能 合成纤维的分子结构紧密，因此吸水性能差，不易被细菌侵蚀，不易被虫咬。由于吸水性能差，所以不适合做内衣。

（3）合成纤维的耐酸碱性 合成纤维的化学稳定性能好，强度高，不怕酸碱的侵蚀，因此常用来做耐腐蚀的衣服等。合成纤维制品易洗，并且一般的洗涤剂不会对合成纤维造成损害。

（4）合成纤维的易沾污性 合成纤维受到摩擦时，容易产生静电，因此合成纤维制品易吸附空气中的尘埃，造成纤维制品易脏。合成纤维是电的不良导体，所以，合成纤维衣物易起毛。

10.1.3.3　常见的合成纤维

（1）尼龙（锦纶、耐伦）（polyamide fiber）的学名是聚酰胺纤维，聚酰胺纤维是指在纤维分子中各链节都是以酰氨基相连接的合成纤维。聚酰胺纤维包括尼龙-6、尼龙-66、尼龙-610等。尼龙后面的数字表示生产这种纤维的原料单体所含的碳原子数，如尼龙-6，是由六个碳原子的己内酰胺制成的；尼龙-66，是由六个碳原子的己二胺和六个碳原子的己二酸制成的；尼龙-610，是由六个碳原子的己二胺和十个碳原子的癸二酸制成的。

尼龙的特点是强度高，有一定的弹性，耐磨、耐油、耐腐蚀、耐细菌等优点，尤其是耐磨性好于其他一切纤维（比棉纤维高10倍，比羊毛纤维高20倍，比黏胶纤维高50倍）。尼龙的缺点是耐光性差。

（2）涤纶（的确凉）（polyester fiber）的学名是聚酯纤维，聚酯纤维是指在纤维分子中各个链节都是以酯基相连接的合成纤维。生产涤纶的单体原料是对苯二甲酸和乙二醇。

涤纶具有以下优点：强度高，富有弹性，不易皱，吸水性差，耐磨（仅次于尼龙）、耐光、耐腐蚀、可耐漂白剂（氧化剂）、醇、烃、酮、石油产品及无机酸等，不溶于一般的有机溶剂，绝缘性好，是理想的纺织材料。缺点是耐碱性差。

（3）腈纶（人造羊毛）（acrylic fiber）的学名是聚丙烯腈纤维，聚丙烯腈纤维是指在纤维分子中各个链节都是以丙烯腈相连接的合成纤维。生产腈纶的单体原料是丙烯腈。

腈纶的优点是：柔软蓬松，强度比羊毛高1～1.5倍，保暖性及弹性比羊毛好，是优良的天然毛代用品。其耐光性、耐候性（除含氟纤维外）是一切天然纤维和合成纤维中最好的。但耐磨性比羊毛差。

（4）维纶（人造棉）（polyvinyl alcohol fiber）的学名是聚乙烯醇甲醛纤维，聚乙烯醇甲醛纤维是指在纤维分子中各个链节都是以乙烯醇甲醛相连接的合成纤维。生产维纶的单体原料是醋酸乙烯酯。

维纶的优点是：外观、手感、吸湿性与棉纤维均极其相似，强度和耐磨性都比棉花好。

（5）丙纶（polypropylene fiber）的学名是聚丙烯纤维，其优点是：在合成纤维中是密度最小的（$0.91g/cm^3$），穿着和使用都比较轻便；吸水性小，耐磨性好，制成的衣服不走样；耐酸碱，弹性较好，有优良的电绝缘性和力学性能，可以用来做滤布、渔网等。

（6）氯纶（polyvinyl chloride fiber）的学名是聚氯乙烯纤维，聚氯乙烯纤维是将聚合物溶于丙酮和苯的混合溶剂或纯丙酮溶剂中，尔后纺丝成型。其优点是：化学稳定性好，耐强酸强碱，遇火不燃烧，保暖性好（比棉花高50%，比羊毛高10%～20%）；氯纶能够防治风湿性关节炎，其原理是氯纶具有很强的静电作用和良好的保暖性，再加上吸湿性低，水分吸附后很容易蒸发。

（7）混纺纤维（mixed fiber）是将多种纤维混合而成的有别于原来纤维性能的混纺制品。如涤绢绸是涤纶和蚕丝的混纺制品。

10.1.4　纤维衣着品的功能、鉴别

10.1.4.1　纤维衣着品的功能

纤维衣着品必须具有良好的穿着功能和力学性能。

（1）柔弹性　纤维制品具有柔软性和弹性，没有粗硬感。其原因是纤维分子是呈链状

的，可以缠绕，因此纤维制品具有柔弹性。如聚酯纤维分子排列整齐，规则性好，回弹性优异，抗变形能力强，挺括，不走样。

（2）耐磨性　纤维制品耐磨性取决于组成纤维的化学链结构，化学链结构又决定了纤维的强度。如聚酰胺纤维中的酰氨基组成的纤维大分子主链共价键结合力大，链间距离小，因此聚酰胺纤维具有很好的耐磨性和强度。

（3）精致性　纤维制品必须具有精致性和耐看性。纤维制品所采用的纤维要足够细且均匀。

（4）缩水性　纤维制品的缩水原因是组成纤维单体的化学结构本身的影响，纺织和染整中受到的机械作用如纤维的拉伸等的影响。各类纤维的缩水率为：丝绸与黏胶纤维 10%，棉、麻、维纶 3%~5%，尼龙 2%~4%。涤纶、丙纶 0.5%~1%，混纺品 1%。制作衣服时一定要考虑其缩水性，才能裁剪出合身的服装。

（5）保暖性　纤维制品制成的服装要有良好的保温功能，应尽可能保持空气，使服装内部不发生流动。其保暖性取决于纤维的热导率（$\times 10^{-4}$ cal/cm·s·℃）：羊毛 3.6，丝 3.8，尼龙 4.2，棉 5.3，人造丝 5.8。

10.1.4.2　纤维衣着品的色泽

（1）纤维着色：染色是将染料由外部进入被染物的内部，使被染物获得颜色，如各种纤维、织物、皮革的染色。着色是在物体形成固体形态前，将染料分散在组成物中，成型后，得到有颜色的物体，如塑料、橡胶及合成纤维的原浆着色。涂色是借助于涂料的作用，使染料附着于物体的表面，而使物体表面着色，如涂料印花油等。

（2）纤维的染色与纤维的分子结构的关系：丝、毛纤维是蛋白质分子，有氨基和羧基，可以采用酸性或碱性染料与其反应直接着色；棉、麻、人造纤维中有中性的葡聚糖分子或纤维素单体，可采用媒染剂如明矾水解成氢氧化铝，挂上染料后再吸附在纤维上的媒染法。合成纤维的染色要根据它们的化学结构进行，如尼龙易染色，且色泽鲜艳；涤纶、丙纶、氯纶一般是在喷丝前将原料染色后制成丝再纺织。

（3）服装色彩的"性格"与相互搭配

① 红色：象征快乐、热烈、爱情，是女人和儿童喜欢的颜色。不同深浅的红（粉红到深红）、不同冷暖的红（橘红到紫红）相互间的搭配，可以获得良好的效果。红色和黑、白、金搭配既鲜明又协调。

② 黄色：象征快乐、宗教、信仰，是宗教徒和帝王用得较多的颜色。黄色最亮，最醒目。儿童戴小黄帽，雨天穿黄色雨衣或黄色雨伞，能引起车辆的警觉。黄色和紫色搭配，明度和色度对比十分强烈，形象鲜明；黄色与橘黄、红色搭配，使人感到美丽和热情；黄色和白色搭配，使人感到娇嫩、可爱（婴儿的褓褓衫常采用黄色和白色搭配）。黄色和粉红色、奶油色搭配，活跃而和谐，是妇女夏季常用的色彩。

③ 蓝色：象征安静、智慧、寒冷，是任何人喜欢的颜色。蓝色是服装中用得最多的颜色，穿着显得文静朴素。蓝色和白色搭配，色泽鲜明，感到精神有朝气（海军服装的颜色就是此搭配）；蓝色与红色、粉红色、橘黄色、黄色、浅咖啡色搭配也很合适。

④ 绿色：象征和平、生命、青春，给人的感觉是安详、恬静、温和。绿色作为服装的颜色，时髦而又不轻浮，对肤色白而略胖的人尤为合适；绿色与白色、黑色相配时，效果最好；绿色与浅黄色、黄色、奶油色相配也很合适。

⑤ 紫色：象征高贵、威严、神秘，紫色是红加蓝调成，红的成分多就偏暖，蓝的成分

多则偏冷。浅紫色尤能给人轻盈大雅的感觉。紫色与黄色搭配鲜明、强烈；紫色与白色、浅咖啡色、灰色搭配良好；紫色与明亮的绿色也可搭配。

⑥ 咖啡色：象征朴素、含蓄、坚实。高贵的动物裘皮是咖啡色居多，以它做服装显得高雅。咖啡色与黑、白、红搭配效果良好；咖啡色服装与我国人的头发相配协调、质朴；咖啡色上衣与黑色长裤搭配适合中年人穿着；咖啡色的夹克或猎装与白色长裤相配，显得活跃、朴素；咖啡色与橘黄色相配，适合中年女人穿着。

⑦ 黑色：象征庄重、悲哀、绝望。黑色服装配以洁白的衬衣，红色领带，显得活泼。

⑧ 白色：象征纯洁、洁净、素雅，给人以轻快的感觉。姑娘洁白的结婚礼服，配上一朵血红的珠花，会显示少女的纯净和贞洁；配以白色的马蹄莲和浅色的康乃馨，浅绿色的郁金香，则会在素雅中显示出青春的活力。

⑨ 灰色：象征平凡、朴实、空虚。作为服装的颜色，给人以婉和平易的感觉，也最容易与其他色彩搭配。

⑩ 金、银色：象征富贵、华丽。一般在织物中交织一点金银丝，会有高贵感，但它们单独作为衣服就会显得庸俗。

10.1.4.3　纤维衣着品的鉴别

随着化学工业和纺织工业的发展，新型面料不断在市场上出现，这些面料有天然纤维（棉、丝、麻等）制成，有人造纤维和合成纤维制成，有混纺纤维制成，因此，鉴别纤维衣着品的类别对于自身的身体健康有着重要意义。

（1）观察鉴别法　看：观察其光泽（涤棉光亮、维棉色暗、尼龙艳丽、丝织品有丝光），观察其牢固性；摸：观察其布身厚薄；拉：观察其布身平衡紧密程度；照：观察其布眼大小稀匀；听：听其布的撕裂声，判断布的好坏；拈：看是纱制品还是线制品（若是短纤维且长短不一，则是棉花、羊毛等天然纤维；若长短一致，则为合成纤维或人造纤维）；舔：从织物中抽出一根单线，用舌尖将线湿润，在湿润处易断的是黏胶纤维；不一定在湿润处短的是蚕丝；不论纤维干湿都不易断的可能是尼龙等合成纤维。挺括：用手攥紧织物迅速松开，一般无皱且毛感强的为毛纤混纺制品；皱折少且复原快的是涤棉；而皱折多且复原慢的是黏棉；不复原且留有折痕的是维棉。

（2）化学鉴别法　纤维衣着品的化学鉴别法见表 3-10-1。

表 3-10-1　纤维衣着品的化学鉴别法

品　种	燃烧鉴别法	溶解鉴别法
棉	燃烧快,黄色火焰,蓝烟,灰少,灰末细软呈浅灰色	易溶于浓硫酸、铜氨溶液
麻	有烟草味,其余与棉同	溶于铜氨溶液
蚕丝	燃烧慢且缩成一团,灰呈黑褐色小球,易压碎,有臭味	溶于酸碱、铜氨溶液
羊毛	燃烧时徐徐冒黑烟,有烧毛发的臭味,灰多,为发光的黑色脆块	溶于氢氧化钠溶液
黏胶纤维	同"棉"	同"棉"
尼龙	燃烧慢,熔化,无烟,浅褐色灰块,不易压碎,有芹菜香味	溶于苯酚和各种酸
涤纶	燃烧慢,卷缩,熔化,灰呈黑褐色玻璃球状,易捻碎,有芳香味	溶于苯酚
腈纶	边收缩,边熔融,边燃烧,火燃白而亮,灰呈黑色不规则球状	溶于硫氰酸钾溶液

续表

品　种	燃烧鉴别法	溶解鉴别法
维纶	燃烧时纤维收缩,火焰小呈红色,灰呈黑褐色状且可捻碎,有特殊臭味	溶于酸
丙纶	边熔融,边缓慢燃烧,有石蜡气味,无灰烬,但燃烧剩余的部分为透明球状	溶于氯苯
氯纶	接近火焰时,收缩熔融,不燃烧,有氯气的刺激臭味,燃烧物呈不规则黑色块状	溶于 N,N-二甲基酰胺(DMF)和四氢呋喃(THF)及氯苯

10.1.4.4　纤维衣着品的保护

(1) 纤维衣着品洗涤用水　衣服洗涤用水是以软水和雨水为最好,可以用来洗涤高级衣服且容易洗得干净、鲜艳。而硬水会使衣服越洗越糟糕,井水可能含有较多的钙、镁等盐类的硬水,因此不宜用井水洗涤衣物,否则,衣服会泛白、变黄、发脆甚至会在衣服上沉积而难以去除。井可以加入适量的小苏打并加热沉淀后使用。洗涤衣物要有合适的水温(棉的洗涤水温可以较高一些,浸泡;洗丝绸的水温不应超过 40℃;化纤的水温不应超过 60℃)。对于较高级的衣物可以采用干洗的方法洗涤。

(2) 纤维衣着品的晒、烫　衣服洗好后在脱水和晾晒时,切忌用力拧绞,尤其是丝、毛、化纤织物,用手甩甩即可晾干;若用洗衣机脱水应半分钟即可。洗好的衣物应晾在通风处阴干为好,否则日晒会导致衣物的颜色损坏(丙纶织物最忌暴晒)。衣服要常新常美,就要烫得笔挺,熨烫温度不应超过 160℃,最好熨烫时将衣服湿润(烫丝绸衣服切不可直接喷水,维纶烫时不要喷水或湿润)或在衣服上加一层湿布,否则,会损害衣服的使用寿命。

(3) 纤维衣着品的收藏　要收藏的衣物需要洗净、晾干后,将衣物装入密封的干净的塑料袋中为宜。在收藏时,要防虫(可以用天然樟脑,樟脑是白色晶体,易升华,其气体可以进入虫的细胞而将虫杀死。切不可用卫生球,因为卫生球的主要成分是萘和氯苯);要防霉(霉菌在衣服上能产生霉斑,分解纤维素,使织物的强度显著降低,可用汞的有机物如醋酸汞,汞盐能够与微生物体内蛋白质生成汞盐沉淀而将霉菌杀死)。

10.2　皮革与衣着品

皮革(leather)是指纤维长度(fiber length)比纤维的直径大(其比值大于 100)许多倍,并且有一定柔韧性,通过加工可以制成各种衣物的纤细物质。包括动物革和人造革。

皮(skin)是指各种动物的皮(指生皮,包括牛皮、羊皮、猪皮),生皮干燥后特别硬,但遇水后又变软,易腐烂。革(hide)是将生皮经过一系列的物理与化学加工鞣制后转变成一种固定、耐用的物质。由于鞣制剂与生皮中的蛋白质纤维结合固定,就使动物皮变成了具有柔软、坚韧、遇水不易变形、干燥不易收缩、耐湿热、耐化学药剂作用等性能,并且有透气性、透水性和防老化性等优点的皮革。

皮革的制作过程要经过准备、鞣制和整理三个过程。

(1) 准备工序　剥下来的生皮或干板皮经过洗清和浸水就可除去皮上所黏附的泥沙和各种污物,恢复柔软的状态。然后刮去附在皮上的油脂和烂肉,浸泡在石灰水里,让皮上的胶质纤维适当膨胀,再除去表皮与鬃毛,使皮面洁白,富有弹性,最后脱灰是用酸来中和掺入皮里的碱性石灰水。

(2) 鞣革工序　将鞣剂与生皮放入木转鼓内,有规则地匀称缓慢地不断旋转,使生皮不停地翻动，促进鞣剂渗透进生皮，与皮的蛋白质纤维结合固定，变成一种不溶解于水的物质。这样制成的革干燥后就不再发黏，不再腐败。鞣制皮革的方法可分为植物鞣革、铬鞣革、油鞣革和铬植结合鞣革。鞣制用的鞣料有矿物质鞣料（为铬矾、红矾等，此类鞣料鞣制出的皮革柔软而富有弹性且耐曲折，其原因是 Cr^{3+} 和胶质纤维中的氨基酸的活性基团作用，使皮的纤维键合，强度大增，因此可制作皮鞋、皮服装）和植物鞣料（如鞣酸，此类鞣料鞣制出的皮革抗强力、耐曲折、坚牢而富有弹性，其原因能使蛋白质凝固且使其规整，强度增加，所以可制作皮鞋的底革、箱子用的面革）。

（3）整理工序　皮革整理（包括净面、染色、伸长、干燥、磨平、熨烫、上油、揉软、喷色、打光等工序）是提高皮革的质地（弹性、丰满、柔软、延伸、抗水、透气和吸湿的性能）和美化皮革（皮革表面细致平滑而清晰、色调和光泽均匀）。

10.2.1　天然皮革

天然皮革（nature leather）是指各种动物的皮经过一系列的物理与化学加工鞣制后转变成一种固定、耐用的物质。

动物皮有表皮和真皮，表皮是皮肤最外层组织，主要由角朊细胞组成，它决定了皮的粗糙程度；真皮是含有胶质的纤维组织（均为蛋白质），决定了皮的强韧程度和弹性。

（1）牛皮革（cowhide leather）的特点　牛皮革是一种多孔性物质，具有透气和吸潮性能。牛皮是由天然蛋白纤维组合成的不同纤维束，纤维束以错综复杂、互相缠绕、紧密交织的方式，构成一种特殊的网状结构，经过鞣制成革强度高、弹性好、丰满好、坚牢耐用、不易老化。牛皮革毛孔较小，皮纹较细，因此牛皮革制品美观。

（2）猪皮革（pigskin leather）的特点　猪皮革是一种多孔性物质，具有透气和吸潮性能。猪皮的鬃毛是穿过皮层直达肉层的，因此猪皮的透气性和吸湿性要比牛皮好。尤其是出脚汗的人，穿着猪皮鞋时会感到比牛皮鞋舒适。猪皮是由天然蛋白纤维组合成的不同纤维束，纤维束以错综复杂、互相缠绕、紧密交织的方式，构成一种特殊的网状结构，经过鞣制成革强度高、弹性好、丰满好、坚牢耐用、不易老化。而猪皮组织结构中的纤维束比牛皮中的粗壮，交织更紧密。猪皮面革的抗张强度为 $2kg/mm^2$，猪皮革的坚牢和耐磨性，一般比牛皮革强。猪皮革毛孔粗大，皮纹较粗，因此猪皮革不如牛皮革美观。现已开发试验成功了猪皮苯胺革、猪皮细纹革、猪皮打光革、猪皮超薄型票夹革、猪皮丝光绒面革，在美观上可与牛皮革媲美。

（3）羊皮革（sheepskin leather）的特点　羊皮的组织结构有三层：表层（表面最薄的一层，占皮总厚度的 1.0%～1.5%；由角皮细胞组成，较硬挺，起保护真皮的作用，在制革时要同毛一起去除）、真皮层（中间的一层，占皮总厚度的 85.0%～90.0%，由生胶质纤维组成，长毛的部位是乳头层，组织紧密，耐磨力强但较脆；毛根深入的部位是网状层，较厚实，纤维组织紧密又没有毛束，汗腺和皮脂腺等深入其中，组织均匀，有较大的拉力）和组织层（皮下组织层是松软的结缔组织，含脂肪多，在制革时要去除）。

① 山羊皮革（goatskin leather）　山羊皮（产于四川、甘肃、山东等地区）的纤维组织较坚实，柔软，弹性足，皮面粒纹清晰，细致，真皮感强，可染成各种颜色，鲜艳光泽，是制作高档皮鞋、皮服装、皮手套的上等原料。

② 绵羊皮革（sheepskin leather）　绵羊皮（产地多，较著名且产量多的是新疆等地区）特征与山羊皮相似，但由于毛束、脂腺、汗腺以及竖毛肌的数量繁多，所以制成皮革特别松软；网状层的胶原纤维束较细，编织疏松，织角小，多为平行性质，因此制成的皮革牢度

低；绵羊皮革质地柔软，延伸性大，手感像丝绒，强度小，但粒面细致光滑，皮纹清晰美观。绵羊皮一般只能制作皮革服装、皮手套或夹里，不可制作鞋面革。

10.2.2　人造皮革

人造皮革（artificial leather）包括人造革和合成皮革。

10.2.2.1　人造革

人造革（imitation leather）是指在织物纤维纱线之间用聚氯乙烯树脂、聚酰胺、聚氨基甲酸酯等配以各种助剂如增塑剂、稳定剂等制成。

（1）人造革的组成和结构　人造革由树脂和天然纤维或合成纤维及助剂组成。天然纤维或合成纤维组成和结构前面已述及。树脂是由单体成链状或网状连接而得的有可塑性的高聚物。链状聚合时，单体分子首尾相连，形成卷曲和缠绕的长链如聚乙烯等；网状聚合时，链在横向或纵向交联形成立体结构，分子中的各个原子之间连接很紧密，如酚醛树脂。各种助剂包括增塑剂（如邻苯二甲酸二辛酯，可使塑料变软，所以可制成薄膜或塑料布）、稳定剂（常用还原剂，可以增加对光和热的稳定性）、填料（如玻璃纤维，可以增加强度）及润滑剂（如高沸点溶剂）、着色剂（各种颜料）。

（2）人造革的性能　人造革具有的性能有可塑性（可通过加热使其变软再冷却成型形成花样繁多的各种制品），密度小，机械强度幅度大，耐腐蚀（耐酸、碱），电绝缘性好，着色力强（其制品色泽鲜艳）。但人造革制品没有透气性和吸潮性，因此，人穿上人造革皮鞋觉得有点"烧脚"，穿上人造革服装有不舒适的感觉。

10.2.2.2　合成皮革

合成皮革（synthetic leather）是一种由高分子物质浸渍的合成纤维层，有着近似天然皮革的纤维结构。

（1）合成皮革的组成和结构　合成皮革的制造要经过底基成型和浸渍液配制、加工和整饰三个步骤。一般采用尼龙或涤纶纤维针刺压制成型、浸渍收缩，尔后热定型为底基；用聚氨酯、二甲基甲酰胺、甲苯等原料配制糊状，涂抹于底基上，经过浸渍轧制组合为合成皮革。

（2）合成皮革的性能　合成皮革具有成品质量均匀、规格一致（适合大规模机械化、自动化生产，提高工作效率），着色力强（能够制成各种鲜艳的皮革制品，几乎与天然皮革相比拟）和密度小（耗用原料少，有利于降低生产成本，降低销售价格）的性能。其缺点是透气性差。

10.2.3　皮革制品的功能与鉴别

10.2.3.1　皮革制品的功能

皮革制品必须具有良好的穿着功能和力学性能。

① 柔弹性：皮革制品具有柔软性和弹性，没有粗硬感。抗变形能力强，挺括，不走样。

② 耐磨性：皮革制品具有耐磨性。

③ 精致性：皮革制品必须具有精致性、耐看性及舒适性。

④ 保暖性：皮革制品制成的服装具有良好的保温功能。

10.2.3.2　常用皮革制品的选购和保护

（1）皮鞋　要具有舒适性、柔韧性、耐用性和可观性。舒适性能够使人感到心情舒畅，不易对脚造成伤害；皮鞋的后跟由橡胶制成，厚实且柔韧，因此，皮鞋的柔韧性具有轻度的抗震作用。因为人在走路、乘车时总会遇到震动的情况，当这种震动通过鞋跟向上传递时，就会在鞋跟里分化缓解，减轻震荡，以免损伤脚跟的大量神经，甚至影响大脑细胞。皮鞋要具有耐用性，既符合人们的购买心理，又符合绿色消费的要求；可观性是指皮鞋的美观好看，它能够增加人的精神和风度、健美和魅力。

挑选皮鞋时，应注意鞋面无明暗"伤痕"，鞋帮色泽鲜亮，无脱色、皱纹、掉浆、裂面的现象；手磨时感觉柔韧、有弹性；用手折压，褶皱均匀，还原力强，不留褶痕；皮革的厚薄也均匀适度。鞋底表面光亮，平整，无"伤痕"，槽口整齐，无破裂露线和底心发软等缺点；用手摸感觉坚实，用指尖轻弹，击声清脆，这样的皮鞋洗水性小，比较耐磨，不易走样。两只鞋底长短、肥瘦要相等，前帮的长短及后帮的高矮要适合脚型；主跟和内包头下部坚硬，后跟平整，缝纫针线码均匀，钉钉整齐，线条平整。

皮鞋的保护方法是：穿着要爱惜（皮鞋要经常保持清洁，不沾污泥，穿着皮鞋时尽量不要跑跳；不穿时，要放置在干燥通风处，防止霉变），切记水泡暴晒（皮鞋被水浸泡后在烈日下暴晒，鞋面革易起皱、发硬、断裂等）；每天用鞋油润擦（擦油时，鞋油中加一、二滴醋，可使皮鞋的光泽鲜亮持久，有皱褶的地方适当多擦点鞋油，前尖和后跟可少擦些；擦油不宜过多，应涂布均匀）。

① 羊皮皮鞋的性能和保养：羊皮皮鞋具有轻巧、柔软、舒适等特点，并且革面皮纹细致、粒面清晰、光泽鲜艳；耐折性能好，穿着较耐磨。

购买羊皮皮鞋时，要观察羊皮表面皮纹、粒面的清晰度（若羊皮皮面光滑的程度与塑料相同，则一定修饰过，会影响穿着寿命）；查看革面（用手指轻压革面，若出现粗大管状皱纹，即松面起壳，穿着容易断裂）；仔细看鞋面（用手轻轻弯曲鞋帮面，看粒面层的裂痕现象，若有，则说明皮革面层有裂面）。

羊皮皮鞋的保养要勤擦皮鞋（经常用中性鞋油擦皮鞋，可以使皮鞋的皮面革保持柔软的性能），忌浸水（浸水后使羊皮皮革纤维容易疏松，引起革面断裂或破碎），忌日晒（直接日晒使革内油脂挥发而使革面龟裂）。

② 高跟鞋的健美和危害：高跟鞋的优点是能增加身高，显示女性挺拔、俏丽、窈窕的体态；穿高跟鞋能减少脑颅的震荡，有防止脑组织和脊髓受损伤的作用。若鞋跟过高（脚跟提高的最大限度约为 85mm），会使穿着后脚的后半部分抬高，使脚的整体向前成倾斜状，足弓基本消失，身体重量集中的位置由跟骨转向前掌，使人的身体前倾加大，重力垂线超出支撑面的前界。为了保持平衡，人体虽本能地进行调节，收腹挺胸、臀部后凸，这样不能维持长久，否则，会引起部分肌肉、韧带及脚骨等劳损，导致腰酸、腿疼、脚软等病疼，甚至会使脚的纵弓、横弓的原有状态遭到破坏，逐渐变成平脚。

女性的鞋后跟适宜高大约是 $40 \sim 60mm$，最佳高度是 35mm，不能超过 60mm。正在长身体的少女尽量不穿高跟鞋，否则，会影响体育锻炼，妨碍身体生长发育。过早地穿高跟鞋可使少女的骨盆入口变得狭窄，导致分娩困难。

（2）皮服装　皮服装质量方面的要求：皮革表面光滑，皮纹细致，粒面清晰，色泽光亮柔和，但不能有反光感。身骨柔软丰满，厚薄均匀，手感滑爽有弹性，不得皮面板硬、僵硬、发黏。皮革表面切忌疏松、起壳、粗皱、散光、裂面、脱色现象，否则，会影响穿着挺括、美观，甚至影响穿着的寿命。皮服装做工质量方面要求周身平伏，不得歪斜，不可有荷叶边现象。双插袋、大贴袋、胸前袋的高低，大小要一致；拉条、嵌线的粗细、进出要一致；胸前、背后拼接要左右对称一致；缝纫线脚要稀密均匀一致，不得有严重歪斜、弯曲以及漏针、跳针现象。

皮服装的保养：保持整洁（穿着要爱惜，防止过度摩擦而脱色；严禁接触油污、酸性和碱性物质而使皮革边硬老化。收藏时，最好是晾晒后并且挂在防潮的衣橱中，收藏时尽量不使用樟脑或者放在樟木箱子中，以免影响皮革表面的光泽）。禁止擦鞋油（皮革服装要求光亮柔和、悦目。若要使用鞋油擦拭皮革服装，则会导致皮革表面的色泽发花、散色、发黏，引起皮革发硬或开裂，无法再染色整饰，还会产生一种怪味且污染皮革服装）。切忌雨淋曝晒（若皮革服装雨淋后又曝晒，将使皮革纤维组织膨胀，曝晒会使油脂挥发，促进皮革加速老化，日久会引起皮革表面起皱、发硬而断裂。正确的方法是雨淋或发霉后应要细布擦去污斑，然后放在阴凉通风处晾干，尔后用皮革上光剂擦拭上光）。

（3）裘皮服装　特点是不仅可抵御外界严寒和大风的侵袭，还会使人显得端庄高雅，雍容华贵。一般女同志可穿着斩背和镶革工艺的拉练衫等，会显得秀丽合体、富有青春活力；体型苗条修长的女子可穿着毛长的狐狸皮等浅色外衣，显得高贵华丽，风度卓姿。中老年人的款式应注重简洁、大方，色泽可挑选咖啡、棕色、灰色和驼色的外衣，不仅得体，而且显得风度华丽。

购买时，要做到三查和三看：三查是一查裘皮是否酥板（用手压住裘皮，另一手捏住一把毛往上提拉，毛同皮板给拉掉）、脆板（用手压住裘皮，另一手捏住一把毛往上提拉，裘皮脆碎）、盐板（用手分开毛头外露底板，用另一只手在底板上抚摸，手感发黏）；二查毛绒是否脱落（用手似木梳状在毛绒上梳五、六次，有较严重脱毛现象的则为质量差）；三查毛绒是否脱色（用手在毛面上擦七、八下，查看手上有无颜色，有者为脱色）。三看是一看裘皮花纹的拼接是否对称；二看合缝线是否牢固平整；三看毛绒是否平服。

裘皮服装的保养：经常保持整洁、不要淋雨沾雪、保藏防腐。

（4）皮手套　购买皮手套时要根据不同年龄和性别来选择。如儿童一般宜选用无指滑雪手套，戴脱方便，保暖性好；青年人可以选用彩色的弓形滑雪手套，弯曲自如，套戴舒服，显得高雅秀丽；中老年人宜选用平直型手套，绒内厚实、保暖功能性好。而手出汗多者应选用绒条钩边的人造革手套，透气性好，不易出汗。皮手套的使用要仔细，要防止被尖锐的物件划损，保存时不能用樟脑防虫，不要曝晒和受潮。

（5）皮革箱包　应四角平整，箱面皮纹粗细一致，色泽均匀，无洞眼、皱纹和严重的背筋。箱包造型轮廓端正、饱满、盖底合拢无间隙，缝纫针距疏密一致。箱锁装配结实、开启灵活，铝合金架坚挺。滑轮稳固无翘棱，滑行惯性足。拎攀弯度自然圆正，不断裂。

皮革箱包的保养使用要爱惜，不要曝晒或接触有害物质，不要雨淋。

（6）皮腰带　厚度一般应达到 $2\sim2.5mm$，皮革要结实、柔软、色泽光亮，表面无斑点、无刀伤。扎花皮腰带的花纹要清晰，凹凸均匀，无裂面现象。洞眼要圆、不脱色、配件（如皮带扣等）不毛糙。

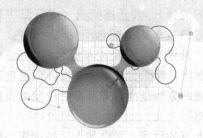

第 11 章
美容化学和化妆品

科学地使用化妆品能起到美化容貌的作用。化妆（cosmetic）是一门艺术，正确的美容化妆技巧与科学地选用化妆品能把人体的某些优点加以美化和突出，人体的某些缺陷也可以掩饰和补救，美容化妆还能医治某些皮肤病、保护皮肤健康、增进皮肤的光滑和美丽。美容化学（beauty chemistry）是研究化妆品的化学组成、化妆机制，化妆品对人体的皮肤（包括皮肤、毛发、指甲、口唇等部位）的清洁、营养和护肤作用，并且提高和促进人们的身心健康的科学。

11.1 皮肤的构造及化妆品

11.1.1 皮肤

11.1.1.1 皮肤的构造、性质和功能

皮肤指身体表面包在肌肉外面的组织，是人体最大的器官，主要承担着保护内脏器官和组织、排汗、感觉冷热和压力的功能。皮肤覆盖全身，它使体内各种组织和器官免受物理性、机械性、化学性和病原微生物的侵袭。

触摸皮肤时会感觉到平滑柔软，但仔细观看皮肤是高低不平的。成人全身皮肤的质量约为体重的 5%，面积为 1.5~2.0m²，皮肤的厚度（不包括皮下组织）一般为 1.0~4.0mm，并且随年龄、性别、部位不同而有所不同。一般男人的皮肤比女人的皮肤厚，人体背面皮肤比前面的厚，眼睑、前额、颊部、肘窝处的皮肤最薄，仅为 0.1~1.0mm，脚跟皮肤最厚，为 2~5mm。

（1）皮肤的组成　皮肤由三部分组成，即皮肤最外面的表皮、表皮下面的真皮和皮下组织。

表皮由皮脂膜、角质层、颗粒层、有棘层和基底层构成；真皮由胶原组织构成，它使皮肤富有弹性、光泽和张力；真皮层有丰富的毛细血管、淋巴管、神经、毛囊、汗腺和皮脂腺等；皮下组织由结缔组织和脂肪细胞组成，皮下脂肪能起到保持体温的作用。

（2）皮肤的主要化学成分　有蛋白质、脂肪、碳水化合物、水及电解质。由于在人体皮肤表面存留着尿素、尿酸、盐分、乳酸、氨基酸、游离脂肪酸等酸性物质，所以皮肤表面常显弱酸性，正常皮肤表面的 pH 值为 4.5~6.5。

（3）皮肤的主要功能　主要是参与维持整个机体的平衡及与外界的统一，主要包括排

泄、防护、吸收等。

① 排泄功能：皮肤能够将表皮的基底层生成的表皮细胞不断向皮肤表面移动，最后成为污垢和皮屑脱落，表层的汗腺和皮脂腺开口可以分泌水分、盐分及脂质，以保证新陈代谢的正常功能的排泄作用。

② 防护功能：皮肤具有抵御来自外界的物理和化学刺激，抵抗外界细菌感染的保护作用，保护的原因是皮肤分泌出的脂肪和汗液能够形成一层乳化膜，保护角质层，防止外界细菌、病毒的侵入；皮肤的坚韧是由于通过蛋白质链键形成的桥键的缘故，从而对外界机械性的侵袭有所抵抗。

③ 润滑功能：防止过度蒸发，使皮肤不干裂，保持光洁和柔软，靠不同蛋白质链间的桥键构成皮肤的韧性，抵抗外来机械伤害等。

④ 吸收功能：经毛囊口可吸收氧气、水溶性或脂溶性营养素及其他药物，保证毛发的生长和伤口的愈合。

⑤ 维持体温：皮肤是热的不良导体，它可以防止过多的体内热逸散，也可以防止过高的体外热传入，以维持人体的正常体温。

人体表皮的最外层为角质层，角质层是大多数化妆品的作用之处。角质层主要由含水量较低、pH 值约为 4.5 的老化细胞组成。角质层的主要蛋白质是角朊，它含有 22 种不同的氨基酸，角质层的结构导致其不溶于水，但能使水稍微通过，因此，皮肤经毛囊口可以吸收氧气、水溶性或脂溶性营养素。当环境中的空气干燥时，角质层细胞水分降低，质地变硬易裂。为了皮肤健康，要保持一定的湿度，但湿度过高时，细菌又易生长繁殖，同时湿度过低角质层就要脱落。洗涤皮肤可以将污垢、细菌等除去，但同时也会把皮肤上的油脂洗去，导致皮肤干燥甚至龟裂，所以，洗完后应在干燥的皮肤上涂抹适量的护肤品，以保护皮肤。

11.1.1.2 皮肤的类型

根据皮肤的特点和人的年龄、性别、地区及季节等不同，皮肤可以分为干性、油性、中性和混合性等类型。

(1) 干性皮肤 毛孔不明显，皮脂分泌少，皮肤较干燥。一般来说，干性皮肤人的皮肤细嫩、肤色清洁、脸部不油腻，经不起外界的刺激，如夏天日晒皮肤会变红，冬天遇冷皮肤会干燥或皲裂，吃刺激性食物后皮肤会出现斑点。这类皮肤易老化、起皱纹。因此，干性皮肤的人应注意保养。

(2) 油性皮肤 毛孔明显，皮肤粗厚，皮脂分泌较多。一般来说，油性皮肤人的脸部细腻光亮、经得起外界的刺激，这类皮肤不易老化、不易起皱纹。由于皮脂分泌较多会引起毛孔堵塞，油性皮肤的人易长粉刺。这类人应特别注意皮肤的清洁和卫生。

(3) 中性皮肤 皮脂分泌量和含水量适宜，皮肤既不干也不油腻，皮肤不粗不细。一般来说，中性皮肤是正常、健康和理想的皮肤，对外界的刺激不太敏感。

(4) 混合性皮肤 同时具有两种不同类型的皮肤。如某些人的脸部是油性皮肤，而脚是干性皮肤。

(5) 过敏性皮肤 当使用化妆品或日晒后，皮肤会过敏，产生红肿、瘙痒、皮疹等症状，这类人应慎重选用化妆品或减少外出日晒。

11.1.1.3 不同类型皮肤的护理

由于人的皮肤类型不同，在护理时要根据自身的皮肤类型采取合理的方法进行。

(1) 干性皮肤的护理 要保证皮肤得到充足的水分。

在选择清洁护肤品时，不要选用碱性强的化妆品和香皂，以免抑制皮脂和汗液的分泌，使得皮肤更加干燥。采取的方法应该是彻底清洁皮肤后，立即使用保湿性化妆品或乳液来补充皮肤的水分。也可以采用营养面膜等方法促进血液循环，加速细胞代谢，增加皮脂和汗液的分泌。

干性皮肤的人在睡前应该用温水清洁皮肤，尤其是脸部，尔后按摩几分钟，以改善面部的血液循环，或者使用晚霜。起床后，清洁面部，立即使用保湿性化妆品或乳液来保持皮肤的滋润和光泽。秋冬季应选用含油脂高的化妆品，防止皮肤的干燥，延缓皮肤的衰老。

干性皮肤的人的饮食需要：这类人宜食用脂肪和维生素较高的食品，如牛奶、鸡蛋、动物的内脏和新鲜水果等。

（2）油性皮肤的护理　要保持皮肤的清洁。

油性皮肤的人在选择清洁护肤品时，要选用洗面奶和香皂等，彻底清洗皮肤油污，每日洗脸至少三次。采取的方法应该是彻底清洁皮肤后，使用收敛性化妆液来抑制油脂的分泌。尽量不用油性化妆品。

油性皮肤的人在睡前用水清洁脸部，适当按摩几分钟，以改善面部的血液循环，调整皮肤的生理功能。起床后，清洁面部，使用收敛性化妆品来保持皮肤的光泽。秋冬季可选用乳液和营养霜等化妆品，维持皮肤正常的排泄通畅。

油性皮肤的人的饮食需要：这类人宜食用脂肪、糖类较少的食品，多食新鲜水果，尽量不吸烟，不饮酒，以改善皮肤的油腻、粗糙。

（3）中性皮肤的护理　要根据不同的气候、环境、季节的变化来护理，还要保持皮肤的清洁。

中性皮肤的人在选择清洁护肤品时，通常在夏季要选用乳液型护肤霜，以保持皮肤的清爽光洁，秋冬季节可选用油性稍大的膏剂，来防止皮肤的干燥粗糙。采取的方法应该是彻底清洁皮肤后，使用碱性小的香皂清洁面部。

中性皮肤的人在睡前用香皂清洁脸部，可用营养乳液润泽皮肤，使得皮肤保持光滑柔软；也可以用营养性化妆水，以保持皮肤处于不紧不松的状态。起床后，清洁面部，使用少许收敛性化妆水以收紧皮肤，尔后再敷以适量的营养霜予以保护。也可以采用熏面和按摩等方法促进局部血液循环。

中性皮肤的人的饮食需要：这类人宜多食新鲜水果、蔬菜、豆制品、奶制品，补充必需的蛋白质和维生素。保持心情舒畅，避免使用过多的化妆品，使得皮肤更加健康、自然。

（4）过敏性皮肤的护理　保养和护理应特别注意：过敏性皮肤的人选用敏感系列护肤品如敏感面霜、细胞乳液霜等，以镇静亢下神经丛。使用同一品牌的化妆品，尽量选用不含香味、酒精等刺激性的化妆品。尽量不化浓妆，若出现皮肤过敏，应立即停止使用任何化妆品，并且进行观察和治疗。

过敏性皮肤的人的饮食需要：这类人宜多食新鲜水果、蔬菜，少食用鱼虾、牛羊肉等食品。生活要有规律，睡眠要充足；皮肤要清洁，用冷水洗脸；要保持皮肤水分充足，避免过多地日晒。

11.1.2　化妆品与人体健康

11.1.2.1　化妆品的概念和分类

化妆品（cosmetics）是指以涂擦、喷洒或者其他类似的方法，散布于人体的表面任何部位（皮肤、毛发、指甲、口唇），以达到清洁、消除不良气味、护肤、美容和修饰目的的化学工业日用品。化妆品具有清洁、护肤、营养、美容医疗等作用。一般把胭脂、口红、润肤霜、乳液等看作"化妆品"。

化妆品可进行不同的分类，如按使用目的分，有基础化妆品、清洁类化妆品、美容化妆品、疗效化妆品；按使用部位分，有肤用化妆品、发用化妆品、美容化妆品、特殊用途化妆品；按使用剂型分，有液体化妆品、乳液化妆品、膏霜类化妆品、粉类化妆品、块状化妆品、棒状化妆品；按年龄分，有婴儿用化妆品、少儿用化妆品、成人用化妆品；按生产过程结合产品特点分，有乳剂类、粉类、美容类、香水类、香波类、美发类、疗效类。

11.1.2.2　护肤品和美容品的区别

护肤化妆品是用于保持皮肤健康、增进容貌美观的产品。具有清洁皮肤、保养皮肤，尤其是皮肤最外部的角质层中有适度水分或对皮肤疾患有医疗作用的功能。

清洁品：常用的清洁品如香皂、洗面奶、磨砂膏等，可以除去皮肤表层的油污、污垢、彩妆，或除去皮肤表皮外层的死细胞，起到深层清洁的作用。

保养品：常用的保养品如雪花膏、护肤霜、防水霜、奶液等，具有保护和营养皮肤的作用，避免外界对皮肤的刺激，防止皮肤水分的过多蒸发，促进皮肤血液循环，增强皮肤新陈代谢。

美容化妆品通常是指色彩化妆品。包括遮瑕类美容化妆品（如液体粉底、粉饼、遮瑕膏等）和色彩类化妆品（如香粉、胭脂、唇膏、香水、口红、眼线笔、睫毛膏、唇膏等）。遮瑕类美容化妆品用于遮盖皮肤的缺陷，起到调和皮肤肤色的作用。色彩类化妆品强调或减弱面部的五官和轮廓，使面部更加妩媚。

11.1.2.3　化妆品的组成

化妆品是由多种化学原料经一定的科学配方制成的。化妆品的原料种类繁多，而且新的原料层出不穷，但化妆品的主要原料有七类。

① 油脂和蜡类是组成膏霜类化妆品、发蜡、唇膏等油蜡类化妆品的基本原料，主要作用是对皮肤有护肤和润滑作用。化妆品使用的油脂和蜡类一般都来自天然产物，如羊毛脂、蜂蜡、鲸蜡、橄榄油、椰子油、凡士林、卵磷脂等。

② 粉类原料是组成香粉、胭脂、痱子粉、粉底霜等的基本原料，主要作用是掩盖瑕疵并且使皮肤平滑。如香粉的主要成分是滑石粉或高岭土（有滑爽感并且有光泽）、氧化锌和钛白粉（有遮盖作用）。

③ 香水类原料是组成香水、发油等液体化妆品的基本原料，主要作用是溶解、稀释。酒精、乙酸乙酯等是化妆品中的常用溶剂。

④ 乳化剂有表面活性剂（如三乙醇胺、甜菜碱类、磺化琥珀酸盐等）和天然乳化剂（如黄耆胶、阿拉伯胶等），主要是将各成分混匀。

⑤ 香料是化妆品的主要辅料，使化妆品具有赋香的功能。香料有植物香料（如玫瑰油、白兰花油、茉莉花油等）、动物香料（如麝香、海狸香、灵猫香等）和合成香料（包括各种香精）。

⑥ 色素是化妆品具有不同颜色的原料。常用的色素有天然色素（如叶绿素、胭脂虫红、胡萝卜素等）、无机色素（如氧化铁、炭黑等）和有机合成色素（如靛蓝、萘酚黄S等）。

⑦ 防腐剂和抗氧剂：防腐剂是防止化妆品变质的原料，防腐剂可以抑制微生物的活动。常用的防腐剂有山梨酸、邻苯基苯酚等。抗氧剂的作用是防止油脂腐败，常用的抗氧剂有维生素C、维生素E、对羟基苯甲酸丁酯等，用量应小于0.1%。

11.1.2.4 化妆品与微量元素

由于微量元素有着特殊的生理活性，微量元素进入化妆品是通过与蛋白质、氨基酸、核苷酸连接而实现的。若微量元素以配合物的形式进入化妆品，使产品更具有调理性和润湿性，容易被皮肤等吸收和利用，起到真正的美容作用。

(1) 铁及其配合物　铁对人体微循环和完善微血管有重要作用，人体汗腺和角质层的脱落可能造成体内铁的损失，使血浆中铁受到影响。化妆品中的铁主要是铁配合物，此配合物能够溶入血液，以增加身体对铁的吸收。

(2) 锗及其配合物　化妆品中的有机锗主要以氨基酸锗氧化物形式存在。此类化妆品能够作用于皮肤并且通过微血管、皮下组织细胞作用于更深层，使其发挥有机锗等成分的作用。有机锗能够防止脂质的氧化，所以，此类化妆品能够保护机体，维持皮肤的弹性，减缓皮肤的衰老和皱纹的出现，对皮肤具有增白作用，可以消除异常色素的沉着斑等作用。

(3) 铬及其配合物　三价铬能够保持正常的葡萄糖代谢，铬起胰岛素辅助因子的作用。有机铬在类脂物中有重要作用，能够预防动脉粥样硬化斑块及角膜混浊。化妆品中的有机铬配合物，有利于机体对铬的吸收和同化。

(4) 硒及其配合物　硒在人体中的代谢与维生素 E 有关。硒能够防止过氧化物对细胞质膜的不饱和脂肪酸的作用，可以减少体内硒的所需量，以保证膜的完整性。化妆品中的硒蛋白质配合物能够增加产品的润湿性和亲和性，有利于机体皮肤中硒的吸收和利用。

(5) 碘及其配合物　微量元素碘具有阻止头发分叉的作用，碘能够刺激与毛发生长有关的甲状腺激素的分泌，对毛发正常的生长发育有着重要作用。化妆品中的碘配合物主要是从海带、海藻、紫菜等海产品的提取液。

(6) 硅及其配合物　人体中的硅主要存在于皮肤、主动脉、气管和肌腱，硅具有使人体增高和骨架发育的作用。化妆品中的硅配合物与化妆品基质按一定比例配合，此类化妆品中的硅容易被皮肤、头发及指甲吸收利用，以增加皮肤的强度和弹性，调整皮肤表皮因硅缺乏而引起的不平整。

(7) 铜及其配合物　化妆品中加入具有活性的铜的超氧化物歧化酶（SOD），SOD 能够透过皮肤被吸收，有抗皱、祛斑、消除皮肤沉着素的作用，具有抗炎、防晒的作用，SOD中的活性部位铜能够清除机体内的自由基，所以，此类化妆品具有延缓皮肤衰老的作用。

11.1.2.5 常用化妆品中的有效保健成分

根据人体皮肤的构造特点，化妆品中的有效保健成分主要有保湿、抗皱、增补及防晒四类。

(1) 保湿护肤品的成分　目前市面上的保湿护肤品的成分大致可分为 4 种。

① 吸湿保湿　这类保湿剂最典型的就是多元醇类，使用历史最悠久的是甘油、山梨糖、丙二醇、聚乙二醇等。这类物质具有从周围环境吸取水分的功能，它在相对湿度高的条件下对皮肤的保湿效果很好。许多护肤保养品都含有或多或少的吸湿性保湿剂，目的不一定是为了皮肤的保湿效果。含此类成分的保湿护肤品，适合在相对湿度高的夏季、秋初季节以及南方地区使用。

② 水合保湿　这类保湿品属于亲水性的，是与水相溶的物质。它会形成一个网状结构，将自由自在的游离水结合在它的网内，使自由水变成结合水而不易蒸发散失，达到保湿效果。这是属于比较高级的保湿成分，适合各类皮肤、各种气候，白天、晚上都可以使用的保湿品。其成分以胶原质、弹力素等为主，来源于动物体。近来已有来自微生物和植物的成

分，其效果相似。

③ 油脂保湿　这类保湿剂效果最好的是凡士林，许多医疗用药膏及极干皮肤用的保湿滋润霜，都含有这一成分。凡士林不会被皮肤吸收，会在皮肤上形成一道保湿屏障，使皮肤的水分不易蒸发、散失，保护皮肤不受外物侵入。凡士林可长久附着在皮肤上，不易被冲洗或擦掉，具有较好的保湿功效。由于过于油腻，只适合极干的皮肤或干燥的冬天使用。除凡士林外，油脂保湿成分还有高黏度白蜡油、各种甘油三酸酯、各种酚类油脂。

④ 修复保湿　干燥的皮肤无论用何种保湿护肤品，其效果总是短暂有限的，不如从提高皮肤本身的保护及保湿功能来达到更理想的效果。近年来，在护肤保养品中，添加各种维生素，以帮助修复皮肤细胞的各种功能，增强自身的抵抗力和保护力。维生素 A、维生素 B_5、维生素 C、维生素 E、果酸产品都是挺好的保湿修复成分。植物萃取精华，含有各种天然抗自由基成分及维生素的矿物质，是新一代护肤保养品的新宠。这些保湿成分具有去除皮肤最外层推动保湿功能的角质层的地方，让角质细胞自然发挥保湿功能，提高皮肤的滋润度，属于修复保湿剂。

（2）抗皱防衰有效成分　医学和美容界普遍认为，皮肤衰老的特点是：松弛而多皱纹，皮下脂肪减少甚至消失，汗腺及皮脂腺萎缩、皮肤干燥、变硬、变薄，防御功能下降。选择适当的营养性化妆品，将有助于延缓皮肤的老化，保持肌肤活力、抗皱防衰类化妆品的有效营养性成分有以下几类。

① 珍珠类：即在一般化妆品中添加珍珠粉或珍珠层粉。珍珠中含有 24 种微量元素及角蛋白肽类等多种成分，能参与人体酶的代谢，促进再生，起到护肤、养颜和抗衰老的作用。

② 人参类：即在一般化妆品中加入人参成分，人参含有多种维生素、激素和酶，能促进蛋白质的合成和毛细血管的血液循环、刺激神经、活化皮肤，起到滋润和调理皮肤的作用。

③ 蜂乳类：蜂乳中烟酸含量较高，能较好地防止皮肤变粗。另外，蜂乳中还含有蛋白质、糖、脂类及多种人体需要的生物活性物质，从而滋润皮肤。

④ 花粉类：花粉中含有多种氨基酸、维生素及人体必需的多种元素，能促进皮肤的新陈代谢，使皮肤柔软，增加弹性，减轻面部色斑及小皱纹。

⑤ 黄芪类：黄芪含有多种氨基酸，能促进皮肤的新陈代谢，增强血液循环，提高皮肤抗病力，使皮肤细腻、健美。

⑥ 维生素类：维生素 A 可防止皮肤干燥、脱屑；维生素 C 可减弱色素，使皮肤白净；维生素 E 能延缓皮肤衰老、舒展皱纹；添加几种维生素，如维生素 A 与维生素 D、维生素 E 与维生素 B 或加维生素 C 效果更好。

⑦ 水解蛋白类：可与皮肤产生良好的相融性、黏性，有利于营养物质渗透到皮肤中，并形成一层保护膜，使皮肤细腻光滑，皱纹减少。

⑧ 女性体内的雌激素是使皮肤细腻、光滑的原因之一，所以有些抗皱化妆品中添加了少量的雌激素，这类化妆品不适于男士使用。人体内的自由基是损害细胞的元凶，细胞受到自由基的破坏性袭击，衰老便发生了，超氧化物歧化酶（SOD）是俘获自由基的能手，可以防止皱纹、色素的产生。

（3）增白的有效成分　在我们"一白遮百丑"的传统观念影响下，增白化妆品是化妆品中最多、用量最大的一类。其品种远远超过了其他。目前有四种美白成分是公认合格的：维生素 C 磷酸镁复合物、胎盘素、维生素糖苷和熊果素。应当明确的是即使合格的成分使用后的效果也不一样，并不一定能达到预期的效果。因为肤色一般是无法改变的，权威人士认为，这些经常使用的美白成分仍有许多限制，而且黑色素是肌肤自我保护的重要机制，过分干扰或者长期阻止其生长对肌肤健康不利。例如，"最有效"的美白成分"汞"，能使皮肤在短期变得白皙透明，但其代价是造成皮肤不可恢复的色素沉淀。一些美容院还可能会偷偷使用医用淡斑成分"对苯二酚"，在缺乏医疗知识的情况下，往往造成接触性皮炎，肌肤红肿过敏，甚至由于过度漂白而导致蓝灰色的色素沉淀。

（4）防晒的有效成分　防晒类化妆品分物理防晒和化学防晒两种，化学防晒品是以高级脂肪酸或高级脂肪醇的酒精及水溶液外加对氨基苯甲酸等吸收紫外线的制剂。物理防晒的有效成分是安全、无毒的二氧化钛，一定粒度的 TiO_2 颗粒能很好地屏蔽紫外线。从对人体皮肤健康的角度来说，物理防晒优于化学防晒。

在防晒用化妆品中还有一个重要参数 SPF 值。SPF 值就是防晒指数。SPF 值是这样计算出来的：一般黄种人皮肤平均能抵挡阳光 15 分钟而不被灼伤，即为 SPF1；那么使用 SPF15 的防晒用品便有（15×15）225 分钟的有效防晒时间，所以 SPF 的意思是皮肤能抵挡紫外线的时间倍数。

日常护理、外出购物、逛街时可选用 SPF5～8 的防晒品，外出游玩时可选用 SPF15 的防晒品，游泳或做日光浴时可以用 SPF20～30 的水性防晒用品。美国规定 SPF 最高为 30，主要用于海滨浴场防晒。按照亚洲人的习惯，涂在面部的防晒霜选择 9～11 就足够了，指数再高些当然更有利于防晒，但多余的化妆品堆积反而会堵塞毛孔，阻断皮肤与外界的通道，影响自身的新陈代谢，易诱发热疮、疖子及皮炎；防晒霜在面部也不宜停留时间太长，绝不能抹一次就管一天，回家后要马上卸妆洁面，以利于皮肤的健康。

11.1.2.6　人体的健康皮肤

皮肤美是人体美的一个重要表征。保护皮肤的完整，充分发挥皮肤的生理功能，可以保护身体健康，预防疾病。光洁红润的皮肤，使人显得生气勃勃，给人以美感。

（1）人体皮肤的化学特征　人类皮肤的正常色泽是由松果体分泌的激素 5-甲氧基乙酰色胺控制。充足的蛋白质（提供色氨酸）和水果（提供维生素）能够保证良好的新陈代谢和激素的分泌；正常的营养可以保证酪氨酸适量转化为色素，人体的肤色与黑色素的浓度有关。

（2）人体皮肤与精神状况　身体健康、情绪饱满、精神愉快的人才能有健康的肤色。若面色发青或转暗，是由于松果体激素发生病态的缩水反应生成卡波林衍生物引起皮肤黑色素沉着的缘故。

11.1.2.7　化妆品与人体健康

形形色色的化妆品是人们生活中护肤、美容用品，可以给人以美丽、端庄的仪容，清洁、健康的皮肤，会给人带来愉快和美感，给人带来自信和幸福。但是化妆品中常含有某些对人体有危害的物质，如增白剂中的氯化汞、碘化汞，会干扰皮肤中的酪氨酸转化为黑色素的正常酶的功能；汞的慢性中毒能抑制生殖细胞的形成，影响年轻人的生育能力。化妆品中的色素、防腐剂、香料等化合物大多来自焦油类合成化合物和醛类合成化合物，此类化合物对皮肤具有刺激作用，能引起皮肤色素沉着，甚至会引发变应性皮炎。漂白霜、祛斑霜中的氢醌能抑制上皮黑色素细胞产生黑色素，所以，此类化妆品具有增白作用。但是氢醌是从石油或煤焦油中得到的强还原剂，对皮肤有刺激作用，会渗入真皮引起胶原纤维变粗，甚至会使皮肤过敏。

11.1.3　皮肤的化妆机制和皮肤用化妆品

11.1.3.1　皮肤的化妆机制

化妆品的选用需根据皮肤的性状、吸收功能、个人爱好、个人素质等诸方面因素决定。一般来说，油性皮肤的人适合选用清洁霜类化妆品并且应及时清洗，干性皮肤的人适合选用油包水型化妆品。

皮肤对化妆品的吸收主要通过角质层、毛囊、皮脂腺、汗腺管口进行。皮肤的角质层外有一层皮脂膜（由氨基酸、油脂、蜡类、固醇、磷脂、多肽、尿素、乳酸、尿酸等组成），化妆时，应首先清洗皮肤即除去皮脂膜。通常分子量低的小分子容易被吸收（如香料）、挥发性油类（如羊毛脂、鱼肝油等）比大分子植物油、凡士林等容易渗入皮肤而被吸收。化妆品中的酸和碱能够与角质层中的蛋白质发生缔合作用，并被水化、乳化，有利于皮肤对化妆品营养成分的吸收；水分子能够自由通过角质层，所以，能溶于水的微量元素、营养物质、有机酸、生物碱等成分一起进入皮肤被人体吸收和利用。

温度高时，皮肤对化妆品的吸收能力强，婴儿的吸收能力比成年人好。

11.1.3.2　皮肤用化妆品

（1）护肤类化妆品　用于保持皮肤健康、增进容貌美观的产品，某些护肤类化妆品还具有弥补脸部缺陷的作用。

①膏霜类化妆品是由油脂、蜡类、水、乳化剂组成的乳化体，有油包水型和水包油型，以适应不同皮肤使用的人使用。膏霜类化妆品涂在清洁的皮肤上，以保持皮肤表面的适度水分，起到防晒、药物治疗等功能。

冷霜由杏仁油、蜂蜡、鲸蜡、羊毛脂（稳定剂）等组成。冷霜属于油包水型乳剂，是适合干性皮肤使用的护肤用品，能够使皮肤表面增加油脂含量。

粉刺霜是在雪花膏配方的基础上，加入某些药物（如维生素 A 的羧酸衍生物是治疗粉刺的有效药物，硫黄，间苯二酚，樟脑等）配制而成。

清洁霜由白油（除去油垢）、鲸蜡加表面活性剂（除去水溶性油垢）、羊毛脂（润肤作用）等组成。特点是在 37℃液化，黏度适中，多用于演员卸装（可以除去香粉、胭脂、唇膏、眼影膏等残留物）。

茯苓润肤霜是以中药茯苓为原料的润肤产品，能够防止皮肤粗糙，具有滋润皮肤的功效。

雀斑霜由羊毛脂、单硬脂酸甘油酯、4-异丙基邻苯二酚、钛白粉等组成。根据雀斑形成的原因（雀斑是由于皮肤基底层黑色素细胞增多且分布不均匀，从而导致脸部黑色素生成过多的缘故，一般发生在青春期，女性多于男性），配制的雀斑霜中有治疗雀斑的有效药物 4-异丙基邻苯二酚。

粉底霜由氧化钛或氧化锌粉等（能使皮肤增白）、橄榄油、液体石蜡、表面活性剂、蜜蜡等组成。膏状白粉是将白粉分散在雪花膏或中性膏霜中配制而成，使用时比较舒适。油性膏状白粉是将粉末分散在无水的油性膏霜中配制而成，舒展性和黏着力好，不易被汗水冲掉，因此适合演员使用。

营养霜的制备方法是在雪花膏的基础上加入营养物质如花粉、人参等制成。常用的营养霜有花粉营养霜、人参营养霜、灵芝营养霜等。

皮肤增白膏由鲸蜡、蜜蜡、液体石蜡、异黄酮类（从大豆或葛根中提取）、十六醇等组成。酪朊酶具有活性和抑制皮肤黑色素的生成，并且长期保存不会发生褐变。

柠檬霜由高级脂肪酸铵、甘油（保护剂）、柠檬酸（pH 值约为 4.00）等组成。柠檬霜的酸度与皮肤更适应，有利于中和皮肤在洗涤后留下的碱性物，减少刺激并且增强杀菌作用。

② 液剂类化妆品　以酒精或水及甘油为基体，加入无机盐（如 $Al_2[SO_4]_3$、$AlCl_3$ 等收敛剂）、有机盐（乳酸、苯甲酸等防腐剂）及香料和祛臭剂组成。

香水是一种具有浓郁芬芳的香精的酒精溶液，用于去臭和赋香，以增加人的气质和美感。香水要有三种不同挥发性物质即顶香（最易挥发，香水的初始气味明显）、中段香韵（挥发性低，通常是花的提取物）和尾香（难挥发的物质，通常是树脂或蜡状聚合物）。

香水的主要成分是乙醇和香料。香水也是一种杀菌剂和防腐剂。乙醇不能带有一点点杂味，否则会对香水的质量产生重要的影响。

香精是由天然香料和合成的单体香料经调配混合而成的。香料大多数含有多种化学成分，属于多组分混合物，一般从天然芳香物质中提取而来；由于受到天然香料的限制，香水中有时使用合成香料，如香猫酮、甲酸香叶酯等。

香水的质地取决于香精。香精有花香型如玫瑰花型香精（其组成为：十一醛、合成柠檬醛、泼旁香叶油、苯甲醛二甲缩醛、香茅醇、醋酸苄酯、α-环己基环己酮、香叶醇）、紫丁香型香精、茉莉花型香精、康乃馨型香精等和幻香型香精，如清香型、水果香型（如美加净香水）等。香水中通常不含有色素，以防止在衣物上或手绢上等留有斑痕。

（2）防晒类化妆品　太阳光线中的紫外线可引起皮肤炎症，使雀斑、癞皮恶化；若长时间照射，还可能促使皮肤老化甚至致癌。防晒类化妆品是产品中加入紫外线防止剂，以达到保护皮肤的目的。防晒类化妆品主要有防晒剂和晒黑剂，其主要成分为防日晒剂如对氨基苯甲酸及其酯类、对氨基二羟丙基苯甲酸乙酯、对氨基二羟丙基苯甲酸辛酯、二苯甲酮类、肉桂酸酯及盐类、水杨酸酯类、邻氨基苯甲酸薄荷醇酯等。通常防晒类化妆品的基料中都加有能吸收 290～320nm 范围的近紫外线的材料，为了防护波长在 320～400nm 的远紫外线的照射，往往加入二氧化钛、氧化锌等紫外线掩蔽剂，但这些掩蔽剂只有遮挡紫外线的作用，而不能吸收之，且它们易从皮肤上脱落而污染衣物。

防晒剂的主要作用是防止紫外线对皮肤的侵害，同时最好能够对皮肤具有营养作用，防止表皮细胞老化。晒黑剂的作用将皮肤的颜色晒黑，从而使人具有健康之美。

（3）美容化妆品　主要包括粉剂类化妆品（如香粉、底粉等）、医疗美容类化妆品（爽身粉、痱子粉等）、面部化妆品（如口红、胭脂）、眼部化妆品（眼线膏、睫毛膏、眼影、眉黛及卸装用品）和指甲化妆品如指甲油。美容化妆品的主要作用是修饰脸面颜色、遮盖皮肤缺陷，使眼部的周围、面颊、嘴唇、指甲等部位描绘阴影，呈现立体感或突出某一部位的色彩。

美容化妆品的原料有油脂、蜡、烃、高碳脂肪酸、高碳醇、合成脂肪油等油性原料和多元醇、水溶性高分子等水性原料以及表面活性剂如乳化剂、分散剂等和色素如有机颜料、无机着色颜料等。

美容化妆品的性能主要有：外观色泽均匀、与涂抹颜色相似，涂抹后色彩无变化；涂抹时有润滑感、涂抹后无不适感；涂膜的附着力和光泽性好；美容化妆品不含有害物质，对皮肤、黏膜无刺激；无微生物污染，产品可以长时间贮存，不变色、不变形、不分离、不发臭；卸装容易。

① 粉剂类化妆品有香粉（粉状和块状）和底粉。粉状香粉作薄层化妆用，可黏附在皮肤上有一定遮盖能力，并且使皮肤平滑，适合希望"自然美"的人们需要。块状香粉是用粉

状香粉和羊毛脂、羊毛脂衍生物、液体石蜡、山梨糖醇、丙二醇、表面活性剂等物质压缩而成。块状香粉含油较多，对皮肤黏附力强，可直接化妆用。

底粉用于修饰皮肤，遮盖皮肤缺陷（如痣、疤痕）。底粉有油性型底粉（豆蔻酸异丙酯等低黏度的合成酯、地蜡、树蜡等配制而成）、乳化型底粉（乳化剂、油相成分、颜料等）和块状型底粉（颜料、表面用油和表面活性剂等压缩成块状）。

② 医疗美容类化妆品是在香粉、香霜、祛斑霜等基质的基础上加入营养药物或中草药提取物配制而成。

爽身粉是夏季用品，能吸收汗液和水分，使皮肤滑爽舒适。爽身粉的组成有滑石粉（具有滑爽皮肤和吸收水分）、硼酸（杀菌消毒、中和皮肤表面氨性成分，减少汗臭等）、薄荷香料（具有清凉感觉）。

痱子粉是夏季用品，以香粉主成分为基础，加以收敛剂（如硫酸铝、明矾等，具有吸汗、退肿的作用）、杀菌剂（如水杨酸、香精等）。

止痒水涂于蚊虫叮咬处，有杀菌、消毒、消肿和止痒作用，对皮肤瘙痒也有一定的疗效。

防老霜由营养物雌激素（促进皮肤新陈代谢，减少皱纹形成）和膏霜基质（羊毛酯、白油、表面活性剂）组成。

蛋白霜由膏霜基质和多种氨基酸（从牛、猪、羊骨质及皮的水解蛋白质，可补充皮脂质和水分，使之保持柔韧）、羊胎盘提取物和蚯蚓提取物（含有大量维生素及微量元素，具有保温、润肤、细胞激活作用，具有防晒、清除面部色素的功能）组成。

珍珠霜由膏霜基质和珍珠水解液或珍珠粉（所含有的氨基酸与皮肤成分相近，容易吸收；含有维生素、微量元素、游离脂肪酸等，对皮肤有美肤等作用）组成，珍珠霜是美肤珍品。若珍珠霜活性成分中加入人参露或人参酊剂，鹿茸、银耳、当归、三七等分别制成相应的珍珠霜名品。

硅酮霜具有防止皮肤干裂、过敏、粗糙的功能。其组成是：二甲基硅油、硬蜡、蜂蜡、司盘-80、硬脂醇、乳百灵、甘油、尼泊金、水组成。

③ 面部化妆品：皮肤和身体其他器官一样，随着年龄的增长会逐渐老化，皮肤纤维组织从 30 岁以后老化，尤其是面部（干燥、粗糙、皱纹），人的衰老的速度和程度因人而异，它与生活环境、家庭遗传、从事专业、营养状况、内分泌因素及精神状况有关。延缓皮肤衰老，最重要的是使皮肤保持良好的血液循环。因此，面部化妆品正是为了增加血液循环、修饰面部颜色和遮盖面部缺陷而形成的产品。面部化妆品的作用可以改善外观，增强自信心，增加自身魅力。

面膜分油性皮肤面膜、干性皮肤面膜、正常皮肤面膜等。

面膜的主成分：成膜物（如聚乙二醇、羧甲基纤维素、聚乙烯吡咯酮）、保湿剂（如甘油、乙二醇）、填料（如碳酸钙、氧化铝）、营养汁（果汁、维生素 E、中草药提取物）、香料及防腐剂。

面膜（分为成皮膜和不成皮膜）的使用：对于成皮膜每周 1~2 次为宜，其使用方法是将面膜物涂敷在面部几分钟内形成面膜，过一段时间取下即可；不成皮膜的使用方法是将面膜物涂敷在面部，20 分钟后即可用温水洗去。

面膜的功能和作用机制：面膜物涂敷在面部后成膜，皮肤和外界空气隔开，使面部温度、湿度上升，加速血液循环，毛孔和汗腺得到扩张，抑制水分蒸发，促进皮肤对皮膜中营养成分的吸收。随着皮膜的干燥，皮肤绷紧，产生张力，可以消除皱纹。面部的皮脂和污垢能够被面膜吸附而除去，皮肤会变得光滑细腻、柔软洁净、富有弹性。若经常使用面膜，对轻度色素沉着、暗疮等皮肤病具有一定的疗效。

唇膏（口红、唇白）的主要原料是由基质（包括油脂如蓖麻油、羊毛脂和蜡如蜂蜡）、色淀（如曙红）等组成。唇膏不仅具有美容作用，还具有保健作用。唇膏中加入的染料若是四溴荧光素则叫口红，若不加入染料的唇膏称为唇白，若用橙色溴红酸染料随嘴唇 pH 值的变化而成变色唇膏，若用带金属光泽的颜料则成珠光唇膏。

胭脂是由滑石粉/高岭土、氧化锌、钛白粉、颜料（大红、紫红、玫瑰红、橘红等）、黏合剂、香精组成。其主要作用是敷以面部，使之红润。

卸妆剂用于将面部的胭脂或其他化妆品溶解且对皮肤有保护作用的洁肤类产品。

④ 眼部化妆品包括眼线膏、睫毛膏、眼影、眉黛等。

眼线笔的组成是油脂、蜡及颜料等，眼线笔的硬度随蜡的用量加以调节，加入硬脂酸三乙醇胺为乳化剂以便于使用后洗脱。

眼影膏的作用是涂施于眼睛的周围以衬托眼神，增加立体感。

睫毛膏和睫毛油用于增深睫毛色泽，使睫毛舒展美丽。睫毛膏的组成为油脂、蜡类、颜料和乳化剂（如硬脂酸三乙醇胺、月桂醇磺酸三乙醇胺）。

眼部卸妆剂用于将眼部的化妆品溶解且对皮肤有保护作用的洁肤类产品。

⑤ 指甲化妆品：指甲由于在工作中接触到洗涤剂等物质而容易受到损害。指甲化妆品能提高指甲的强度和硬度，防止龟裂，起到美化指甲的作用，同时具有杀菌和消炎的功能。

11.1.4　皮肤的护理和化妆品的选择

11.1.4.1　皮肤的美容与生理时钟

生理美容学家证实，每个人的皮肤随生理时钟（人体拥有自己的生理时钟）的变化有其需特别遵循的时刻表。因此，美容保养若能与皮肤自然作息时刻相配合，就可以发挥它最大的功效。

(1) 早晨 6～7 点，此时肾上腺皮质激素的分泌达到高峰期，它抑制蛋白质的合成，并且再生作用减慢，细胞的再生活动降到最低点。水分聚集于细胞内，淋巴循环缓慢，一些人会眼皮肿胀。所以，早晨应使用防止水分流失、抗紫外线及富含维生素 A、维生素 C、维生素 E 的保养品，以抵抗自由基。

(2) 上午 8～12 点，皮肤的承受能力最佳，抵抗力最强，皮脂腺分泌最为活跃。可以做面部、身体脱毛、除斑等皮肤美容。

(3) 下午 1～3 点，血压及激素分泌降低，身体逐渐产生倦怠感，皮肤易出现细小皱纹。可使用精华素和保湿营养水进行修饰。

(4) 下午 4～8 点，微循环的增强使血液中氧含量提高，心肺功能增强，胰腺分泌旺盛，美容营养物质易被皮肤吸收。此时人体的痛感下降，适合修眉和脱毛。

(5) 晚上 8～11 点，组织胺分泌增加，此时最易出现过敏反应，微血管的抵抗力最弱，血压降低，人体容易水肿、流血、发炎，因此不宜做整形手术和美容护理。

(6) 晚上 11 点到凌晨 3 点，细胞分裂速度要比平时快，此时皮肤对营养物质（滋润晚霜、保湿剂）易吸收和利用。

11.1.4.2　女性皮肤的护理与季节变换

(1) 女性冬季护理　冬季由于温度的降低，室内外温差明显，脸庞呈现红白或乌青的不均匀肤色，其原因是皮下毛细血管因表层肌肤厚薄分布不均，受到的寒冷程度不同导致的气血分布不平衡所致，冬季必须格外注意肌肤颜色的保护。

冬季时干性皮肤使用含美白粉底基质的润肤露；油性皮肤应涂上保湿润肤露后，再轻涂一层淡粉，以弥补肌肤粗糙的缺憾。

红色嘴唇可增加朝气蓬勃的生气、美丽和活力，更能显示女人的妩媚。穿深色衣服可配梅红、酒红、紫红等浓丽红色的唇膏涂彩；穿浅色衣服可配粉红色、浅橘色、淡玫瑰色唇膏。

颊红能够使人感到健康。冬季少阳光，若人的皮肤白皙，则易给人病态无生气的感觉。所以脸颊上涂抹胭脂可表现健康气息。颊红的选择要与唇色相符合，深红色的唇彩应配以玫瑰色或砖红色胭脂；浅色的唇彩可配以淡粉红色的胭脂。

冬季时手上擦上油脂较多的护肤霜，并且在指甲上涂抹指甲油，以防止由于天冷造成的手背肤色看起来有不健康之色。

（2）女性的夏季护理　对任何皮肤都应该加强美白防晒的护理和保养。干性皮肤的保养着重加强避免黑雀斑的产生，要选用适合自己皮肤的美白防晒的护理化妆品。油性皮肤的保养着重在面疱的预防上，要选用洁肤类和霜肤类化妆品。

（3）怀孕期间的皮肤护理　怀孕的女人由于生理的变化，皮肤或多或少地会发生变化。如原属于干性皮肤的人怀孕期间脸部油亮，甚至有的人皮肤会出现色斑、雀斑等。因此，怀孕期间女人的皮肤应及时保养，并且以清洁和适当保养护理为主。由于怀孕时内分泌、荷尔蒙的变化，容易分泌较多的油脂，在空气中易使尘埃、污物染上皮肤，所以应清洁皮肤。对于怀孕时产生的胎斑、雀斑，原则上产后可自动消除，若产后仍有，说明怀孕期间皮肤有阻塞现象，因此，怀孕时皮肤的保养主要在于保持皮肤上毛孔畅通，也可以选用对斑有滋润作用的面霜进行局部按摩，配以含有天然乳酸抗斑作用的美白精华液，去除老化角质，并且以适合皮肤的天然敷面成分吸取毛孔内的多余色素和污物。

11.1.4.3　儿童的皮肤护理与化妆品

儿童护肤品是专门根据儿童的皮肤生理特点（皮肤的表皮角质层较薄且发育不成熟，皮下血管丰富，对外界防御能力差而渗透和吸收能力较强）设计生产的。其配方一般采用低刺激性的原料，其他配料（香料、防腐剂、乳化剂等）的使用量应较少，对配制成的产品成年人首先使用后确实对皮肤没有造成过敏，尔后儿童才能使用。

11.1.4.4　老年人皮肤护理与化妆品

老年人应该选择营养性化妆品，以延缓皮肤的老化和保持肌肤活力。这是因为老年人的皮肤一般松弛而多皱纹，皮下脂肪减少或消失，汗腺和皮脂腺萎缩，皮肤干燥、皮肤变薄、变硬，防御功能减退。老年人宜选用的化妆品是珍珠类（能参与人体酶的代谢，有护肤、养颜、抗衰老作用）、人参类（促进蛋白质的合成、增加微血管血液的循环、刺激神经、活化皮肤、有润肤和调理皮肤的作用）、维生素类（维生素 A，防止皮肤干燥；维生素 C，减弱色素，使皮肤白净；维生素 E，延缓皮肤衰老、舒展皱纹）、花粉类（有氨基酸、维生素、微量元素，可促进皮肤的新陈代谢，使皮肤柔软和增加皮肤弹性，减轻色斑和小皱纹）等。

11.1.4.5　男性皮肤护理与化妆品

男性选用护理化妆品是体现男性的自然美和阳刚之美。油性皮肤分泌物质较多，白天可用爽身水调节皮肤，晚间可用营养蜜润泽皮肤。干性皮肤容易生皱、生红斑，因此宜选用油性较大的脂类护肤品。中性皮肤的护理可选用霜类或雪花膏等护肤品。而过敏性皮肤的人对护肤品的选用应谨慎。男性还可以水类化妆品如花露水、男性香水等。夏季室外活动时间较长的男性，应该使用防晒霜，以防止紫外线的灼伤。

11.1.4.6　洗澡和人体祛臭

人出汗而产生污垢会造成身体不舒服，如内衣吸收的汗液中的水分蒸发后留下蛋白质、脂肪、尿素和盐分，形成污垢；衣服的衣领、袖口、袜子的污泥等，这些污垢中的蛋白质是霉菌等的孳生地，能够发生酵解和酸败，从而使人体产生臭味，有时可能生虫；污垢能够堵塞皮肤各腺口，妨碍汗及脂质的蒸发，可能引起毛囊发炎，从而导致多种皮肤炎症。

洗澡的作用是通过洗浴洗去皮肤上的汗垢和皮肤上的寄生虫；能够改善血液循环；能使毛细血管变粗，增加白细胞的活动，从而增强机体的抵抗力；洗澡使人心情舒畅，肌肉放松，缓解疲劳，有利于身体的健康。

洗澡可采用淋浴、盆浴、冷水浴等。同时可使用除臭剂除臭，常用的除臭剂有收敛剂，如水合硫酸铝、羟基氯化铝等，其作用是对蛋白质有凝聚作用，能堵塞汗腺，抑制排汗；杀菌剂，如洁尔灭、卤卡班、叶绿酸衍生物等，其作用是阻止细菌活动和香料掩盖剂遮蔽臭味。

11.2　毛发和化妆品

11.2.1　毛发

11.2.1.1　毛发的构造、性质和功能

俗话说"老爱胡须少爱发"。现在老年人留胡须的不太多了，但青年人都希望自己有一头乌黑油亮的头发。平均每人大约有 15 万根头发，每根头发的平均寿命为 4 年左右，大约每天平均长 0.5~1.0mm，每天平均脱落 50~100 根头发，每平方厘米约有 500 个毛囊。因此，人们要注意头发的护理和美化。

(1) 毛发的构造　毛发主要由角朊组成。角朊是蛋白质，它是由 20 余种氨基酸按一定排列顺序组成肽键相连而成的多肽链，长链中含有肽键和二硫键。毛发角朊中含有的胱氨酸含量（16%~18%）比其他蛋白质如角质细胞中角朊的含量（2.3%~2.8%）高，胱氨酸对毛发结构起重要的作用，它能发生交联，使头发成型、有弹性及疏松自然，因此可以形成各种发型。胱氨酸可以通过还原反应产生半胱氨酸，而半胱氨酸又能发生氧化反应形成胱氨酸，它们之间的相互转化可使头发舒展或卷曲。通常毛发微结构的 pH 值约为 4.1，当毛发变湿时，由于水的 pH 值为 7，从而使离子键减弱，并引起角朊膨胀，因而此时的头发是干燥时的 1~5 倍。

单根毛发是一空心结构，中心是毛髓质，外层是毛皮质，最外层是毛表皮。毛表皮中有黑色素颗粒，它决定了毛发的颜色，若毛表皮中黑色素缺乏且有空气进入毛髓质，则头发呈现银白色。

(2) 毛发的功能　毛发有排泄、防护、吸收功能，并有指示功能，即根据头发中的微量元素可以指示长期积累情况。头发分析可以用来鉴定血型和 DNA 基因。另外，头发还具有观赏作用。

(3) 毛发的性状　毛发有硬毛（包括长毛即头发、胡须和短毛即眉毛、睫毛）和汗毛两种。长毛生长速度快，短毛和汗毛生长速度慢。长出毛发的部位称为毛囊，毛发在表皮外面的部分叫毛干，在皮肤内的部分叫毛根，毛根的尖端称为毛球，其下部叫毛乳头。

11. 2. 1. 2　毛发类型和不同毛发类型的护理

（1）毛发的类型　毛发分为油性头发、干性头发和中性头发。

（2）不同毛发类型的护理　油性头发是分泌皮脂过多的油性物质，可勤用中性或稍强碱性的洗发剂洗涤，一般不用头油，否则，由于毛囊堵塞，营养供应不足而导致脱发。

干性头发是分泌皮脂较少的干发，因此不能洗的过勤，洗后要用发油保护，否则有抑制细菌作用的皮脂减少，可能引发癣感染。

中性头发的护理可根据个人的需要进行必要的护理。

11. 2. 2　毛发化妆品

毛发用化妆品主要包括洁发剂（香波）、头发整理剂、整发剂、染发剂和卷发剂。

11. 2. 2. 1　洁发剂（香波）

香波的功能是洗去头发上的污垢和头屑，使之柔软、光泽、条理、易于梳理，另外还应该具有生理保健作用和美发作用。

乳状香波的主要成分是表面活性剂（如脂肪酸盐、脂肪醇硫酸盐、聚氧乙烯脂肪醇醚硫酸盐，用于去污和起泡）、稳泡剂（脂肪酸醇酰胺，泡沫有滋润细腻的爽快感觉）、甘油或丙二醇的蛋白衍生物（调节黏度，滋润毛发）、羊毛脂或动物油（具有使头发柔滑易梳理）。

11. 2. 2. 2　头发整理剂

头发整理剂是以修饰头发为目的而使用的化妆品。正常的头发表面有一层油脂膜，可防止水分蒸发损失。头皮的油性也超过身体的其他部位。若油性太少，易生头屑，并且使头发干枯、发脆甚至短裂。香波洗发可洗去头发的一部分油脂，所以，洗发后应该敷以护发品。

（1）发油可以营养毛发、增加光泽，具有一定的定型作用。发油的主要成分为植物油（如蓖麻油、杏仁油、山茶油等），也有采用白油与蓖麻油配制、白油与羊毛酯衍生物配制；现在常用矿物油和合成酯为主体的发油具有头发爽滑并富有光泽和香气。

（2）发蜡具有使头发定型和护理的作用。其主要成分是白凡士林。

（3）发乳呈乳状，其黏性较发油小，能被头发很好地吸收。发乳有水包油型（O/W）和油包水型（W/O）两类。如蜂蜡、羊毛酯、豆蔻酸异丙酯和水组成，能够使发型固定。

（4）护发膏是胶状水性的整理剂，具有黏性较小，柔和的整发力，赋予光泽和手感柔软等特点。其组成为表面活性剂（胶凝作用和增溶作用）、油醇、橄榄油、液体石蜡等油类和水物质。

（5）美发喷剂是一种乙醇水溶液，溶解油性成分如聚氧烷基二醇衍生物制成的整发液，具有清凉感，容易喷洒于头上，有适度的整发力，光泽自然，特别容易洗净。

（6）多效发乳采用天然原料，把所有的润发性头油、营养性头油、疗效头油、发乳的优点于一身，具有滋润头发、增加头发光泽、防止头发断裂、健发、止痒、去头屑、防治脱发等功效。

11. 2. 2. 3　头发调理剂

头发调理剂是用香波洗发后采用的头发用化妆品。其主要成分为阳离子表面活性剂，如烷基三甲基氯化铵、二烷基二甲基氯化铵、烷基二甲基苄基氯化铵等。头发调理剂的功能取决于阳离子表面活性剂的性质。阳离子表面活性剂可使头发易于梳理、柔软、有自然光泽、有抗静电作用，保护头发免受外力影响等功效。

11.2.2.4　头发定型剂

头发定型剂是树脂（PVP）溶于易挥发的溶剂中制成的溶液，另外还有增塑剂、防水剂、硅油等。其功能是头发定型剂喷洒在头发上，溶剂挥发后，形成一层有足够强度是薄膜，使头发的外观有型、好看且富有弹性。头发定型剂有毒性，切勿吸入肺部。

11.2.2.5　染发剂

染发剂是用于改变头发颜色的化妆品。

（1）染发剂的分类

① 依据染发的色泽，染发剂分为白发染青和美发。白发染青是通过酪氨酸酶氨基酸、雌激素等促进头发卵泡的染色细胞内形成黑色素，从而使头发变黑。而美发是把黑发经漂白脱色，尔后利用染色剂将头发染成红褐色、棕色、金黄色、绿色等各种不同的颜色。对染发剂的要求是：着色性能好、色泽稳定，对头发无伤害作用，对皮肤和身体无毒性、无过敏性。

② 依据染发色泽的持续时间，染发剂可分为暂时性染色剂、半持久性染色剂和持久性染色剂三类。

暂时性染发剂是用带正电的大分子染料（水溶性染料）如三苯甲烷类、醌亚胺类或钴、铬的有色配合物，使之在头发上沉积而不渗入发根。演员常采用此类化妆品，一般是一次性使用就可洗掉。

半永久性染发剂是用毛发角质亲和性大的低分子染料如硝基苯二胺、硝基氨基苯酚等，可透入毛发皮质直接着色形成不同鲜艳色彩。可保持3～4周，能够保证5～6次洗涤不褪色。

永久性染发剂分为植物永久性、金属永久性和氧化永久性三类。

植物永久性染发剂是利用从植物的花、茎、叶提取的物质进行染色，此类染发剂对身体无害，是很有前途的染发剂。但是价格贵，在国内还较少使用。植物性染发剂所使用的原料有指甲花叶、西洋甘菊花等。

金属永久性（亦称无机矿物性染料）染发剂以金属原料进行染色，其中金属离子可与头发角蛋白中的二硫键的硫发生还原反应而产生黑色。其染色主要沉积在发干的表面，色泽具有较暗淡的金属外观，使头发变脆、烫发的效率变低。常用的金属染发原料有：醋酸铅、柠檬酸铋、硝酸银、硫酸铜、氯化铜、硝酸钴、氯化铁、硫酸铁。矿物性染发剂由于有毒，将会被淘汰。

氧化永久性染发剂不含有一般所说的染料，而是含有染料中间体和耦合剂，这些染料中间体和耦合剂渗透进入头发的皮质后，发生氧化反应、偶合和缩合反应形成较大的染料分子，被封闭在头发纤维内。由于染料中间体和耦合剂的种类不同、含量比例的差别，故产生色调不同的反应产物，各种色调产物组合成不同的色调，使头发染上不同的颜色。由于染料大分子是在头发纤维内通过染料中间体和耦合剂小分子反应生成。因此，在洗涤时，形成的染料大分子是不容易通过毛发纤维的孔径被冲洗的。

（2）烫发剂和卷发剂

① 烫发剂：烫发是根据个人的爱好和美观要求采用加热的方法使头发卷曲的卷烫。常用的烫发剂是碳酸钠或氢氧化钠为软化剂及膨胀剂，亚硫酸钠为卷发剂，在100℃下使头发卷曲并形成波纹。

② 卷发剂：冷烫是使用还原剂（如巯基乙酸、半胱氨酸甲酯）与头发中的胱氨酸作用，

将头发角朊分子间的二硫键打开，生成半胱氨酸，使头发柔软而容易变形，然后再用弱氧化剂（如溴酸钾、双氧水）或空气将半胱氨酸氧化成胱氨酸，让已变形的头发由柔软而变成原来的刚韧，并具有固定形状。

永久性卷发剂的特点是对各类头发都可以在很短时间内形成无损害弹性的、无孔的、光滑而敷有乳油的波浪，对身体无害、无异味，染发后可马上使用且染发不变色。

（3）生发剂　头发的功能是保护人的头皮、头部和美观。若一个人的头发缺少将有损于人的健康，引起脱发的原因有内因（包括遗传、内分泌失调、新陈代谢失控、传染病、情绪、心理等）和外因（包括物理和化学作用、其他损害）。为了生发，可采用头发滋补剂的方法生发。

生发剂的功能是防止头皮屑和头痒、保持头皮清洁、促进头皮的血液循环、预防头发脱落、促进头发生长。生发剂是将营养毛发的化妆品包括滋养头发的药剂（如激素、维生素、氨基酸、生药等）、杀菌剂（杀菌剂如水杨酸、感光素、日柏醇、阳离子表面活性剂等）、具有清凉的药剂（如薄荷醇、辣椒酊等），将上述药剂和辅料溶解于酒精中，即得生发剂。在生发剂中常用的激素是雌激素，具有扩张毛发根部的血管，改善血液循环，促进头发生长和调整皮肤分泌；维生素 B_6 可以用于防治脂溢性皮炎、湿疹等；辣椒酊能够刺激毛发生长和止痒作用。

11.3　牙齿和化妆品

11.3.1　牙齿的结构与功能

成年人一般有 32 颗牙齿，牙齿具有识别、咬碎进口食物及咀嚼等诸方面的功能，对健康有着重要作用。

牙齿由齿头（亦称牙冠，指露在口腔的部分）、齿颈及齿根（埋在牙槽内的部分）三部分组成。牙冠的表面覆盖有釉质（珐琅质），是人体中最坚硬结实的部分，牙骨质覆盖于齿根的表面，其内层为牙本质，它们构成牙体的硬组织。组成牙体的主要成分是羟基磷灰石，釉质是氟化钙，呈乳白色。连接牙体和牙周组织的是骨胶原等有机物。

组成牙釉质的羟基磷灰石是一种不溶物，把它从牙齿上溶解下来称为去矿化，而形成时称为再矿化。口腔中存在着去矿化与再矿化的平衡。健康的牙齿存在这样的平衡，然而，当糖吸附在牙齿上并且发酵时，产生的 H^+ 与 OH^- 结合成 H_2O 和 PO_4^{3-} 而扰乱平衡，会使更多的羟基磷灰石溶解，结果使牙齿腐蚀。氟化物通过取代羟基磷灰石中的 OH^- 有助于防止牙齿腐蚀，由此产生的 $Ca_{10}F_2(PO_4)_6$ 能抗酸腐蚀。

牙齿病常见的是龋齿。造成的原因有：食用食物时由于糖类残渣留于牙缝内形成牙垢，在细菌作用下牙垢感染引起。牙髓牙周炎常伴随龋齿而生，是由于在唾液中细菌对食物残渣发酵生成酸所致。另外，烟熏引起的齿槽脓漏，导致口臭药中毒主要由四环素类药物引起，对婴儿及幼童的牙齿影响严重，在其发育期，四环素同无机盐结合，使牙齿呈带荧光的黄褐色而不易道除，所以怀孕 4 个月后的妇女和 8 岁以前的儿童服用四环素要慎重。

11.3.2　洁齿护齿类化妆品

11.3.2.1　牙膏

牙膏的主要成分为摩擦剂（如碳酸钙、碳酸氢钙、磷酸氢钙、氢氧化铝、水合硅酸等，主要作用是清除牙垢）、润湿剂（如甘油、丙二醇、山梨醇等，防止干燥）、发泡剂或清洁剂

（常用表面活性剂如十二醇硫酸钠等，作用是保持口腔清洁和牙齿卫生）、黏合剂（如羧甲基纤维素钠、海藻酸钠等，作用是增稠）、香精（如各种香料）和甜味剂（如糖类，作用是使牙膏具有良好的味道）、色素（如二氧化钛、各种颜料，赋予牙膏美好外观）及其他成分构成（如药物）。

（1）普通牙膏　在牙膏主要成分中加入氟化物，可防治龋齿；加入焦磷酸盐等，可防治牙石；加入柠檬酸锌、氯己啶、血根碱、酶，可防治菌斑；加入氯化锶，抗过敏性；加入植物提取物，可防治牙龈炎。

（2）药物牙膏　在牙膏主要成分中加入特殊药物如中草药提取物丁香油、田七、龙脑等，可以防治牙痛和具有消炎作用；加入连翘、金银花、野菊花等，可以杀死口腔内的细菌和病毒，预防感冒；加入芦丁、三七等，可以防治牙龈出血；加入丹皮素、丁香油、冰片等，可以起到固齿作用。

11.3.2.2　漱口水

漱口水的功能是使口腔清爽舒适和具有杀菌作用，如硼砂水、食盐水等能够用于各种牙周病和口腔黏膜病。

（1）多用途漱口水　灼烧白云石（含碳酸镁 21%、碳酸钙 38%）100g，蒸馏水 1000g。其制配方法是将灼烧的白云石加入配方量的蒸馏水中煮沸即可。其功能是能够除去附着于牙齿上的残渣、消除口臭、保持口腔清洁卫生，预防龋齿和齿槽脓漏的发生。

（2）假牙清洁水　由于假牙上的色斑不易被牙膏摩擦除去，因此可采用假牙清洁水清除，并且具有杀菌作用和预防假牙口炎。假牙清洁水的主要组成为表面活性剂、柠檬酸、酒石酸、硫酸氢钾和酚的酒精或水溶液。

11.4　化妆品新概念和鉴别

11.4.1　生物技术化妆品

生物技术化妆品是一类含有许多护肤养颜、增白和保健作用的物质，从而形成的新型化妆品。它的特点是来源于生物合成的产物，易于被身体吸收，对身体危害性极小。例如，超氧化物歧化酶、过氧化物酶、维生素 E、生物有机锗、熊果苷、人参皂苷等，它们能够消除皮肤中的自由基，可抑制酪氨酸一系列氧化反应，从而可防治黄褐斑、雀斑等色素沉着，减少皮肤老化，使皮肤增白。

国际上开始流行或正在开发的生物技术化妆品有：基因工程类化妆品（α-干扰素、表皮细胞生长因子、促红细胞生成素）、细胞工程类化妆品（紫草细胞培养产生的紫草宁、人参细胞、通明质酸及各种多糖类）和酶工程类化妆品（L-苹果酸、脂肪酶、淀粉酶、月桂酸-赖氨酸及蛋白酶等）。

11.4.2　绿色化妆品

绿色化妆品是根据自然生态平衡、环境保护、人类生存及再生资源利用的要求，控制氧化剂、防晒剂、色素等应用后，从而形成的一类绿色环保型化妆品。绿色化妆品应选用纯天然植物原料，尽量不使用对皮肤有刺激的色素、香精和防腐剂，以减少化学合成物给人体带来的危害。

绿色化妆品的生产从原料上要严格把关，在制造、使用和处理各个阶段中对环境无害的清洁生产技术；使用可生物降解和可再生利用的包装材料；使用安全的液化石油和二甲醚作为气溶喷射剂，以消除对臭氧层的破坏；采用生物工程制剂和天然植物提取物作为添加剂，起到抗皱增白的功效。

11.4.3　未来化妆品

未来化妆品应该是保鲜化妆品即一次性使用的小包装化妆品，完全不含有防腐剂。抗衰老化妆品是美肤养颜、抵抗衰老、延缓衰老的产品，将成为具有发展前途的化妆品。防晒化妆品将成为化妆品开发商的首先考虑的问题，从唇膏、眼影、护肤霜、粉底等的制配，都要将紫外线对皮肤的危害进行消除（其方法可能是开发更优质的原料，既能吸收紫外线又能不接触皮肤）。开发天然化妆品（其主要营养成分从海洋植物、中草药、热带雨林作物等提取物）具有广阔的前景。

11.4.4　化妆品的鉴别

化妆品是天天使用、经常涂抹，并且与皮肤直接接触的，因此化妆品对皮肤不能有任何危害。为了保证人身安全，每个国家对化妆品的安全性都有规定，并且要在两种以上的动物身上进行试验后，再经过人的皮肤贴敷试验证明安全后，才允许正式销售。一般来说，化妆品都要进行皮肤一次性刺激试验、眼刺激性试验、过敏性试验、光敏性试验、贴敷试验、微生物试验等。

11.5　美容和化妆中的不安全因素

11.5.1　美容中不安全因素

11.5.1.1　染发的不安全因素

时尚爱美的年轻人常给自己染个彩发，头发中出现银丝的中老年人希望头发恢复本色的自然亮泽也要染色。然而，染发可能使人发生瘙痒、皮疹、红斑、水疱、溃疡甚至引起更严重的疾病。

（1）过敏反应　由于对苯二胺的反复接触，使体内产生抗体，再接触对苯二胺时则会产生过敏作用，可导致过敏性皮炎、过敏性眼结膜炎、肾炎等。所以染发前一定要进行过敏实验，以防止产生过敏反应引起不良的后果。染发剂如"乌发乳"是一种金属染发剂，它的原料是铅盐或是银盐，少数是铋盐和铜盐，如醋酸铅、柠檬酸铋和硝酸银等，也是对健康不利的。使用时最好戴帽子，注意洗手、洗枕巾、头巾，更不能让儿童接触。

（2）对毛发的危害　对苯二酚类化学物质若使用量较大，它固化细胞蛋白质的功能发挥作用，使毛囊中的胶蛋白凝固，毛发就会脱落。氨水也可以溶解毛囊中的胶蛋白，从而导致毛发脱落。

（3）致癌变　长期接受染发剂的刺激还可促进某些肿瘤的发生。染发剂接触皮肤，而且在染发的过程中还要加热，使苯类有机物质通过头皮进入毛细血管，然后随血液循环到达骨髓，长期反复作用于造血干细胞，导致造血干细胞恶变并导致白血病发生。在通常情况下，若使用染发剂 10 年，人体皮肤只要吸收 1% 的这种物质，都可能导致脑肿瘤和致癌，常见的有脑垂体腺瘤、脑膜瘤、听神经瘤、颅咽管瘤、脑胶质瘤、脑血管网织细胞瘤、膀胱癌、肾癌及皮肤癌等。在 100 例乳腺癌患者中，有 8% 以上的人是长期使用染发剂。原先患有良性乳腺病者，使用染发剂后得乳腺癌的可能性比不用染发剂者高 4.5 倍。理发行业从业者经常接触染发剂会导致哮喘、股骨头坏死等疾病，其肿瘤死亡率较不接触染发剂者高 6 倍。

（4）对免疫系统的危害　使用染发剂可使机体免疫功能紊乱，导致红斑狼疮发生。

11.5.1.2　卷发剂和喷发胶的不安全因素

卷发剂和喷发胶都对人的健康有一定的危害。

(1) 卷发剂中常含有硫丙三醇酯之类的化学物质。这种物质可以使皮肤发炎，如不慎溅入眼中，还可使眼睛灼伤。溅入耳内会使耳鼓膜穿孔，丧失听力。

(2) 喷发胶是常用来保持发型不变的化妆品，喷发胶是由合成树脂溶于乙醇或其他溶剂中制成的。将喷发胶装在喷射罐中以喷雾方式向头上喷洒时，不可避免地会由呼吸道吸入一些喷发胶的微粒。这些合成树脂微粒停留在呼吸道和肺部，机体本身不能经过正常代谢过程将其排出体外，于是它们便会聚积在体内，蓄积到一定量时，就会损害身体健康。所以，为保护健康，应少用这些东西。

11.5.1.3　美容手术的不安全因素

爱美之心，人皆有之。美容美发，古来有之。构成人体的眼、耳、鼻、舌、身五官及其五脏六腑，是一个高度复杂的系统工程，是任何一个设计师都不能设计出来的。可是有人非要打破大自然对人体的设计，进行人为加工和设计改造，如拔掉原有的眉毛，重新设计眉毛的走向，实现一种"文眉术"。把鼻梁想方设法弄高，把黑头发染成黄色，这打破了人体结构的平衡。在耳朵上打孔，在鼻、舌、腋下和肚脐等处悬挂不锈钢环，似乎已作为时尚从西方传至东方。应该说，这种对人躯体的人为塑造手段，尽管其动机有所差异，表面上看来也都是在追求人体美，但实际上却违背了生理学自我保护的意旨。不管从社会学角度做何种解释，躯体人为的残伤行为总是一种生理的缺憾。

(1) 皮肤受损　皮肤受损一方面是皮肤受到外力的破坏，如耳穿孔、割双眼皮、隆鼻等人为破损；另一方面就是化妆品在使用不当造成皮肤过敏、皮肤病等。

由于化妆品中含有的某些成分如擦脸粉中的钛白粉含量太高时，可以使皮肤不适应，可能造成湿疹痤疮，糜烂出水，甚至可能会成为永久性花斑。某些刺激性化妆品在使用时，可能会引起皮肤过敏，头发干燥、焦枯甚至脱落。选用化妆品时，要根据自己的皮肤特点，最好选择较温和、以天然原料为主要成分的化妆品。

(2) 血液感染　文眉，去除皮肤上的痣、斑，耳穿孔（戴耳环）时，由于器物消毒不严密，得败血病致死者时有报道，尤其在以鼻尖为顶点至下颚两边为底的三角形区域（被称为黄金三角）内，血管及神经密布，极易受感染，在进行某些处理时，会引起感染，所以一定要慎重，否则，会引起感染诸如毛囊炎、深静脉炎、脑膜炎甚至败血症。如刮须时皮破使细菌侵入得破伤风等。戴镀镍的耳环者，血液中镍量较正常值高几十倍，表明已受到镍的污染。

11.5.2　化妆品中的不安全因素

11.5.2.1　化妆品的污染对人的健康的影响

当前，化妆品已成为人们生活中不可缺少的护肤、美容用品，然而人们在使用各种化妆品的过程中，如果使用不当，也会给人体健康带来危害。

(1) 化妆品原料　化妆品的原料有的来自天然植物，有的是化学合成的，后者往往含有一些有害成分。据对20多种香粉的调查和化验发现，这些香粉均程度不同地含有铅，从16个品种的雀斑霜中均查出了有毒重金属汞，有些化妆品还含有砷。这些物质都具有极高的毒性。化妆品中的铅、砷、汞含量超标时，对人体健康造成危害。化妆品增白剂中的氯化汞、碘化汞会干扰皮肤中氨基酸类黑色素的正常酶转化。汞的慢性毒害很大，特别是抑制生殖细胞的形成，影响年轻人的生育。有些国家化妆品质量中规定，化妆品中不得配用汞及其化合物。生发剂、染发剂中大都含有重金属汞、铅、砷，它们对人体十分有害。化妆品中的颜料，很多是含有重金属成分的，它们之中有不少是对人体有害的，如铅、铬、铝、汞、砷等。如据报道美国、澳大利亚曾有婴儿舔食了母亲面部的脂粉引起急性中毒，死于脑病的事例。

许多化妆品的原料对皮肤有刺激和致敏作用。如偶氮染料和碳酸铵、焦性没食子酸等可引起皮炎和头部红肿等。一些去头皮屑药水含奎宁、间苯二胺等，可引起皮肤过敏。脱发剂中的氧化氨基汞、硫醇、蜡等原料也是一种致敏原。某些指甲化妆品中含有甲醛和指甲硬化剂，其中的甲醛树脂可引起皮肤过敏，去漆剂丙酮可使指甲变质变脆。甲醛可致甲沟炎、裂甲病，甚至出血等。腋部除臭剂常用氯化铝、福尔马林和氯化酚等为原料，也可对皮肤造成强烈刺激，引起皮炎等。从多种化妆品中还检出致病性微生物，如绿脓杆菌、金黄色葡萄球菌、假单孢菌、大肠杆菌、类白喉杆菌及霉菌等。使用这些化妆品常可引起皮肤感染化脓。

（2）化妆品中的有机物　化妆品中还有一些对人体健康影响较大的有机物。如氢醌是从石油或煤焦油中提炼制得的一种强还原剂，对皮肤有较强的刺激作用，常会引起皮肤过敏。因为氢醌能抑制上皮黑色素细胞产生黑色素，因而许多漂白霜、祛斑霜中都加入了氢醌。然而氢醌也会渗入真皮，引起胶原纤维增粗，长期使用和暴露于阳光的联合作用，会引发片状色素再沉着和皮肤肿块，这叫获得性赫黄病，目前尚无好的治疗方法。

各类化妆品中所使用的色素、防腐剂、香料等大多也是有机合成物，如煤焦油类合成香料、醛类系列合成香料等。这些物质对皮肤有刺激作用，引起皮肤色素沉积，并引发变应性接触性皮炎。化妆品中的香料，广泛使用煤焦油类合成香料，煤焦油系统色素中，有偶氮染料、亚硝基染料和硝基色素等，含有潜在毒性，致使化妆品对人体的危害性增加。合成香料中像醛类系列产品，往往对皮肤刺激很大。有的色素对细胞能产生变异。

防腐剂的主要成分是甲醛，常释放出来造成空气污染。据测，百货商店化妆品柜台空气中甲醛含量远高于其他柜台，均值为 $273\mu g/m^3$，现已查明几种醛类香料对遗传脱氧核糖核酸有伤害作用。而其中色素、防腐剂和香料大都是合成产品。

唇膏的主要成分为羊毛脂、蜡质和染料（或颜料），常用的玫瑰红唇膏系油脂、蜡质中掺入一种酸性曙红染料，它是一种非食用色素，可通过皮肤进入人体内引起过敏。国外调查表明，因用口红而引起口唇过敏已是一个严重的问题，有 9% 的妇女用唇膏后出现口唇干裂等症状，并且还发现唇膏有"光毒性"，日本的研究人员用两支 20W 的荧光灯照射含有大肠杆菌的唇膏后，约有 20% 的大肠杆菌发生突变。这是由于染料分子吸收 $400\sim700nm$ 可见光的能量后，使生物细胞中的脱氧核糖核酸（DNA）受损伤。而 DNA 损伤后若不能修复，就有产生癌变的可能。近年来，国外研究表明在生产中加入香料（一种以含醛基结构煤焦油为原料的合成香料）对 DNA 损伤作用更为巨大。

很多化妆品含有树脂和油剂，它们会堵塞皮肤上的毛孔和汗腺孔，从而引起毛囊炎等疾病。若本来属于油性皮肤者，再涂以过多的油性化妆品，则易引起皮脂溢积累和油脂性痤疮。

11.5.2.2　化妆品与皮肤过敏、皮肤病

随着化妆品的大量使用，因化妆品而引起的皮肤疾病也大量增加，皮肤过敏就是其中极其常见的一种。为了防止皮肤过敏，化妆品买回后，先不要直接涂在脸上，必须先做化妆品的皮肤过敏试验，以防止大面积使用后产生不良后果，确保使用安全。

化妆品的皮肤过敏试验方法非常简单，先用蒸馏水或生理盐水浸湿一块布，拧至一半干，并折叠为 4 层约 $1cm^2$ 大小，将化妆品涂在布的一面，然后敷在前臂内侧或背部正常皮肤上，再盖上 $1.5cm^2$ 不透气的玻璃纸或塑料薄膜，以胶布固定。经过 24～48 小时的观察，如果测试处剧痒或灼痛，表明该化妆品对皮肤有刺激性，则为阳性反应，应及时将试验物去掉，用清水冲洗；若试验部位无任何症状，则为阴性反应，表明该化妆品对皮肤无刺激性，较为安全。若出现单纯红斑、瘙痒，则为弱阳性；出现红肿、丘疹，则为中度阳性；出现显著红肿、丘疹及水疱则为强阳性；出现显著水疱甚至坏死，则为极强阳性。出现阳性反应除了要及时清洗、处理外，并提示该化妆品绝对不可使用。

皮肤过敏的原因是由于化妆品中的某些成分，对皮肤细胞产生刺激，使皮肤细胞产生抗体，从而导致过敏。

若由于化妆品使用不当引起皮肤过敏，一定要及时到医院的美容科室进行治疗，而不能随意使用治疗一般皮肤病的药膏，否则，会引起皮肤粗糙，起色斑，加重皮肤疾病。

使用化妆品是为了美容健肤，但近年来因使用化妆品引起的皮肤病病例增多，据有关医院皮肤科统计，化妆品皮炎约占皮肤病女性患者的 30%。导致化妆品皮肤病的原因首先是不合乎化妆品卫生标准的产品引起的。有的化妆品有害金属元素大大超过标准，如某些粉刺、软膏类化妆品中因含有过量的铅、汞等有害金属，用后会出现色素沉着，引起各种色斑。有些化妆品广告内容言过其实，而其中不乏假冒或伪劣产品，若使用这些化妆品将很快会出现痒痛、红肿，进而发生皮肤糜烂出水等现象，治愈后会留下疤痕，造成毁容等严重后果。

其次是由于化妆品自身的因素造成的。目前的市售化妆品多是由多种化学原料配制而成的。如合成香料、化学色素、防腐剂等这些成分极易引起机体过敏，使皮肤出现血疹、水疱等现象。在合成香料中有不少是光敏性物质，涂用这类物质在日光作用下会引起光敏性皮炎，损伤皮肤细胞。化妆品所造成的皮肤损害主要是迟发型变态反应，化妆品的配制原料中的香精与防腐剂是引起变应性接触性皮炎的最常见成分，香精中的纯茉莉花油、羟基香草素、夷兰油、红色 219、黄色 204 等，防腐剂中的尼泊金类等，化妆品中铅、汞、砷等重金属含量超标，都会引起皮肤瘙痒。

化妆品所用颜料也是过敏性物质，皮肤对朱红、大红、黄色等都有不同程度的过敏，所以胭脂、颊红、唇膏中色料可不同程度地引起皮肤过敏反应，出现疹子、皮肤瘙痒等症状，尤其是目前所使用的染发液，其主要成分是对苯二胺，这种成分本身就是致敏物质。

应该提出的是，目前市场上含有各种添加成分的化妆品应运而生，如水解蛋白、生化试剂、酶制剂、胎盘液等配制成的冷霜、面膜、唇膏、洗面奶等化妆品，也很容易引起一些人的皮肤过敏反应。

第三是用法不当引起的皮肤炎症。化妆品放置久了，或用脏手接触过，会增加基质被微生物污染的机会，使化妆品分解、腐败、变质等，使用这种变质化妆品会引起皮肤细菌炎症。此外用法不当也会发生皮肤的不良反应，如涂抹太多太厚，会破坏皮肤的正常生理功能。汗腺、皮腺的分泌减少，产生皮肤的不舒服感。在化妆品皮肤病中，过敏性皮肤者更容易出现过敏现象，如使用香水、祛臭液、染发剂则会引起严重的变态性皮炎。出现局部红肿，严重瘙痒以及皮肤灼热等严重过敏反应，所以皮肤过敏者使用化妆品更需谨慎。

11.5.2.3 化妆品对眼睛的伤害

眼睛非常"娇气"，对异物十分敏感。许多化妆品一旦进入眼睛，都会引起不同程度的眼损伤，轻者造成红肿、畏光、流泪、疼痛、异物感等，重者可造成失明。不论是油彩、霜脂、染料类化妆品，还是药品类（如治疗雀斑、汗斑、疣、痣及痤疮等）的化妆品都会损伤眼睛的结膜、角膜，甚至危害晶体，严重时导致角膜和晶体混浊，使视力下降或失明。

日前市场上的洗发剂名目繁多，所有的洗发剂几乎都含烷基亚硫酸盐，它可使头上附着的油脂污垢易溶于水，但却对人的眼睛有严重的危害作用。经研究证明，试验动物出现眼睛疾患的主要原因，是由于洗发剂中的烷基亚硫酸盐所致。洗发剂中烷基亚硫酸盐的成分含量越高，对眼睛的损害程度越大。

由于洗发剂中的烷基亚硫酸盐的含量与使用者眼睛的疾患成正比，故美国已规定，出售的洗发剂中烷基亚硫酸盐的含量不得超过 5％。

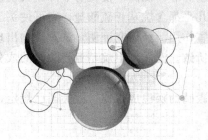

第 12 章
清洁与日用洗涤剂

清洁、舒适、优美的环境，能够使人心情愉快，增加血液中有利于身体健康的化学物质，直接关系到人们的身心健康和工作效率的提高。环境清洁和个人清洁最常用最有效的方法是洗涤，洗涤时使用洗涤剂可以起到事半功倍的效果。了解并正确地选择洗涤剂，能够帮助我们更好地把环境打扮得秀美和洁净。

12.1 清洁的空间

12.1.1 天然消毒剂

我们周围的细菌无处不在，处处与我们相伴。我们追求的居所应当是清洁优美、芬芳馥郁，那儿潜伏的有害细菌被降低到最低标准。健康人的免疫系统能很容易地对付家庭里的一般细菌，事实上最大的危险是许多洗涤剂或杀菌剂本身所含有的化学物质。近年来，家庭用的各种洗涤剂或杀菌剂迅速发展，但它们本身对健康有害，许多消毒剂还含有能影响中枢神经系统、引起身体器官病变的化学物质。

杀菌剂如海绵、肥皂等使用时要特别小心，因为它们可给人一种安全的假象；它们可以改变家中微生物的平衡，让那些较难杀死的细菌活下来；它们残留的细菌可能具有抗药性，能够使住所成为真正的细菌滋生地。

对于一般的用途，有许多极好的天然消毒剂硼砂、茶树油、葡萄油及其他柑橘汁。如确实需要一种效力较高的消毒剂，最好选择一种以恰当比例稀释的氯漂白剂。主要清洁用品一览表见表 3-12-1。

表 3-12-1 主要清洁用品一览表

品 名	主 要 用 途
抹布	棉布用来擦洗最好,麻布用来擦洗玻璃最好。用过的抹布可以用少许硼砂洗涤
硼砂	是天然的矿产品,能杀死细菌和霉菌,可用来浸泡餐巾、使衣服增白、使水变软,能够增加普通肥皂的洗涤效果,可以防止臭味的产生
去污粉	选用没有香味、不含氯的去污粉。可以用来擦洗马桶
小苏打	小苏打可以起软水剂的作用
白蜡	可以用来擦玻璃和瓷砖,可以除去水壶的水垢或茶壶的茶渍;可以与小苏打一同用来擦亮玻璃

续表

品　名	主　要　用　途
磷酸三钠	其特点是清洁力强,能冲洗干净无残留。购买时不要有香味的或掺有洗洁净的磷酸三钠
杀菌洁厕液	一般由天然产品如醋(除去污垢)或浮石(去除水垢)、漂白剂(氧化马桶中的污迹)组成。杀菌可采用硼砂或茶树溶液
玻璃清洁液	由白醋、水及液体皂液组成。它们本身无毒且可以把玻璃擦洗得干净明亮
地板清洁液	对于轻度的清洁和除臭,只需将少量的小苏打喷洒于地板,尔后用吸尘器吸去即可
碱	碱是一种良好的软水剂,能提高洗涤效果,减少洗涤剂的用量,它同时能够去除油污
家用护理蜡	家具的护理可以采用每年用一次蜡即可。尽量不用含硅油和乳蜡的雾状上光剂
金属上光蜡	用柠檬汁或白蜡加入小苏打能擦亮铜器,牙膏可以用来给精美的首饰上光
烤箱清洁剂	用抹布擦拭干净烤箱中溅出的脏物即可,不要用腐蚀性的洗涤剂或消毒剂擦拭

12.1.2　清洁卫生

21 世纪的生态生活需要 21 世纪的清洁方法,要用大脑去思考,用行动去支持环境清洁和卫生。一定不要以污染我们的河流、空气、田野甚至整个空间为代价,以削弱我们对疾病的免疫力的化学品为荣耀。有些洗涤产品去污力强,其实是因为加入了对身体和环境有害的化学物质。我们应当用水、硼砂、醋等天然洗涤剂将房间收拾得光彩照人;柠檬汁、橄榄油等热带食物为原料制成天然洗涤剂也同样具有此种作用。在合乎生态要求的作用下,可以购买浓缩的洗涤剂,然后使用时配制成所需的浓度即可。

为了使室内具有清洁的感觉,人们常常点燃卫生香去除不洁气味。卫生香的主要成分是各种芳香植物或驱蚊药物、香料等,有的加入中草药提取物;香可分为线香、炮香、驱蚊香。香点着后,紫烟缭绕,芬芳飘逸,清洁空气,香雅提神。它们常以芳香植物命名如茉莉、檀香、桂花、龙涎、玫瑰等,也有以历史、文物、神话传说为题命名如昭君、嫦娥、古鼎、金炉、天女散花等品牌卫生香。燃香适应于医院、旅馆、博物馆等公共场所,同样适应于家庭的空气清新。

宋代赵彦卫的《云麓谩钞》云:"比丘欲食,先烧香。案法师行香,定坐而讲,所以解秽流芳也,乃中士行香之始。"秦嘉在《答妇徐淑书》记载:"令种好香四种,各一斤,可以去秽。"说明了古代人民发现了焚香除秽的科学作用。现代医学认为焚燃卫生香或檀香之类的香料药材可以防疫治病和净化空气。清洁卫生注意事项见表 3-12-2。

表 3-12-2　清洁卫生注意事项

类别		注　意　事　项
清洁剂	选购	购买符合生态环境要求的洗涤剂,以免污染居室环境卫生及危害人体健康
	用量	洗涤剂使用时尽量少,要根据实际情况进行处理被清洁的物件和室内卫生
	存放	要存放在小孩拿不到的地方,以免引起不必要的伤害
	标签	没有标签或标签冗长的产品尽量不要使用
水		水是最好的清洁剂,能用水洗涤的物件尽量不使用洗涤剂

续表

类别	注　意　事　项
卫生香	调节室内空气,用于杀菌消毒;但房间内不能燃烧过多,以免化学香精的烟雾引起中毒
门垫	大门内、外各放置高质量的擦鞋垫,以减少灰尘进入室内;进门脱鞋,可减少不必要的清洁工作

12.1.3　空气清新器

居住在工厂附近或者靠近马路的住户,会受到工厂或交通繁忙的道路排放的污染物对人体的极大危害。因此,为了掩盖其难闻气味,往往使用空气清新器予以去除,给鼻腔包上一层油膜或者一种麻木神经的药剂使你失去嗅觉。空气清新的方法见表 3-12-3。

表 3-12-3　空气清新的方法

类　别	空气清新的方法
水及天然香料	室内放几碗或几盆水以使空气湿润;也可以在碗里放满丁香、桂皮或其他天然香料
通风	每天要打开窗户,去除污浊的空气或令人作呕的气味及任何可能积聚起来的有毒烟雾;或者利用排气设备将室内污浊空气排出以换取清新的空气
暖气	家中暖气不要开得太足,以防空气的污浊和不清新;另外减少能源消耗
垃圾	垃圾要及时倒掉或销毁;垃圾要分类包装;垃圾桶底要撒点硼砂或小苏打使垃圾桶保持干燥
吸烟	家中要隔出戒烟区或者选取一个通风条件好的房间吸烟,以防被动吸烟引起的疾病如肺癌的产生
花草	在家中种植吊兰、马来西亚绿萝和其他植物以减少室内的毒素,从而提高空气质量

12.2　表面活性剂

表面活性剂(surface active agent)是一类能够显著降低两相间界面张力的物质,将它溶于水中即使浓度很小,也能显著降低水同空气的界面张力,或者水同其他物质的界面张力。

表面活性剂是洗涤剂的主要组成物质,再配以各种无机助剂(如改善洗涤效果的三聚磷酸钠等无机物)、有机助剂(增白剂、酶制剂及香料)等。洗涤剂的去污效果与表面活性剂的结构有关。

12.2.1　表面活性剂的类型

迄今为止,表面活性剂有 2000 多种,它们被广泛用于洗涤剂、纺织品、化妆品、食品、制药、建筑、采矿等各个领域。表面活性剂根据它们在水溶液中电离出的表面活性离子所带电荷的不同,分为阳离子型表面活性剂、阴离子型表面活性剂、两性离子型表面活性剂、非离子型表面活性剂和混合型表面活性剂五大类。

(1)阳离子型表面活性剂主要是指阳离子型表面活性剂溶于水后生成的亲水基团为带正电荷的原子团。主要有季铵盐(如新洁尔灭)、叔胺盐(如萨帕明 A)等,它主要用作杀菌剂且在表面活性剂中的杀菌力最强。

(2)阴离子型表面活性剂主要是指阴离子型表面活性剂溶于水后生成的亲水基团为带负电荷的原子团。主要有羧酸盐(肥皂中的脂肪酸钠)、烷基苯磺酸钠(民用大部分的洗衣粉)、脂肪醇硫酸钠(用于化妆品制备等)。

（3）两性离子型表面活性剂主要是指两性表面活性剂分子中带有两种亲水基团，溶于水后生成的亲水基为正负两种电荷，在酸性溶液中呈阳离子型表面活性，在碱性溶液中呈阴离子型表面活性，在中性溶液中呈非离子型表面活性。主要有氨基酸（如十二烷基氨基丙酸钠）、咪唑啉、甜菜碱、牛磺酸，它们的主要作用是乳化剂、柔软剂等。

（4）非离子型表面活性剂就是在水中不会离解成离子的表面活性剂。主要有酯类（山梨醇的脂肪酸酯衍生物如吐温、斯盘，主要制成液态的洗净剂）、酰胺类（烷醇酰胺即尼诺尔，制成液体洗涤剂，去污力强，并且可以作泡沫稳定剂）、聚醚类（如丙二醇与环氧乙烷加成聚合而成的低泡洗涤剂），还有聚氧乙烯、聚氧丙烯构成的聚合型表面活性剂以及烷基多苷类表面活性剂。

（5）混合型表面活性剂分子中带有两种亲水基团，一个带电，一个不带电如醇醚硫酸盐。

12.2.2 表面活性剂的结构

洗涤剂中使用的表面活性剂都是由亲水基团和亲油性基团构成的，一般结构如下：

$$R-\text{C}_6\text{H}_4-SO_3M \quad (R=C_{10}\sim C_{14})$$
烷基苯磺酸盐(LAS)

$$C_{12}H_{25}-N^+(CH_3)_2-CH_2-C_6H_5 \quad Cl^-$$
烷基二甲基苄基氯化铵盐

$$R-CH_2COOH \quad (R=C_{10}\sim C_{16})$$
烷基羧酸盐

烷基咪唑啉

$$R-CH_2(C_2H_4O)_nH \quad (R=C_8\sim C_{17}, n=5\sim15)$$
烷基聚氧乙烯醚(APE)

$$R(C_2H_4O)_mSO_4Na(AES)$$
醇醚硫酸盐

表面活性剂的特点是分子的一端具有极性基，如—SH（巯基）、—OH（羟基）、—COOH（羧基）等亲水基团；另一端是非极性基如烃基（长碳链：—CH$_2$—CH$_2$—CH$_2$—CH$_2$—，或者短碳链、苯环等）等憎水基团。

12.2.3 表面活性剂的性质及洗涤作用

12.2.3.1 表面活性剂的性质

由于表面活性剂的分子结构所具有的特点（即是一种双亲性有机化合物），因此它们具有下列特殊的性质。

（1）润湿作用 是指洗涤液接触到有污垢的固体（皮肤、衣物）表面时，在其界面形成一亲水的吸附层，使界面张力降低，从而削弱其黏附力，尔后使吸附衣物表面上的污垢分离的过程。如果没有润湿作用，想把物体洗涤干净是不可能的。润湿作用主要涉及的有关性质如下。

① 污垢：衣物和皮肤上常常吸附某些污物而形成污垢，如油渍、汗渍、尘埃、煤烟等，它们都是疏水性物质。

② 受体：受体主要是指棉、麻、丝、毛等动植物纤维制品、人造纤维制品及人体皮肤等，尽管它们有的本身具有亲水性，但是大都有一层油膜，因此其表面是疏水性的。

③ 液体的铺展：当一滴水滴落在固体表面上时，往往有两种趋势，其一是力图维持液滴成球形，其二是力图使液体铺展开来。水滴液体是否能在一种固体上铺展开来，取决于液体与固体本身的表面张力。

一般来说，一滴水落在有油污的衣服上或其他织物上时，常常会以水珠形式存在。当把一滴含有洗涤剂的水溶液滴落在衣物上时，将会快速扩散开来，这是因为洗涤剂中的表面活性剂分子可以吸附在水的表面上，使水的表面张力大大降低，水就很容易吸附并扩散在织物的表面上，甚至渗透到织物纤维的细微孔道中去，从而降低了织物与污垢间的结合力，有利于洗掉织物上污垢。

（2）乳化作用 直接把水与"油"（"油"是指一切与水不相互溶的有机液体）共同振动时，但静止后很快分成两层。若在混有油滴的水中加入洗涤剂，利用机械作用（如振荡）分散所得的液滴不相互聚结。其原因是洗涤剂中的表面活性剂分子可以将一个个微小油滴包围起来，即疏水基一端溶入油且与油成为一相，亲水基与水成为一相，从而使得油分散在水中。表面活性剂的乳化作用可以把织物上的油污变成乳化的小油滴，并且将污物拉到水中，使污垢分散，因此织物被洗涤干净。

水和油的乳化有两种形式：一种是少量的油分散在大量的水中，水是连续相，油被分散为细小颗粒，这种类型称为水包油型乳化（O/W）；一种是少量的水分散在多量的油中，油是连续相，水被分散为细小颗粒，这种类型称为油包水型（W/O）。

（3）起泡作用 "泡"是指由液体薄膜包围着气体，泡沫是指很多气泡的聚集。用洗涤剂洗涤衣物时会产生大量的泡沫，其原因是在泡沫的表面上定向排列着一层表面活性剂分子，它们的憎水基团伸向气泡的内部，亲水基团则伸向气泡的外部。当表面活性剂的浓度达到一定数值时，气泡壁就形成一层比较结实的膜，使得气泡不易破裂且其密度小，因此，气泡很快会漂浮到液体的表面。

气泡剂所起的作用如下。

① 降低表面张力：形成气泡使体系增加了很大的界面，因此降低表面张力有助于降低体系的表面自由能而使体系得以稳定。

② 泡沫膜牢固：要求所产生的泡沫膜牢固且有一定的机械强度和弹性。

③ 适当的表面黏度：泡沫膜内包含的水受到重力的作用和曲面压力，会从膜间排走，使泡沫膜变薄，然后导致破裂，因此液体要有适当的黏度，膜内的液体就不易流走。

起泡可以帮助把洗涤下来的污物漂浮在水面，防止污垢重新黏附在衣物上。起泡的多少与洗涤效果没有直接的关系，泡沫多也不一定标志着洗涤剂的去污效果好。

（4）增溶作用 非极性有机化合物如苯等油类物质不能溶解于水，却能溶于表面活性剂，如肥皂溶液或者溶解浓度大于临界浓度（*cmc*，即开始形成胶束时的表面活性剂的最低浓度），并且已经生成大量胶束时的离子型表面活性剂溶液，这种现象称为增溶作用。

增溶作用具有下列特点。

① 增溶作用可以使被溶物的化学势大大降低，使整个体系更加稳定。

② 增溶作用是一个可逆的平衡过程。

③ 增溶作用与真正的溶解作用也不相同。真正的溶解过程会使溶剂的依数性质有很大的变化，但碳氢化合物加溶后，对溶剂依数性质影响很小，说明增溶过程中溶质并没有拆分开成分子或离子，而是"整团"溶解于表面活性洗涤剂溶液中。

表面活性剂的增溶作用对于洗涤去污作用有着很大的影响，许多不溶于水的物质，不论是液体还是固体都可以不同程度地溶解在表面活性洗涤剂胶束结构中。

12.2.3.2 表面活性剂的洗涤作用

（1）表面活性剂的洗涤作用 表面活性剂的一个广为人知的重要性能就是它的洗涤作

用，其洗涤能力与表面活性剂的结构有密切关系。

用于洗涤衣物的表面活性剂一般为阴离子型表面活性剂和非离子型表面活性剂两类，阴离子型表面活性剂主要用于皂类洗涤剂和洗衣粉中，非离子型表面活性剂主要用于液体洗涤剂中。

厨房用洗涤剂主要是洗涤餐具、蔬菜及水果，因此，厨房用洗涤剂必须具备去污能力，还要具有保证蔬菜和水果的色、香、味及外观形状等，易于冲洗，无毒无味，不损伤皮肤。能够满足上面条件的表面活性剂最好用中性去污表面活性剂，实际上常用阴离子型表面活性剂和非离子型表面活性剂的混合物。

一般不溶于水的物质与水接触时界面带有负电荷，水溶液中的阳离子表面活性剂易吸附于其上而形成较为牢固的疏水层，于是油污将会很容易黏附在上边不易洗净，这是阳离子表面活性剂不能作洗涤剂的原因。但将适量的阳离子表面活性剂加到洗涤剂中，可以对织物纤维有柔软防静电的作用。

（2）表面活性剂的去污作用　降低了表面张力而产生了润湿、乳化、起泡、增溶等多种作用综合的结果。被沾污的衣物或其他东西放入洗涤溶液中，首先要充分润湿，使溶液进入污物内部且使污垢在机械作用下脱落下来，进而污垢与洗涤剂产生乳化作用而分散于溶液中，经清水反复漂洗后就达到了去污的效果。

12.3　家庭洗涤剂

家用洗涤剂主要有皂类洗涤剂、洗衣粉、液体洗涤剂、液体消毒剂及其他日用去污剂，下面将逐个介绍。

12.3.1　家庭洗涤剂的组成

家庭日用洗涤剂的组成除了表面活性剂外，还有各种不同作用的助剂。

12.3.1.1　无机助剂

（1）三聚磷酸钠（俗称五钠）的主要作用是与水中的钙离子、镁离子发生配合反应，使水溶液呈碱性，以有利于油污的分解；能够防止制品结块（形成水合物而防潮）；使粉剂成空心状。

（2）硅酸钠（俗称水玻璃）具有碱性缓冲能力；具有稳泡、乳化、抗蚀等功能；能够使粉状制品保持疏松、均匀，增加喷雾颗粒的强度。

（3）硫酸钠（无结晶水者俗称元明粉，含有十结晶水者俗称芒硝）　主要功能是填料，有利于配料成型，硫酸钠在洗衣粉中使用量很大，约为 40%。

（4）过硼酸钠　其水溶液可释放出过氧化氢，起到漂白、去污作用。

（5）黏土柔软剂　最好选用以膨润土为原料的材料，用量以 2%～10% 为好。

12.3.1.2　有机助剂

（1）羧甲基纤维素钠　由于羧甲基纤维素钠带有大量的负电荷，吸附在污垢上，静电斥力增加，因此可以防止污垢再沉积。

（2）月桂酸二乙醇酰胺　具有促泡、稳泡的功能。

（3）二苯亚乙基三嗪类化合物　是荧光增白剂，使用量要符合规定要求，一般约占 0.1%。

另外还有助洗剂、香料、防腐剂等，它们的用量可根据不同的洗涤剂要求适量加入。

12.3.2　家用皂类洗涤剂

皂类洗涤剂起源于 2500 年以前，它是用山羊脂与草木灰混合、煮沸、冷却而制得软状的肥皂，主要用于洁肤和润发。随着社会的进步，肥皂的生产是由烧碱皂化油脂而得的，开始了工业化大规模的制造，其品种、数量及功能也得到了不断增加和发展。

12.3.2.1　家用皂类洗涤剂成分及工艺

（1）肥皂的主要成分及工艺　肥皂的主要成分是高级脂肪酸钠盐或高级脂肪酸钾盐、松香、硅酸钠、滑石粉、着色剂、荧光增白剂、抗氧剂、杀菌剂等。

生产肥皂的方法是：$C_3H_5(OOCR)_3 + 3NaOH \Longrightarrow 3RCOONa + C_3H_5(OH)_3$
　　　　　　　　　　油脂　　　　烧碱　　　　　　肥皂　　　　甘油

生产肥皂的油脂有硬化油、牛油、骨油、猪油、棕榈油、椰子油、菜籽油、棉籽油、豆油等。制造肥皂时，首先将所需的油脂熔化，尔后与烧碱一起煮沸 3~4h，使油脂充分皂化，生成高级脂肪酸钠盐和甘油；然后，用食盐或盐水使肥皂和甘油分开，去掉杂质和色素；再按所需的配方要求加入松香（提高肥皂中的脂肪酸含量）、硅酸钠（有利于成型）、滑石粉（增加固体量，防止收缩变形）等填料，调和后的皂胶经冷却、切块、烘干、打印即得成品。

（2）肥皂的优点和缺点　肥皂的优点是：原料来源广泛，制作工艺简单，价格相对便宜，去污效果好，对环境污染小。

肥皂的缺点是：肥皂使用对水质要求较严格，硬水、海水、酸性水都不宜使用肥皂去污；肥皂的碱性较强，不能用于丝、毛织物及某些化学纤维制品的洗涤，否则会使制品变形、收缩甚至受到腐蚀损坏；不适合洗衣机使用。

12.3.2.2　常用皂类洗涤剂

（1）洗衣皂

① 洗衣皂是由各类油脂加碱皂化后生成的脂肪酸钠盐为皂基，然后加入水玻璃等助剂，以色料、香料等为填料制成的块状物品。

② 洗衣皂的质量与选用的原料有关，一般来说，用饱和脂肪酸（动物油脂中含有较多）制造的洗衣皂与用不饱和脂肪酸（植物油脂中含有较多）制造的洗衣皂相比，在水中的溶解度小，皂基硬，稳定性好，但对皮肤的刺激性略大。

要想获得质量良好的肥皂，就要选择合理的油脂。一般情况下，常常要选择几种油脂进行皂化才能制成各种性能优良的洗衣皂。洗衣皂的去污能力与其本身质量有关，同时也与洗涤用水、溶解度、温度、洗涤方法等有关。

③ 洗涤条件：洗涤用水要使用软水，其去污能力好。一般来说，洗衣皂在水中要有适度的溶解度，并且溶解度随着温度的升高而增加。温度越高，去污能力与去污效果越好，若衣物不怕热水，用洗衣皂洗涤时最好使用 50℃ 以上的热水进行。洗涤衣物时，使用洗衣皂的浓度要合适，浓度较低时，其去污能力随着洗衣皂溶液浓度的增高而增大，当浓度达到最佳值时，去污力最大，若浓度再增加时，其去污力并不会增高。

洗衣皂，除了常用的洗衣皂外，还有以下肥皂：

透明皂是采用 80% 的牛、羊油，20% 的椰子油及甘油和碱经皂化而成，碱性较弱，皂质滑爽，不易龟裂，并且由于甘油较多而透明。

合成皂是用表面活性剂加工而成，由于合成的表面活性剂不能形成硬块，所以常常加入一些黏合剂如石蜡、树胶、淀粉等。

酶皂是在洗衣皂皂基的基础上，加入 0.2%～0.7% 的酶制剂如蛋白酶、脂肪酶、淀粉酶等制成的肥皂。

（2）香皂又称盥洗皂，主要用于人体皮肤的清洗。

① 香皂的制造要求：人体的皮肤呈偏酸性且相当敏感，因此，首先要求香皂对人体皮肤不能产生刺激性、无异味，其次要有滋润、保湿、消毒等功能，使用后皮肤应光滑、舒适、有清爽感。制造香皂对油脂的要求较高，如软性油脂生产的皂是软而易溶的，硬性油脂（牛油、棕榈油）生产的皂质较硬而在水中溶解的时间相对较长，为了增加香皂的发泡性，还要加入一定量的椰子油。

② 香皂的制造工艺：包括两个阶段即皂基的制造和成型加工。皂基的制造：是选用精制过的油脂进行皂化、盐析、碱析、整理制成适合的皂基，皂基经干燥得到含水 12%～14% 的干皂粒。成型加工：在皂粒中加入填料如皮肤柔软剂、润湿剂、香料、遮光剂、着色剂、荧光增白剂、泡沫改良剂、除臭剂以及各种药用成分，经搅拌混合后，再用研磨机使其均化，从而得到具有一定可塑性的皂体，而后通过挤压机压条、切块机切块，皂坯再经过打印机打印就会得到所需形状的香皂。

③ 香皂的质量：质量好的香皂应该是皂体光滑、组织紧密细腻，内部没有气泡、斑点、白芯；使用时遇水不会出现黏糊现象，干燥时不开裂，使用到最后成薄片也不粉碎，留香持久。

中高档香皂，一般是白色的或颜色较浅的，如浅粉色、浅绿色、浅黄色等，其中白色香皂对原料的质量要求较高。

香皂的香味来自于加工过程中使用的香料，香料的种类有玫瑰香型、茉莉香型、檀香型、桂花香型、白兰花香型等。若在香皂制造过程中加入了天然的香料，则香皂价格相对较高。

（3）复合皂　是在肥皂的基础上加入钙皂分散剂和增效助剂后，制成的新型复合皂。它改变了肥皂（在硬水中能与钙离子、镁离子结合成难溶于水的盐而使肥皂的洗涤效果降低，并且不溶性盐类黏附在衣物上，不容易被漂洗除去）在硬水中的性能，集合了洗涤剂和肥皂的优点。

① 复合皂的组成是在肥皂皂基的基础上，加入钙皂分散剂（在硬水中，钙离子产生不溶于水的"钙皂"，能够分散不溶性钙皂的物质则称为钙皂分散剂，如非离子表面活性剂、两性表面活性剂、α-巯基脂肪酸衍生物、磺基琥珀酰胺衍生物以及醇醚和酚醚硫酸盐类等表面活性剂等）、增效助剂（改善肥皂和钙皂分散剂的性能，起到增效作用，如柠檬酸钠、沸石、胶体二氧化硅等）。

② 复合皂的优点是复合皂中加入了表面活性剂和增效助剂，使脂肪酸的相对含量降低，因此去污能力提高；复合皂不受水质的影响，可以在硬水甚至海水中使用而影响洗涤效果；制造复合皂时需要的油脂较少，生产成本相对较低，因此价格低廉。

（4）液体皂　是用氢氧化钾与油脂如椰子油进行皂化得到活性物脂肪酸钾（已称钾皂）。

人体用液体皂的组成是脂肪酸钾、保湿剂、滋润剂、杀菌剂（它们的作用是使皮肤光滑、舒适、滋润）；表面活性剂如椰油酰胺丙基甜菜碱、椰油两性羧基甘氨酸盐、椰油酸咪唑啉等（其主要作用是改善肥皂的微碱性，使其对人体皮肤温和、清洁且 pH 值呈中性）。

12.3.3　洗衣粉

洗衣粉（washing power）是指用合成表面活性剂与助剂配成黏稠的料浆，然后再用喷雾干燥的方法生产出来的粉状合成洗涤剂。适用于洗涤棉、麻、聚丙烯腈等纤维制品的为重垢型（按活性物质烷基苯磺酸钠的含量分为 30 型即 30%，25 型，20 型），用于洗涤丝、毛等蛋白质纤维的为轻垢型（要求中性，在 30 型的基础上降低三聚磷酸钠、硅酸钠的用量）。

12.3.3.1　洗衣粉的组成及工艺

由于洗衣粉是用多种成分组合形成的，它们可以相互促进、相互弥补，因此其去污性能较肥皂更高，洗涤效果更为理想，并且可以在硬水中使用。洗衣粉的主要成分如下。

（1）表面活性剂　洗衣粉中起主要作用的是表面活性剂，如烷基苯磺酸钠、烷基硫酸钠、脂肪醇硫酸钠、脂肪醇聚氧乙烯醚、环氧乙烷、环氧丙烷的共聚物、肥皂等。

表面活性剂是以石油化学产品为原料，采用化学方法合成出来的，它们在水中具有良好的润湿、乳化、起泡、增溶作用。洗衣粉的质量受到表面活性剂的加入量及它的本身质量的影响。

（2）无机助剂　洗衣粉中的助剂有三聚磷酸钠、水玻璃、纯碱（碳酸钠）、硫酸钠、过硼酸钠等。

① 三聚磷酸钠在洗衣粉中的主要作用是将硬水中的钙离子、镁离子螯合起来，使硬水变为软水；对微细的无机离子或油脂微滴具有分散、乳化、胶溶等作用，防止污垢再沉积到衣物上，从而提高洗衣粉的去污力；维持水的微碱性，有助于增强洗衣粉的洗涤效果；使洗衣粉不易吸潮结块。

② 水玻璃在洗衣粉中的主要作用是防止磷酸盐对洗衣机金属表面的腐蚀作用；对水溶液中的污垢和微粒固体具有悬浮、分散、乳化作用，防止污垢再沉积到衣物上，从而提高洗衣粉的去污力；增加洗衣粉颗粒的强度，防止结块。

③ 纯碱的主要作用是增加洗衣粉的碱性，增加对油脂性污垢的去污能力。

④ 硫酸钠的主要作用是作为洗衣粉中的填充剂，占洗衣粉的 20%～45%，从而降低洗衣粉的成本；有助于表面活性剂在织物表面上的附着，有一定去污作用；降低表面活性剂的临界胶束浓度，使洗衣粉在较低的浓度下也可以洗涤衣物上的污垢，发挥去污作用。

⑤ 过硼酸钠的主要作用是溶于水后，能释放出活性氧，可使污垢氧化，具有漂白作用和化学去污斑作用。

（3）有机助剂　包括抗再沉积剂如羧甲基纤维素、泡沫促进剂和泡沫稳定剂，如椰油酸二乙醇酰胺、荧光增白剂、浆料调理剂如甲苯磺酸钠、二甲苯磺酸钠，酶制剂如蛋白酶、脂肪酶、淀粉酶、纤维素酶等，适量的香料、色素等。

① 羧甲基纤维素的主要作用是能吸附在污垢质点周围以及织物表面上，由于羧甲基纤维素带有大量的负电荷，因此在静电作用下，能够使污垢质点悬浮、分散在溶液中，不再沉积在织物上，达到洗涤的目的。

② 荧光增白剂是一类带有荧光性的有机染料。其主要作用是在水溶液中能被纤维吸附，并且在洗涤过程中不会被立即洗掉，能够增加织物的光泽。

③ 洗涤剂中的酶　一般洗衣粉加酶后具有较强的清除作用，其去污能力提高 30%～70%。蛋白酶可去除血渍、蛋渍、奶渍、汗渍等蛋白质类污垢；脂肪酶可分解破坏油性和脂肪类污垢；淀粉酶可用于去除含淀粉的食品留下的污渍；纤维素酶能够清除微纤维和颗粒污垢，并使衣物光滑、柔软。

12.3.3.2　洗衣粉的常用种类

（1）高泡洗衣粉

① 高泡洗衣粉的类型与特点：高泡洗衣粉按表面活性剂的含量分为30型、25型和20型三类。其特点是泡沫丰富、持久，有很高的去污能力。高泡洗衣粉适用于手洗衣物使用，可以洗涤棉、麻、丝、毛及合成纤维等各种织物。

② 高泡洗衣粉的缺点：尽管泡沫多，洗涤衣物污垢能力强，但是漂洗繁琐（漂洗五、六次泡沫依然存在），费时、费力，不具备环境保护和节约能源的要求；洗涤的衣物手感发硬，穿着时会刺激皮肤，引起瘙痒。

传统的洗衣观念认为泡沫越多去污能力越强，衣物洗得越干净。其实，发泡只是洗涤过程中的一种现象，它与去污能力的关系并不大。

（2）低泡洗衣粉

① 低泡洗衣粉低泡的原因：低泡洗衣粉除了一般洗衣粉的原料外，还加入了一定数量的肥皂和聚醚类非离子表面活性剂。尽管这些物质加入到洗衣粉中的量不多，但它们与洗衣粉中的烷基苯磺酸钠分子间产生协同作用。协同作用的效果使得去污能力增强和发泡少。洗涤去污效果增强的原因是低泡洗衣粉中的混合表面活性剂较单一的表面活性剂产生的润湿、乳化、分散、增溶等作用强的缘故；发泡少的原因是使原来易发泡的肥皂、烷基苯磺酸钠的发泡能力受到抑制的缘故。

② 低泡洗衣粉的优缺点：低泡洗衣粉去污能力增强，容易漂洗干净，省时、省力、省水，因此消费者喜爱此类产品。其缺点是使用者认为泡沫少，担心衣物洗不干净，往往加入洗衣粉的量较多。实际上，过多的加入洗衣粉不仅造成浪费，而且对衣物的去污能力和洗涤效果没有明显的改观。

（3）加酶洗衣粉

① 加酶洗衣粉的组成：加酶洗衣粉是在普通洗衣粉的基础上加入酶制剂得到的产品。使用的酶主要是碱性蛋白酶，它能加速蛋白质的水解，使衣物上的蛋白质污垢溶于水而被洗涤除去。

② 加酶洗衣粉的使用条件：使用加酶洗衣粉时，最好将衣物在加酶洗衣粉的水溶液中浸泡30分钟左右，水的温度最好在40℃（70℃以上酶将会失去活性），适宜水的pH值为8.5～10.5。

加酶洗衣粉贮存时宜存放在低温、防潮的地方且不要存放太久，否则酶将失去活性，即使存放条件很好，一般一年左右也将会失效。

③ 加酶洗衣粉的洗涤方法：加酶洗衣粉是一种节能、省时、去污能力极佳的产品。

衣物上附着的蛋白质污垢如奶渍、血渍、肉汤、豆制品等，人体分泌的含有较多蛋白质的皮脂与衣物接触，它们都是具有多肽的高分子化合物。加酶洗衣粉中的碱性蛋白酶能水解蛋白质的肽键，使其变为水溶性的氨基酸，从而使衣物上蛋白质污垢溶于水，进而被清洗除去。

衣物上的污渍如油性污渍和脂肪类污渍如唇膏、炒菜油渍、调味品、衣领和袖口的顽固污渍等均较难清洗，特别是温度较低时，油脂性污渍则更难清除。加酶洗衣粉中的碱性脂肪酶与碱性蛋白酶一起作用，能够使油脂污渍溶于水，然后将污渍清除干净。

（4）消毒洗衣粉

① 消毒洗衣粉的组成：消毒洗衣粉是在一般洗衣粉的基础上，加入一些具有杀菌、消毒的原料如次氯酸钠、二氯氰脲酸钠、氯溴异氰脲酸等形成的产品。

② 使用消毒洗衣粉的目的：穿过的衣物上除了沾有污渍外，还存留了大量肉眼看不到的病菌、病毒和寄生虫卵。它们中许多病原微生物和寄生虫卵的生命力很强，用水洗不净，即使用一般洗衣粉洗涤，也只能去除 80％左右的细菌，剩余的病菌可能产生交叉感染，使人致病，尤其是全家人的衣物同时使用洗衣机洗涤，更增加了交叉感染的机会。

③ 消毒洗衣粉的杀菌消毒作用：消毒洗衣粉在一定浓度（一般洗液的浓度不低于 0.2％）下，5～10min 即可杀死大肠杆菌、结核菌、芽孢菌、肝炎病毒等，同时将衣物洗涤干净。由于使用消毒洗衣粉洗涤衣物的过程中产生有氯气体，因此房间要保持良好的通风条件。

（5）无磷洗衣粉

① 无磷洗衣粉的目的：由于磷酸钠是植物的重要原料，其废水难于治理，排入江河湖泊中能造成水体富营养化，即藻类生物大量繁殖，1g 磷能够使藻类生长 100g，从而使水中的鱼类动物因缺氧而死亡。我国目前合成洗涤剂的年销售量大约为 300 万吨，若按平均 15％的含磷量计算，每年通过洗涤废水就有 45 万吨的磷被排放到地表水中，从而造成了环境污染，因此开发无磷洗衣粉有着迫切性和重要性。

从洗衣粉中除磷的方法是禁止生产和使用含磷洗衣粉，或者允许使用含磷洗衣粉，但必须除磷且保证水质符合三级污水处理标准。

② 无磷洗衣粉的组成：无磷洗衣粉是指用沸石（硅铝酸钠，是主要的代磷助剂，但不能单独使用，常与碳酸盐或柠檬酸/硅酸盐体系配合使用）、碳酸钠、聚羧酸盐、硫酸钠等作助剂，而不用三聚磷酸钠（去污力强，成本低，但污染环境）作助剂的一类新型且符合环境要求的洗衣粉。

12.3.4　液体洗涤剂

12.3.4.1　液体洗涤剂组成

液体洗涤剂包括表面活性剂、螯合剂（能够与硬水中的钙离子和镁离子发生螯合作用）、助溶剂（能够帮助各种成分的溶解）、缓冲剂（维持洗涤剂具有一定的 pH 值，便于洗涤），另外还有增稠剂、增泡剂、色素、香料等。

液体洗涤剂的优点是生产时节约了能源，降低了生产成本；使用时，它具有方便、高效、快捷的特点。因此，液体洗涤剂的发展符合市场要求，并且随着家用液体洗涤剂功能的多样化，将会有更多的专用液体洗涤剂进入家庭。

12.3.4.2　洗衣用液体洗涤剂

（1）弱碱性洗衣用液体洗涤剂的组成为：表面活性剂烷基苯磺酸钠、助剂三聚磷酸钠、沸石、螯合剂、增稠剂等。弱碱性洗衣用液体洗涤剂 pH 值为 9～10.5，适用于洗涤棉、麻、合成纤维等织物。

（2）中性洗衣用液体洗涤剂是由表面活性剂（表面活性剂的使用浓度较高，由阴离子与非离子复配而成，并且加入少量的溶解助剂如肥皂、柠檬酸钠等）和增溶剂组成，不含助剂。中性洗衣用液体洗涤剂的特点是透明液体，pH 值为 7～8，可用于洗涤丝、毛等织物。

（3）衣领净组成是表面活性剂、助剂、酶、荧光增白剂、抗再沉淀剂、香料等。属于重垢型液体洗涤剂，主要用于领口、袖口等污垢较重的部位洗涤。

衣领净的优点是在温度较低的情况下有好的溶解性和分散性，使用时直接将液体洗涤剂涂擦在领口、袖口等衣物上，然后可用手搓洗以除去污渍。

（4）织物柔顺剂的主要成分是表面活性剂（多为季铵盐阳离子表面活性剂如咪唑啉季铵

盐、酰胺型季铵盐、二硬化牛油基二甲基氯化铵等）和其他助剂。

织物柔顺剂主要作用是消除静电（一般用洗涤剂洗涤干净的织物，常常有手感发硬、静电增加的现象，是因为洗涤剂常采用阴离子型表面活性剂洗涤并且有少量的阴离子留在织物上产生静电的缘故），其次是使织物柔顺而富有弹性。

12. 3. 5　日常生活中污渍的洗涤方法

日常生活中污渍的洗涤方法见表 3-12-4。

表 3-12-4　日常生活中污渍的洗涤方法

污渍类型	洗 涤 方 法
油渍	润滑油、皮鞋油、油漆、印刷油墨,可用汽油、四氯化碳、乙醚等有机溶剂除去
	煤焦油渍、圆珠笔油渍,用苯擦洗可除去
	毛织物上的油渍,通常用干洗剂(由非表面活性剂、乙二醇、四氯化碳)去除
墨渍	由于碳很稳定,不易与一般化学试剂作用,因此常用淀粉吸附的方法除去;亦可用酒精:肥皂液=1:2 的溶液揉搓脱除
蓝墨水	蓝墨水未氧化干涸时,可用鞣酸亚铁涂擦,尔后立即用清水洗涤即可;蓝墨水已氧化,可以用水湿润,再用亚硫酸钠、硫代硫酸钠或草酸还原后再用清水洗涤除去即可
红墨水	红墨水则用 20% 的酒精和 0.25% 的高锰酸钾使染料氧化后用清水洗涤干净即可
血渍、汗渍、奶渍等	血渍、尿渍、汗渍等中的主要成分是蛋白质,若它们未干,可先用冷水润湿,用加酶洗衣粉洗涤;若它们被日光和空气氧化为黄斑,则可用稀氨水揉搓脱色,用清水洗涤即可。奶渍需先用汽油揉搓去油脂后,再用稀氨水浸洗干净即可
菜汤	果汁如西红柿汁,先用食盐水刷洗后用稀氨水处理,再用清水洗涤;茶渍,先用浓食盐水搓洗,再用 10% 的甘油轻揉后用清水洗涤即可
锈斑	衣物上铁锈斑是羟基氧化铁,呈棕黑色,通常用 2% 的草酸溶液或 5%~10% 的柠檬酸溶液浸洗
铝制品油污	饭锅、水壶等污渍主要是油垢,可用棉花蘸少许醋轻搓,待熏黑部位光洁后,再用中性洗衣粉洗净
首饰污渍	指金、银等受酸、碱、油脂作用失去光泽甚至有斑点,可用碳酸氢钠溶液、含皂素及生物碱的溶液,中药如桔梗、远志的浸汁或 5%~10% 的草酸溶液浸泡后再洗
厕所污渍	可用 10% 的酸、硫酸氢钠和松节油或烷基苯磺酸钠混合物擦洗

12. 3. 6　餐具、果蔬消毒洗涤剂

12. 3. 6. 1　餐具、果蔬洗涤剂

（1）餐具、果蔬洗涤剂　主要由表面活性剂（阴离子型和非离子型表面活性剂如脂肪醇、聚氧乙烯醚、脂肪醇聚氧乙烯醚硫酸钠等）、增溶剂和发泡剂等物质组成。此类洗涤剂不允许含有一般洗涤剂中的诸如荧光增白剂、酶制剂,产品中的色素、香料也必须符合食品卫生规范,并且对人体无害、不刺激皮肤,对餐具无腐蚀作用,对水果、蔬菜不应该损伤色泽、营养及它们的表面光洁。

（2）餐具、果蔬洗涤剂使用目的　餐具、果蔬等残留了大量肉眼看不到的病菌、病毒和寄生虫卵。它们中许多病原微生物和寄生虫卵的生命力很强,用水洗不净,剩余的病菌可能产生交叉感染,使人致病。另外,水果、蔬菜中常常有农药残留,因此食用时必须洗涤干

净。尽管餐具、果蔬洗涤剂对人体是安全的，但使用时也必须注意用清洁的水冲洗干净，以减少其在餐具、果蔬上的残留。

12.3.6.2 消毒洗涤剂

(1) 消毒洗涤剂 主要由表面活性剂、杀菌剂（常用次氯酸钠。经测试证明，次氯酸钠的浓度为 5mg/L 时，5min 内可杀死 99.99％的绿脓杆菌；为 8mg/L 时，5min 内可杀死 99.99％的普通变形杆菌；为 1mg/L 时，5min 内可杀死 99.99％的链球菌）、稳定剂等成分组成。

(2) 消毒洗涤剂的使用范围 含有次氯酸钠的消毒洗涤剂溶解于水中呈碱性，只适合于洗涤餐具、衣物等，其使用浓度一般为 20～30mg/L，但不能洗涤水果、蔬菜。

(3) 常用的消毒方法 常用的消毒方法见表 3-12-5。

表 3-12-5 常用的消毒方法

消毒剂的名称	消毒剂的组成及消毒方法
水	水对保洁消毒有重要意义，是最基本的消毒剂和清洁剂
75％的乙醇	乙醇和水组成，是稳定的等渗溶液，用时乙醇渗进细菌体内，使细胞内的蛋白质整体凝固，从而杀死细菌
食盐水	浓的食盐水溶液，可利用其高渗透压，使细菌的细胞内液中的水渗出而将细菌杀死
酚类化合物	包括杂酚油、五氯酚钠等，其溶液能够被细菌快速吸收，从而将细菌杀死，是优异的广谱杀菌剂
季铵盐	主要成分是阳离子表面活性剂，其杀菌的作用原理是能够削弱细胞壁，使细胞无法保存养分，从而使细菌死掉
聚乙烯吡咯烷酮与碘混合物	聚乙烯吡咯烷酮、碘、水。该水溶液是一种高效无痛的消毒液
芬顿试剂	由亚铁离子、过氧化氢、水组成。其杀菌的有效成分是 $HO\cdot$ 自由基，可以氧化各种细胞，从而起到杀菌作用
花露水	花露水是含有香精的 70％的乙醇水溶液，它既是等渗溶液，能够杀死细菌，又是消肿止痒的良方

其他消毒剂还有碘酒（3％或 10％的水溶液）、氯丁胺、氯化锌水溶液、氟化钠水溶液、高锰酸钾水溶液、冰醋酸水溶液等，可对细菌等进行渗透压作用、氧化作用、蛋白质凝固作用。

12.3.7 其他洗涤剂

12.3.7.1 厨房洗涤剂

厨房洗涤剂的特点是：能有效地除去厨房内的油污，特别是已氧化的难去除油污；无毒、廉价、不易燃烧、使用方便、对环境无污染。

(1) 厨房用洗涤剂的使用 使用时可用泡沫塑料或布蘸取少量此洗涤剂，然后均匀涂抹于油污处，静置 5min 后，油污可被去污剂溶解，再用含该去污剂的泡沫塑料或布进行擦拭，将很容易地除净油污。此产品适用于一般清洗剂不易除去的油污。

(2) 厨房用液体洗涤剂 此洗涤剂由特定的非水溶性研磨剂、阴离子表面活性剂及高级脂肪链烷醇胺组成，它在室温和 45℃ 时均有良好的分散性，对于洗涤水桶、瓷砖、窗玻璃等均有优异的去污效果。

12.3.7.2　硬表面清洁剂

硬表面清洁剂主要用于玻璃门窗、墙壁、家具等器具的表面除垢。它们应该无毒、无味，对环境及身体不产生不良影响。

（1）玻璃表面清洁剂　可从玻璃上清除油腻灰尘，并且不会使玻璃变毛，可用于洗涤车辆挡风玻璃和前灯玻璃罩，亦可用于全体玻璃的洗涤。

（2）窗玻璃防雾擦净剂的特点是具有优异的擦净能力和良好的防水雾效果。窗玻璃经此洗涤剂擦拭后，在玻璃表面不会形成水汽薄膜，始终保持光洁。

12.3.7.3　塑料制品洗涤剂

塑料制品表面容易黏附污垢，且往往与其表面结合较牢固。因为塑料制品不宜用强极性溶剂去污，所以，上述塑料制品洗涤剂不仅能够洗涤污垢完全，而且制品会露出崭新的表面层。

12.3.7.4　卫生设备清洁剂

清洗厕所便池、抽水马桶、痰盂等沉积污垢，通常用盐酸、硫酸为主要成分的清洗剂，但由于酸性较大易损坏卫生设备的表面，且安全性较差。卫生设备清洁剂与水相溶性好，酸度适中、有一定的黏度，对陶瓷、不锈钢、搪瓷等卫生设备均具有表面腐蚀性小，使用安全等特点。

12.4　清洁化学的现状和发展动向

清洁化学的基础是洗涤剂。早在远古时代，我国的劳动人民就使用草木灰、天然碱及皂荚等碱性物质来洗涤衣物；20 世纪初，肥皂传入我国并大量生产，成为人们生活中不可缺少的洗涤用品。

洗涤剂（detergent）是指按照配方制备的具有去污洗净性能的产品。我国合成洗涤剂的研究始于 1958 年，尽管历史较短，但近年来有了突破性的发展，产品的数量、品种、质量和技术设备均有大幅度的提高。

12.4.1　日用洗涤剂的现状及发展动向

不同的国家洗涤品用、销量不同。西欧各国的用、销量均高于其他国家，我国的人均使用量约为 2.1kg（西欧人均使用量为 21.2kg），因此洗涤剂在我国有巨大的发展潜力。

洗涤剂在我国的产量、品种、结构均发生了巨大的变化。洗涤剂有粉状、液状、膏状及块状产品。在产品的功能上和组成上形成了复配、浓缩、加酶、无磷、漂白、柔软、低泡、杀菌等各种重垢和轻垢产品，同时还出现了各种各样的专用制品。

加酶（包括碱性蛋白酶、淀粉酶及脂肪酶，有的洗涤剂中加入纤维酶）洗涤剂是一种节能、省时、除污斑极为有效的产品。美国的 Tide 液体洗涤剂就同时含有碱性蛋白酶和淀粉酶及脂肪酶。西欧各国的加酶洗涤剂占洗涤剂总量的 75%，我国加酶洗涤剂占洗涤剂总量的 10% 左右。

含有柔软剂（主要是季铵盐阳离子表面活性剂）、漂白剂（漂白剂和漂白活化剂）和抗静电剂等多种成分的多功能产品相继问世。如 Lever 公司的 TAED 具有很高的活化漂白作用且能在较宽的温度范围内使用。美国研制的洗涤剂中加入柔软剂具有柔软/洗涤两种功能。

无磷洗涤剂是应环境保护法规要求而出现的一类新型环保洗涤剂。加拿大的洗涤剂采用100% 无磷，日本的洗涤剂无磷率占到 96% 以上。目前，我国也通过法规使用无磷洗涤剂。

我国日用洗涤剂的发展方向是追赶国际水平，特别是洗涤剂原料的生产。从世界范围来看，洗涤剂的发展方向是：开发低温下使用的单种洗涤剂（现在使用三到四种洗涤剂）、长效洗涤剂（如在洗衣机中每个月加一次洗衣粉即可的洗涤剂）、多功能洗涤剂（如可以除污斑、柔软、增白、洗净、气味优雅等洗涤剂）及高效表面活性剂。

12.4.2　日用去污剂的现状及发展方向

随着人民生活水平的提高，家庭厨房中的电器使用越来越多，如抽油烟机、洗碗机、微波炉、烤箱、冰箱等，因此用于它们的洗涤剂如餐具洗涤剂、玻璃清洁剂、抽油烟机清洁剂、冰箱清洁剂等，得到了人们的普遍青睐。

日用去污剂的发展方向是提高去污效果（开发高效新型表面活性剂，能够在任何水质、温度下得到清洗，并且快速清除重垢）；多功能去污剂（如一种去污剂既能够作餐具清洁，也能清除玻璃、家具等污垢）；产品安全无毒且高效（使用完全无毒的原料配制餐具洗涤剂，使更能被人接受）；增加去污剂的附加功效（如餐具洗涤剂和冰箱清洁剂具有杀菌作用的同时，还具有清除蔬菜上的农药等有害物质的功能；玻璃清洁剂能够去污洁净的同时，还具有防止玻璃生雾、释放香味使室内空气清新及防止灰尘黏附的功能）；绿色洗涤剂（选用对环境无污染的表面活性剂等原料配制各类洗涤剂）。

12.4.3　家用驱除虫害剂现状及发展方向

家庭中常常有对身体健康有害的昆虫如蚂蚁、蟑螂、蚊子、苍蝇，因此我国生产出了多种对人畜无害的低毒药品如喷雾剂、粉剂及杀虫涂料等。天然物质香茅油具有驱除昆虫的作用；化学药品驱除昆虫的种类包括酰胺类化合物（如二乙基间甲基苯甲酰胺）、醇酯醚类化合物（如丁氧基聚丙二醇、琥珀酸二正丁酯）、含氮化合物（如氨基甲酸衍生物及辛基硫的衍生物）及胺类化合物。高效灭蚊蝇喷雾剂的主要成分是拟除虫菊酯。

家用驱除虫害剂发展方向是开发出无毒无味高效的驱除有害昆虫的制剂；增加和生产多功能产品如驱虫、杀虫窗纱涂料、防虫建筑材料等。

12.4.4　衣物防虫剂的现状及发展方向

衣物防虫剂的类型主要有放入衣柜中的防虫剂（其主要成分是一些挥发性物质如天然樟脑或合成化学品萘、对二氯苯等）和对于衣物预先防虫处理的化学药剂（如狄氏剂、有机氯化物、拟除虫菊酯等）。放在衣柜中的防虫剂有一定的毒性，并且残留能够导致衣物变色。用于衣物防虫预处理的狄氏剂对哺育动物和鱼类有高度毒性而被普遍禁止使用。高级羊毛制品防虫剂的主要成分是二苯基脲衍生物，它能够与羊毛纤维中的氨基结合，具有耐晒、耐洗性能好等特点。羊毛防蛀剂如拟除虫菊制剂只要极少的用量便有良好的效果，且具有耐晒、耐洗等优点，它最大的问题是环境保护，尽管拟除虫菊对哺育动物很安全，但对鱼类及无脊椎水生动物的毒性却很大，并且废液排放面临困难。

衣物防虫剂的发展方向是开发新型高效、无毒、长效、价廉、对衣物无伤害并且对环境无污染的防虫剂。

12.4.5　除臭、增鲜制剂

工厂、医院、畜牧厂及家庭中经常会散发出臭味，一般处理方法是采用化学、生物技术制备的除臭剂进行掩盖、除臭及增加香味。

常用的脱臭剂是活性炭及其他具有表面吸附作用的物质（脱臭机理是物理吸附或化学吸

附，一旦活性炭的表面被臭物充满，则失去了脱臭作用，因而不能长期使用）；能使臭气分解的化学制剂（如氯化亚铁，其缺点是它们只能与某几种臭物质作用且短效）；香料等用来麻痹生理功能的物质（此类物质只能起掩盖臭味的作用，甚至不能完全掩盖其臭味）；酶及酶助剂等能中和分解恶臭的物质（酶及酶助剂主要成分来自于天然物质，对人畜无害，其优点是能够长期有效）。

　　家庭中常用增鲜剂、脱臭剂的场所是厕所。厕所常使用的除臭清洁剂的主要成分是表面活性剂、杀菌剂、游离氨配合除臭剂、芳香剂等，起到除臭、杀菌及清洗、增鲜的目的。

第四篇
居室环境与健康

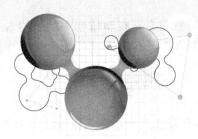

第 13 章
空气、居住环境和健康

生态文明（ecological civilization），又称绿色文明（green civilization），是人与自然重新结盟，人与他人重新结盟，人重新找回失落的自我。它将是古代文明和现代文明、东方文明和西方文明的完美融合，它将是一种崭新的、诱人的文明形态。

人们憧憬优美的自然环境。但是环境对人来说有时是美丽的，有时是温和的，但有时对人是威猛的，有时对人是凶残的。人类为了自身的生存和维持生命活动，要有能够自我调节自然环境条件的过滤器，要有能够基本自我遮蔽的场所——居住房屋。

13.1 生活中的空气

13.1.1 空气成分

空气既看不到也摸不着。自然界中的空气是自然物质的混合物，其中包括由于人类的活动而产生的各种物质。自然界的空气大致由 21% 的 O_2、78% 的 N_2 组成，此外还有少量的其他气体，如 CO_2、CO、SO_2 等，另外还有细微的固体如粉尘等，其他物质还包括细菌、霉菌、孢子、病毒等。

13.1.1.1 空气中氧气的作用

如果空气中没有氧气，人连瞬间也不能存活。氧气是生命活动所必需的，若大脑供氧停止 3～5min，脑细胞便会受损。脑细胞的能量消耗每天大约为 2000J，因此人体每日需要氧气约 100L。在空气中氧气的浓度愈高，人们就会感到愈舒适。

自然界能量循环过程中氧气和二氧化碳气体始终联系在一起，光合作用就是绿色植物吸收二氧化碳，放出氧气的过程：

$$6CO_2 + 6H_2O + 太阳能 \rightleftharpoons C_6H_{12}O_6（葡萄糖）+ 6O_2$$

而在酶的作用下，葡萄糖在人体内与氧气发生氧化还原反应，生成二氧化碳和水，释放出能量供人体活动：

$$C_6H_{12}O_6（葡萄糖）+ 6O_2 \rightleftharpoons 6CO_2 + 6H_2O + 能量$$

从上面的氧化还原反应方程式可看出，自然界中的氧气和二氧化碳是能量循环的重要组成部分，绿色植物将太阳能利用光合作用贮存在葡萄糖中，葡萄糖在动物体内再释放出能量，将二氧化碳还给大自然。而氧气和二氧化碳在动植物体内输送着能量，离开了它们生命将会停止活动。

氧在水分子中约占 89%，水又是人的生命之源。因此氧气在人类的生命活动中有着异常重要的作用。

13.1.1.2　空气中氮气的作用

氮气是空气中含量最多的物质。氮是生物所必需的元素，在动植物中的平均含量约为 16%。除此之外，氮气还存在于蛋白质、核酸等化合物中。其循环过程为大气→生物体内部→土壤→水中。

13.1.2　空气与人类关系

空气除了为人类生存提供氧气外，还能帮助人体散发热和汗，在人体的调节功能方面起着重要作用。地球的大气层大约有 5.5×10^{15} t，厚厚地包裹着我们生存的地球，约有 90% 集中在地球的表面 30000km 左右的大气层中。大气中的臭氧层可以减少太阳光中紫外线的强度，使紫外线成为对人体有益的东西；空气能够传播声音，扩散气味，也就是说，没有空气将听不到声音、闻不到气味。没有空气，也不能生火煮饭、取暖。由此看来，人类和其他生物须臾都离不开空气。

13.1.3　大气污染

进入大气圈的主要污染物有碳的氧化物、氮的氧化物、硫的氧化物、碳氢氧化物以及各类化工厂排放的废气和粉尘等。大气污染给人类生存带来了极大的危害，某些工业发达国家先后出现了光化学烟雾和酸雨，温室效应加剧，全球气候变暖，南北两极臭氧层出现空洞等。

13.1.3.1　酸雨的形成及其危害

酸雨（acid rain）是指大气中的降水呈酸性（pH<5.6），包括酸性雨水、雪、霜、露水及冰雹。酸雨形成的主要原因是大气中硫的氧化物、氮的氧化物与水形成硫酸、硝酸的缘故。

（1）酸雨的形成　大气中的二氧化硫在太阳紫外线的作用下与空气中的氧气作用生成三氧化硫，而后再与水作用形成硫酸。大气中的主要氮的氧化物是一氧化氮及二氧化氮，在大气中由于受到光污染或重金属离子污染时一氧化氮会被迅速地氧化成二氧化氮，二氧化氮遇到水生成硝酸。

通常的雨水是微酸性（pH 值约为 6，此雨水是正常的，它能够溶解地壳中的矿物质，供给植物吸收，使植物获得营养），由于硫酸、硝酸溶于雨水后，使得雨水的酸性（pH 值小于 5.6）增大，产生酸性很强的降水。

（2）酸雨的危害　酸雨使土壤贫瘠，其原因是抑制土壤中有机物的分解和氮的固化，淋洗与土壤团粒结合的钙、镁、钾等营养元素的缘故；酸雨能够危及河水、湖水，从而使水中的鱼虾死亡（酸雨使泥土中的铝形成可溶性的羟基铝离子，导致鱼、虾、水禽等无食可吃的缘故）；酸雨能够危及植物的生存，促使较低级的植物，如苔藓等的生长，它们产生的有机酸与土壤中的铝结合被输送到植物的根部，取代了植物所需要的钙，从而使植物枯死；酸雨及酸雾还危及建筑物和输电金属器件等。

（3）酸雾对人体的危害　二氧化硫和硫酸雾对人体的呼吸系统有较强的刺激作用，能够造成人的咳嗽、胸闷、呼吸困难、喉咙发炎甚至引发哮喘、肺气肿，严重时会死亡；氮的氧化物及酸雾对人的伤害较二氧化硫和硫酸雾严重，主要伤害部位是呼吸道、肺部和心脏。

13.1.3.2 二氧化碳和温室效应

随着文明的发展，人们在发展生产的同时也给自然带来了种种危害，如地球变暖。大气中的二氧化碳（主要由石油、化学能源的消耗产生）逐年升高导致了大气变暖，其主要原因是它吸收了地表放出来的红外线的缘故。能够使地球产生温室效应的气体还有甲烷、氨、氮氧化物、硫氧化物、臭氧和水蒸气。

对二氧化碳进行固定的方法有化学方法、物理方法和生物学方法。由于二氧化碳全球产生的数量巨大，因此最好的方法是从源头控制。在各行各业产生的二氧化碳中，交通运输业占 23%，所以，应采取控制汽车的数量（尤其是大型车辆），改进燃油的品质等措施。

13.1.3.3 氟里昂与臭氧空洞

臭氧层存在于地球表面上空 12～50km 的平流层或中间层处。臭氧（O_3）能够吸收紫外线，肩负着保护地球的重任；控制大气的温度，同时也吸收对生物有害的宇宙线，使其不能到达地面。每天太阳的升起和降落都发生着这样的化学反应：

$$3O_2 \xrightarrow{\text{太阳紫外线}} 2O_3$$

正是这一反一正的化学反应过程，消耗了大量从太阳发出的紫外线。

氟里昂（freon）是破坏臭氧层的罪魁祸首。氟里昂是氟氯烷的总称，这些气体物质易压缩，解压后立刻汽化，同时吸收大量的热，是空调、冰箱等理想的制冷媒介（由于氟里昂稳定的化学性和热性，可以做发泡剂、灭火剂；氟里昂还具有很好的溶解性能，可以做电器设备的清洗剂等）。氟里昂性质稳定，在被释放到大气中时，会上升到平流层并停留在那里。在平流层与臭氧发生化学反应，产生氯自由基而破坏大气中的臭氧层（因此，1992 年蒙特利尔公约缔约国大会决定，1995 年停止某些特定氟里昂的生产，2020 年停止所有氟里昂的生产）。臭氧层中的臭氧密度降低，出现空穴状态即臭氧空洞。1985 年科学家发现南极上空的臭氧空洞大约是南极大陆的 1.8 倍。当紫外线不能被臭氧所抵挡而直接照射到地面上时，会导致癌症的发病率上升。

13.1.3.4 空气与有毒气体

空气中来自于生活方面的有毒气体有：垃圾焚烧时燃烧氯化薄膜产生的氯气；垃圾燃烧产生的苯并芘、二噁英等有机氯化物；汽车内部使用的氯化塑料制件也可能产生有害气体；杀虫用的有机氯农药能够产生有害气体；蚊香的主要成分是除虫菊的提炼剂，尽管无色无味，但也应该避免长期使用。

13.1.4 大气污染的缓解途径和方法

大气污染的原因是有机燃料的燃烧和汽车尾气的排放及人类生活活动过程中产生的烟气和粉尘等。控制污染物的产生量和排放量是大气污染控制的主要研究课题。

13.1.4.1 大气污染控制的方法

（1）消烟除尘技术主要有如下三种方法。

① 洗涤吸收技术：典型装置是烟气吸收塔（沉降室、旋流除尘器），采用的原理是重力原理，适应于小型设备、低烟气量的粉尘处理。

② 吸附技术：典型装置是过滤层净化器（布袋除尘器、过滤除尘器、吸收除尘器），采用的原理是吸附吸收原理，适应于工业生产、有害粉尘的处理。

③ 催化处理技术：典型装置是催化燃烧器、热催化器、静电除尘器等，采用的原理是

电场原理，适应于大型燃煤设备、其他工业设备的除尘。

（2）脱硫技术　二氧化硫是造成酸雨的主要污染源，它主要来源于煤及石油的燃烧和工业生产工艺如炼铝、炼油等。

① 燃煤的脱硫技术包括煤燃烧前脱硫（煤炭物理法洗选技术）、煤燃烧中脱硫（型煤加工技术、硫化床燃烧技术）、烟气脱硫（石灰石-石膏法工艺）。

② 生产工艺与燃油设备硫的排放控制技术：一般采用废气净化技术（利用洗涤塔或反应器使含硫气体与吸收剂进行混合，使之发生化学反应，以此除去硫的目的）和回收利用技术（用回收装置将气体中一定浓度的硫分离回收，加以利用）。

（3）汽车尾气净化技术　汽车尾气是造成光化学烟雾污染的主要原因。汽车尾气控制技术采用机外净化技术（在排气消声装置处加入载有可与尾气污染物反应的物质，使尾气得到净化；节油器技术即在发动机汽化器处安装控制阀片，使燃油充分燃烧）和机内净化技术（从发动机的工艺结构入手，保证燃料能够在机内尽可能地完全燃烧）以及能源替代技术如使用污染小或清洁能源如太阳能等。

（4）工业有害气体控制技术　主要有如下三种方法。

① 洗涤吸收技术的机理是用废气洗尘塔中特定的洗涤液与气体中的有害物质进行化学反应，再对洗涤液进行相应的处理，从而使有害气体得以净化，达到气体排放的标准。

② 催化燃烧技术的作用机理是有害废气进入催化燃烧器、热催化器等催化装置中，在高温下，有害气体被燃烧、热解及转化。

③ 回收利用技术的作用机理是将有害气体通过特定的装置，使废气中的可再生的物质进行净化分离、提纯或化学转化，使之成为原料或产品，同时废气得以净化。

13.1.4.2　洁净能源开发途径

太阳能是地球的总能源。有限能源（如石油、天然气、煤及原子能）一旦枯竭，则将不可能再补充。因此开发新能源是我们刻不容缓和义不容辞的责任。

（1）太阳能（solar energy）　一般是指太阳光的辐射能量，在现代一般用作发电。地球上各种生命物质都在利用和转化太阳能来维持自身的生存和发展。太阳为光合作用提供能量，从而为人类提供衣食住行的物质进行生产活动，繁衍生息。

直接利用的太阳能有太阳能转化为热能（如太阳能热水器、太阳能干燥装置、太阳能集热装置）和太阳能转化为电能。一种方法是将太阳能先转化为热能后再将热能转变成电能；另一种方法是利用光电效应直接将光能转化为电能如太阳能电池。太阳能的缺点是太阳能分散、密度低、受昼夜与季节气候变化影响、难于贮存等，从而使太阳能的利用受到了限制。

（2）风能（wind energy）　是因空气流做功而提供给人类的一种可利用的能量。风能的利用包括机械做功和风力发电。其优点是建筑和操作简单，缺点是风力分散、间歇、能量密度不高、风力不均等，因此风能的利用受到一定的限制。

（3）生物能（biotic energy）　是以生物为载体将太阳能以化学能形式贮存的一种能量，它直接或间接地来源于植物的光合作用，其蕴藏量极大，仅地球上的植物，每年生产量就相当于目前人类消耗矿物能的 20 倍。在各种可再生能源中，生物质是贮存的太阳能，更是一种唯一可再生的碳源，可转化成常规的固态、液态和气态燃料。

生物材料如动植物遗体、人畜粪便、含有机物的工农业废料、废液、农作物秸秆、森林废料、田埂杂草等，在一定温度、湿度、酸度和缺氧的情况下，在厌氧菌的作用下可转化为甲烷和二氧化碳的混合气体，即沼气。沼气是一种可再生资源和燃料，沼气燃烧值为

$21000 \sim 36000 kJ/m^3$，可与煤油、丁烷、木柴相提并论。含 60％甲烷的沼气燃烧温度可达 627℃。其优点是资源广和消除了异味的产生条件。

（4）地热能（geothermal energy） 是由地壳抽取的天然热能，这种能量来自于地球内部的熔岩，并以热力形式存在，是引发火山爆发及地震的能量。地热能是一种可再生能源、低温室效应、低气体排放且费用较低。其缺点是可容易获得的地热能很少及潜在的污染。

（5）氢气（hydrogen） 是理想的能源。氢气燃烧时能放出大量的热能并且生成水，对环境不构成危害，是一种理想的能源，火箭上常用液体氢作燃料。但是氢气在空气中的含量较少，制取氢气的成本也较高，储存氢气、携带氢气也不是一件容易的事。

13.2 森林的作用与人类健康

13.2.1 森林与空气

我们的祖先用五个木字组成了"森林"，它代表了许多树木生长在一块地方，森林是世界上最重要的物种基因库，是天然净化器，是大自然的空调机。

13.2.1.1 森林的净化作用

森林能够净化空气，其原因是绿色植物通过叶面上的气孔来获取二氧化碳并进行光合作用。同时，绿色植物还要通过气孔来调节水分的蒸发，以调节自身的体温。大气中的有毒物质也会通过气孔侵入绿色植物体内。绿色植物有关闭气孔，阻止有毒物质的侵入和利用各种酶在体内将有毒物质无毒化的功能。

能够净化大气的植物一般具备即使遇到有毒物质或污染气体，也不会关闭气孔，并且可以大量吸收污染气体而不会受到损害的功能，也就是说绿色植物体内具有非常强的解毒功能。如白杨遇到污染气体时气孔开放度变化较小，且能够吸收大量的污染气体而自身不会受到损害。因此白杨是一种有效地净化空气的绿色植物。

绿色植物可以净化人类呼出的二氧化碳，方法是吸收空气中的二氧化碳通过光合作用将其转变为氧气。净化一个人所呼出的二氧化碳需要 $30 m^2$ 的森林。由于森林的过度开发和草原的过度使用，森林的空气净化作用有所降低。尽管二氧化碳是大气中不可或缺的成分，但如果大气中含量过多，将会使地球变暖。

虽然森林具有净化空气的作用，但由于某些污染气体如汽车尾气能够使绿色植物枯萎或生长缓慢，因此它们的净化功能会大大下降。

13.2.1.2 森林的调温作用

森林覆盖率达到 35％时，就能产生适于人类生产和生活的气候，能够创造冬暖夏凉、夜暖昼凉，温差小、湿润清新的环境。地球上的热量来源于太阳辐射，阳光照到树冠上时，25％反射到天空中，30％通过光合作用转变为化学能储存在光合作物中。叶面的蒸腾作用大量消耗热能而使气温降低，其中阔叶林蒸腾的水分比同纬度等面积的海洋多50％，是无林地的 20 倍（夏季沥青地面的温度大约为 49℃，混凝土地面为 40℃，林荫树下的地面为 32℃，林下绿荫地面只有 28℃）。森林也能调节湿度（人适宜的相对湿度为 50％～80％），若森林覆盖率达 35％～50％，年降水量可增加 20％～26％。

13.2.1.3 森林的保健作用

森林中的树木能够散发出清新的香气（是一种碳水化合物植物杀菌剂），它作用于人类的神经，使人的心情很快进入宁静和自我催眠状态。杉树、扁柏等植物能产生植物杀菌素，能够杀死细菌和昆虫，还能够刺激人的嗅觉等感觉器官，影响呼吸、血液循环和免疫系统。针叶林在不同季节对各种患者有医疗保健作用，白桦、橡树等周围的空气中富含氢离子，植物挥发物质有助于空气电离化，森林中几乎没有尘埃，也很少有危及人类健康的重离子。

大多数的树木具有各自独特的香味。樟木可以提取樟脑用来防虫，月桂树和桉树能够散发出特殊的香味，阔叶树也含有植物杀菌素。但梧桐树、百合花等气味过于浓烈，使人感到不适。

13.2.1.4　森林的美化作用

森林具有美化环境、构筑秀丽景观的功能。世界上许多著名风景区，可以说都是以森林为主体的，如九寨沟、黄山、张家界等。郁郁葱葱的无限生机，色彩多变的季相景色，给人难以言状的美和无穷无尽的遐思。

13.2.2　住房的风水

住房的风水是指住宅的配置、方位、形状、绿树草地的覆盖率及环境等诸方面的安排，使住房的主人得以健康生活和工作。

13.2.2.1　住房的朝向

住房的朝向涉及空气的流通和换气的能力。一般来说，我国的住房都采用坐北向南，这样在冬季能够保证足够的日照并且能够杀死室内的细菌、病毒等对人体有害的物质；夏季可以保证通风，避免室内物品的发霉、臭气等对人体的危害。但有时风水是因地而异，因人而异。

13.2.2.2　住房的温度环境

住房的温度环境与温度、湿度有关，还与气流和热辐射有关。对人来说，使人感到舒适的气流冬季是 $0.1 \sim 0.25 \mathrm{m/s}$，夏季是 $0.25 \sim 1.00 \mathrm{m/s}$。若室内没有气流，则会造成空气不流通，从而为某些细菌的产生和繁殖创造了条件。适宜温度是 $18 \sim 20 ℃$（冬季 $20 \sim 23 ℃$，夏季 $24 \sim 27 ℃$），能够使人感到舒适；工作效率高的温度是 $15 \sim 17 ℃$。室内的相对湿度要同时考虑到人类的健康和器物的保存，通常以 $40\% \sim 70\%$ 比较好，若超过 70%，便容易产生结露，使建筑物的质量提早退化。在 40% 以下，会使家具等木制品产生裂缝。在高湿度的居室中居住，可能会使空气中浮游的霉菌大量地吸入到肺中引发疾病。若在低湿度的环境中能使人感到喉咙痛，并引发感冒。

13.2.2.3　阳光和健康

人需要阳光来保持健康，明媚阳光普照时，人的心情会感到舒畅。然而，现代生活几乎把天然阳光隔离开来，人几乎是把所有的时间在室内的人造光下度过的。某些人在冬季会患一种季节情感性精神病，其原因是由于黑色素生产过剩的缘故，症状是严重消沉，非常想吃糖，体重增加及睡眠过多。治疗的方法是在室外多活动或坐在大型太阳灯前。人在夏季至少需要在室外呆 15 分钟，冬季在室外活动 30 分钟。

(1) 阳光的杀菌作用　阳光之所以具有杀菌作用是由于阳光中的紫外线（其波长为 $253.7 \mathrm{nm}$）能够被机体中的核酸吸收，使 DNA 分子上相邻部位的胸腺嘧啶形成二聚体，从而破坏 DNA 的正常功能；其杀菌能力与形成胸腺嘧啶二聚体的数量成正比，阳光紫外线能够杀死空气中的流感病毒、肺炎病菌、流脑病菌等。

(2) 阳光与皮癌　根据实验证明，以强烈的阳光照射动物可使之患癌（恶性黑色素瘤）。

因此，在炎热的夏季，人们应尽量不曝晒在阳光下，若不得不在日照强的地方工作，则最好使用防晒护肤品进行防晒，尤其是皮肤较白且对太阳敏感的人更需要防晒。

（3）阳光与维生素 D 的合成　阳光中的紫外线（其波长为 290～315nm）能够使人的皮下组织中的麦角固醇和 7-脱氢胆固醇转化为维生素 D_2、维生素 D_3，进而使血液中无机钙磷和磷酸酯酶含量均保持在合适的范围内，有利于维持机体的正常代谢功能，可以增进钙的吸收和强健骨骼，尤其是婴幼儿、孕妇、老年人等要经常晒太阳。

（4）阳光与色素的形成　皮肤基底细胞中的黑色素原在紫外线（其波长为 320～350nm）下可被氧化成黑色素，沉着于皮肤上，从而对机体具有保护作用。由于黑色素沉积，使得大部分太阳辐射线特别是短波部分，被皮肤表面吸收，阻止其透入深部组织；受照射的表层皮肤则由于吸收射线而温度升高，通过表面血管舒张及出汗，增加体表散热，使机体和环境达到代谢平衡。

13.3　现代住宅、健康住宅与空气环境

世界上的每个地方，无论是白雪皑皑的极地，还是烈日炎炎的沙漠，都有人们的栖身之地。不论在什么地方，人们都向往舒适的生活。comfort 是指人的心情好；amenity 是指生活安逸；pleasure 从心理角度形容舒适，因此舒适是对自己身体健康感到满意，心中感觉充实，身心都得到快感，是愉快生活的必要条件。

13.3.1　现代住宅

13.3.1.1　高效能住宅

在当今社会，房屋是能源使用最浪费的，因此新建住宅应该是节能型的，也就是采取高绝热、高密封住宅。

（1）高密封性　密封性是由墙壁、顶棚、地板、插座孔和窗框的缝隙中漏掉的空气量表示。由于换气受室外空气的压力和室内外温度的影响，所以经常会产生变动。高密封性和隔热性较好，热量自然难以外泄，因此室内能够保持相对平均的温度，即使在严寒的冬天也不感到寒冷。

（2）高绝热性　高绝热性是由于使用了高度绝缘的材料，如 200～370mm 厚度的玻璃纤维，在窗口采用了多层玻璃，室内温度难以外泄，因此改善了窗口附近的环境。高绝热性和高密封性还具有防止窗口玻璃结露、降低光热消耗等优点。

（3）高效能住宅的换气　绝热性能好的住宅中，容易导致疾病的发生，可能是由于病毒在密不透风的房间里大量聚集，从而导致免疫系统的功能减弱。因此，高密封性、高绝热性要提高住宅还应该具有呼吸机能。高绝热性和高密封性住宅的外墙被隔热材料包裹，自然换气便成为不可能，为了实现不开窗也可以换气，常采用机械换气，以达到住宅的空气新鲜度。为了住宅环境的舒适，每人每小时需要 $20m^2$ 新鲜空气，加上吸烟或取暖排出的污染性气体，则需要更大的换气量。

高密封性和高绝热性的住宅不能使用开放型取暖设备，以免造成不完全燃烧，造成一氧化碳中毒。高密封性和高绝热性住宅还会引起湿汽的问题，是由于此住宅允许空气自由流动，水蒸气不能排出室外，便在墙壁中形成结露，因此要在墙壁的一侧贴上一层树脂做成的防湿层，以防止湿汽侵入。

13.3.1.2　高效能住宅的节能性

（1）太阳能的利用　要充分利用太阳能，朝南房间的窗户就要大，朝北房间的窗户就要

小，以避免热量过分流失。白天窗帘要拉开，天一黑立即拉上，而且不要用网眼窗帘。充分利用建筑材料的保暖性能，地砖白天会吸收太阳的热能，晚上释放出来。

（2）高效能住宅的节能性　高效能住宅采用了各种措施如绝热材料，高度密封，空调、换气、照明、采暖等设备，也采用了相关的节能措施。

13.3.2　健康住宅

13.3.2.1　健康住宅

健康住宅必须满足人类健康（生活方便、心情舒畅）、住宅健康（居住过程中保持人类与环境的健全状态）及地球健康（保持生活和住宅共生）。

13.3.2.2　节能生态住宅

利用屋顶覆土、温室及自然通风技术，提供稳定、舒适的室内气候；将外墙做成集热墙、透明节能墙，以提供室内热能；采用太阳能、风能发电装置，获得无污染能源，以用于采暖、制冷、照明及家电用电；采用可控制天窗装置，可控遮阳装置，以获得自然光照明；通过改变建筑形体、构造，以适应当地气候；有机废料和粪便可以作为沼气原料及肥料，产生的沼气可作为厨房用气或照明，沼气残渣可作为有机肥料，是生产绿色蔬菜的很好的肥料；生活洗涤用水经处理后可作冲厕用，污水经处理后可用于绿化浇灌等，因此，在生态住宅中，草皮屋顶、覆土保温、温室暖房、遮阳墙体、蓄热墙体、太阳能及风能装置等为基本构造特征。

13.4　绿色出行

随着现代生活的发展，私人拥有汽车越来越多，以汽车代步去工作的人将会越来越多。汽车给人们的出行带来了许多便利，如一家人去郊外野炊，增进家庭间的亲情。但他们往往忽视了汽车的许多负面效应，如促使全球变暖的二氧化碳有 1/3 来自于汽车尾气。

13.4.1　汽车

（1）汽车与健康　汽车发动机是空气污染的主要来源，能够排放二氧化碳、二氧化氮、二氧化硫、苯、烃、铅等。这些排放的物质能够引起头痛，对眼睛和喉咙有刺激作用，能够引发支气管炎和哮喘，也会引起白血病和肺癌等疾病。

汽车使交通拥挤、堵塞，使人处于精神压力之下；汽车产生的噪声也能够加重人们对环境的不舒适感，如在万籁俱寂的夜晚它产生的刺耳的声音，往往使人难以入睡。

汽车给驾驶人带来了不可估量的身体危害，如精神紧张、前列腺疾病等。因此，驾驶汽车的人要经常进行健身活动，尽量少使用汽车。

（2）汽车与自然界　汽车的发展使人能够更多地了解周围的世界，给人类带来了经济的飞跃和财富的积累。然而，汽车会使生态环境受到严重的威胁。公路对动物也有毁灭性的影响，原来寂静的环境被轰鸣的声音所代替，动物们寻找不到可食之物或者有毒气体污染了原有水源和食物。原来茂密的野草和森林是动物的家园，现在也被无数个钢筋混凝土所阻隔而不能迁徙，因此可以说公路对生物的多样性造成了严重的威胁。

（3）汽车与社区　汽车从诞生开始就具有危险性。它笨重，运行快，与行人和骑自行车的人近在咫尺，时时刻刻地威胁着人的安全。尤其对儿童的伤害更甚，儿童喜欢自由的嬉戏并且他们独立性差，识别能力和意识性也较差，汽车进入社区剥夺了社区内儿童的相对自由。

13.4.2　绿色交通

绿色交通是指采用低污染、适合都市环境的运输工具，来完成社会经济活动的一种交通概念。一般绿色运具包括徒步、自行车、公共交通（轻轨电车）等，而红色运具为环境破坏者，包括小汽车、出租车、机车或大部分商业车。

应大力开发研究无污染汽车，如氢动力汽车、太阳能汽车等。零污染的电动汽车是采用液态氢、甲醇等富含氢气的液体内的化学能转变为电能，其效率远高于传统电池，原料丰富，不会造成空气污染。

（1）公共交通　大力开展公共交通是绿色交通运输的方向。如轻轨电车能够大众运输，对空气污染较小。乘公共汽车可以看书、沉思，或睡眠、休息，或与人交流、增进感情，也不必为停车等担心顾虑。

（2）自行车是一种轻便、有效和愉快的出行方式。它是世界上已经发明的最具有动力热、最有效的运输工具和最普遍的私人交通工具。绿色交通特别突出作为交通工具的自行车车道的建设，自行车车道要保证任何自行车直接到达要到的地方；自行车车道尽量相互连通；任何车辆应该给自行车让道，以保证骑自行车的人绝对安全；自行车车道必须保证骑车人的舒适和舒服。

（3）步行是出行最简单、最有效的方法，它能够给人带来生活的乐趣，能够充实体力，是全神贯注地思索或悠然遐想的最完美的结合。

步行是一种增氧运动（心血管运动），能够使人心率加快，使肺在一个持续时间内有力地工作，增氧运动不需要太费力，但必须持之以恒。

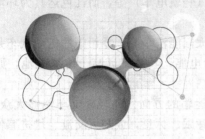

第14章
居室化学污染与人的健康

居室在人的一生中非常重要，人大约有70%的时间在此度过。为了我们的舒适生活，就应当关注住所的空气，了解居室的污染来源，防止和消除污染的产生，创造对生理和心理舒适的环境，使身体经常处于正常的生理调节范围内，以便消耗较小的能量发挥最大的功能，从而减少疲劳，获得最大的工作效率。

14.1 居室环境污染与危害

14.1.1 住宅的变化

现代住宅从节省能源、生活私密性的观点出发，封闭性越来越好，室内的化学物质越来越难排放出去了。而过去的住房通气性非常好，室内的有毒化学物质能很快被排放到室外。因此，在现代住房中要经常换气，保证室内空气清洁；装修房屋时尽量控制有毒化学物质的使用。

14.1.2 居室的污染源

居室中的污染源主要来自于住宅建筑中的物质，如甲醛、甲苯、二甲苯、木材保护剂、可塑剂、氡等，它们是新建住房引起身体不适的根本原因。厨房中的燃料燃烧产生的废气和烟尘如二氧化碳、一氧化碳等气体污染物是居室内空气不清新的主要原因。居室内的人呼吸过程中的废气、不洁衣物散发的臭气、人体排出的汗液及吸烟的灰尘和烟雾；厕所中散发出的脏臭味；家用电器的电磁波辐射；通气时从室外进入室内的大气污染物和微生物；室外的噪声和光污染等，这些都是危害人体健康的污染源。

14.1.3 居室化学污染物的危害

居室内的化学污染物对人体具有很大的危害。

14.1.3.1 甲醛

甲醛是一种无色的气体，37%的甲醛水溶液（福尔马林）是防腐剂，对人的鼻子、眼睛和口腔黏膜有刺激作用，有异味。甲醛的主要用途是用于脲醛树脂、三聚氰胺树脂、苯酚树脂等板材的黏合剂中，用做防腐剂、防虫剂、防皱剂。另外，甲醛还可以用在玻璃棉等隔热材料或壁纸、塑料制品中等。

居室内甲醛的产生源有家具中的黏合剂、地毯黏着剂以及家用塑料制品的老化后释放出的甲醛等。

甲醛是对人体有高度危险性的物质,若甲醛的浓度为 $0.05\sim0.06\mu g/mL$ 时使人感到臭气;$2.0\sim5.0\mu g/mL$ 时使人眼睛、气管受到强烈刺激,打喷嚏,咳嗽,引起睡眠;大于 $50\mu g/mL$ 时,引发肺炎、肺水肿,甚至死亡。因此各个国家对甲醛在室内的允许范围都有自己的标准。甲醛被世界卫生组织确定为致癌物质,长期超量吸入甲醛可引起鼻咽癌、喉头癌等多种严重疾病,对身体健康构成严重威胁。

居室内甲醛的预防方法是改进黏合剂;改善合成板的制造条件;对化学物质进行处理(利用某些反应吸收、隐蔽作用来抑制甲醛的产生量);控制室内温度(因为温度升高,甲醛的产生量增大,所以,要尽可能地降低室内的温度和湿度);居室要经常开窗换气,尽量降低甲醛的含量。

14.1.3.2　一氧化碳

在密封的居室内燃气或燃煤时,若得不到新鲜空气的补充,室内将会出现氧缺乏状态,时间一长就会危及人的生命。吸烟的房间内一氧化碳(CO)含量较平常房间高 6 倍以上;公路两边的住房内的一氧化碳含量也较高,尤其是住房下面有车库的居室内一氧化碳含量较其他居室高,曾有一楼停放汽车忘记关闭发动机,致使二楼住户的人由于吸入废气一氧化碳中毒而全部死亡的案例。

一氧化碳的毒性很大,如室内一氧化碳达到 $200\mu g/mL$ 时对人体有影响;$200\mu g/mL$ 时(时间 $1\sim2h$)会使人感到头痛、恶心;$800\mu g/mL$ 时(时间为 45min)会使人出现头痛、头晕、恶心;$1600\mu g/mL$ 时(时间为 20min)会使人感到头痛、头晕,1h 就会导致死亡。在发生的火灾中,死亡的人中大部分是由于一氧化碳中毒导致昏迷或窒息,而无法行动后被火袭击遇难的。

一氧化碳与血液中的血色素所含的铁原子的结合能力远高于它与氧气的结合,所以一氧化碳对人体具有毒性。当人一氧化碳中毒时,应迅速打开住房的门窗,将病人转移到室外,使人能够呼吸新鲜空气或者做人工呼吸,空气中的氧气进入肺中与血液中血色素分子结合并被传送到身体的各个部位,从而使病人得到恢复。

一氧化碳的预防措施是将厨房(煤气燃烧、取暖燃煤)中产生的废气用抽油烟机将其排放到室外,同时不要把居室密封得太严;要经常开窗通风换气,使室内保持新鲜的空气。

14.1.3.3　二氧化碳

二氧化碳(CO_2)是无色无臭的气体,高浓度时略带酸味。CO_2 相对密度比空气大,可凝结成固体(俗称为干冰)。正常空气中,二氧化碳含量为 $0.03\%\sim0.04\%$。

(1)室内 CO_2 污染来源

① 人的呼出气:人体的气态代谢产物主要是 CO_2,呼出气体中 CO_2 占 $4\%\sim5\%$。一个成人在安静状况下每小时呼出 CO_2 的量约 22.6L。儿童约为成人的一半。如果室内人员多、居住拥挤,通风不良,CO_2 的量就明显上升。这是居室内 CO_2 的主要来源。

② 燃料燃烧产物:民用燃料,如燃煤、液化石油气、天然气都是含碳化合物,这些含碳化合物在充分燃烧后,会产生大量的 CO_2。燃料使用越多,通风越不良,室内 CO_2 的浓度就越高。这是室内 CO_2 的又一主要来源。

③ 其他来源:室内吸烟也能产生 CO_2,室内动植物的呼吸作用也能排出 CO_2,包括猫、狗、盆栽花木、大量存放的蔬菜以及砍伐不久的秸秆、木材等,都能由于新陈代谢而排出 CO_2。

(2) CO_2 对人体健康的影响　CO_2 作为呼吸中枢兴奋剂为身体所需，但浓度超过一定范围后，可对人体产生危害。人对 CO_2 的耐受浓度可达 30000mg/m³（1.5％）；空气中 CO_2 含量达 3％时，人体呼吸加深；长时间吸入浓度达 80000mg/m³（4％）的 CO_2 时，会出现头晕、头痛、耳鸣、眼花等神经症状，同时血压升高；室内空气中 CO_2 浓度达 160000～200000mg/m³（10％）时，会导致呼吸困难、脉搏加快、全身无力、肌肉由抽搐转至痉挛、神智由兴奋转至抑制；当 CO_2 含量达 30％时，可能出现死亡。居室环境中 CO_2 的增多往往伴有氧气缺少，二者的影响同时存在。

人体呼出 CO_2 的同时，也伴随呼出其他气体。当室内空气中 CO_2 浓度达 0.07％时，室内的其他气体也达到一定浓度，敏感者会有所感觉。所以，CO_2 可以作为室内空气是否清洁、通风换气是否良好的指标之一。

14.1.3.4　氨

氨（NH_3）为无色气体，有强烈的刺激性臭味。易溶于水，水溶后成弱碱性。

(1) 室内氨气的来源　室内的氨气主要来源于粪尿、汗液、体表散发的气体以及蔬菜、食物腐败后产生的气体。前些年，建筑行业在冬季施工时，在水泥等建筑材料中加入尿素和一定量的氨水，可提高抗冻能力，气温升高后就会有大量的氨气释放到建筑物内引起室内氨浓度增大。现在这种施工措施已被禁止。

(2) 氨对健康的影响：氨对上呼吸道有强烈的刺激和腐蚀作用，人对氨的嗅觉阈为 0.5～1.0mg/m³；氨的浓度达 9.8mg/m³ 时，尚不产生刺激作用；达到 67.2mg/m³ 时，吸入 45min，鼻咽喉部、眼部就产生刺激作用；达到 140～210mg/m³ 时，不适感即很明显。若浓度再升高，人体难以忍受。氨气浓度达到 3500mg/m³ 以上，可立即导致死亡。

轻度中毒时，会发生鼻炎、咽炎、气管炎、咽喉痛、咳嗽、咯血、胸闷、胸骨后疼痛等症状，还能刺激眼睛，导致结膜水肿、角膜溃疡、虹膜炎、晶状体混浊甚至角膜穿孔。严重中毒时，可出现喉头水肿、声门狭窄、窒息、肺水肿。

14.1.3.5　挥发性有机物

挥发性有机物（VOC）是指常压下，其沸点在 50～260℃之间的挥发性有机化合物。

(1) 按其化学结构式分　VOC 可分为几类：烷烃（脂肪烃）、芳香烃、烯烃、卤代烃、含氧烃（包括酯类、酮类、醛类）、多环芳烃和其他等。

(2) VOC 的来源　室内 VOC 产生于室内的涂料和黏合剂、厨房设备、空调器、壁橱、日用品和化妆品等。由于挥发性有机物的产生源繁多并且涉及的化学物质也比较复杂，因此预防的方法应是尽量减少使用挥发性有机物，控制室内的温度和湿度，采用化学方法消除等。

(3) VOC 对健康的潜在危害　挥发性有机物（其浓度大于 25mg/m³）的危害主要对人体引起神经性中毒。如苯系化合物对神经系统有麻醉、呼吸衰竭、严重意识丧失、心衰死亡等作用。

苯系化合物挥发性强，室内 VOC 浓度在 0.16～0.3mg/m³ 时，对人体健康基本无害，但在装修中往往要超过，特别是不当的装修。长期低浓度接触 VOC 可出现头晕、乏力、记忆力减退、免疫力低下。慢性苯中毒，严重的可致再生障碍性贫血、白血病。另有报道，甲苯的急性毒性为神经毒性和肝毒性。二甲苯可产生急性肾毒性、神经毒性和胚胎毒性，可导致胎儿先天畸形。

长期接触低浓度苯的人群，白血病、恶性肿瘤的发病率明显高于一般人群。因此，世界卫生组织将苯化合物确定为人类致癌物。国际癌症机构 IARC 也确认苯为人类致癌物。

其他挥发性有机物在室内空气中检出达 500 多种，其中致癌物或致突变物有 20 多种。虽单个浓度较低，但总浓度增高，污染因子联合作用或超出阈值可产生健康危害。

14.1.3.6　烹调油烟

食用油和食物在高温条件下，产生大量热氧化分解产物，其中部分分解产物以烟雾形式散发到空气中，所形成的油烟气，称为烹调油烟。烹调油烟的形成途径主要是：①油脂和食物本身所含脂质的热氧化分解；②食物中碳水化合物、蛋白质、氨基酸等发生反应；③上述反应的中间产物和终产物之间相互作用的二次反应物。

烹调油烟的产生与温度有密切关系，食用油加热到 170℃ 时，出现少量烟雾，随着温度的升高，分解速度加快，当达到 250℃ 时出现大量烟气。

烹调油烟是一组混合性污染物，曾检出 220 多种成分，主要有脂肪酸、烷烃、烯烃、醛类化合物、酮、酯、芳香族化合物和胺类化合物等。其中含有苯并 [a] 芘、挥发性亚硝胺、杂环胺类化合物等已知致突变和致癌物。在制精油、豆油和菜油烟雾中检出了苯并 [a] 芘、二苯并 [a，b] 蒽、苯并 [a] 蒽、二苯并 [a，h] 蒽、苯并 [e] 芘等多种多环芳烃。在油温 270℃ 左右时，还检测到菜油和豆油油烟中含有微量具有致突变性的巴豆醛（2-丁烯醛）和 2-甲基丙烯醛。

烹调油烟对呼吸道黏膜、眼结膜具有刺激作用，对肺脏、肝脏有损伤作用，还可以引起脂质过氧化损伤、降低免疫力，更重要的是在烹调油烟中所含有的苯并 [a] 芘被确认为人类致癌物。已有流行病学调查证实，妇女的肺癌与吸入过量烹调油烟有关。也有报告称，闽南地区的鼻咽癌，除 EB 病毒引起的鼻咽癌外，厨房油烟也是鼻咽癌发生的危险因素。

除此之外，厨房燃料在燃烧或不完全燃烧的过程中，所产生的大量有害气体及颗粒物也会对健康产生一定的危害。

14.1.3.7　烟草烟气

烟草烟气中的成分约有 3800 多种，有的是烟草本身的固有成分，如尼古丁；有的与烟草产地的土壤污染有关，如镉；有的与种植烟草过程中使用的化肥有关，如有机磷中含放射性物质；有的与烟草燃烧不完全有关，如煤焦油、CO 等。

据世界卫生组织专家工作小组鉴定，烟草烟气中的"肯定致癌物"不少于 44 种，主要是多环芳烃、亚硝胺类、氯乙烯、砷、镍、甲醛、DDT 等。

吸烟者往往有种欣快感，劳累疲乏时可以提神。但吸烟引发的主要疾病多达 23 种，其危害是全身性的，有些病是可以致命，并能影响到下一代。据世界卫生组织统计，持续吸烟 20 年以上的人比不吸烟的人早死 20～25 年。目前全球共有 11 亿吸烟者，烟草每年造成的死亡估计为 1000 万人，每 10 秒就有一人死于香烟危害。如何减轻二手烟的危害，关系烟民的自身健康及社会环境的可持续健康发展。

吸烟所散发的烟雾，可分为主流烟（即吸烟者吸入口中的烟）和支流烟（即烟草点燃外冒的烟）。支流烟气比主流烟气所含的烟草燃烧成分更多。其中一氧化碳，支流烟是主流烟的 5 倍；焦油和烟碱是 3 倍；胺是 46 倍；亚硝胺是 50 倍。据计算，在通风不畅的场所，不吸烟者 1 小时内吸入的烟量，平均相当于吸入一支卷烟的剂量。

不吸烟者每日被动吸烟 15 分钟以上者，定为被动吸烟。日常生活中绝大多数人不可能完全避免接触烟雾，因而成为被动吸烟者。被动吸烟的主要场所是家庭和公共场所。根据全国吸烟情况抽样调查结果得知：343563 名不吸烟者中，39.75% 受到被动吸烟危害。在家中被动吸烟的占 67.1%，在工作场所或其他公共场所遭受被动吸烟的占 14.4%，每日在家及公共场所都受到被动吸烟危害的占 18.96%。

被动吸烟的危害如下：①诱发肺癌；②引发心脏病；③导致死胎、流产或低出生体重儿；④引发儿童呼吸道症状和疾病，影响正常的生长发育；⑤导致与烟草烟气有关疾病的死亡。

14.1.4　住宅中的致癌化学物质

住宅中的致癌化学物质包括甲醛、苯、聚氯乙烯单体（家具、建材中的聚氯乙烯原料中的残留物）、苯乙烯单体（隔热用的聚乙烯泡沫原料中的残留物）、厕所用品（芳香剂和除臭剂含有机氯化合物）、苯并芘、二噁英、石棉等。

放射性氡是一种致癌和危害生殖系统的成分，是最近几年进行室内监测中发现的最惊人的污染物。氡本身并不危险，但是它的带电裂变产物附在灰尘上，而这些尘粒又进入肺，形成极其危险的内辐射，这种近距离辐射对细胞的破坏最厉害。氡可从砖块、混凝土、土壤和水中散发出来。

14.1.5　住宅中的化学物质过敏症

住宅中的化学物质过敏症（chemical sensitivity）是指由于受到一种化学物质的影响，其后会发展到对多种化学成分有反应的现象。从医学角度出发，化学物质过敏症的个体差异很大，多发于中年女性，可能使更年期障碍或自主神经紊乱。从现代生活出发，应控制室内化学物质浓度，选择合适的建筑材料和装修材料及施工方法，居住的房间要经常换气。若搬入新建住房，应谨慎选择生活用品，避免与化学物质过分接触，保证正常的睡眠、营养，保持健康的心理，经常锻炼身体。

14.1.6　室内漂浮物的污染与危害

室内漂浮物来自于人类和宠物的代谢物、取暖和厨房中的生活行为、建材和家具、锈的生成和霉的繁殖等的产生物，另外还来自于室外的花粉和沙粒等。

14.1.6.1　微生物的危害

微生物能够给人们带来许多益处，如酒的酿制、酱油与醋的生产、豆豉的制作等，青霉素等抗生素的制备和维生素 B 的生产也是由于微生物的功劳。但微生物也给人们带来了较大的危害，如引起人类、动物、植物生病，使人的衣、食、住、行受到污染等。微生物感染症有肺炎、霍乱、疟疾、结核、肝炎等，近年来又出现了新的微生物引发的疾病如艾滋病、爱博拉出血热、由金黄色葡萄球菌引起的医院院内感染、病原性大肠杆菌 O-157、沙门杆菌引起的食物中毒、冰箱用冷却水中的细菌增殖并进入室内，引起肺炎等。住宅内的霉可引起哮喘等。

微生物的控制的方法有物理方法（如高温杀菌、低温杀菌、电磁波杀菌等）和化学方法（pH 值控制、氧气控制、水分控制及化学杀菌剂等）。

14.1.6.2　花粉的危害

过敏症是指对于一般人没有危害，而被过敏体质的人食用或吸入引发的哮喘、打喷嚏、咳嗽，眼睛、鼻子、皮肤等充血、发痒、疼痛和炎症。

春天柳绿花红，生机勃勃，春意盎然，人们喜欢扶老携幼去踏青，徜徉在大自然的怀抱中，尽情地吸吮着春的气息。但有的人可能对花粉过敏，他们即使留在住宅内也会发生眼睛痒、流泪、充血、流清鼻涕、打喷嚏、鼻塞等，有时会出现头重脚轻的现象。

对花粉症的预防方法是：使用花粉专用面罩；回家后应将衣服上的花粉弹去并且洗手、洗脸、漱口等；使用空气清洁机和专用洗衣机或者洗衣盆。

14.1.6.3　石棉

石棉由角闪石、蛇纹石的极细纤维状结晶构成，具有不燃性、耐强酸碱、强度高、完全不导电等特点，是机械性、化学性都稳定的材料。石棉广泛用于汽车制动器衬里、耐火服、绝缘体过滤器和各种建材。若人吸入石棉纤维屑，可在数十年潜伏后引发肺癌。因此，在使用石棉制品时一定要注意防止吸入口腔内，尤其是在拆除废旧石棉时更要加以保护。

14.1.6.4　降尘和飘尘

住宅内的灰尘包括降尘（粒径大于 $10\mu m$，易于清扫）和飘尘（粒径小于 $10\mu m$，容易吸入肺内，危害极大）。

灰尘能随着吸气进入人体，不同大小的灰尘进到身体里的部位是不同的。较大的尘粒首先受到鼻毛和鼻腔里黏液的阻留，经过鼻腔以后，空气中的灰尘可减少 $30\%\sim50\%$。气管、支气管的黏膜又能阻留一部分较大的灰尘。直径不到 $5\mu m$ 的灰尘能够直接到达肺泡里，沉积下来，一部分随淋巴液流到支气管淋巴结，或经血液循环到达其他内脏。灰尘还能通过饮食进入人体，危害身体健康。灰尘通常聚集在房屋的角落、书架背后、床铺底下等不通风和隐蔽处，形成纤维状物和蛛网，日久易生微生物，如螨虫类病毒。许多研究表明，灰尘浓度高的地方，支气管炎、肺炎、咽炎、支气管哮喘、肺气肿和肺癌等病发病率都比较高。灰尘还能吸收和折射阳光中的紫外线，当每立方米空气中含灰尘 $1mg$ 时，紫外线约减少 $2/3$，长期在这样的环境里生活，儿童患软骨病的概率会明显增加。

飘尘能够吸附各种微生物（细菌、病毒）、衣服上散发的不洁气味、痰沫等进行传播，使个体受到交叉感染，从而引起呼吸道炎症的发生。其预防的方法是要经常打扫房间，尤其是房间的角落、书架的背后、床铺下等不通风的地方。可采用湿式扫除法即用湿布擦洗或者先洒水后扫除，既可以防止灰尘的飞扬，又可以调节室内的湿度。空气中的灰尘与人体健康关系极大，灰尘是某些有毒物质和微生物的载体，飘尘容易吸入肺内，危害甚大。所以说飘尘是居室内最厉害的杀手。

14.1.7　室内污垢和垃圾

14.1.7.1　污垢

污垢通常指积结在衣物上的脏东西，主要有人体污垢、餐具污垢和住宅污垢三类，按其性质可分为有机（油污）物及无机（矿尘）物。它们包括人体分泌物（汗液、血斑）、衣履被褥及家具中抖出的皮屑、变性的蛋白质，餐具中剩下的食物，饮料未及时清除的干渣及霉变物，水池、便池中的积垢等，除引起视觉不悦外，它们是居室的主要异臭源。异臭对大脑皮质是一种恶性刺激，使人恶心、疲劳和食欲不振，并使疾病恶化。

14.1.7.2　生活垃圾

目前，全国城市生活垃圾累积堆存量已达 70 亿吨，占地约 80 多万亩，近年来又以平均每年 4.8% 的速度持续增长。全国 600 多座城市，除县城外，已有 2/3 的大中城市陷入垃圾的包围中，且有 1/4 的城市已没有合适场所堆放垃圾。

（1）垃圾的成分　由于受城市的规模、性质、地理条件、居民生活习惯、生活水平和能源结构和经济状况等多种因素影响，不同的国家和地区城市生活垃圾成分也有很大变化。一般垃圾成分很复杂，包括各种有机发酵、霉变和腐败产物，无机灰尘，颗粒物中的硅，金属氧化物硫酸盐、碳酸盐等。

（2）垃圾的来源

① 居民生活垃圾：来自于居民的日常生活的废弃物。主要有厨房废弃物（如已腐烂的蔬菜、残羹剩饭）、尘土（如煤灰、渣土）、废屑（塑料、纸及其他金属小件）及杂物（鞋、袜及破旧衣物）等。

② 城市环卫垃圾：来自城市马路和街面。其组成与生活垃圾相似，但以泥沙、枯枝、落叶和商品包装物较多，易腐且有机质较少。

③ 集团垃圾：主要指机关、学校等在生活和工作过程中产生的废弃物。

（3）垃圾的危害　城市生活垃圾在收集、运输和处理、处置过程中，其本身含有的和产生的有害成分，会对大气、土壤和水体造成污染，不仅严重影响城市环境卫生质量，而且极大地威胁人民的身体健康。主要表现在：浪费大量土地资源；严重污染空气；严重污染水体；严重破坏农田；发生严重的垃圾爆炸事故。

14.1.7.3　臭味

臭味有害于人体健康。恶臭对人的大脑皮层是一种恶性刺激，长期待在恶臭环境里，会使人产生恶心、头晕、疲劳、食欲不振等症状，恶臭环境还会使某些疾病恶化。它危害呼吸系统，人们突然闻到恶臭，就会产生反射性的抑制吸气，使呼吸次数减少，深度变浅，甚至完全停止吸气，即所谓的"闭气"，妨碍正常的呼吸功能。它危害循环系统，随着呼吸的变化，会出现脉搏和血压的变化，如氨等刺激性臭气会使血压出现先下降后上升、脉搏减慢后加快的现象。它危害消化系统，经常接触恶臭，会使人厌食、恶心，甚至呕吐，进而发展为消化功能减退。它危害内分泌系统，经常受恶臭刺激，会使内分泌系统功能紊乱，影响机体的代谢活动。它危害神经系统，长期受到一种或几种低浓度恶臭物质的刺激，会引起嗅觉消失、嗅觉疲劳等障碍。恶臭使脑神经不断受到刺激和损伤，最后导致大脑皮层兴奋和抑制的调节功能失调。恶臭使人精神烦躁不安，思想不集中，工作效率降低，判断力和记忆力下降，影响大脑的思考活动。

治理恶臭应先控制污染源，减少恶臭物质的散发，做到不发生或少发生恶臭。如垃圾等污物的及时清理，某些生物制品的加热、干燥等过程应尽量采取密封或闭路循环系统，厕所应及时打扫清理；散发恶臭严重的污染源应及时迁出居住区。恶臭物质还可采用活性炭吸附、清水加除臭剂进行淋洗、生物氧化等方法加以清除。对于不便处理的低浓度臭味，可施放有香气的物质来掩盖臭气，这种有香气物质称为掩蔽剂。两种不同气味的气体相遇，有时互相叠加，有时相互抵消，因此对于特定场所必须选用适当的掩蔽剂。

居室里的臭味主要来自：胃肠道排出的气体；汗液以及皮肤上有机物质的分解腐败；衣履被褥及家具物品不洁、发霉腐烂；存放的粮食、蔬菜发霉、腐烂；住宅距工厂、垃圾站、厕所、化粪池过近，因大气污染而影响室内空气的清洁等方面。

为了防止恶臭污染，增进人体健康。要搞好个人卫生和环境卫生，房间经常通风换气；衣服被褥要勤洗勤晒。

14.2　室内电磁辐射对健康的影响

14.2.1　电磁波是生活的"无形伴侣"

电磁波（electromagnetic wave），又称电磁辐射、电子烟雾，是由同相振荡且互相垂直的电场与磁场在空间中以波的形式移动，其传播方向垂直于电场与磁场构成的平面，有效地传递能量和动量。电磁辐射可以按照频率分类，从低频率到高频率，包括无线电波、微波、红外线、可见光、紫外光、X 射线和伽马射线等。人眼可接收到的电磁辐射，波长在 380～780nm 之间，称为可见光。只要是本身温度大于热力学零度的物体，都可以发射电磁辐射，而世界上并不存在温度等于或低于热力学零度的物体。

一百多年来，无线电报、广播、无线电话、导航、雷达、传真、电视、无线电遥控、遥测、遥感、卫星通讯、射电天文等装置像雨后春笋般地涌现出来，人类发现了电磁波，又使电磁波服务于人类。

现在人们已经清楚地知道：任何动植物的细胞都能发射微弱的无线电波。如人体发出的最强烈的电波，是在尖细的手指上；就是小小的豆芽，也在永不停息地发射着电信号。电磁波充满着整个宏观宇宙，同时也存在于微观世界，在空气不存在的地方电磁波都同样存在。可见，电磁波一直是人类生活的"无形伴侣"。

14.2.2　电磁辐射的性质和室内电磁辐射来源

14.2.2.1　电磁辐射的性质

凡是导体都能通电，产生电场，电场又转化为磁场，即产生电磁波。电磁辐射按频率可分为中频、高频、甚高频、超高频、特高频、极高频，超高频以上的波段称为微波。

在长期的进化过程中，人类和一切生命对低强度、低频率的电磁波已经适应，但电器和电子设备的迅速发展和大量引入室内，大大改变了人类生存的电磁辐射环境。

电磁波具有远距离的传输性和对物体的穿透性。电磁波在生物体内的穿透、传输和吸收，不仅取决于电磁波的频率、强度和极化方向，还与生物体的大小、形状、内部结构及其电特性有关。当电磁波入射到生物体内时，由于生物组织的介电常数比空气大得多，进入组织内波长明显缩短。在组织内的穿透深度则随频率的增大和组织含水量的增多而降低。

14.2.2.2　室内电磁辐射来源

① 家用电器或者电子设备，如家用微波炉、电磁炉、电饭锅、抽油烟机、电子计算机、电视、办公设备、移动电话、照明设备、各种电线等每天都产生着电磁辐射。

② 室外的电磁辐射源辐射到室内，如卫星通讯、雷达、无线电导航、无线电调幅广播和调频广播等。

③ 地球上，主要由太阳和雷电活动形成的低强度、低频电磁场等也可辐射到室内。

电磁波的影响，在生活中有时能感觉到，如打电话时与收音机距离过近会发出尖叫；洗衣机、电吹风机开机时对邻近电视机的图像产生干扰等。

电磁辐射超过一定强度后，称为电磁污染。

14.2.3　电磁辐射对健康的影响

14.2.3.1　家用电器的主要危害

（1）电磁波污染　是一种公害，这是由于电磁波具有一定生物效应，而组成人体的细胞和体液分子大都是极性分子，外加电磁辐射可影响它们的排列和定向，干扰神经电波，导致头晕、恶心、记忆力减退等。

若长时间使用电脑（或看电视、录像等），这种负效应更严重。克服的方法是座位距离与电脑屏幕应以 14～20cm 为宜，眼睛高出屏幕中心 4～7cm；膝盖应和大腿水平；通过改变屏幕位置或安装抗眩光屏幕以消除刺眼的眩光；用抗静电垫、喷水器或盛在碗里的水以及植物来消除静电；电脑屏幕要经常擦洗；3～5s眨一次眼，以防止眼睛变干或使用眼药水预防；目光要经常移开且至少5min以上；眼睛要多转动且向窗外或远处眺望；至少30min起来活动一次；要多用键盘尽量不使用鼠标；要经常做操或把向下的压力放在手上的姿势等。

（2）电麻　是指触摸电器外表时的麻电感觉，由漏电引起（严重时可产生电击）。人体是一个导电溶液体系，36V以下为安全，220V的低电压可引起中枢神经麻痹、呼吸停止，是因为正常神经生化反应受到严重干扰和破坏。预防的方法是保证绝缘，接地良好。

（3）发热　是指电器的温度超过了正常的发热（如电视机可达40℃）。其原因可能是电器的灰尘聚集太多、散热不良或电阻过大引起的。处理方法是采用微型吸尘器将灰尘吸出或用湿布擦洗干净即可。

（4）噪声　是指电器的机械杂音（如电机滑轮与传动带之间发出的）和背景杂音（如磁带消音抹磁不好造成的）。其主要对人体的神经元造成危害。神经元是一个振动体系，每秒振动5次左右的次声能够引起神经元的共鸣，从而对人体具有较大的损伤。预防的方法是经常擦洗灰尘，轴承擦油等；磁带等用清洗剂擦洗，重新录制等。

14.2.3.2　电磁辐射对健康的影响

随着城市中微波通信设备的增加和各类高频加热、射频理疗、微波干燥设备大量进入人类生活，微波干扰问题也日益严重，时时刻刻不声不响地对生物体构成潜在的伤害。

微波对机体的作用是微波电场与组织内分子固有的电场发生作用，使组织分子的动能和势能发生改变、进行能量交换的结果。

（1）致热效应　电磁辐射产生的热量太快太多，高于人体的调节能力，就会导致人体温度急剧升高，从而可能破坏人体内的蛋白质和水分子。眼睛和睾丸含水量较多，几乎没有脂肪层的保护，易受微波致热效应的危害。只有较高强度的电磁辐射才会产生热效应，对居室环境来说，家用电器产生的电磁场强度不足以引起机体的热效应，除非靠近特殊的高能天线或者没有屏蔽的大功率放大器。

（2）非致热效应　这种效应产生的机理目前尚不清楚。有学者认为低强度微波可影响神经系统的膜电位，引起神经内分泌系统功能紊乱，继发多系统器官功能紊乱。有人认为即使相当低的电磁辐射也能改变T淋巴细胞的功能和细胞膜电化学信号等。

研究报告认为电磁辐射对人健康危害最主要的临床表现是神经衰弱综合征。患者可出现头昏、乏力、睡眠障碍、多梦、记忆力减退、易疲劳、情绪不稳定等症状。检查可见心动过速或心动过缓、血压不稳、多汗、心悸、手指轻颤、指甲脆弱；女性常见月经周期紊乱，男性可出现性功能减退。微波作用于睾丸，可引起暂时性不育、活精子减少、精子活动能力下降，脱离接触后数月可恢复。

如果长期接触的微波强度在80～100mW/cm² 时，可引起眼睛晶状体小片状混浊，促发晶状体老化，严重时可形成白内障。

14.2.4　电磁辐射的防护

14.2.4.1　防护原则

（1）时间防护　电磁辐射的强度越大、时间越长，对健康危害越大，可采用缩短暴露时间的措施进行时间防护，也就是尽可能减少开启电器的时间，不使用时及时关闭。

（2）距离防护　电磁辐射的强度随着距离的增加而迅速减少，距离防护是另一种有效的防护措施。人与家用电器之间应尽可能拉大距离。

（3）强度防护　避免多种办公设备和家电同时启用，以减少电磁辐射的强度。或采用必要的屏蔽，降低电磁辐射的强度。

（4）屏蔽防护　水是吸收电磁波的最好介质，可在电脑的周边多放几瓶水。不过必须是塑料瓶和玻璃瓶的才行，绝对不能用金属杯盛水。

14.2.4.2　产生电磁辐射的家用电器及防护

按照家电工作频率的大小，可分为超低频家电、中频家电和微波频段家电三种。

（1）超低频家电

① 电动剃须刀、电吹风：这些与人体接触较紧密，又会经常使用的小家电，每次使用时间越短越好，开启和关闭电源时尽量离身体远一些，最好将电吹风与头部保持垂直。否则时间长了，很容易感到头昏脑涨。使用时应远离儿童。

② 吸尘器：使用时产生较强的电磁辐射，实验表明，与吸尘器保持 70cm 以上，辐射量最小。

③ 电熨斗：把温度一次加热到位，用一会儿再继续加热，不要边加热边熨衣服，使用时应远离儿童。

④ 加湿器：不宜离人体过近，使用时尽量保持 1m 以上距离，辐射量最小。

⑤ 电饭锅：虽然辐射小，但尽量放在远离儿童的地方。

⑥ 电磁炉：现在越来越多的家庭喜欢用电磁炉煮东西，但要注意使用时间不要太长。

⑦ 电热毯：电热毯通电后会产生电磁场，产生电磁辐射，贴身使用对孕妇和儿童尤其不适合。孕妇如果使用电热毯，长时间处于这些电磁辐射中，最易使胎儿的大脑、神经、骨骼和心脏等重要器官组织受到不良的影响。在使用时，最好在预热后将电源断开再入睡。

⑧ 空调、电冰箱等其他超低频电器应与人保持一定距离。

（2）中频家电

① 台式电脑：主机的后、侧面辐射较大，最好不要敞开使用。电脑操作时，人体与电脑后侧和两侧的距离不应少于 10cm。

② 笔记本电脑：辐射集中在键盘上，最好使用外接键盘。电脑开机屏幕亮起的瞬间应远离屏幕。电子计算机从业女性人员应定期进行职业健康监护，并加强个人保健，每日净作业时间应控制在 5h 之内，妇女妊娠 3 个月内应避免从事电子计算机操作，3 个月后应限制操作时间，每周不应超过 15～20h。

③ CRT 电视：即普通电视，其后面辐射较大，观看时需保持一定距离，尤其是儿童。看电视时最好保持 2m 的距离，室内要有适当照明，看电视时间不要连续超过 2h。看完电视洗洗脸，及时清理面部皮肤吸收的辐射物质。

④ 液晶电视、等离子体电视：虽然比传统老式电视辐射小很多，但仍存在一定隐患，看电视时，至少离电视机 1m 远。

⑤ 无线鼠标和键盘：因为是无线的鼠标和键盘，所以在发射和接受操作信号时都会产生辐射。

（3）微波频段电器

① 微波炉：微波炉的工作频率在 915～2450MHz 之间。门缝处辐射最大，启动时辐射最大，辐射范围可达 7m。微波炉的微波辐射，会扰乱中枢神经系统，引起头疼、头昏、记忆力减退、失眠。使用时，人体一定要距离 0.5m 以外，眼睛不要直视，平时还要注意炉内的清洁卫生。

② 手机和无绳电话：手机使用频率非常高，其辐射强度也很大，工作频率在 1800～

2000Hz。手机是随身携带的通讯和信息工具，它的使用已相当普遍，因为它使用时产生电磁辐射，对其危害备受关注。

手机使用过程中应注意如下事项：12岁以下儿童除非紧急情况尽量不使用手机；用手机通话时尽量使用免提设备和有线耳机，不用无线耳机，尽量发送短信；在家中尽量不要用无绳电话；在信号弱的地方使用手机，产生的辐射会更强，另外，使用手机时尽量左右耳朵轮换听；手机最好放在包中，因为手机辐射一般达0.9m范围。兜里放手机时，电池一面朝外，贴身放手机时，最好选择"飞行"和"离线"模式；手机要定期清洗，清除沾染的细菌、病毒生物，用手机后进食前一定要洗手。特别是儿童青少年，避免一边打手机一边抓吃零食。

14.3 室内生物因素对健康的影响

生物污染是引发"致病建筑物综合征"的重要因素之一。大气中的生物污染物是一种空气变应原，主要有花粉和霉菌孢子。这些由空气传播的物质，能引起个别人的过敏反应。空气变应原可诱发鼻炎，抵抗力较弱的病原微生物在日光照射、干燥的条件下很容易死亡，一般在空气中数量很少。抵抗力较强的病原微生物，如结核杆菌、炭疽杆菌、化脓性球菌等，它们能附着在尘粒上污染空气。生物污染物可能成为空气传播疾病的致病原。

14.3.1 生物致病原

呼吸道感染患者（或病原菌携带者）、动物以及农业生产活动和环境中的细菌、病毒、真菌、放线菌、支原体、衣原体等微生物和寄生虫，都是生物致病原。其中真菌包括霉菌和不发霉的菌株。存在浴室内引起人过敏的生物是真菌和尘螨。真菌的滋生能力很强，只要略有水分和有机物即能生长，如在玻璃表面、家用电器内部、墙缝、地板上均能生长。但能致病的真菌种类并不是太多。尘螨喜欢潮湿、温暖，主要生长在尘埃、床垫、枕头、沙发椅、衣服、食物等处，植物花粉、昆虫排泄物、尸体、宠物皮毛等也是来自生物的致敏物质；人体自身代谢废物等也可能成为影响健康的环境因素。有些细菌、霉菌、病毒可能隐藏在空调、加湿器内并在使用时被释放到室内。

14.3.2 室内生物污染引起的疾病

室内生物污染物达到一定的浓度可能诱发疾病。所引起的疾病可分为：动物源性疾病、植物源性疾病和人体相互传染疾病。最常见的疾病有下列几种。

14.3.2.1 上呼吸道感染

室内空气污染物增加和空气质量变化容易引起上呼吸道的解剖学变化和功能变化，鼻、咽、喉黏膜会直接受到致病微生物感染或通过过敏机制受到影响而致病。

14.3.2.2 哮喘

过敏性哮喘是室内空气中致敏原或刺激原所致的最严重的过敏性疾病。过敏性哮喘可由暴露于室内空气污染物所致，这些污染物可能是致敏原，也可能是刺激原。其中室内过敏原是室内环境中的尘螨、昆虫和霉菌，室外过敏原如花粉和霉菌也可通过开启的门窗或通风系统进入室内。室内的刺激原主要是甲醛和挥发性的有机化合物。

14.3.2.3 过敏性肺泡炎

过敏性肺泡炎主要与空调系统通风有关，相关调研认为是由于嗜热放线菌污染了建筑内的中央空调系统而造成的。美国针对 93 个可疑家庭进行的流行病学调查表明，74％的家庭中都具备耐热放线菌滋生的良好条件。

14.3.2.4　中毒反应

当人体暴露在微生物污染的室内空气中时，微生物的代谢副产物可引起机体中毒。室内常见的真菌有芽枝菌、青霉、曲霉和交链孢霉等，均可引起中毒反应。中毒的主要症状有伤风感冒、咽喉疼痛、腹泻、头痛、疲倦、皮炎、局部秃头症以及身体不适等。

14.3.2.5　传染性疾病

与室内空气质量相关的传染病可分为以下两类：一类为只有通过室内空气循环的促进才能传播的传染性疾病；另一类为细菌或病原体在室内空气条件下生长繁殖而引起的慢性疾病，不同的症状取决于传染的类型，最常见的是呼吸道传染病。

14.3.2.6　病毒感染

迄今为止，能引起呼吸道病毒感染的病毒就有 200 种之多。这些病毒绝大部分是在室内通过空气传播的。通过空气传播的主要病毒性疾病是流行性感冒，通称流感，系由流感病毒引起的急性呼吸道传染病。四季皆可发病，但在冬季、春季发病较多，传染性较强，往往在短期内使很多人患病。

流感系由流感病毒（A 型、B 型、C 型及变异型等，或称为甲型、乙型、丙型及变异型等）引起。流感病原是流感患者或隐性感染者，主要通过空气飞沫传播或由患者打喷嚏、咳嗽、说话时所喷出的飞沫传播，其传染性极强，传播极为迅速，极易造成大规模流行。流感的并发症较多（如肺炎、心肌炎、哮喘、中耳炎），老年人和体弱患者易并发肺炎。

14.3.2.7　细菌感染

与病毒感染相似，细菌性病毒是通过通风系统进行传播扩散的。

（1）细菌性气管炎是由多种细菌引起的器官炎症，最常见的是由金黄色葡萄球菌、β-溶血性链球菌和流感嗜血杆菌引起的，并且发病比较急。支气管炎通常较轻，可完全恢复。但若发生在原来有心、肺慢性疾病的患者和老年患者，则可相当严重。支气管炎一般发生于冬季，可以由病毒、细菌、肺炎支原体和衣原体所引起。对于吸烟者及慢性病和呼吸道疾病患者，由于呼吸道清除功能降低，可反复发生感染。

感染性支气管炎是由感冒引起的疾病，常见的症状有：流涕、疲倦、畏寒、背部和肌肉疼痛、轻微发热以及咽喉疼痛等。开始咳嗽通常表示存在支气管炎。

（2）肺脓肿是由多种病原体所引起的肺组织化脓性病变，早期未化脓性肺炎，继而肺组织坏死、液化、脓肿形成。形成原因为细菌从口咽部被吸入肺内，引起感染。许多微生物（如金黄色葡萄球菌、肺炎军团菌或真菌）引起的肺炎，均可引发肺脓肿。其早期症状类似于肺炎，乏力、食欲减退、出汗、发热、咳嗽和咳痰。患者也可出现呼吸时胸痛，特别是在发生胸膜感染时。

（3）细菌性肺炎是肺泡及周围组织感染，是由各种不同的病原微生物引起的肺炎。常见症状为咳嗽、咳痰、胸痛、寒战、发热和呼吸困难。由于致病细菌不同，细菌性肺炎又可分为链球菌肺炎、葡萄球菌引起的肺炎、革兰阴性菌肺炎、流感嗜血杆菌肺炎和军团菌肺炎等。

14.3.2.8　真菌感染

真菌普遍存在于室内，已成为引起室内传染性疾病的主要病原微生物。最常见的霉菌有曲霉菌、枝孢菌。已有证据表明，儿童呼吸道疾病可能是由室内霉菌引起的。重要的空气传播的真菌感染疾病包括：组织胞浆菌病、球孢子菌病、芽生菌病或隐球菌病，它们都会对暴露人群非选择性地引起身体组织相关疾病。

由于受污染加湿器中霉菌的滋生，可引起"加湿器发烧症"。加湿器发烧症是一种流行性感冒类疾病，其特征是头痛、肌肉无力、发烧和呼吸急促。

14.3.2.9　衣原体感染

衣原体可引起沙眼、肺炎、鹦鹉热、泌尿生殖系统感染等疾病。

14.3.2.10　由宠物传播的疾病

(1) 鹦鹉热　由衣原体引起，能使各种鸟类及鸡鸭等家禽患病。病鸟通过分泌物及粪便排出衣原体。如果人吸入了带有这种病原体的尘埃或绒毛，就会引起肺部感染而发病。患者可出现高热，同时伴有寒战、剧烈头痛、全身肌肉酸痛、胸痛、咳嗽等症状。病情轻的 3～9 天即愈，中等病情患者发热 8～14 天，病情重的患者发热持续 20～25 天，还可能并发脑炎、心肌炎等。

(2) 狂犬病　由患有狂犬病或携带狂犬病毒的犬、猫等动物传播。一旦被患有狂犬病或疑有狂犬病的动物咬伤或抓伤后，应迅速冲洗，不要包扎或缝合，立即到医院或卫生防疫站进行伤口处理并尽快接种狂犬疫苗，有效降低发病率。为预防狂犬病，最重要的是定期为狗、猫等接种狂犬病疫苗。

(3) 弓形体病　猫会得一种很容易传染给人的弓形体病。孕妇如果得了这种病，除了本身有发烧、无力、肌肉酸痛等症状外，还会造成流产、早产、死胎或胎儿畸形等严重后果。家中如有孕妇最好不要养猫。

另外，春季天气潮湿温暖，猫、狗等身上的皮毛是跳蚤等害虫最好的寄生场所。SARS和禽流感有可能由哺乳类动物或家禽传染给人，因此，应避免禽畜与人近距离相处。

宠物换毛会给儿童带来呼吸道疾病，因为儿童免疫功能低下，吸入极少量的皮屑或毛发就可能引起哮喘病。有的儿童虽然没有过敏体质，但身上黏着的皮毛带到幼儿园、学校等儿童集中的地方，也容易相互传染。此外，小猫、小狗等宠物身上也还可能藏着螨虫，它能引起皮炎、湿疹等疾病。

14.3.3　人体毒素污染对健康的影响

人体内产生的毒素又称为"人味毒"，是指机体在正常的新陈代谢过程中产生的各种废物，由于机体代谢障碍，本来正常的生理性物质，亦可转化为对机体不利的因素而成为毒素。"人味毒"主要含有二氧化碳、一氧化碳、苯、甲烷、醛、硫化氢、乙酸、氮氧化物、胺、甲醇、氧化乙烯、丁烷、丁二烯、甲基乙酮等。

现代科学研究表明，人体内的有毒有害物质多达 1000 多种，其中人体通过呼出气体排泄的有毒物质有 149 种，尿液中排出的有毒物质达 229 种，大便中排出的有毒物质有 796 种，汗液中排出的有 151 种，通过表皮排出的有 271 种。另外，还有肠道气体的排泄物和人体细菌感染的气体和液体等。

实验证明，"人味毒"随二氧化碳的增加而相应增加，如果空间广阔，且人员不太多，这种"人味毒"在空气中的浓度不会太高，或许不会构成对人体健康的危害；但如果空间一旦变得狭小，而人又密集成堆，"人味毒"在人群聚集空间的浓度就会增加很多，这时就会对人体健康产生威胁，如果在这样一个空间停留时间稍长，就会感到胸闷、气促、头晕目眩、头疼心烦。夏季十分拥挤的车船、人口稠密的大都市和冬季密封的住房等处，常会有一种扑鼻难闻的异味，这就是由"人味毒"污染的空气所致。

14.4 健康的居室环境

14.4.1 改善居住条件

选择住房时，应当考虑居室的位置及良好的采光和通风条件。房屋的净高在 2.7m 以上，每人均应有 6～9m² 居住面积，有利于减少传染病和呼吸道感染。居室过于拥挤会在人的生理以及心理上产生多方面的不利影响，长期如此还可能导致一系列的精神疾患。当室内人口密度大和人员流动频繁时，细菌总数和二氧化碳含量明显增加。经测定当人均居住面积由 3m² 增至 4m² 时，室内细菌总数减少 1/3；人均面积增到 8m²，则减少 2/3，因此合理的利用居室的方法是小室分居。

合理采光并充分利用阳光，不仅可增加室内照度，更可净化空气，居室每天至少受日照 2 小时以上，以得到良好的采光和利用太阳辐射杀灭室内致病菌。为了保证良好采光，除房间的窗、门（阳台）等采光口与住室地面间的距离要有一定比例外，应保持窗户清洁，尽量开窗让阳光直射，因为隔一层玻璃，细菌死亡时间要延长 3～5 倍；搞好室内采光，不仅靠窗子，墙壁和天花板的洁白度也很有关系，洁白的墙可以反光，提高室内的明亮度。白天不要挂窗帘，而且最好把窗帘分成两部分挂在窗户的两侧，应尽可能拆除纱窗，因为纱窗可挡光 20%～30%，更不要用透明塑料布及纸张糊窗户，因为它们的透光率比玻璃低 20%～40%，为了充分杀菌，床铺应放在居室中接受阳光的最佳位置。

14.4.2 室内的空气流通与交换

14.4.2.1 空气流动可以调节室温

夏季，有的人挥动蒲扇使空气流动，以此稍微缓和暑热之气；冬季，在相同的温度下只要有风，人就会感到特别的寒冷。风，也就是气流，与温度有关。利用空调使室温每下降 1℃，就要消耗大量的电能或其他能量；若利用自然风降低 1℃，可以使用电风扇就足够了，电风扇可谓是节能设备的典型代表。

14.4.2.2 消除室内异味

生活的居室内有异味，包括住房建材散发出的气味，如甲醛、氨、甲苯等；源自于厨房、卫生间、起居室、卧室等散发气味；还有来自于室外的某些气味如汽车尾气等。除去异味的最有效方法是通风换气，也可以采用芳香剂或除臭剂等方法消除异味。

14.4.3 建立健康居室环境的措施

14.4.3.1 减少室内污染源

减少室内污染源的方法有：经常开门、开窗，利用空气流通来净化室内空气；按照科学的方法正确使用化妆品、空气清洁剂、杀虫剂，减少有害物质对室内的污染；装修房屋尽量采用天然材料，少用化学合成材料，新房装修好后，不要立即进住；使用生活燃器具的同时应使用通风设备；不要在室内放置汽油、油漆、溶剂等物品；室内合理绿化改善微气候。

（1）湿式扫除 室内宜用湿墩布擦地，或先洒水后用扫帚轻扫，或喷洗涤液再吸尘，不仅可防止尘土飞扬，还可使地面保持润湿，调节室内湿度。据测定，室内尘土飞扬时，空气中负离子很快消失。

（2）勤清扫 为了防止飘尘和病毒的聚集，每天应及时扫除，由于结核杆菌在阴暗处可活几个月，它们特别容易养在床底下角暗处的纤尘上，所以这些地方不宜放置妨碍扫除的杂物，扫出的垃圾切不可让其在厨房中过夜，否则容易生长病毒、虫螨。

（3）改善微气候 温度、湿度和气流速度，综合作用于人体，也影响到微生物和细菌的繁殖，除了适时洒水润湿地面和经常通风换气外，还应特别注意在炉灶上安装排风道或抽油烟机，要尽量减少厨房和居室的空气对流，防止不洁空气进入。室内空调器、加湿器等的调节要符合人体健康的标准，有条件的还可以加装负离子发生器，更好地改善室内微气候。控制室内温度在 17~27℃；控制室内湿度在 40%~70%；控制室内二氧化碳浓度低于 0.1%，悬浮颗粒物含量低于 $0.15mg/m^3$。

14.4.3.2 居室绿化与健康

绿色植物利用光合作用将人等生物体排放到大气中的二氧化碳吸收，放出氧气，维持了环境中碳的总平衡。植物进行光合作用时，叶子表面的气孔张开，空气中的有毒物质随二氧化碳经气孔进入叶组织。在光合作用过程中，植物又释放出大量不含有害物质的气体，证明植物已将毒物滤掉，因此称植物为毒物的滤毒器。

植物的各个器官和组织都对环境中的毒物有贮存作用，因为有些毒物（如硫、氯等）是树木不可缺少的微量元素。当它们从叶子的气孔或根部进入植物体内时，经过一系列转化使其毒性缓解，并变为有机化合物，同时构成植物体的组成部分。这种吸收和贮存称为植物的富集作用。植物的富集能力很强，能使某些元素比原来植物组织中的含量高几十倍、百倍甚至千倍，故称植物为毒物的贮存库。

室内摆放几盆花草，不仅美化了环境，也有利于人的身心健康。在绿化较好的室内，起生态作用的花木还可以调整温度、湿度以及调节人的生理作用的功能。干燥季节，绿化较好的室内，其湿度比一般室内湿度约高 20%。在梅雨季节，由于植物具有吸湿性，其室内湿度又比一般室内湿度低一些。植物还具有良好的吸音作用，靠近门窗布置的花草能有效地阻隔室外的噪声。

（1）室内合理绿化对人体健康的作用

① 花香可以调节中枢神经的功能：花卉能散发出一种袭人香气，这种香气来自于植物产生的一种芳香油，其化学成分属于一种萜烯。花卉的芳香通过人的嗅觉，可以调整中枢神经系统，改善大脑功能。因此人闻到时感到心情舒畅，精神清爽。现代医学发现不同花卉的芳香对不同的疾病具有不同的治疗作用，如天竺花香有镇静、消除疲劳和安眠的功效。菊花含有祛风、清热、平肝、明目的作用。丁香花中含有丁香油酚，其香气可以对牙痛人有镇痛作用。桂花有解郁、避秽的功效。

② 花卉的幽雅可以调节人的情绪：不同的花卉，加上天然石块和观赏鱼、鸟类等，可以使人们在工作学习之余的紧张的神经得以放松，情绪得到调节，激发人们的某些认知心理，使之获得相应认知快感。同时植物的绿色给大脑皮层以良好的刺激，使疲劳的神经系统在紧张工作后放松。

③ 有利于治疗和身心健康：植物的绿色不仅能吸收对眼睛有害的紫外线，同时由于绿色对光线反射较弱，是一种柔和舒适的色调，有助于消除神经紧张和视觉疲劳。良好的绿色环境还能通过各种感觉器官作用于中枢神经系统，调整和改善机体的各种功能。例如，在绿色环境中，脉搏平均每分钟减少 4~8 次，呼吸慢而均匀，血流减缓，心脏负担减轻，紧张的神经系统可以松弛下来。

现代科研证明，多数绿色植物的气场有利于人体健康，可用于治疗支气管炎、溃疡病、肿瘤、眼病、糖尿病等。这是因为植物发出的红、黄、蓝、紫等色彩能以它们特有的色彩波长，为人们治病。这些植物有仙人掌、君子兰、晚香玉、水仙等。

④ 增加室内负离子的浓度：绝大多数适宜家庭种植的花草，除了提供氧气外，还能增加空气中负离子的浓度，吸收有害气体，净化空气，在品种繁多的居室花草中，以阔叶类绿色花卉增加负离子浓度的作用最出色。在安静、芬芳、优美的环境中，空气中的负离子积累较多，对神经衰弱、高血压、心脏病等能起到间接治疗的作用，还可使思维活动的灵敏性得到加强，室内空气也新鲜宜人。

⑤ 降低室内化学污染：有些植物、花卉可以有效地降低居室的化学污染，改善居住环境。

（2）居室适合种植的花草树木

杜鹃花、扶桑、菊花、矮牵牛、吊兰和虎皮兰能吸收氮氧化物和甲烷气体；肾蕨、贯众能吸收一氧化碳及甲烷气体，在有较多的这些气体的厨房，或有人吸烟的房间最合适养植；常青藤、铁树对苯的吸收较有利；月季、玫瑰、丁香可以吸收二氧化硫、硫化氢、苯酚、氟化氢等；玉兰、桂花可以减少空气中汞的含量；芦荟、吊兰能吸收甲醛气体，新近装修的房间，摆上一、二盆，能有效改善空气质量；吊兰对臭气吸收效果好；薄荷含有挥发油，不但对臭氧有抵抗作用，而且还有杀菌作用，可以降低呼吸道疾病的发病率；虎尾兰、龟背竹、一叶兰等叶片硕大的花草能吸收80％以上的多种有害气体，特别适合在室内养植；晚香玉、除虫菊、野菊花、紫茉莉、天竺葵等能使蚊子、蟑螂、苍蝇、蚜虫及其他害虫不敢接近；大多数仙人掌和多肉植物如宝石花、景天，都能有效地减少电脑等电器的电磁辐射。

（3）居室不适合种植的花草树木

居室内种植花草树木可以营造健康、舒适的家居环境，但有些花卉种植会给室内环境造成不必要的污染。有些根本不适于室内种植，有些虽然可以栽培，但是，应当特别注意仅可观赏，不要触摸，更不能大意误食，以免中毒。

① 夜来香在夜间停止光合作用，会放出大量的废气（在晚上能散发强烈的刺激嗅觉的微粉），会使高血压和心脏病患者感到头晕目眩，胸闷不适，甚至使病情加重。

② 美丽的含羞草的碱毒性很强，含羞草所以一触即"羞"，是由于其体内含有一种含羞碱，这是一种毒性很强的有机物，人体接触过多会引起眉毛稀疏、毛发变黄，严重会引起毛发脱落。

③ 百合花淡雅而清香。但由于其花香中含有一种奇特的兴奋剂，人嗅后如同饮酒一般，会过度兴奋，神思不宁，夜不能眠。

④ 一品红全身都是毒，茎叶里的白乳液能使人产生过敏反应，如误食茎叶，有中毒致死的危险。

⑤ 夹竹桃每年春、夏、秋三季，它的茎叶乃至花朵都有毒，它的花朵散发出来的气味如闻之过久，会使人昏昏欲睡、智力下降，它还能分泌出一种乳白色的液体，这种液体叫做夹竹桃苷，如接触过久，使人很容易中毒。

⑥ 郁金香的花朵含有一种毒碱，如果与之接触过久，会使人的毛发脱落时间加快。

⑦ 紫荆花所散发出的花粉若与人接触过久，会诱发哮喘病或使咳嗽症状加重。

⑧ 松柏类的树木散发出的芳香气对人的肠胃有刺激作用，如闻之过久，不仅会影响人们的食欲，而且会使孕妇感到心烦意乱，恶心欲吐，头晕目眩。

⑨ 黄色杜鹃的花内含有毒素，人误食会中毒。白色杜鹃的花瓣中含有四环二萜类毒素，极易使人中毒，症状为呕吐、呼吸困难、四肢麻木等。

⑩ 马蹄莲，花有毒，含有大量的草木钙结晶和生物碱等，误食后会致昏迷等中毒症状的白色乳汁对皮肤有很强的刺激作用，可引起红肿等过敏反应，误食则会中毒，甚至丧命。

⑪ 天竺葵挥发的气味会使某些人气喘烦闷、恶心头晕。

⑫ 虞美人，全株都有毒，含有毒的生物碱，尤以果实毒性最大，误食后会致中枢神经系统中毒，严重时会有生命危险。

⑬ 万年青，花叶内含有草酸和天门冬素，误食会引起口腔、咽喉、食道、胃肠肿痛，甚至伤害声带，使声音变哑。

⑭ 其他花草花卉：许多美丽的观赏植物含有毒素，如秋海棠、美人蕉、野茉莉、水仙鳞茎等。如水仙花的鳞茎含有拉丁可毒素，人误食了，会引起呕吐、肠炎等病症，叶和花的汁液可使皮肤红肿，若汁液误入眼中，会使眼睛受害。仙人掌、龙舌兰的浆液可能引起接触性皮炎，不要随意用它玩耍；风信子、报春花的花粉可致过敏，过敏体质的人尤其要避免接触，将其拒之门外。

14.4.4　家用电器的化学问题与合理使用

随着生活水平的提高，电冰箱、电视机、洗衣机、电风扇、抽油烟机、电话机、移动电话、空调器、微波炉、家用电脑等已经进入千家万户，它们无疑为我们带来了现代化气息，也给我们带来了方便和无尽的乐趣。但是，许多人容易忽视不合理的使用家电所带来的负面影响，主要是静电问题、噪声问题和辐射问题。

电吹风、电风扇和洗衣机外壳都带有静电，长期接触静电，会使人出现静电综合征，表现为：头痛、胸闷、咳嗽、呼吸困难、紧张忧虑等。

电视机、微机等是辐射性污染的主要来源。人如果在增强磁场的环境中工作，会产生情绪低沉、烦躁易怒、注意力不集中、记忆力减退等症状，由此导致工伤、交通事故的增加也就不难理解。美国精神病专家指出，近几年来精神病患者显著增加，与周围的电磁场强度愈来愈大有明显的关系。

家电的噪声污染最易被人们察觉，也最易被人们忽视。据研究，人们所适从的声音强度为 15～35 分贝，如果家电噪声强度为 40 分贝，则开始干扰睡眠，超过 60 分贝时便影响工作。通常家电噪声强度为：电冰箱最低达 30～40 分贝，电吹风最高达 80 分贝，收音机 80 分贝，洗衣机 40～80 分贝，电视机约为 65 分贝，电风扇 45 分贝，全部超过人体承受能力。

如果家庭同时开动几个电器，噪声影响可想而知。于是，噪声综合征应"噪"而生，噪声特别影响人体的新陈代谢，减少人体唾液和胃液分泌量，损害视觉功能和消化功能。

家电中光的污染也是不可忽视的。强烈的灯光、刺眼的电视和电脑屏幕都会给人带来一种眩光的感觉，经常开灯睡觉的人容易患有眼疾或失眠等病症。

因此在选购家电时，应选购无噪声、少静电、少放射性污染的电器，经常保持房间通风良好，勤开窗、勤打扫卫生。尤其应注意的是，为了身体健康，卧室不宜放置家电。

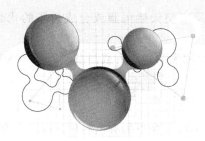

第15章
居室装修化学与健康

生活环境直接关系到人们的身心健康和工作效率的提高。家庭室内的陈设布局，都要从美化生活环境和健康的角度入手，在色调、尺度、比例、景观（装饰品）和空间的组合及装饰材料的选择等多方面加以考虑。家庭装修应采用绿色材料或者对人体危害最小的材料，装修时宜简朴、实用、美观，创造一个宁静、安逸、清洁的家。

涂料（coating）是指涂于物体表面能形成具有保护、装饰或特殊性能如绝缘、防腐、标志等固态涂膜的一类液体或固体材料的总称。早期的涂料称为"油漆"，其主要组成是植物油和从漆树上取得的漆液。现合成树脂已大部分或全部取代了植物油，故称"涂料"。

随着工业的发展，涂料产品品种结构和技术装备等诸方面都有了深刻的变化，低污染、省资源、省能源涂料的生产将是可持续性发展的必然趋势。了解涂料的基础知识和理论依据，对于家庭装修的选料和身体健康等各方面有着深刻的意义。

15.1 涂料的基础知识

15.1.1 涂料的组成
涂料的主要组成成分是成膜物质、颜料、溶剂和助剂。

15.1.1.1 成膜物质
成膜物质（film forming material）是指涂料中能单独形成有一定强度、连续膜的物质。成膜物质是涂料的基础，能够牢固地黏附在物质表面上成为涂膜的物质。成膜物质可分为四类即油脂、天然树脂、合成树脂和改性树脂。

（1）油脂（oil）主要包括各种干性油如桐油、亚麻油和半干性油如豆油、向日葵油，它们的特点是分子中含有共轭双键，经空气氧化而形成固体薄膜。

（2）天然树脂（natural resin）是指来源于植物、动物或矿物的树脂。树脂（resin）是指一类固态、半固态或假固态、分子量不定的聚合物，有时是液态的聚合物。通常有软化或熔融的温度范围，软化时，在应力作用下有流动的倾向。

天然树脂主要有生漆、虫胶、松香脂漆等。生漆的主要成分是漆酚，而虫胶、松香脂漆等是高分子化合物。涂抹后能够发生交联、聚合作用而形成固体薄膜。

（3）合成树脂（synthetic resin）是指由简单的化合物（其本身没有树脂的特性）经化学反应如缩聚、加聚等形成的树脂。

合成树脂主要有酚醛树脂、醇酸树脂、环氧树脂、聚乙烯醇、过氧乙烯树脂、丙烯酸树脂等。合成树脂是用得最多的成膜物质，其成膜的原理是此类物质涂抹在物体的表面上后能够发生交联、聚合作用而形成固体薄膜。

（4）改性树脂（modified resin）是指通过化学反应使天然树脂或合成树脂的化学结构发生部分改变而得的树脂。

一般用油脂和天然树脂合用作为成膜物质的涂料称为油基涂料或油基漆，用合成树脂作为成膜物质的涂料称为树脂涂料或树脂漆。

15.1.1.2 颜料

颜料（pigment）是指在通常情况下是粉末状、不溶于介质的有色物质，由于它有光学、保护、装饰等性能而用于涂料。

颜料是涂料中的重要成分。颜料的主要作用是使涂料成为不透明、具有各种绚丽色彩的、具有保护作用的薄膜。我们知道，单用油脂或单用树脂制成的涂料，将其涂抹在物体的表面上时，形成的薄膜是透明的，它不能遮盖物体表面的缺陷，也不能阻挡因紫外线直射对物体表面产生的破坏作用，更不能使物体表面具有各种诱人的颜色。为了改变单用油脂或单用树脂的缺点，一般在涂料中都加入了颜料。

涂料中加入颜料除了上述优点外，还能够增加涂膜的厚度，提高机械强度，加强膜的耐磨性和耐腐蚀性，同时也增加涂料的附着力。涂料中加入的颜料，按功能和作用主要有三类，即着色颜料、防锈颜料和体质颜料。

（1）着色颜料（coloring pigment）是指使涂料具有显色作用的一类颜料。包括无机颜料（inorganic pigment）和有机颜料（organic pigment）。在这些颜料中，有白、黄、红、蓝、黑五种颜色，并且可以通过这五种颜色调配出各种颜色。

白色颜料有钛白（TiO_2）、锌白（ZnO）、锌钡白（$ZnS\text{-}BaSO_4$）、锑白（Sb_2O_3）等，均为无机颜料。

黄色颜料有铬黄（$PbCrO_4$）、铅铬黄（$PbCrO_4\text{-}PbSO_4$）、镉黄（GdS）、锶黄（$SrCrO_4$）、耐光黄等，均为无机颜料。

红色颜料有朱砂（HgO）、银朱（HgS）、铁红、猩红、大红粉、对位红等。

蓝色有铁蓝、华蓝、普鲁士蓝、群青、酞菁蓝、孔雀蓝等。

黑色颜料有石墨、铁黑（无机颜料）、松烟怠、炭黑、苯胺黑、硫化苯胺黑等（有机颜料）。

（2）防锈颜料（antirust pigment）是指涂料中加入具有防锈且显色作用的一类颜料。防锈颜料根据其防锈作用机理，可分为物理防锈颜料和化学防锈颜料。

化学防锈颜料（chemical antirust pigment）是指借助于电化学的作用，或者是形成阻饰性配合物以达到防锈目的一类颜料。常用的颜料有铁红、锌铬黄、铬酸钙、铬酸锶、红丹、磷酸锌、锌粉、铅粉、偏硼酸钡等。

物理防锈颜料（physical antirust pigment）是指颜料具有稳定的化学性质，它是借助于颜料的细微颗粒的充填，提高涂膜的致密性，从而降低涂膜的可渗透性，阻止阳光和其他物质如水的侵蚀，以起到防锈的作用。

（3）体质颜料（或称填料，extender）通常是指白色或稍带颜色的、折射率小于 1.7 的一类颜料，由于它的物理或化学性能而用于涂料。

由于填料的折射率和基料非常接近，因此涂膜不能阻止光线的透过，不能遮盖物体表面的瑕疵，同样不能增加物体表面的颜色。填料能够增加涂膜的厚度和体质，提高涂料的物理化学性能。

常用的填料有碱土金属盐、硅酸盐、重晶石粉（天然硫酸钡）、石膏（硫酸钙）、石粉（天然石灰石粉）、瓷土粉（高岭土）、石英粉（二氧化硅）、碳酸钙、碳酸镁等。

15.1.1.3　溶剂

溶剂（solvent）又称为挥发性组分。在涂料中加入溶剂的目的是降低成膜物质的黏稠度，便于使用和施工并且使膜连续均匀，而溶剂挥发后不留在干结的膜中。

对溶剂的要求是：溶剂要对所有成膜物质组分有很好的溶解性，具有较强的降低黏度的能力；溶剂还要有合适的挥发速度，有利于成膜物质涂膜的形成。溶剂最后都要挥发到空气中，因此，选择涂料溶剂时既要考虑它的安全性和价格，又要考虑到对环境的污染。

常用的涂料溶剂有松节油、汽油、苯、甲苯、二甲苯、酮类、醇醚类和酯类等。

15.1.1.4　助剂

助剂是指涂料中除了成膜物质、颜料、溶剂外，还有一类用量较少、但对涂料的性能有着重要作用的辅助材料。助剂主要作用是改善涂料的性能、延长贮存期限、扩大应用范围、便于施工等。每种助剂都有其独特的功能和作用或者同时具有功能作用。一般来说，不同类型的涂料需要不同类型的助剂，因此正确地、有选择性地使用助剂，能够使涂料具有很好的使用效果。助剂主要包括以下物质。

（1）助溶剂（cosolvent）　是指它本身没有溶解成膜物质的能力，但若以适当的比例与某种成膜物质的溶剂混合，则能增强溶剂的溶解能力。在通常干燥情况下，助溶剂可以挥发。

（2）催干剂又称为干料（drier）　通常是指可溶于有机溶剂和漆基的有机金属化合物。催干剂能够加速油基漆的氧化、聚合而干燥成膜。

（3）湿润剂（humid agent）　是指能够降低物质间的界面张力，使固体表面易于被液体所湿润的一类物质。

（4）增塑剂（plasticizer）　是一类能够增加涂膜的柔韧性、弹性和附着力的物质。

（5）防沉淀剂　是指能够防止涂料贮存过程中颜料沉底结块的物质。

此外，涂料中还有防结皮剂、防霉剂、乳化剂、增稠剂、消光剂、消泡剂、抗静电剂、紫外线吸收剂等。

15.1.2　涂料产品的类型、命名及功能

15.1.2.1　涂料产品的类型命名

经过多年的发展，涂料的用途越来越广泛，品种越来越多，因此涂料的分类也有多种方法，如可根据用途、施工方法、成膜物质、涂层作用、介质等方法分类。如按用途分，可分为建筑涂料、防锈涂料、绝缘涂料、耐磨涂料等。

我国涂料的命名是以成膜物质为基础的方法进行命名。其命名原则是：①统称时用"涂料"而不用"漆"这一名称。对具体涂料品种仍可以使用"漆"来命名；②涂料的全名为：颜料或颜色名称＋成膜物质名称＋基本名称，如红醇酸磁漆；③对某些专业用途及特性的涂料，必要时在成膜物质后面加以阐明，如醇酸导电磁漆。

15.1.2.2　涂料的功能

涂料能够改变物体表面的性能，尽管只是在物体的表面涂了薄薄的一层其厚度约为

0.5mm 的涂料，但能够使物体表面具有良好的保护、装饰等作用。对于不同的需要，人们生产了组成不同、功能不同的各种涂料，可在建筑、房屋修饰等中发挥重要作用。其主要功能如下。

(1) 保护功能　将物体的表面涂抹上涂料干结成膜后，这层膜牢牢地黏附在物体的表面上，使组成物体的原料如木材、墙体、钢铁等与空气、水蒸气、日光以及外界有腐蚀性的物质隔离开来，使物体的原料不会直接受到外界物质的侵蚀，进而延长物体的使用寿命。

(2) 装饰功能　由于涂料中有各种各样的颜色，因此使用涂料的主要目的除了保护作用以外，还能够使物体具有呈现各种颜色，以增加物体美感和使用效果。

① 家庭居室的色彩选择　在家庭装修的过程中，人们可根据自己的喜好，选择不同颜色和不同种类的涂料，粉刷墙体、地板、家具，以增加居室的舒适度和美感及欣赏度。

② 家庭居室的油漆选择　在家庭装修的过程中，油漆色彩的选择一般宜采用浅色为宜。

(3) 特殊功能　特殊涂料具有特定的功能，可满足特殊要求的一类涂料。这类涂料具有特殊的功能，耐热涂料，如有机硅树脂和无机填料组成的涂料能够在 700℃ 下使用；海洋防腐涂料，指涂料可以防止海洋生物附着和海水的侵蚀，如有机锡聚合物能够具有"自抛光"的特性，防污效果稳定且寿命长达五年；耐辐射涂料、调温涂料、防火涂料，指能在火焰接触到涂层时形成隔热层或者能释放灭火气体的非发泡剂防火涂料；绝缘涂料是在导电的铜线上涂布薄绝缘层而成漆包线，使其既能导电又能在电线之间绝缘，从而使电机能正常运转；导电涂料，能使绝缘体表面导电，排除聚集电荷，如用于电视机显像管、电波屏蔽器、录音机调谐装置和阴极射线管；伪装涂料，迷彩伪装可以使目标和背景色调、亮度一致，从而改变目标外形，起到以假乱真的效果；航空涂料，航空材料表面要求苛刻是因为宇宙飞船重返大气层时的表面温度可达 2800℃、中程导弹驻点温度达 3000℃ 以上、洲际导弹驻点温度达 7000℃ 以上，所以航空材料表面涂以由合成树脂和无机材料配制的隔热烧蚀涂料涂装于金属表面，保护飞船、导弹的正常运行等。

15.2　装修与居室墙体涂料

15.2.1　居室装修

绿色装修是指以天然木材、天然无害的大理石等绿色材料为基础，整个装修不使用油漆，只使用绿色涂料进行粉刷，一经建成，即可使用，对身体没有任何影响。在室内装修后，有选择地在室内养花草能够起到净化室内空气的作用，花草的呼吸和光合作用释放的氧气和水蒸气，吸附室内的尘埃，是自然的空气净化器和加湿器，同时，花草还能起到吸附有害物质和辐射作用。

15.2.2　居室墙体涂料

应具有保护作用，同时应具有使墙面美观、耐擦洗、防火、防霉等功用。

15.2.2.1　内墙涂料

传统的墙面粉刷常用石灰浆（主要成分是氢氧化钙），涂刷在墙面上的氢氧化钙能够与二氧化碳作用，变成白色的碳酸钙硬膜。优点是价格低廉，对室内环境污染小；缺点是硬度差、耐水性差。

(1) 有机涂料　现在市场上和使用上越来越多地用有机涂料取代了石灰浆。如一种原料来源广、成本低、制造工艺简单的内墙装饰材料，其组成为有机质材料（10%～90%，包括纸片、木屑、棉纤维、化学纤维等）、无机质（10%～90%，包括碎石粉、珠光材料、陶瓷粉等）、羧甲基纤维素（5%～15%）、调色料（1%～15%，包括玻璃纤维、金银色箔纸碎片）。此种涂料具有美感、保温保暖、吸音透气的功效。

（2）喷塑涂料 组成是：成膜物质（合成树脂、丙烯酸酯、改性三聚氰胺等）、增塑剂、颜料、溶剂、保护胶体（保护胶、稳定剂、水等），制成含有两种以上颜色粒子的液体或凝胶状的喷吐液，用喷枪对墙面进行一次性喷涂，可以得到格调高雅的多彩花纹，并能适应砂浆、灰浆、混凝土、石膏、木材、塑料等多种建筑材料，也可以用于钢材等金属表面的涂装。优点是装饰效果显著，色彩能保持长时间不变色。

15.2.2.2 外墙涂料

外墙涂料的要求是经得起日晒雨淋而长期不褪色、不掉灰，防水性好，防腐性强。

水溶性室外涂料（如 107 号）的组成：聚乙烯醇水溶液（在盐酸催化作用下聚乙烯醇与甲醛缩合生成热塑性高分子化合物，具有良好的防水性、耐久性、防腐剂等优点，涂层遇水不膨胀、不脆化）、着色材料、体质材料、消泡剂、防沉剂等混合研磨分散而成。另外还有钛白粉（TiO_2）、立德粉（$BaSO_4$-ZnS 混合物）、轻质碳酸钙等填料，以增加涂层的光泽、耐晒性能，防止涂层老化。

15.2.2.3 地板涂料

地板涂料是指以胶水（一般为 107 胶水、803 胶水等）为基料、加水泥和颜料等制成的一类涂料。107 胶水是由聚乙烯醇与甲醛反应得到的聚乙烯醇缩甲醛，是黏性良好的黏结剂；803 胶水是由聚乙烯醇与甲醛反应后再与尿素作用形成的产物。地板涂料的使用方法是加水搅拌均匀，把涂料浆倒到地面，用刮板将涂料均匀涂开，隔天后砂磨和打蜡。彩色水泥地板涂料是用胶水与水泥、颜料在现场配制，在水泥地面使用这种涂料后不起灰、不发毛、坚硬光滑、有仿大理石的外观特征且可以打蜡。

15.2.2.4 特种涂料

随着人们环境保护意识和消费水平的提高，在家庭装修中常用某些特殊涂料如防霉涂料、防火涂料、防毒涂料、防静电涂料、隔音涂料等，以满足安全、实用、生态环保等要求。下面主要介绍防霉涂料、防火涂料。

（1）防霉涂料 其组成是：成膜物质（氯乙烯-偏二氯乙烯共聚乳液，具有防霉性且高于其他高分子聚合物）、成膜助剂（乙二醇单丁醚，具有很强的防霉性）、颜料和填料（氧化锌、偏硼酸钡，具有增强涂膜防霉性能）、防霉剂（常使用两种以上的复配防霉剂，如多菌灵即苯并咪唑氨基甲酸甲酯、百菌清即四氰间苯二甲腈、抑菌灵、苯甲酸、苯甲酸钠）。防霉涂料的主要功能是对于地下潮湿环境中的建筑内墙的防潮、防霉和防腐等。

（2）防火涂料 是指涂抹在物体表面上，能够阻止或延缓火焰的蔓延和扩展的一类涂料。防火涂料包括两类，即膨胀型防火涂料和非膨胀型防火涂料。

膨胀型防火涂料主要成分是成碳剂（如季戊四醇、淀粉）、脱水成碳催化剂（磷酸二氢铵、聚磷酸铵）、发泡剂（如三聚氰胺）、不燃性树脂（如含卤素树脂）、难燃剂（如五溴甲苯）等。灭火作用机理是在火焰作用下能产生膨胀作用，形成比涂料厚度大几十倍的泡沫碳化层，从而有效地阻止热源对底材的作用，达到防火的目的。

非膨胀型防火涂料主要成分是难燃烧或不燃烧的树脂（如过氯乙烯树脂、氯化橡胶、酚醛树脂、氨基树脂等，具有良好的防火效果）、辅助材料（如五溴甲苯、硅酸钠、六偏磷酸钠、淀粉等，它们遇热分解产生不能燃烧的气体或气泡，从而将火焰和物体分离开来，阻止或延缓了燃烧，保护了涂层下面的物体）、颜料（如钛白、云母、石棉等，具有防火功能）。

15.3　绿色家具与木器涂料

15.3.1　绿色家具

绿色家具是指以原始的木、竹、藤、皮、石等为原料制成的各种新颖家具。尽量减少喷漆工艺，以避免其对人体可能产生的化学毒害。同时也要注意不受社会上盲目攀比、追求奢华的风气的影响，不使用珍贵木材的家具。珍贵木材取自稀有树种，而稀有树种是不可再生的自然遗产。

15.3.2　木器涂料

（1）清油是一类不含着色物质、树脂、纤维、沥青，只含干性油或半干性油为成膜物质，外观透明的液体涂料。清油常指桐油。

清油可以直接接触木器表面，它能够渗透到木材的内部，起到防潮、防腐的作用，同时可以作后道工序中的嵌批腻子等很好地与底层黏结牢固。缺点是硬度差、不够光亮。

（2）生漆（又名大漆、国漆、土漆、金漆）是天然漆，是从漆树树干里流出来的天然树脂涂料。漆酚是生漆的主要成分，也是生漆的主要成膜物质。漆酚是多种不饱和脂肪烃和邻苯二酚衍生物的混合物，在生漆中的含量为 $50\%\sim70\%$，漆酚的平均相对分子质量为 316。漆酚能够溶于植物油、矿物油、苯类、酮类、醚类、醇类等芳香烃、脂肪烃有机溶剂中，而不溶于水。

生漆中含有漆酶，漆酶是一种含铜蛋白氧化酶或称为含铜糖蛋白，可溶于水蓝色溶液而不溶于有机溶剂。在蒸气中漆酶及含氮化合物一般含有 $1.5\%\sim5\%$。漆酶能够促进漆酚的氧化聚合反应，生成高分子聚合物，是生漆在常温下自然干燥、固化成膜过程中不可缺少的天然催干剂，在温度为 $20\sim30℃$ 和相对湿度为 80% 左右的条件下，漆酶催化效率最高，在此条件下使用清油最易"干"。但温度超过 $100℃$ 时，生漆中的漆酶将全部被破坏。

生漆中还含有树胶质、倍半萜、烷烃、含氧化合物、水分、油分等。

生漆的优点是漆膜呈黑褐色，所以常用于涂刷深色的家具和设备。生漆色泽艳丽，漆膜丰满、光滑、抗腐蚀、异常耐用。

生漆的缺点是施工和干燥条件较高，施工操作人员易患皮肤过敏（是由于漆酚属于多元酚衍生物，还含有溴乙烷、丙烯醛、有机酸、单元酚等，它们均是致敏刺激物质），在碱性条件下不稳定。

（3）清漆（varnish）是指不含着色物质的一类涂料。清漆分为两类：油基清漆（以油和树脂为成膜物质）和树脂清漆（单独以树脂为成膜物质）。

① 油基清漆的组成是：成膜物质为油（桐油，辅以亚麻油、梓油聚合油等）和树脂（多用松香改性酚醛树脂，由松香酸和酚醛树脂进一步加成而得）或醇酸树脂、溶剂（200号汽油、松节油、二甲苯等）、催化剂（环烷酸钴或环烷酸锰）等。

油基清漆如酚醛清漆的优点是涂刷在物体上干燥快、涂膜坚硬而耐久、光泽好、耐热、耐水、耐弱酸弱碱；适宜室内外木器和金属表面的涂饰。缺点是涂膜容易发黄。醇酸清漆的附着力、光泽度、耐久性均好于酚醛清漆，适宜室内外木器和金属表面的涂饰。

② 树脂清漆有丙烯酸清漆、聚酯清漆、聚乙烯树脂漆、聚氨酯漆、甲基硅树脂等，一

般溶于相应的有机溶剂中。它们涂附于物体表面后树脂成膜。

树脂清漆的优点是可直接涂饰于家具等物件上，漆膜透明有光泽，可显露出家具表面的原有花纹，能够增加美感，对家具等木器表面有保护作用。

（4）色漆是用清油或清漆加颜料调制而成的一类涂料。涂于底材时，形成特殊性能的不透明漆膜，它具有保护功能、装饰功能、防止紫外线对物体和漆膜的破坏作用。色漆包括厚漆、调和漆、磁漆。

厚漆的组成为清油和颜料。使用前需要加适量的清油调稀。

调和漆组成是油基清漆和颜料。调和漆易涂刷，漆膜坚韧，抗水性能好，耐久性好，抗风吹日晒等优点，广泛使用于门窗的涂刷；缺点是"干"得慢，硬变和光泽性较差。

磁漆组成是树脂清漆和颜料。磁漆的优点是施涂后，所形成的漆膜坚硬，光亮丰满，平整光滑；缺点是耐磨性、耐光性和耐久性较差。

15.4　胶黏剂和密封剂及家庭装修

随着科学的发展和生活水平的提高，居室装修越来越受到重视。在装修过程中，除了用到涂料和漆外，还常用到胶黏剂和密封剂等。

15.4.1　胶黏剂

胶黏剂（viscose agent）是指将物体黏结起来的高分子化合物。主要包括水性胶、热熔胶、工程胶等。

（1）水性胶的主要品种是醋酸乙烯和丙烯酸酯类乳液胶。缺点是耐水性差、附着力不高、耐热性差。

（2）热熔胶的基料有乙烯和醋酸乙烯共聚物、聚乙烯、无规聚丙烯、聚酰胺、饱和聚酯等。

（3）工程胶包括压熔胶、氰基丙烯酸酯胶、环氧胶、聚氨酯胶、有机硅胶等。新品种有快速黏合厌氧胶、结构厌氧胶、瞬干胶、能黏结油污表面的胶、单组分环氧胶等。

15.4.2　密封剂

密封剂（fluid agent）是指充填于机械部件或建筑材料间的结合部位，起水密、油密或气密作用的物质。

家庭装修中常用的密封剂有掺胶沥青（天然橡胶、丁苯橡胶、丁腈橡胶、氯丁橡胶）为主，混合于沥青中制成。现多采用聚氨酯、聚硅氧烷、丙烯酸、多硫化合物及丁基密封剂。其中聚硅氧烷密封胶和丙烯酸密封胶，具有良好的密封作用。密封剂的发展趋势是水基、热熔和反应性非挥发型体系。

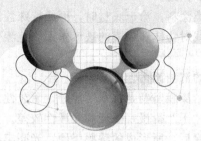

第16章
居室修饰化学与健康

16.1 居室

16.1.1 居室陈设

家庭陈设是指家具和日用品的合理和艺术布局，以创造优美舒适的生活环境。家庭陈设要有独特的风格，立意要新，要别具匠心，修饰巧妙。室内陈设的总体设计应是宜简不宜繁，局部的个体上可以变化丰富。室内陈设中家具是最基本的陈设品和生活必需品，又是空间、平面布局、色调方面起重要作用的研究内容。家庭的陈设水平能够反映出主人的审美爱好、文化艺术修养水平。

(1) 卧室陈设　卧室主要是人睡眠休息的地方，因此在卧室的家具和日用品的陈设方面，要考虑有利于睡眠休息。应该将床放在安静区，便于休息。

(2) 书房陈设　书房是供房主人在家学习和读书的地方，因此书房的布置陈设应该从有利于读书学习方面着手。书房中主要家具有书柜、写字台等，根据绿色要求，首先考虑是采光，便于学习、身体健康和眼睛保健；其次是书房应避免外界的干扰。

(3) 客厅陈设　客厅是用膳和接待客人的地方，要考虑给人以充分的活动空间，以客厅的大小布置家具的多少。客厅的家具应该有放饮料的茶柜、日用杂柜、沙发、茶几、方桌或圆桌、椅凳等。客厅应尽量保持宽敞，空间感强。客厅电视机、音响等要摆放在合适的位置。

16.1.2 家具式样和色调

造型设计款式新颖、美观大方、坚固实用的家具，能增加家庭环境的美感。家具的选择应以个人的审美和爱好、住房的宽窄大小、光线明暗等条件来定。

16.1.2.1 家具的式样

家具的款式大体分为两类，即传统家具和新式家具。

(1) 传统家具　是指具有民族特色的木制家具，此类家具污染小，对家庭生态环境有利，但缺点是消耗木材较多，尤其是珍贵木材等稀有树种如红木等。木制家具的主要作用是使用功能，其次是装饰功能。

(2) 新式家具　是一类造型和色彩新颖、轻巧、简洁、明朗、实用的家具。此类家具如优质铝合金的椅架，具有断面小、强度高、色泽光亮，增加室内的空间感。家具的式样还应从人的高矮、体型、重量等方面考虑，以使人感到家庭的舒适和温馨。

家具的造型应与建筑的结构式样相适应，才能产生协调的美。旧式的牙床，太师椅等传统家具只能与传统的建筑如宫殿式的建筑空间布局和环境相适应，否则将其放入现代建筑特点的火柴式住房里就会使人感到不伦不类。若人们喜欢古香古色的传统家具，在家庭装饰中就要采用传统的装修风格。现代建筑从节约材料、降低成本等方面考虑，建筑的每层高度相对较低，因此，家庭使用的家具应以小巧、简洁、实用为主，以留下足够的活动空间。

16.1.2.2 家具的色调

家具的色彩要根据人们生活的地区、气候、生活习性、主人的性格爱好以及家具的造型种类相适应，也要与整个居室的装修风格、墙面和地板的颜色相吻合，才能增加整个居室的美感。一般来说，在气候温暖的热带和亚热带地区，家具的色彩以冷色调如浅褐、浅紫罗兰、浅苹果绿或湖蓝色为好，这些色彩给人以宁静、凉爽和恬适之感。在气候寒冷的地区，家具的颜色宜采用红栗、奶黄、米黄色、咖啡色，此类色彩给人以温暖、开朗、活泼和充实感。

若墙面的颜色为偏黄色，家具的颜色配以红栗色为宜，使整个房间色调协调；若墙面的颜色为黄灰色或浅绿灰色，家具的颜色应配以红棕色或黄棕色为宜；若你想购买具有"国漆"（黑红色）的家具，其墙面应当涂刷为白色最好，这样色彩对比强烈，使这个房间光洁明亮。

家具的颜色还要与地板的颜色相匹配。一般来说，地板的颜色应当比家具和墙面的色彩重一些为好，使家具、地面、墙面三者之间的颜色在整体色调中，有较好的稳定性和沉着感。若家具、地面、墙面三者的色彩感觉上完全相近，没有主宾之分，没有反差衬托，则家具的式样和色彩将会黯然失色，减弱家具明快清晰的线条和立体感。

16.1.3 家用照明灯具

房间里必须有灯，灯光的光线需要适合房间的布置和整体设计。一般来说，会客室和书房的灯光要求明亮些，卧室则要求暗些。在尽可能节约用电的情况下，使房间有足够的光亮；通过各类光线的组织，使房间能根据房主人的需要，做到瞬间或明或暗，得到不同的舒适的光照环境；通过灯具的合理布置，增加房间的环境美感。

16.1.3.1 主灯的选择

主灯是房间里的主要光源，应能提供主要的足够的亮光。房间里的光线不足是造成视力减退的重要因素。主灯的亮度要适度，若主灯太亮，不仅浪费电源，而且长时间处在强光下会使人感到焦躁不安，同样不利于健康。一般来说，$16m^2$ 的房间可选用 20W 节能灯。在装修房间时，有的家庭为了增加美观，采用节能为主灯，选用吊灯或顶灯的形式安装，可使房间增色不少。但是要注意亮度和安全，若建筑层高于 2.8m 的房间可考虑采用吊灯，低于 2.8m 应采用吸顶灯，要注意节约电能，实行绿色消费。安装主灯时还要考虑灯光有环境所产生的色调协调的问题。白炽灯能加重所有暖色，使之更鲜艳，但能够使蓝、绿等冷色墙面变灰；而冷白色荧光灯会使以黄、红色调饰的房间蒙上一层灰暗的色彩，破坏原来温暖华丽的感觉，只有日光色荧光灯对冷暖两色均可协调。一般较为理想的方案是将日光灯水平放置在平顶与墙面的交角处，或是窗帘箱的上面，可以利用墙面与平顶的反光使房间更明亮。

16.1.3.2 辅灯的选择

辅灯是为了适合房间的各种用途而分别安装的灯具，如台灯、壁灯、床灯及其他装饰灯等。台灯适合采用不透明的白炽灯，因为荧光灯辐射的光通量是随着交流电变化而显著变化的，使人容易产生疲劳。壁灯宜采用各类半透明的灯罩使光源发出散射光，产生边界模糊的光束，使房间处于一种宁静舒适的气氛；壁灯离地面的适宜高度是 1.8m，一般放在门或窗边的墙上或其他有较大空间的墙上。壁灯的颜色和材料可根据人的爱好来选择，夏天用蓝灯，可以使房间显得阴凉舒畅；冬天用橘红色的灯，可以增加暖和感；晚上看电视时宜采用白色灯，可以减少眼睛的疲劳感。床头灯宜采用白炽灯加灯罩，并且开关方便，同时能够自由地控制光线的方向。

16.1.4　窗帘和窗纱

在家庭装修和美化中，窗帘和窗纱都需要配置。窗帘具有实用价值，又有装饰和美化房间的作用；窗纱具有实用功能和修饰功能。

16.1.4.1　窗帘

在制作窗帘时，应与住房的墙壁相适应。一般住房的墙壁多为白色、淡奶黄色、淡湖绿色或浅绿色。若选用与墙壁色彩及室内光线明亮度相适应相协调的锦黄色、浅棕色、中绿色、淡蓝色或浅红色，房间的舒适感将会增加。若选用轻薄、色泽好、花纹图案美观大方的窗帘布，会使窗景无趣的房间气氛变得生机盎然。同时，窗帘布首先要考虑挡风遮日，其次要考虑和室内家具的色调一致。窗帘布选择要纹理清晰，线条流畅，花纹图案美观大方，一定不要选用生硬、缺乏美感或五光十色的花布，否则，房间会显得杂乱无章。花纹和图案大小也要与房间和窗户的大小相适应。夏季用质轻色淡、偏冷的纱绸；冬季宜采用质厚色深、偏暖的绒和布。新婚所用新房的窗帘选择喜庆热烈的暖色，老人的房间宜选用素雅、庄重的颜色。

16.1.4.2　窗纱

窗纱的主要作用是减少空气中的尘埃进入室内，保持室内环境的清洁卫生，夏天可以抵挡蚊蝇进入房间。窗纱可由铁丝材料做成，同时在铁丝表面涂以防锈材料。窗纱也可以由塑料（聚丙烯塑料、聚乙烯塑料、聚氯乙烯塑料）制成。有时还可以用镀塑的玻璃纤维纱，它的特点是质地柔软，色彩鲜艳。

16.2　装饰品

为了增加室内美的气氛，利用装饰品、工艺品、字画、古玩等将房间进行修饰，对平衡布局、协调色彩、活泼气氛、增强室内环境的生气，都有很好的效果。一般来说，装饰品既有实用性又有观赏性。

16.2.1　居室实用修饰品

室内实用品是指家庭中的实用饰物。室内的被面床单、毛毯枕套、地毯台布和沙发椅垫等搭配合理，使人感到柔和舒适、温暖、轻盈、宁静、清爽、喜悦、优雅、振作，否则叫人觉得繁杂、沉闷、滞顿、惨淡、粗俗、邋遢，在潜移默化中影响人们的情绪，改变人们的生活情调。还有墙纸、地毯、小电器等修饰物。

16.2.1.1　墙纸

常用的墙纸多为有机物和高聚物。它们可分为塑料墙纸、涂塑墙纸、无纺墙布和玻璃纤维等。使用方法是将墙面的灰尘除去，用水浸润后上好胶水，再将墙纸的纸基或布基（即底层纤维）用水润湿膨胀，以与胶水的胀缩一致。

维护方法是首先在涂刷油漆或粘贴墙纸前，用 $15\%\sim20\%$ 的硫酸锌或氯化锌进行处理，以除去碱性物质，再填嵌血料腻子或乳胶和滑石粉调腻填嵌，以使它们黏结牢固；其次要经常擦洗，如墙面和地面特别是厨房由于油污和烟雾的作用使其变黄变黑等，可以用热的碱水擦拭。厨房和厕所可以用马赛克或瓷砖装饰，有利于擦拭。

16.2.1.2　地毯

地毯有高级地毯（粗毛料制成）和一般地毯（塑料地毯、混纺地毯）。它们的特点是耐磨、吸尘等。地毯的使用方法是：首先是处理地面，其方法可以用"107"胶水泥浆刮涂（可以用水泥、107 胶、氧化铁红或其他颜料和水进行处理）、涂刷地板漆（水泥漆，由白胶、颜料、填料研磨混匀物和酚醛树脂漆组成）或者铺设塑料地板（聚氯乙烯），而后铺设地毯。

16.2.1.3　家用电器

随着生活水平的提高，家用电器在家庭中的使用越来越多，如电视机、电冰箱、音响、电脑、微波炉及其他小家用电器等。它们具有装饰功能和使用功能。

16.2.2　居室修饰和情趣

16.2.2.1　金鱼

在客厅或其他合适的地方摆放鱼缸（可根据人的爱好和室内其他物件匹配程度购买），而后放养一条条形态各异、色彩艳丽的金鱼，它们围绕着碧绿的青草，穿过一座座假山，时沉时浮，真是无忧无虑，好一幅美丽的画卷。

16.2.2.2　养鸟

常见的笼鸟有芙蓉、画眉、百灵、黄鹂、绣眼、松鹤、鹦鹉、八哥、鹩哥等。其中芙蓉、画眉、百灵尤为人们喜爱。

16.2.2.3　赏花

赏花是欣赏美，栽花是培养美，这是一种劳动与享受、技术与艺术的巧妙结合。赏花要善于吟味，把玩出各种花卉不尽相同的风格和情韵，从而得到美的享受和某种心灵的启迪和联想。

16.2.2.4　盆景

盆景有"咫尺之内而瞻万里之遥，方寸之中乃辨千寻之峻"的美誉。把大自然的山峦、树木、花草的天然生态，加上艺术的夸张和概括，使之缩龙成寸，而寄情于一掌之间。盆景真实而又巧妙，豪放而又隽永。

盆景形式多种多样，千姿百态。按其取材造景和样式而言可分为两大类：一类是以树木为主的树桩盆景，它高不盈尺而苍古奇秀；另一类是以山石为主，缀以草、木、亭、船等的山水盆景，无论桂林山水、泰山雄姿、三峡奇景、太湖烟云都可跃然于盆中。

16.2.2.5　室内工艺品的选择技巧

室内工艺品包括字画、剪纸、雕塑、泥塑、手工编制品如桌台布和挂毯、相框、花卉、花瓶及其他塑料制品如有机玻璃玩具和动物等。

（1）整体美感　选用室内工艺品时，要使其与室内的环境风格相一致。如为了使墙面不至于显得单调，可根据家庭人员的爱好，选择几幅油画、水彩画、版画、国画，近古名人诗词的条幅或几帧格调高雅有供长期欣赏价值的照片。在墙面上挂贴这些装饰品时，要注意它们之间的大小、色彩和位置的比例关系，注意它们与家具、墙面、地板等室内物品的整体美感，成为室内环境美的有机组成部分，并且在统一之中富于变化。墙面挂画还要根据季节而有变化如夏季挂雪景或绿树成荫的风景画，可增加室内的凉爽清新感；冬季宜悬挂晚霞或暖色调的字画，可增加室内的温暖感觉。

瓶花、盆景、盆栽等将它们陈设在花架、书案、茶几或窗台上，具有很好的修饰作用。它们的选择同样要讲究整体美感。

（2）少而精致　室内工艺品的目的是给室内赋予特色和美感，起到画龙点睛的作用。若贪多务杂，会使室内美感顿失，显得庸俗和拥挤感。

（3）视觉美感　室内的字画、花卉及其他工艺品一定要适合人的视觉效果（人的正常视域约为60°的圆锥体范围），要避免使人踮脚、抬头、弯腰（如挂画的适宜高度为1.5～2.0m）去观赏。许多人家中的书桌、写字台上有一块漂亮的玻璃板或有机玻璃板，在玻璃板下压放照片、小图片、名人名言或警句。一般来说，玻璃板下的照片等不宜过大，否则显得繁杂、零乱。

（4）科学健康　工艺品的陈设要科学，选择的陈设物对人体要健康。首先要考虑光照方向，室内通风；其次是色彩要与居室性质相匹配，如在平面光洁的平柜上面，放一个毛茸茸的小动物玩具，粗细对比强烈，会使人感到小动物更加温柔可爱。

16.2.3　金银首饰、宝石和字画

16.2.3.1　金银首饰

金银首饰包括耳环、戒指、项链、手镯等，它们的主要成分是金、银及仿造品。

（1）金银首饰的化学特征

① 金制品具有耐腐蚀、色泽好、柔韧性好，美观高雅，易于加工和佩戴；金是世界通用货币本位，具有很高的保存价值；实用饰品多采用银、铜或镍合金，它们的硬度较纯金大，常用K（每1K相当于4.167%）作单位表示其成色，如纯金为24K，18K金饰品（含金75%）。

仿金制品是用氧化锆、氧化钛等通过精细表面加工技术获得的制品，其成色好，经久耐磨且可以假乱真。

镀金制品是以铜基喷金或金的铜、镍合金；还有铱金，其组成是铱、锇及镍、钨制成的合金，极耐腐蚀且柔韧适宜。

② 银制品具有耐腐蚀（但不耐酸）、色泽好（耀眼的白色，但受空气中的二氧化硫、硫化氢的腐蚀后变污发黑，可用硫代硫酸钠除污）、柔韧性好，美观高雅，易于加工和佩戴。

③ 化石制品（包括天然琥珀、百合玉、珊瑚、煤精等）经过切、雕、琢、磨制成饰品如戒指、项链、手镯等。它们的特点是形状各异，栩栩如生，极为珍贵。

（2）金银首饰的鉴别　金银饰品华贵、高雅、价高，因此市场上充斥着赝品，购买时需要正确的判断和鉴别。观其色，若钻石白色透黄则杂质多，放在手上看见掌纹则为赝品（钻石反光面多，闪光而不透明）；金、银的颜色纯正，柔韧性好，密度大，若有杂质，色差硬脆质轻。

（3）金银饰品的保护　金银首饰都经常与皮肤接触，因此汗渍、湿气（水分）、空气中的污染物能够使饰品氧化失去光泽。处理方法是：饰品上一般的污物可以用一定浓度的酒精

溶液擦拭，即可除去；若纯金饰品的污渍可用清洁液（由食盐、碳酸氢钠、漂白粉、去离子水组成）浸泡 2h 后用去离子水漂洗即可。

16.2.3.2　宝石

宝石（gem）是指符合艺术加工要求的天然产物（如红宝石、珍珠、钻石、玛瑙、珊瑚等）或人工产品。

（1）宝石的化学特征

① 钻石（金刚石）的主要成分是碳元素，是世界上最硬的物质。钻石的折射率在天然晶体中最高，色散强烈。转动钻石时，会反射出五彩斑斓的光彩，异常美丽。若钻石中含有其他元素会呈现特定的颜色如含铬就会显蓝色，含铝就会显黄色。由于钻石形成的条件苛刻，因此被称为"宝石之王"。

② 红、蓝宝石（刚玉）的主要成分是氧化铝，含铬（4%）为红宝石；含铁及钛为蓝宝石；若含钴、镍、铀则呈绿色。

③ 祖母绿的主要成分是铍铝硅酸盐 $Be_3Al_2(Si_3O_{18})$，含有钾、钠、钙、镁、铁、锂、镍、钴、钒、铬等（其他还包括绿宝石、蓝宝石）。其他硅酸盐类有翡翠（亦称硬玉）、玛瑙（含有钙镁的硅酸盐）、水晶（水晶是一种透明的石英晶体，成分为二氧化硅，晶形为六角棱柱。以紫水晶最为名贵。水晶硬度高、抗磨损、耐腐蚀、反光率极强）。

④ 松绿石是含水的铜铝磷酸盐矿物。其颜色为略带绿的淡蓝或灰绿，相当迷人。偶有不规则的黑色纹理（俗称铁绿），构成诱人的蜘蛛网状花纹，自然协调。其硬度为莫氏 5~6。

⑤ 琥珀的主要成分是远古时代的树脂松香化石，是有机化合物。

⑥ 珍珠的主要成分是珍珠角质和碳酸钙组成，一般生长在贝壳中。

⑦ 珊瑚的主要成分是沉积于海洋软体生物上的碳酸钙。

人造宝石的制法有焰熔法（在氢氧焰的作用下将试料熔化后再结晶形成）、提拉法（在熔体中直接伸入籽晶并调节温度使其部分熔化后再生长，且要缓缓拉出即成）、热熔法（在高温高压下，模拟自然条件生成矿物原晶的方法）、结晶法（在高温下将试样熔化后再徐徐降温使其析出结晶）和爆炸法（在高温高压下利用气流局部快速反冲获得极高压力，使石墨晶形变成金刚石）。现已成功合成了红宝石、蓝宝石、金刚石、尖晶石、金红石、祖母绿、水晶等。

（2）宝石类饰品的化学特性　宝石类饰品耐酸、耐碱、遇到水及大气也不会发生反应，因此经久耐用。

（3）宝石饰品的功能

① 宝石的收藏功能：宝石一般都具有稀奇、不易采到的特点，且它们光泽艳丽夺目，具有很高的收藏价值，是财富的象征。钻石、红宝石、蓝宝石、祖母绿这四种宝石被称为"四大宝石"，其中钻石又被称为"宝石之王"，祖母绿因其特有的翠绿被世人所喜爱，故又称为"绿宝石之王"。

② 宝石的实用功能：钻石的硬度是 10，刚玉的硬度是 9，且具有耐腐蚀的特点，因此可制成钻头，也可用作精密仪器的零部件如钟表等轴承、唱片的唱针及激光器的部件。

（4）宝石与健康　宝石作为大自然对人类的珍贵恩赐，除用作美化生活和保值外，还有一定保健作用。从生物化学和矿物医学观点来说，人与自然之间不停地在进行着物质与能量的交换，天然宝石含有人体必需的铁、铜、锌、锰、硒等微量元素，长期佩戴宝石玉器可能通过皮肤浸润到人体，同时宝石玉器对佩戴部位的特定穴位不断地进行按摩或施压及电磁场的作用等，促进局部的血液循环，从而起到保健作用。

16.2.3.3　字画的收藏和保护

（1）字画的欣赏和收藏保护

① 书法的玩味：书法是我国的传统艺术，它依据汉字造型的特点，运用毛笔通过艺术构思、艺术手法而形成的。自殷商时代通行甲骨文，之后演变出大篆、小篆、隶书、章草、今草、楷书、行书，尽管书体各异，其造型的共性是由点画、线条构成。在不违背文字造型规律的前提下，具有充分的可变性和表现力，有疏密、收展、虚实、倚正等对立统一关系，使汉字具有艺术造型的美学因素，从而形成了我国独有的书法艺术。

② 国画的艺术：国画是用我国特有的笔墨、色彩、纸绢等工具材料绘制出来的美术作品。不讲焦点透视，不强调光线变化，也不拘泥于外表的相似，而强调"外事造化，中得心源"，要求"意存笔先，画尽意在"，以形写神，形神兼备。按手法可分为工笔画和写意画；按门类分为山水、人物、花鸟。人物画成熟于战国，隋唐有了山水画和花鸟画。唐朝画家的画华丽、精巧而又实用的风格；宋代绘画着重写实，逼真，又多抽象寓意；元代绘画同诗文、书法、篆刻紧密结合，融为一体；明清的绘画在写意花鸟上得到突出发展，而山水画方面落后于唐宋，画的画无拘无束，自由挥洒。

（2）字画的收藏和保护　名人的字画或画友赠送的字画，为了易收藏，或者使自己的居室美观，一般喜欢将它们用托纸、局条等装裱好悬挂于房间。

字画，尤其是名人字画，不仅能够欣赏，陶冶情操，而且还有很高的收藏价值。

由于字画为纸基的原因，易发霉、断裂或变形。对于收藏的字画一定加以保护，若天气潮湿，应将字画收藏于有干燥剂如生石灰的专门存放字画的柜中；若天气干燥，为防止字画爆裂，最好将字画卷起放置一段时间；一般来说，一幅字画不要长期挂着不换，应挂三至五月后将它卷好存放（柜子最好是樟木制成）。

油画是用快干油如亚麻仁油、核桃油等调和各种颜料绘于布、木板、厚纸板或金属板上形成的画。陈设时应避光，以防变色、龟裂，需防潮（防止画布变形、发霉、腐烂），防尘等。

16.2.3.4　邮票和火花

（1）邮票　世界上的第一枚邮票于1839年在英国发行，它是黑色一便士的有背胶、无齿孔的邮票，上面印着女王维多利亚像。从第一枚邮票问世，就以其图案的小巧、精美引起了人们的强烈兴趣。最初的收藏雏形是英国的妇女将用过的邮票贴在门帘、窗户上，作为一种新奇的装饰。大约在邮票诞生后的十年左右，欧洲的一些教师开始鼓励学生收集邮票将其贴在地图上，以启发学生学习地理的兴趣。20世纪初，各种邮票陆续出现，邮票的图案包括自然、社会、历史、文化、艺术、科学、技术、经济、政治、军事、体育等诸方面。邮票不但是一种艺术作品，而且还为人们传播了极为广泛、丰富的文化科学知识。因此，一部集邮集就是一部形象的百科全书。

邮票的画面设计、边框的装饰、色彩的运用、文字的说明都别具匠心。它的形状大多是长方形的，但也有正方形、六角形、八角形、圆形，还有地图形、水果形等。之后，许多国家相继发行了铝箔（匈牙利首创）、金箔、银箔、尼龙、塑料印制的邮票。还有利于电子设备分拣的磷光邮票。

（2）火花、糖纸、旅游景点的票据及商标等　它们的基质特点是为纸，收藏中存在的问题是揭取、去污、修补及保存。为防止撕坏，最好是采用"水揭"，其方法是将目的物浸泡于凉水中，利用遇水收缩的差异将保藏品与黏附物分开，而后晾干即可。

它们的主要污渍有油渍和印泥油，消除的方法是用棉签蘸少许汽油擦拭除去；若其表面上有蜡渍，消除的方法是将其夹入吸水纸间后用电熨斗烫片刻即可除去。

若在操作过程中不慎揭薄或揭破，其修复的方法是用硝酸纤维溶液涂于其背面，待溶剂挥发后成膜即可。

它们的保存原则是：为防止粘连，应充分干燥；为防止返潮，可以在保藏的地方放置硅胶、生石灰或爽身粉；为防霉和虫蛀，可以定期通风，切忌日晒，并且在其中夹入防腐纸片。

16.3　古玩和表面化学

16.3.1　表面化学

表面化学（surface chemistry）就是指发生在表面（即界面）上的表面效应。其主要研究表面上发生的一些行为、某些特殊性质。在这里主要讨论固体表面的现象。

16.3.1.1　表面处理技术

（1）润湿作用　是指液体在固体表面上以铺展开来或取一定的形状而达到平衡的现象，润湿与表面张力有关。能被液体润湿的固体称为亲液性固体，此类固体有石英、硫酸盐等；不被液体所润湿的固体称为憎液性固体，此类固体有石蜡、某些植物的叶、石墨等。

用有机硅处理纤维（衣服、帽、纸、图片）、用硅酸盐处理墙壁、石雕、窗玻璃等基质的表面，则形成憎液体固体，因此具有防水功能。

（2）成膜防腐　各种固体都能形成表面膜，表面膜具有防腐功能的条件是：所形成的表面膜的晶体结构与其基质本身的结构基本相近或相似，膜才能稳定紧密且有防腐能力。

① 铝表面（形成的氧化铝膜）、不锈钢表面（形成的氧化铬膜）具有防锈的原因是形成的致密氧化膜的结构与其基体相近的缘故。而金属铁形成的氧化膜结构为斜方晶体，与铁内部的立方晶体相左，因此铁表面的氧化膜没有抗腐蚀的作用。

② 惰性金属镀膜如镀锡的马口铁、镀锌的白铁、钢笔与钟表壳等镀铬或镍能够阻止空气中的水分、氧气和二氧化碳与金属基质作用，从而保护此类物质不被腐蚀。同样，在某些物质上涂膜如油膜、漆膜等均可防锈。

③ 固体表面的化学钝化作用具有防锈作用。

16.3.1.2　固体表面的原子价化学

固体表面层的原子力场（成分化学价）没有饱和，有剩余价力，因此具有特殊功能。

（1）烤蓝（enamel）　是指铁的表面经过一定方法处理后形成一层较纯的均匀致密的蓝薄膜（四氧化铁），从而保护铁不被腐蚀。如钟表的指针和弹簧发条等钢制零件在抛光后浸入硝酸钠（或亚硝酸钠或氢氧化钠）水溶液中，温度 $140\sim150℃$ 下保持一定时间后形成一层致密的蓝薄膜；小刀表面有水，若将其放在火上烤就会出现一层蓝膜。

（2）铬钝化（chromium passivation）　是指铬酸氧化致钝的钝化层所具有的防锈作用。对表面层分析表明，其结构相当于三价铬和四价铬的混合物如 $Cr_2O_3 \cdot CrO_2 \cdot H_2O$，以及铁、铜氧化物的结合物如 $Fe_2O_3 \cdot Cr_2O_3 \cdot CrO_2 \cdot CuO$ 等。

16.3.1.3　金石的收藏与欣赏

（1）古钱币及兵器　其主要成分是铜合金及银。收藏易出现的问题是生锈、倒光，产生的原因是古钱币及兵器的表面生成了氧化物如氧化铜、硫化物如硫化银、水合物如铜绿（碱式碳酸铜）、铁锈（氧化铁、碱式碳酸铁）等。预防的方法是将古钱币及兵器存放在有干燥剂如硅胶的储藏柜中，在无水的空气中即使活泼的金属在几年内也不会生锈。若古钱币及兵器出现发黑的情况，可采用醋酸或氨水擦拭其表面以除去氧化层；也可以用1％的热皂液搓洗后再用硫代硫酸钠溶液湿润，而后再擦拭即可使其锃明瓦亮。

（2）雕塑　主要有大理石雕塑和石膏雕塑。大理石用于雕塑的品种有"汉白玉"（纯碳酸钙）、"东北红"（含钴的碳酸钙）、"紫豆瓣"（含铜或锰的碳酸钙）、"艾叶青"（含铁的碳酸钙）。石膏是生石膏（含结晶水的硫酸钙）经过硬化成型即可制成所需的各种雕塑。

雕塑以洁白素净为美，因此不能用湿抹布揩擦，不使沾上油污汗渍。若有油垢可以用肥皂加氨水浸泡即可除去。

16.3.2　光化学与照片

光化学（light chemistry）是指在光的作用下进行的反应。光化学反应是地球上涉及面最广、产量最高，并且与人类生活关系最密切的一类反应。

16.3.2.1　感光反应

感光反应（photoelectric reaction）是指某些物质本身不能直接吸收某种波长的光，而需加入另外物质后才能吸收光辐射，并且把光能传递给反应物，使反应物发生光化学反应的现象。能够引起发生光化学反应且本身在反应前后并不发生变化的外物称为光敏剂（或称为感光剂）。此类反应称为光敏反应（感光反应）。

卤化银能够吸收可见光谱里的短波（绿光、紫光、紫外线）辐射，易发生离解，即发生下列反应：

$$AgBr + h\nu \longrightarrow Ag + Br$$

这个反应是照相技术的基础。

16.4.2.2　照相化学

照相化学是光化学在技术领域内最好的应用，解决了感光、映像、成影的一系列机制和实际问题。近几年，一步成像、高空摄影、红外显像、无银感光、分层剖析等得到了迅速发展。

在日常生活中，有许多值得珍惜的时刻（如朋友聚会、家人团聚或新人结婚等）。将这些时刻及时地用镜头拍摄下来，不仅能给人以美的享受，而且还有纪念意义。

（1）化学特征　用涂布溴化银的透明纤维膜（胶片）和纸（照相纸）经二次曝光、显影和定影而得。第一次成像于膜为负片（底片），第二次成像于纸为正片（照片），由涂层乳剂的色料决定照片的颜色。曝光时溴化银分解生成银颗粒，构成潜影。显影是潜影在还原剂即由对苯二酚和米吐尔及亚硫酸钠作保护剂和硼砂为缓冲剂的显影液作用下放大10亿倍，从而形成看得见的实像。定影是指用硫代硫酸钠溶液的配合作用除去未感光的溴化银，以使胶片和照片不受光的影响。彩色照片是由片基加感蓝、感黄和感红三层感色乳剂组成，这些感光染料与黑白片中用的菁色染料的结构相似。

（2）底片的收藏和保护　底片易出现的问题是灰蒙、发霉。灰蒙的原因是底片从包装袋中拉进拉出和包装物或摞放的其他底片的摩擦，或在用手拿底片时沾上了汗渍等的缘故。处理的方法是：用酒精轻轻地擦拭底片，再用氨水擦拭底片的正反面，使底片药膜膨胀，徐徐晾干即可除去底片的灰蒙和底片的轻微折痕。发霉的原因是手触底片时沾上了蛋白质及油污、存放处潮湿、显影液和定影液未洗净，残留物使基片起化学反应，导致霉菌繁殖的缘故。发霉底片的处理的方法是：将发霉的底片在去离子水中浸泡 15min，使霉斑有所松动，重复显影、定影，用药棉轻轻将霉斑擦拭除去，而后再用 5% 的醋酸清洗一遍，用去离子水清洗干净晾干即可。底片保存时应放在阴凉干燥处，防止变形。要防潮（放硅胶或生石灰），防虫蛀（放入防腐剂和杀虫剂），尽量不用手触摸底片。

（3）照片的收藏和保护　照片易出现的问题是发黄、褪色。发黄的原因是定影液的温度过高、过浓、过期和照相纸中的色素由于存时漂白剂的失效而复泛。处理的方法是：改善定影液操作并充分用去离子水洗净，同时用双氧水浸泡漂白，而后洗净晾干即可。褪色的原因是由于空气中水分和氧气能够使照片上的色素分解，乳剂被紫外线作用进一步使色素变质而使色彩失衡的缘故。处理的方法是将存放的照片放在不被日光直接照射的地方即可。照片的保存应防潮、防霉、防虫蛀，影集要经常翻动以防粘连。

16.4　家庭常用日用品

16.4.1　文具

文具包括纸、墨水、笔及其他学习用品。

（1）纸　现发现世界上最早的纸是西汉前期的纸，它的特点是纸薄而软，纸面平整光滑，说明当时的造纸术已经达到了较高的水平。公元 105 年我国东汉蔡伦改进了造纸术，他用树皮、破布、麻头和旧渔网为造纸原料制成了纸，这些原料便宜且易得，纸的质量和产量均得到了提高。为了纪念蔡伦的功绩，因此又称为"蔡侯纸"。

① 纸的化学特征：纸的原料是植物纤维如树木、麦秆等，经过化学制浆除去木质素，再进行打浆，而后加入胶（如松香胶和石蜡胶等）、染料、填料（如硫酸和铝滑石粉等）制成。

我们使用的优质纸的颜色较白，其制造过程是采用烧碱制浆，并且把木质素和色素基本除去，再经过漂白且加入质地好的白色填料制得。对于那些粗纸如包装用的牛皮纸，其制造过程中采用了纤维粗长的原料，用亚硫酸钠处理，不能把木质素和色素除净，因此此类纸含杂质较多且粗糙。

② 纸的主要功能是书写和印刷。书写和印刷对纸的要求是纤维细腻、平整、均匀、精致且不洇水。

绘图用纸：将植物纤维制成纸浆后用碱浸渍，再经二硫化碳磺化溶解处理，而后使其成膜喷出后凝固、水洗、漂白、烘干即成。

晒图用纸的制法：将纸的表面涂布柠檬酸铁和赤血盐即铁氰酸钾 $\{K_3[Fe(CN)_6]\}$ 溶液后避光烘干，曝光后铁（Ⅲ）还原为铁（Ⅱ），进而生成滕氏蓝，未感光的部分经冲洗后仍为白色，故在蓝色背景上显影。

照相用纸的制法：将纸的表面涂布溴化银。然后进行感光、显影及定影即可制成所需的照片。

静电记录用纸：以高分子电解质（或用细湿性无机盐或食盐浸润基质）作导电处理剂，将其涂布于基纸的表面，然后再涂布高电阻记录层而得。

防火纸：对于一些重要的文件可使用防火纸，它在铁制文件中即使遇到高温时也不会立即焚毁。其制备方法如下：将防火剂如溴化物（遇热分解产生气体，阻止纤维和氧气接触）或聚磷酸芳酯（磷酸盐遇火能够产生一层玻璃体起隔绝作用）涂布于普通基纸的表面即可。

防水纸：在基纸上把填料如二氧化硅、瓷土、钛白粉涂布均匀，书写后再以石蜡或干性油如桐油进行处理，就可防水。

③ 合成纸：将聚丙烯腈、聚酰胺、聚苯丙烯等进行薄膜加工，或将它们加入到木浆中并且填充适当的物料再进行喷膜成纸即可。它们的特点是耐热、耐腐蚀和抗水性能好。

（2）墨　有油墨、有色墨水及墨汁之分。

① 墨的化学特征：油墨的制备方法是将炭黑或其他色料如硫化汞（HgS）均匀地分散于油中即可得到。有色墨水的制备方法是将鞣酸亚铁溶于水后形成水溶液（因鞣酸亚铁无色，故可在水溶液中加入各种染料，制成不同颜色的墨水）即可。其原理是鞣酸亚铁水溶液书写于纸上后，在空气中能够发生氧化还原反应，生成黑色鞣酸铁，不溶于水并牢固地黏附于纸布纤维上。墨汁的制备方法是将烟灰或炭黑悬浮于溶有胶体物质的水中制成。

② 墨的书写原理：墨之所以能够用于书写，是由于含有墨或染料的液体能够渗入到纸的毛细管中，染料被吸附于纤维的表面并且发生化学反应如碳进入碳链，染料与纤维素中的羟基以及醛基结合；而墨水中的鞣酸亚铁能够与其形成羟基配合物等。墨水要有适当的干燥和渗透速度，也就是要求与纸在为时很短的接触过程中，渗入适当的厚度而又没有剩余，并且不能透到纸的反面。

（3）笔　分为软笔和硬笔。软笔即我国特有的毛笔，它产生于2000多年前，并流传至今，其特点是毛细、柔、韧且均匀；而硬笔是指铅笔、圆珠笔及钢笔。铅笔是采用石墨（其硬度最小）和黏土制芯，可在各种物质上留下它的黑色痕迹；圆珠笔是将墨水注于笔管中，并且使用其笔尖上的圆珠而将墨水留于纸上；钢笔起源于鹅毛笔，是由英国人华特曼发明，增添了皮囊以贮灌墨水，改进了笔尖的质地而使之耐蚀。

16.4.2　陶瓷、玻璃

16.4.2.1　陶瓷

陶瓷（ceramics）的主要物质是硅酸盐，是由黏土和瓷石在胎体基础上进行表面加工并且将其烧结而成所需的各种器皿。

（1）陶瓷的分类　陶瓷一般分为陶器、瓷器及搪瓷三类。陶器是指硅酸盐基体未经致密烧结（白色或有色）的器皿；瓷器是指胎体基本烧结并且其表面上釉的器皿；搪瓷是指胎体的基体为金属（如铁、铜、铝等）并且上釉的器皿。按成型特色一般可分为白瓷、釉上彩和釉下彩三类。

① 白瓷是把瓷土制坯，然后放进窑中烧结成素瓷，再在其上浸上一层白釉料，之后烧熔均匀即可得到雪白光洁的瓷器。

② 釉上彩（over-glaze decoration）是指在600～900℃烧成的白釉瓷器的表面上绘制彩图，再在低温窑中烧烤，使色料与釉熔化结合而得。

③ 釉下彩（under-glaze decoration）是用色料在晾干的素坯上绘制各种纹饰，然后罩以白色透明釉或者其他浅色面釉，高温（1200～1400℃）一次烧成。烧成后的图案被一层透明的釉膜覆盖在下边，表面光亮柔和、平滑不凸出，显得晶莹透亮的装饰方法。

（2）化学特征　胎体黏土的主要成分为铝硅酸盐物质如高岭土（氧化硅为39.6%，氧化铝为46.54%，水为13.96%）。瓷石含有氧化硅、氧化铝、水，还含有氧化钾。

（3）陶瓷器的制造　将黏土、瓷石与适量的水调和成软泥，使其具有可塑性，即能够根据不同的需要塑制出形状各异的器皿，再将塑成形的器皿进行灼烧，可形成具有一定形状和一定强度的坚硬烧结体。

（4）陶瓷的用途　家庭用陶瓷主要包括实用类陶器和装饰类陶器。

① 实用类陶器主要是指餐具及坛罐等。此类陶瓷由于原料的成分复杂、杂质较多，在烧结过程中还形成无数小孔，能够使光线产生散射现象，因而不透明。盛产名品陶瓷的有江西景德镇、江苏宜兴的釉陶及湖南醴陵的青瓷。

② 装饰类陶器：汉绿釉（铅釉）陶，主要包括偏铝酸铅（$PbO \cdot SiO_2$）陶和正铝酸铅（$2PbO \cdot SiO_2$）陶，能形成光学性质优良的玻璃态，其着色剂为铁、锰、钛、铜等的氧化物。

③ 搪瓷可分为家庭用品、景泰蓝和标牌或徽章。家庭用品：在铁坯上涂釉（即珐琅，主要成分是硅酸盐）经烧结而成，其特点是坚韧、强度高，耐腐蚀及轻便等。缺点是不能直接加热（是由于珐琅的膨胀系数与金属的不同）。景泰蓝：是在铜坯上涂珐琅后经烧结而成的我国特有的装饰工艺品。标牌或徽章：是在铝坯上涂珐琅经烧结而成。

16.4.2.2　玻璃

家庭中常用的玻璃有普通玻璃如窗玻璃、装饰用有机玻璃及特种玻璃。

（1）玻璃（glass）　主要物质是硅酸盐，其成分有二氧化硅（72％）、氧化钠（15％）、氧化钙（9％）和氧化镁（4％），将它们混合后在高温下熔融、冷却而成。

二氧化硅呈硅氧四面体结构构成玻璃骨架，冷却时形成黏度极大的过冷液体，透出玻璃态的特有性质。从宏观上看它是固体，从微观上看它是带有液体的无序性。碱金属氧化物（如 Na_2O）为助熔剂，使熔点降到700℃；碱土金属氧化物（如 CaO、MgO）作为成形剂，它能够使玻璃体耐水，不致过分软化；另外在制造玻璃中加入二氧化锰（MnO_2）可以作为去色剂。

若使玻璃具有颜色，可以在玻璃的制造过程中加入不同的氧化物以使玻璃着色。常用的着色物有氧化亚铜、氧化铜、氧化亚铁、氧化铁、二氧化锰、氧化钴、氧化铬、金、铀等。

（2）玻璃的性质　玻璃能透明，不受大气侵蚀，导热性差，适合做窗玻璃；玻璃的透光性好，耐高温，耐火且密封性好，适合于制造灯泡和各种灯具；玻璃具有良好的光学性质，因此常用来做照相机、眼镜、望远镜的镜头；玻璃还具有一定的硬度，耐水、耐酸、耐碱的性能，并且玻璃无毒，因此适合做酒杯、各种瓶具等；玻璃的这些特点还被广泛用于实验仪器。

（3）玻璃的主要用途　制作眼镜、镜子、器皿玻璃及装饰玻璃等。

① 眼镜有近视镜、老花镜及变色镜，它是由光学玻璃或光致变玻璃制成。其主要成分是二氧化硅、氧化硼、氧化铝、氧化锆、氧化钛及少量的氧化锂、氧化钠、氧化钾等。

变色眼镜是在制作过程中加入光敏物质如卤化银（$AgCl$、$AgBr$）及催化剂氧化铜，其特点是强光作用下，卤化银晶体发生分解反应且释放出银，由于银原子是不透明的，因此能够使镜片颜色变暗；当强光减弱时，在氧化铜催化作用下银原子与卤素能够迅速地作用生成卤化银微晶，镜片随之又变得透明。

② 镜子的制作方法是在洁净的玻璃表面上镀上一层能反光的物质如汞、铝、银及锡的薄膜即可。

银镜的制备方法：用葡萄糖作还原剂，使银氨配合物中的银沉积于玻璃表面而得。根据此原理制作了杜瓦瓶和暖瓶。

铝镜的制备方法：在真空中使铝蒸发并且其蒸气凝结在玻璃表面上形成一层铝薄膜即得。

③ 器皿玻璃的主要成分是钠钙硅酸盐，在制作过程中加入各种着色剂，可以得到各种不同颜色的器皿如瓶、盆、缸、碟等及其他装饰物；若在制作过程中加入氧化锡或氟化钙，可以得到不透明或半透明均一的乳白色、质地精美的器皿。

④ 装饰玻璃亦称彩虹玻璃，其制备方法是在普通玻璃原料的基础上，加入大量的氟化物、溴化物及少量的敏化剂如氯化银和催化剂如氧化铜制备而成。其特点是经两次紫外线照射和热处理，并且根据处理时间的长短得到不同颜色的玻璃。利用彩色玻璃可制作不同品种的装饰工艺品。

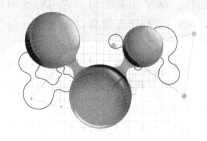

第 17 章
化肥农药与健康

在从事种植业生产过程中，人们为了增产，常常使用化肥、农用薄膜、农药等物质，尽管它们给人们带来了食物数量和品种的增加，新鲜粮食、蔬菜、水果等可以不分季节地享用。但是，化肥、农用薄膜、农药等也带来了不利影响，它们污染了土壤、环境和水源，甚至使某些物种消失。随着农业的发展，我国的化肥、农用薄膜及农药的使用量越来越大，其污染的危害将会越来越严重，自然植物和动物品种如鸟、青蛙、蛇和蜜蜂等在农区很少出现，在牧区虫害、兽害如鼠的天敌变得也越来越少，造成的损失越来越大，这些都与农药的大量使用有关。化肥利用率并不高，缺磷、钾，长期使用化肥，使土壤性能恶化、板结，有机质含量下降。磷又是造成江、河、湖泊富营养化的主要原因；农用薄膜也带来了白色污染，不仅影响景观，而且污染破坏土壤。因此大力发展绿色化肥、绿色降解薄膜及绿色农药，既可以充分利用资源，提高粮食、蔬菜、水果等的产量和质量，又不会产生污染，使经济效益大幅度增加，造福于后代。

17.1 化肥与人体健康

17.1.1 化肥的种类及作用

17.1.1.1 肥料的种类

肥料（fertilizer）是农业生产中不可或缺的植物养料，根据所含成分或来源不同，可分为有机肥料和化学肥料。

（1）有机肥料（organic fertilizer）是指一切含有大量有机质的肥源总称。主要包括厩肥、人尿肥、绿肥、沤肥、腐殖酸类肥料、花生饼、豆饼、土杂肥、农作物秸秆及各种有机废物等，其特点是含有大量有机质、各种微量元素、腐殖酸、大量微生物等农作物所必需的养分，并且肥源广，易积制，对土壤有明显的改善，提高耕地生产能力和作物的产量，改善农作物的品质，防止环境污染，是生态发展的要求和实施可持续发展战略的必然选择。

（2）化学肥料（chemical fertilizer）是指经化学合成或化学物理加工而成的一种或几种植物所需营养元素的产品。化学肥料简称化肥。其中，氮肥是指含有植物所能吸收的氮素的肥料。磷肥是指含有植物所能吸收的磷素的肥料。钾肥是指含有植物所能吸收的钾素的肥料。复合肥是指含有能被植物所吸收的两种或两种以上元素的肥料。液体肥料是指含有植物能吸收的营养成分的液态、悬浮状肥料。微量元素肥料是指含有植物所能吸收的微量元素物质的肥料。

17.1.1.2　化肥的作用

化肥的成分单一，如氮、磷、钾肥或某些液体肥料、微量元素肥料，含两种或两种以上的混合肥或某些液体肥料、微量元素肥料，均不含有机质，养分含量高，肥效快，易溶于水而被植物吸收。

农业生态系统是一个耗散结构，要维持农业的持续生产主要靠人为因素的补给和控制。随着人口的持续增长，对粮食生产提出了新的要求，在耕地面积不可能有大的增加的情况下，化肥的投入量增加是提高作物单产粮食需求的重要途径。

目前，我国化肥的使用量已居世界第一，其产量为世界第二。1995年，美国世界观察所所长莱斯特·布朗曾发表《谁将养活中国?》的"醒世呼唤"，他有两个观点：第一，"利用农业技术增加产量也是有一定限度的，特别是依靠化肥增产已经到了极限"；第二，"美国也好，西欧也好，用再多的化肥和先进技术，也不能增加粮食的单位面积产量了"。意指中国也不例外。其实，这两个观点并不符合中国实际情况，我国的单位面积用量不到西欧发达国家的一半，属于中等水平。

我国的化肥利用率不高，说明提高肥料利用率和肥效还有很大的潜力。只要在农业生产中增加化肥供应量，调整化肥比例和品种结构，改进化肥分配和供应，推广科学施肥技术，加强肥效控制，就能充分发挥化肥对粮食的增产潜力，保证粮食的稳产增产，满足人民生活日益增长的物质生活需要。

植物从种子生根发芽，到结实成熟整个生长周期中，除了一定的光照、水分、空气和热量外，还必须不断从外界吸取植物所需的各种营养元素进行同化作用，以维持其生命活动。这些无机或有机的营养物质主要是从土壤中获取的，因此，人们要有意识地给土壤增加各种营养元素，以提高土壤肥力，供给农作物以养分，达到高产、优质、低成本的目的。提高土壤的肥力是粮食增产的主要手段，其产量主要与化肥指数（$N+P_2O_5+K_2O$ 的施用量）密切相关。

植物所必需的营养元素的标准是：该营养元素对所有植物的生长发育是不可缺少的。缺少这种元素，植物将不能完成其生长周期；若缺少这种元素后，植物会表现出特有的症状，其他任何一种元素均不能代替其作用，只有补充这种元素后症状才能减轻或消失。这种元素是直接参与植物的新陈代谢，对植物起直接的营养作用，而不是改善环境的间接作用。必需元素氧和碳来自空气中的二氧化碳，氢和氧来自水，而其他必需元素几乎都以游离形态从土壤中吸取。因此，土壤是植物生长的介质，是植物所需矿物质等养分的主要供给者，给土壤补充养分如化肥是植物产量增长最快的方法。

氮、磷、钾是植物生长所需的三大元素，因此化肥也主要是围绕着它们进行供给和补充。

(1) 氮　在空气中约79%的成分，氮是植物体内许多重要有机化合物的成分，在多方面影响着植物的代谢过程和生长发育。氮是蛋白质的主要成分，其含氮量为16%～18%，是植物细胞原生质组成中的基本物质，也是植物生命活动的基础。

氮是植物进行光合作用的叶绿素的组成成分，又是携带遗传特性的物质——核酸的组成成分，氮还是一些维生素如维生素 B_1、维生素 B_2、维生素 B_6 等和生物碱如烟碱、茶碱等的成分。所有生物体都是由蛋白质构成的，而蛋白质又是由氨基酸构成的，氨基酸又是由氮、碳、氧及氢等元素构成的，因此，氮是任何生物都不能缺少的物质。

（2）磷　在植物中有许多重要的有机化合物如三磷酸腺苷（ATP）、各种脱氢酶、磷脂等。磷是核酸的主要组成部分，核酸又是核蛋白的重要组成部分，核蛋白存在于细胞核和原生质中，对植物的生长发育和代谢过程都极为重要。核酸携带遗传特性，是细胞分裂和植物根系生长不可缺少的。

磷具有提高植物的抗逆和适应外界环境的能力；磷能促进根系发育，使根系发达，能够吸收深层土壤中的水分，从而提高植物的抗旱能力；能够促进植物体内碳水化合物的代谢，使细胞中可溶性糖和磷脂的含量增加，因此植物能在较低温度下保持原生质处于正常状态，增强其抗寒能力。

（3）钾　是以游离态的形式存在于植物细胞的汁液中，是植物体内多种酶的活化剂，在植物的生长发育过程中起着重要的作用，如能够促进植物的光合作用、促进氮的代谢；提高植物对氮的吸收和利用；氮还具有渗透调节作用，参与植物体内碳水化合物的代谢和运输等功能。

钾具有增强植物对各种不良条件，如干旱、低温、病害、盐碱、倒伏等的抵抗能力。具有提高植物产品品质的作用，如降低蔬菜中的硝酸盐含量，提高籽粒蛋白质含量，提高瓜、果、梨、桃等的含糖量及维生素 C 的含量，增强棉花纤维的长度和强度等。

17.1.2　化肥对环境的危害

施肥是农业生产中一项必不可少的增产措施，但施肥不当或施肥过量，将会对土壤、环境造成不良的影响。其主要是：对空气的影响、对土壤中的硝酸盐累积的影响、对土壤肥力和性质的影响，以及化肥原料矿石杂质、重金属元素、有毒化合物、放射性物质等的污染。

17.1.2.1　对空气的影响

化肥中的氮肥易挥发，其主要是指氨挥发和 NO_x（主要包括 NO、NO_2、N_2O_5、N_2O_4 等）的释放等，从而增加空气中的氮含量，进而造成温室效应、酸雨的形成、臭氧层的破坏。

氮肥气态损失主要包括氨挥发（损失占施入氮量的 $5\%\sim47\%$）、硝化（损失占施入氮量的 7%）和反硝化作用（损失占施入量的 33%）等途径。碳酸氢铵在石灰性土壤中主要以氨挥发损失为主；硫酸铵在酸性土壤中主要损失是硝化和反硝化作用；在酸性土壤中尿素、碳酸氢铵混施，在石灰性土壤中硫酸铵、尿素混施，主要损失是氨挥发、硝化和反硝化作用这两种途径。

肥料的生产过程要经过化学、物理两个过程，同时要排出污染环境的废气。氮肥生产过程中的硫氧化物、氮氧化物、一氧化碳等气体，磷肥生产过程中的二氧化硫，它们对环境污染严重，破坏臭氧层，形成酸雨，对人体直接产生危害；肥料的生产过程中产生的废水，可以对水源、生物、人类等造成严重危害；肥料生产过程中产生的废渣含有有毒的重金属，如处理不当，也会对人和生物造成危害。

17.1.2.2　化肥对土壤的影响

化肥中营养元素氮、磷流失到水域中，主要造成化肥效能的损失，除此之外，还会造成地表水体富营养化（主要是指湖泊、水库等封闭或半封闭性的水体及某些滞流的河流水体内的氮、磷等营养元素的富集）和地下水中亚硝酸盐和硝酸盐的污染（施入的氮肥在降雨、浇灌水的作用下，部分直接以化合物形式淋洗到土壤下层，大部分以可溶性形式 NO_3^-、NO_2^-、NH_4^+ 淋洗到土壤下层，从而造成硝酸盐及亚硝酸盐增多）等许多不良后果。

17.1.2.3 化肥中的放射性物质

农业中使用的化肥如氮肥、钾肥含重金属元素的量较少，但对于磷肥来说，由于原料的来源主要是磷矿石，其成分复杂，含有较多的有害物质（如重金属、天然放射性元素铀、钍、镭等），它们一同进入磷肥而被施入土壤中，对作物产生危害，在土壤-植物间积累、迁移、转化的过程中，进入食物链，而后对人体产生危害。

17.1.3 化肥与人体健康

化肥的使用使农业生产有了较大的进步和增产，提高了土壤的肥力，改善了土壤的理化性质，为作物提供了较充足的养分，也提高了农产品的数量，满足了人类的生存需要。随着人们生活水平的提高，对农产品数量满足的同时，对质量提出了更高的要求，要求农产品对人体健康具有安全性。

17.1.3.1 农作物的安全性

农作物安全是指在任何时候都能够得到健康和积极所需的食物。粮食作为人类赖以生存的基本生活资料，它是一种经济发展、社会稳定和国家自立的特殊的商品。实现粮食安全的基本条件是：粮食供应稳定、价格合理、保证穷人获得资源的机会以生产粮食或获得粮食；同时，要保证粮食等农产品的质量和品质，以使人们得到健康的生活。谈到农产品的品质问题时，主要包括以下方面。

① 营养品质主要是指农产品中的蛋白质、氨基酸、糖分、维生素和矿物质等含量的高低。

② 卫生品质主要是指可对人体健康产生不良影响的指标，如重金属汞、镉、铅等有毒元素，硝酸盐和亚硝酸盐、残留农药等。

③ 感官品质主要是指农产品的形、色、香、味等。

④ 贮藏品质主要是指农产品在贮藏过程中作物营养品质和感官品质的变化。

17.1.3.2 有害有毒元素对健康的影响

在农业生产中，肥料的使用与食物链中重金属的累积是密切相关的。常用的磷肥和复合肥中含有生物毒性显著的元素，如汞（Hg）、镉（Cd）、铅（Pb）、铬（Cr）及类金属砷（As）等，也包括一些具有一定毒性的一般金属，如锌（Zn）、铜（Cu）、钴（Co）、镍（Ni）、锡（Sn）等，尽管铜、锌、钴等是生物体内所必需的微量元素，但当这些元素过高时也会产生毒素。重金属是通过食物链在生物体内浓缩放大，产生毒性效应，从而危及人体健康的。

（1）汞 具有蒸发特性，常温下可形成汞蒸气。在环境中和生物体内无机汞可通过微生物（如固氮菌类）作用形成甲基汞，也可以通过化学反应使无机汞甲基化。污水（或废水）的灌溉是作物汞污染的主要来源。汞化合物进入人体后，由消化道吸收、经呼吸进入肺部吸收或直接经皮肤吸收三个途径。金属汞在体内几乎不吸收，无机汞吸收率很低，90%以上随粪便排泄出，而有机汞90%以上被机体吸收。汞可导致脑和神经系统损害，如运动失调、语言障碍、视野缩小、听力障碍、精神障碍等，严重者可导致瘫痪、肢体变形、吞咽困难甚至死亡。

（2）镉 对农产品的品质影响主要表现在：农产品中镉的含量，通过食物链对人和动物体存在潜在危险；镉能破坏农产品的营养成分，降低其营养价值。在人体内，若镉的含量过高将会导致负钙平衡，肾脏和消化系统受损害，引起骨质软化和剧痛甚至骨折。

（3）铬　在农作物生长过程中，若在缺铬土壤里加入少量的铬可促使植物生长，但过量的铬会使植物产生黄萎病和中毒症状。铬是人体内必需的微量元素，只有在环境污染严重时，才会对身体造成危害。

（4）铅　尽管铅对植物的产量和质量危害较小，但通过食物链进入人体后将会造成严重的危害。若在体内积累到一定量时，将会损害神经系统、造血系统及肾脏。

（5）砷　是植物强烈积累元素。砷也会在人体内蓄积，如人发、指甲、皮肤，砷在人体中排泄缓慢，可造成蓄积性中毒，其主要症状是皮肤色素沉着、多发性神经炎、感觉异常、眩晕、肌肉萎缩等。砷慢性中毒将会导致皮肤癌、肝癌、肾癌、肺癌的发病率增大。

（6）硝酸盐　在农业生产过程中，由于氮肥的过量使用，特别是温室大棚等，会造成硝酸盐在农产品中的大量累积，通过食物链进入人体，造成潜在危险。

① 土壤中的氮素转化为硝酸盐：土壤中的氮素一般通过化学和生物化学转化为硝酸盐而被作物吸收和利用。在正常的氮营养条件下，健康植株本不积累游离的硝酸盐和亚硝酸盐，这两种形式的矿质态氮进入植物体后，在硝酸还原酶和亚硝酸还原酶的作用下进行还原反应，所形成的中间产物羟胺和氨与有机酸结合而转化为氨基酸，这是植物体形成氨基酸和蛋白质时氮素的重要来源。由于植物体内亚硝酸还原酶的活性远高于硝酸还原酶的活性，因此植物中存在亚硝酸盐后，就被活力更高的亚硝酸还原酶还原成 NH_4^+，所以健康的植物中不会积累过多的亚硝酸盐。

② 施肥不当引起的硝酸盐过量：肥料的种类、施入量、施入时间、施入方式等这些不当施肥方法，都会造成作物中的硝酸盐含量偏高。

17.1.3.3　化肥污染的治理

化肥污染的治理主要从生产、施用等方面着手。

（1）化肥生产污染的治理要从化肥生产厂址的选择开始，而后选择清洁生产工艺，最后进行末端处理。在生产工艺流程设计时一定要将环境污染的因素考虑在内，做到尽量不排污或者少排污，加强资源合理利用，回收使用，循环使用。

（2）化肥施用过程污染的治理

① 提高化肥使用率：根据土壤的不同，制定合理的施肥量，讲究科学的施肥方法，采用节水、节肥的综合管理体系与作物养分综合管理体系等，氮肥、磷肥、钾肥等要做到配合使用，化肥和有机肥配合使用等有效措施，实现高产、优质、可持续发展的综合目标。

② 化学或生物处理方法：利用化学（吸附、沉淀、氧化还原、配合等反应）或生物（微生物）的方法将化肥的污染进行处理。

③ 推广平衡施肥：平衡施肥是提高肥效和肥料利用率，防治化肥污染环境的一项根本的有效的措施。根据土壤的实际情况，进行合理科学的研究，制定出施肥的有效措施和方法，指导平衡施肥和开发合理的专用肥料，均衡地向农作物提供必需的营养元素，提高土壤肥力。

17.1.4　绿色化肥

化肥在农业生产中起到了重要作用，是农业获得丰产的主要手段和肥源。同时，化肥也给农业的可持续发展和可持续生产带来了不可估量的损失，它不仅破坏了土壤结构，使土壤板结（据估计，世界上有 15% 的土壤遭受损害，至少有 $600\times10^4 hm^2$ 的土地因酸化而退化，$6800\times10^4 hm^2$ 的土地因板结而退化，大约有 $1.35\times10^9 hm^2$ 的土壤养分下降），土壤有机质含量下降（片面的追求产量，使用过量的无机化肥和不科学的平衡施肥所致），而且降低了农产品的品质（粮食、蔬菜、水果等含有的硝态氮主要来自于无机化肥），造成了环境污染和危害人体健康。

17.1.4.1　绿色肥料

（1）天然无公害的农家肥　指人畜粪尿和土杂肥，是一种完全肥料。其优点是：它含有多种有益微生物，适合作物生长的氮、磷、钾三要素均衡，还含有钙、镁、硫、铁、锰、铜等多种元素。农家肥有利于改良土壤，增加肥力，肥效持久；对土壤、农作物无副作用；改善农产品品质，降低成本，提高效益，是农业生态可持续发展的必然趋势。

农家肥的肥源广，人尿、粪自贮；猪、羊、牛、鸡、鸭、兔等肥料自产；树上的树叶、地里的嫩草等自来，坑里的土杂肥等都不需要钱，需要的是功夫和力气，因此降低了肥料的使用成本。使用农家肥，可以减少开支，生产出的蔬菜、水果品质优良，人食用后使人身体健康；使用农家肥，维护了生态环境和保持了土壤的可持续性。

（2）微生物复合肥　是一种无公害、无污染食品的新型高效腐殖酸微生物复合肥料。其制备方法是采用煤炭有机质（煤炭腐殖酸）为基础，辅以各种特殊有效成分加工而成。它是一种符合绿色食品生产的新型有机-无机-微生物复合肥。这种肥料的配比合理，养分充足。作物生长所需的有机质、常量元素、微量元素及稀土元素均有且均衡。有益微生物菌群具有促生长的机能；改良土壤；刺激作物生长，促进根系发达，增强对土壤水分及养分的吸收，籽粒饱满，产量增加，质量提高等作用。

17.1.4.2　绿色施肥技术

绿色食品类蔬菜、水果的施肥要严格掌握肥料的品质，筛选肥料类型，确定使用肥料的用量及施用期等合理施肥技术，以达到既培肥土壤以确保蔬菜高产所需要营养的供给，又有利于培育抗病虫害的壮苗、壮秧，减少用药量，降低污染，防止污染物质如重金属和有机污染物的携入，同时还能减少蔬菜可食部分中硝酸盐的累积。

一般绿色食品蔬菜生产的施肥技术包括：以施用有机肥提高土壤肥力水平为基础；轮作豆科植物以提高土壤氮素含量，减少矿质氮肥的施用；优化基肥和追肥组合，实行配方施肥，严格掌握追肥时间；结合栽培技术合理掌握施肥量。施肥过程中，应以高温堆肥、绿肥、沼气肥和生物菌肥为主。

（1）高温堆肥　基肥应以有机肥为主，且应当经过高温堆肥过程处理。高温堆肥作为基肥可提高土壤的有机质、土壤中的氮、磷、钾含量，提高土壤腐殖酸的含量，从而可改善土壤整个肥力性状，提高土壤保水能力，稳定土壤温度。在高温堆肥腐熟过程中可产生$50\sim70℃$的温度，持续时间可达$10\sim15$天以上，这种条件可促使难降解的有机氯等农药如六六六、TTD的分解，并可杀死绝大多数大肠杆菌。

（2）沼气肥（methane-generating manure）　是良好的基肥。沼气发酵的主要原料是作物的秸秆和人畜粪尿。沼气肥是在密闭的条件下，发酵制取沼气后沤制而成的并且含有氮、磷、钾等营养元素的肥料。

沼气发酵肥料包括发酵液和沉渣。发酵液是速效性氮肥，可以作追肥使用；沉渣是迟效性肥料，可以作基肥，沉渣可直接使用或堆熟后使用，也可以与磷矿粉、钙镁磷肥等混合使用，其效果更好。

（3）绿肥　凡以植物的绿色部分翻入土中作为肥料的均为绿肥（green manure）。绿肥经济易得，使用方便，能够提高土壤的肥力，尤其是豆科绿肥作物含氮更丰富。绿肥可以富集养分，改良土壤。

（4）生物菌肥　菌肥（bacterial manure）是指依据生态学理论，以发酵工程生产的有益菌为核心，以无害化处理过的有机质为基础，辅以作物必需的各种特殊成分合理组配经过一定工艺加工而成。

生物菌肥能够增强土壤的肥力和活性，起到固氮、解磷、解钾和降低硝态氮素残留的累积，改善作物品质等功能。生物菌肥在改变土壤微生物总量、活化土壤养分方面有明显改善。若生物菌肥与高温堆肥按比例配合使用，其效果将更好。

在作物施肥时，不论哪类有机肥，都应遵循营养平衡原理，注意推广配方施肥技术，根据作物需肥规律、土壤供肥性能与肥料效用，在有机肥为基础的条件下，产前提出氮、磷、钾和微肥的适宜用量和比例及相应的施肥技术。

17.2　农用薄膜与人体健康

农用薄膜（agricultural using plastic film）是用来保持或强化气候条件，有利于农作物的发育、生长的塑料薄膜。

采用农用薄膜的目的是改变植物生长所需的环境即适宜的光照、温度和水分，以大幅度提高农作物的产量，提前农作物的成熟时间，改进产品的品质，增加效益。农用薄膜还具有保湿和保墒的作用。农用薄膜主要包括农用地膜、农用棚膜和包装用膜。

17.2.1　农用薄膜

17.2.1.1　农用地膜

为了农作物护根，防止冻伤所引起的危害，古代人常常使用干草、草木灰、秸秆、树叶、牲畜粪便等进行护根、保墒、增温、减轻土壤侵蚀等。这些做法符合绿色生产的要求和健康的需要，但缺点是使用的干草等护根材料由于受到风的影响，会随风而散，有时会引入某些杂草种子而造成作物产品的质量下降。

采用地膜克服了上述天然材料的缺点，有利于植物的发育、生长，有利于植物的保温、保墒。地膜克服了农业生产受干旱、低温、无霜期短等的影响，尤其是对我国北方大多数地区农村的生产有着重要意义。

拱棚地膜直接改善蔬菜、水果的生长环境，避开了外界前期低温期，后期高温多雨期，在外界不利于病虫害发生的条件下提早定植进行保护性生产。这样不仅避开了病虫害，而且有利于蔬菜、水果的生长发育，可以提早成熟和上市，改善淡季蔬菜、水果的供应。

（1）地膜的种类

① 无色透明的地膜主要有高压低密度聚乙烯地膜、低压高密度聚乙烯地膜、线型低密度聚乙烯地膜。其特点是透光性好，覆盖后可增高地温 2～4℃。适合于我国北方低温寒冷地区、南方早春作物的覆盖栽培。

② 有色地膜是聚乙烯树脂中加入色母料，可制成黑色膜、绿色膜、银灰色膜等不同颜色的有色地膜。适合于某些作物如姜的栽培与生长。

③ 除草膜是聚乙烯树脂中加入一定量的除草母料，经挤出吹塑制成。

④ 银灰色反光膜是聚乙烯薄膜，其透光率为 15%，反光率≥35%，反射光中有红外线，具有驱避蚜虫的作用。银灰色塑料包装绳作黄瓜、番茄的支架吊绳，也可起到避蚜作用，目的是防虫、防病，减少或避免使用农药造成的污染。

另外，还有耐老化的地膜、黑色双面地膜、有孔地膜、可控性光解地膜等。

（2）地膜对土壤的影响

① 地膜覆盖对土壤温度的影响：将地膜覆盖在土壤上，可以提高土壤温度 2～4.8℃。其原因是地膜阻碍了土壤与大气的气体交换，减少了空气对流时的热量损失，减少了水分汽化时的热量消耗。

② 地膜覆盖对土壤水分的影响：将地膜覆盖在土壤上，可以使土壤的含水量较未覆盖的土壤高 1.1%～4%。其原因是地膜的物理阻碍作用将土壤与大气的空气对流阻隔开来，从而防止土壤水分的挥发，提高了土壤水分的利用率，起到了保墒的作用。

③ 地膜覆盖可防止土壤板结：将地膜覆盖在土壤表面上，可以防止因水滴的冲击而造成的土壤表面板结，能够使地膜下的耕作层长期保持疏松状态，这样有利于作物根系的生长和对肥水的吸收。同样，地膜的覆盖可以减轻土壤被水、风等的侵蚀。

④ 地膜覆盖对养分的影响：将地膜覆盖在土壤表面上，土壤疏松，有利于土壤微生物的活动，从而促进了土壤的生物活性反应，加速有机质的分解和土壤养分的转化，提高了土壤的供肥能力，防止土壤养分随水流失。

⑤ 地膜覆盖对农业生态的影响：将地膜覆盖在土壤上，作物叶片可以从正面接受太阳辐射，也可以接受从地膜反射而来的短波和长波的辐射作用，这样可以使果实的着色度显著提高，产品的质量提高。

尽管地膜给农业带来了很多的有利条件，但在使用地膜时要注意协调土壤的通气情况，随时补充新鲜空气，这是因为地膜的覆盖阻碍了土壤气体与空气的交换，再加上微生物活性的增强，阻止作物的根系生长。

17.2.1.2　农用棚膜

塑料棚膜是由聚乙烯塑料或聚氯乙烯制备而成的。塑料棚膜主要用于塑料大棚的搭建和温室的建造，其主要功能是保温，人为地制造适于作物生长的环境条件，控制棚内小气候，减轻自然灾害的影响，延长作物的生产和供应期，增加作物的产量，提前或延长作物的成熟期，从而获得更大的社会效益和经济效益。

严冬季节的菜市场里，蔬菜与瓜果品种繁多、琳琅满目，那碧绿的黄瓜、小巧玲珑的西红柿、芳香四溢的香椿芽、紫红的或浓绿的甘蓝、翠绿迷人的芥蓝等蔬菜，还有那垂涎欲滴的樱桃、草莓、桃子、西瓜等水果，在寒冷的北方，着实让人流连忘返，爱不释手，这些应归功于农用棚膜的使用和温室大棚的建造。

塑料大棚是一种最简易的栽培设施，它能充分利用太阳能，从而起到保温作用，通过调节棚内的温度和湿度，可以得到品质优良的蔬菜、水果，甚至可以种植花卉、饲养家畜等，从而获得较高的经济价值和社会价值。

17.2.1.3　包装用膜

产品本身除具备基本功能、寿命要求、成本低、环境友好性等属性外，在某种程度上，作为产品"嫁衣"包装对产品的整体形象、产品竞争力等具有重要意义。包装将会显得愈来愈重要，尤其是国际贸易的"绿色贸易壁垒"的要求。包装材料主要采用纸、玻璃、塑料和金属，在这四种材料中纸制品的增长最快，其次是塑料。它们的特点是轻、薄、无氟，能重复使用和再生，或者具有可食性或可降解性。

塑料薄膜作为包装用膜广泛用于农产品的包装，它可以对水、气体具有阻隔作用，具有良好的强度性能，能够使农产品保鲜贮存（与温度配合），增加包装外形的美观，提高产品的市场竞争力。

塑料包装用膜的缺点是能够引起环境污染，资源再生性差，能源消耗大，成本相对较高。

17.2.2 农用薄膜与健康

农用薄膜给农业生产带来了革命，为农业生产发展开阔了更加美好的前景。但不可否认的是塑料的生产和使用，也给人们的生活环境、身体健康带来了危害。塑料工业随着社会的发展和进步，面临着资源和环境的严重挑战，另外，塑料或塑料薄膜生产过程中产生的废弃物对环境的危害也是不可忽视的。

众所周知，普通的塑料薄膜是人工高分子聚合物，非常牢固，在自然界中难以自身降解，甚至百年或更长的时间都不可能在土壤中分解，故可以造成环境污染，使土壤的生态状况发生变化，给人们的健康造成危害。因此，开发新型农用薄膜如降解塑料薄膜，以保护环境，从而获得生态效益、经济效益和社会效益。

17.2.3 绿色降解塑料薄膜

20 世纪 60 年代，国外就开始开发降解塑料——光降解塑料，以解决一次性包装造成的环境污染。80 年代，开发研究以生物降解塑料为主，生产出了以树脂为基础的淀粉填充型降解塑料，不用石油而用植物淀粉、动物甲壳素等原料生产的可再生生物降解塑料，以及微生物发酵生产的生物降解塑料。我国降解塑料的开发研究源于 20 世纪 70 年代，始于研究农用塑料薄膜。90 年代后，主要是解决一次性塑料包装制品带来的环境污染问题、降解塑料地膜的研制和开发。

17.2.3.1 降解塑料的种类

降解塑料（又称为可环境降解塑料）是指一类其制品的各项性能可满足使用要求，在保存期内性能不变，而使用后在自然环境条件下，能降解成对环境无害的物质的塑料。

塑料的降解是指因化学、物理因素和微生物作用引起构成塑料的大分子链断裂的过程。降解塑料的降解主要包括生物降解塑料、光降解塑料和化学降解塑料。这三种主要降解过程相互间具有增加、协同和连贯作用。

17.2.3.2 生物降解塑料

生物降解塑料是指一类在自然环境条件下可被微生物作用而引起降解的塑料。

（1）生物降解塑料的原理 生物包括微生物、植物和动物。生物降解专门指微生物降解，微生物包括细菌、霉菌、酵母菌、防线菌、螺旋体、衣原体、支原体、病毒、藻类等。它们主要是通过微生物分泌酶作用进行塑料降解。微生物不同，则分泌的酶不同。聚合物降解酶是其中水解酶的氧化还原酶，水解酶（细胞外酶，易作用于聚合物）的水解是单纯的分解反应，氧化还原酶（细胞内酶，不易作用于聚合物）能与各种酶反应系统匹配，发生诱导分解反应。酶的活性还受温度、湿度、pH 值的影响，离子的辐射、紫外线、超声等对酶具有抑制活性的作用。不同的微生物与 pH 值、温度及是否有氧有关，其对塑料产生的生物降解作用也有关。塑料制品的形状如塑料的表面、体积等也影响生物降解能力。

酯键、苷键与肽键是酶能切断的化学键，此酶只能为水解酶。合成的聚合物如聚乙烯、聚丙烯、聚苯乙烯、聚氯乙烯等，均难于生物降解，也就是说，自然界中不存在能切断 C—C 键的微生物，因此合成聚合物很难生物降解。

脂肪族聚酯的分子结构中具有可微生物降解的酯键而能够被微生物降解，也是较有前途的合成生物降解塑料。

塑料的生物降解过程如下：微生物分泌的酶附于塑料表面后，在酶的作用下，按顺序切断组成塑料的大分子中的某些化学键，从而发生分解，分子链变短，高分子化合物变为低分子化合物，进而将塑料降解。然后，酶继续将低分子化合物进一步分解成有机酸，并经微生物体内的各种代谢过程，最终分解成二氧化碳。

另外，塑料中的添加剂如抗氧化剂、着色剂、防霉剂、增塑剂、除草剂等均能影响微生物对塑料的降解，一般来说，有利于微生物的繁殖和消化的添加剂增加塑料的生物降解性。

（2）生物降解塑料的特点　首先，生物降解塑料具有与普通塑料相同的保温、保墒作用；其次，在作物收获后降解塑料薄膜强度降低，并且能够分解成碎片，对农作物根系发育不会造成损害和影响农业生产的正常耕作，对环境也不会造成污染；三是生物降解塑料的降解时间可以人为控制，以适应不同地区、不同作物的需要。

（3）生物降解塑料的种类

① 生物塑料　是指由微生物合成的生物降解塑料，包括生物聚酯、生物纤维素、多糖类、聚氨基酯类等能够完全被自然界中存在的微生物降解的塑料。微生物体内蓄积的脂肪族聚酯（亦称生物聚酯）是微生物的营养物质。在无碳源的时候，此类聚酯可以作为微生物生命活动的能源。

② 聚乳酸类（亦称聚内交酯）　是以微生物发酵产物乳酸为单体化学合成而得。此类塑料在合适的环境条件下，能够在水存在下分解成低分子，然后，被微生物生物降解成二氧化碳和水。

③ 聚乙烯醇能够被土壤中分离出的细菌即假单胞菌（*Pesudomas*）属分解，至少两种细菌（聚乙烯醇的活性菌、生产聚乙烯醇的活性菌所需物质的菌）组成的共生体系降解聚乙烯醇。氧化反应酶催化氧化聚乙烯醇，然后，水解酶切断被氧化的聚乙烯醇的主链，进一步降解，最终可降解成二氧化碳和水。

④ 纤维素生物降解塑料　纤维素是地球上的植物在生命活动中产生的天然高分子物质，是构成包裹植物细胞外层细胞壁的主要成分，它是由多个葡萄糖分子相连而成的物质。用它制造的纤维素塑料、生物降解塑料等可被自然界中的微生物分泌的酶降解，从而成为植物或微生物的营养源。

⑤ 利用微生物合成的生物降解塑料　微生物产生的生物聚酯——共聚聚酯，可以被栖生在土壤、海洋等各种环境中的微生物分解，最后生成二氧化碳和水。

17.2.3.3　光降解塑料

光降解塑料是指一类因暴露在自然阳光或其他光源下会引起降解的塑料。

（1）光降解塑料的原理　光降解塑料在光（太阳光的波长为 $200 \sim 1000nm$）的作用下，能够引起聚合物降解（使聚合物产生降解的波长为 $290 \sim 400nm$ 的紫外线），形成粉末状物质，有的可以进一步被微生物作用，进入自然界生态循环。自然界中的氧、热、水如雪雨、力如风沙等都能加速光降解塑料的降解过程。

含有羰基或过氧化氢基（加工过程中或大气中氧化产生，也可以添加氧化催化剂和助催化剂加速生成）的高分子链暴露于紫外线辐射时，会吸收 $290nm$ 波长的紫外线，可以发生化学反应而断裂。含有少量酮基并长时间暴露于阳光下的聚乙烯可发生光降解。添加剂的浓度也影响塑料的降解性。

（2）降解塑料地膜　以聚乙烯、聚苯乙烯、聚丙烯等通用塑料为基料，制成的添加型光降解塑料、添加型生物降解塑料、添加型光/生物降解塑料。常用的通用塑料基料是聚乙烯。全生物降解塑料制成的地膜价格相对昂贵，不适合于农业生产的大规模使用。

17.3　农药与人体健康

17.3.1　农药

　　农药（pesticide）是指用于预防、消灭或控制危害农业、林业的病、虫、草、鼠等害物及其他有害生物以及有目的地促进或控制植物、昆虫生长的一切农用化学品或来源于生物、其他天然物质的一种或者几种物质的混合物及其制剂。农药在农业、林业、畜牧以及卫生等许多部门得到了广泛使用，对保障农业生产、人类健康、国民经济发展等都具有重大意义。由于农药能够控制病菌、昆虫，所以必须具有一定毒性。针对农药对人、畜有不同程度的毒性，所以在生产、运输、使用等方面，必须注意安全，以预防中毒和影响生态环境。

17.3.2　农药对人体健康的影响

17.3.2.1　农药对农作物的影响

　　20 世纪 60 年代，"中国印楝之父"、中国植物性农药奠基人、中国科学院院士赵善欢教授就曾前瞻性地阐述了田间用药的综合管理技术理论，提出了"杀虫剂田间毒理"的概念。在化学药剂、环境条件及害虫三者相互联系、相互制约的基础上，通过对多种因素的探讨，根据生态条件科学地使用农药。

　　由于部分农药在使用时管理措施不严，施用技术不合理，就会产生对非靶标生物的危害，特别是某些杀虫剂如敌敌畏、毒鼠强等，对哺乳动物的毒性很大，它们在生产、运输、保管、销售和使用过程中稍有不慎，则会对人畜造成中毒或死亡。农药尤其是除草剂对保护的农作物在使用剂量、作物生育期、环境条件等考虑不周全时，会造成杂草和作物一起被除尽的危险。害虫的天敌如蜘蛛、瓢虫、青蛙等在害虫的自然控制中起着相当重要的作用，然而，在使用杀虫剂时，大多数缺乏选择性，在杀死害虫的同时，往往也将天敌一同杀伤或杀死，从而使害虫再猖獗和次害虫上升危害农作物。农药对传粉昆虫、鱼及贝等水生生物、家蚕、微生物等都有不良影响。农药使用不合理，可能会导致害物（如鼠类、害虫及病菌）产生抗药性。抗药性产生后，要有效地防治害物，势必加大农药用量，加大用药量又会增加害物的抗药性，从而加大农业投入，增加生产成本，加重环境污染和对非靶标生物的伤害。

　　粮食增产离不开农药，但农药的使用过程中会导致农药中毒，尤其是大量使用农药的夏季，农作物上的农药残留量会在食粮动物体内累积，人食用后又会在体内累积，从而引起机体的损伤或毒性作用的危险性。

17.3.2.2　农药对果蔬的影响与人体健康

　　现在，农药污染蔬菜导致食用者中毒事件事有发生。如豆角的主要虫害是螟虫，每当豆角开花时，螟虫便闻香而至，此时及时地喷洒农药到花蕊上，螟虫在幼虫时就被杀死，豆角成长中受到的虫害就少，喷洒的农药就少；盛花时若没有及时喷洒农药，螟虫一旦进入豆角内，使用较多的农药也无济于事，而种菜者的心理是加大农药用量，以求杀死害虫，然而虫没有杀死反而增加蔬菜上的农药残留量。农药残留在可食部分不同组分间的分布随农药的性质和作物种类而有差异，如有机氯杀虫剂（水溶性）易于在植物体内渗透和转移，它在糠中占 40%，残留物的 60% 渗透入白米部分；有机磷杀虫剂（油溶性），其残留物的 80% 存在于米糠中。对水果来说，果皮和果肉中残留农药的分配比例，因水果种类而有所差异，但大部分农药残留物则主要存在于果皮中。

17.3.2.3　农药对人体的危害

（1）农药残留的危害　农药引起的环境污染主要是因为对农药的滥用。农药使用者往往抱怨杀虫剂对害虫的作用效果不明显，长期连续使用同一种农药，害虫在杀虫剂选择压力下，大量敏感个体死亡，留下的都是抗药性较强的个体，受到多次的药物棒杀后，就形成了抗药性品种。为了杀死这些抗药性种群，就不得不加大用药量，从而还会产生抗药性更强的种群，同时农药的污染将会更加严重。

农药能够导致人畜急性中毒的主要原因是在农药的生产、运输、销售、使用过程中没有按有关规定科学的处理所致。只要使用农药就必然有农药残留，而农药残留必然危害人体健康。其实，人类摄入有毒物质如农药残留物对人体的危害与剂量有密切关系，只要摄入量不超标，就视为风险很小。另外，认为"凡是天然的、生物的就是安全的；凡是合成的，外加的就是有害的"的观点是一个认识上的错误，任何生物活性物质的基础都是特定的化学物质，不在于是天然的还是合成的。

农药作用于人体后是否危及人体健康，取决于它的含量和它在人体内的代谢过程。毒物进入机体后，不是干扰或破坏机体的正常功能，使机体中毒或产生潜在危害，就是机体通过各种防御机制与代谢活动，使毒物降解而排出体外。农药一旦对环境造成污染，将会对人类健康产生极其严重的影响，它涉及的范围大，人口多（包括老、弱、病、幼、胎儿，甚至整个人群）；它危害的时间长，接触者多数长时间暴露在污染物中；它危害的多样化，进入环境的农药由于品种不同，其生物效应也不同，因此对人体的危害既可能是局部的，也可能是全身的，既有特异的作用，也有非特异的作用，往往这些作用又是不易觉察的，有的可能产生遗传影响的远期效应；进入环境的各种农药，由于环境因素的复杂性，往往会产生污染物与环境因素的联合作用而危及人体健康。

（2）农药的降解过程　农药的降解是由于自然环境中存在着大量的自然因子，使有机物降解或脱毒的缘故。农药的降解可分为生物降解和非生物降解。生物（包括各种微生物、高等植物、动物）降解是指通过生物酶的作用将农药分解成小分子化合物的过程，非生物降解是指农药在环境中受光、热及化学因子的作用分解成小分子化合物的过程。

微生物在农药的降解过程中起着非常重要的作用，这是因为微生物的代谢具有多样性，所以环境中存在的各种天然物质尤其是有机化合物几乎都能找到使其降解的微生物。在人工合成的化合物进入环境的初期，尽管自然界中原来的微生物不一定存在将其作用的酶，但微生物可以逐步适应大部分人工合成的有机污染物并使其生物降解。

农药被微生物降解的过程包括：过程一，初级生物降解是有机污染物在微生物的作用下，母体化合物的化学结构发生变化，并改变了原污染物的完整性，即农药本来的结构发生部分变化；过程二，环境容许的生物降解是指微生物除去农药的毒性或人们所不希望的特性；过程三，最终生物降解是指农药通过生物降解，从有机结构向无机结构化合物转化，完全被降解为二氧化碳、水和其他无机化合物，并被同化为微生物的一部分。

（3）人体对农药的吸收　是指农药经各种途径（一般是饮食、接触和呼吸）通过机体进入血液的过程。

① 经消化道吸收：在正常的农药操作过程中，农药（包括食物和水中的残留农药）通过口部进入消化道而被吸收。肠道黏膜上的绒毛是吸收毒物的一个主要部位，大多数毒物在消化道中以扩散方式通过细胞膜而被吸收。消化道从口腔至胃肠各段的酸碱度不同，唾液呈微酸性，胃液呈酸性，肠液为碱性，因此不同的农药在消化道中不同部位吸收的量也是不同的。消化道中的各种酶、菌也影响农药的吸收。农药进入口腔的途径有进行农药操作时洗

手、洗脸不彻底后吸烟、吃东西、饮水等；食物中的农药主要是作物对土壤中农药的吸收和通过作物的叶面吸收的农药残留，禽畜产品中的农药残留是禽畜食用了含有农药残留的饲料及吃食了被农药污染了的土壤中的蚯蚓、昆虫等；水中的农药主要来自于作物叶面喷洒的农药和被农药污染的土壤经雨水淋洗流入河流、湖泊或盛放农药的械具洗涤污染的水源及鱼塘。

② 经皮肤吸收：乳油和油剂易通过皮肤吸收而引起全身作用，可湿性粉剂、粉剂、颗粒剂中的有效成分通过皮肤被吸收则较困难，若出汗将会促进农药对皮肤的渗透。皮肤吸收农药主要通过表皮、皮囊或皮脂腺进行吸收，大多数物质通过表皮后可自由地经乳突毛细管而进入血液循环，经毛囊吸收的毒物不经过表皮屏障，可直接通过皮脂腺和毛囊壁进入真皮。人体的不同器官、组织对农药的吸收程度也不同，眼睛部位最易吸收药剂并渗透到体内，其他皮肤吸收次之，而手掌部位相对较慢。

③ 经呼吸道吸收：熏蒸剂、某些粉剂或其他易挥发性农药，可通过呼吸道进入鼻腔、喉咙和肺部组织，从而引起机体的损害。到达肺部的农药直接从肺进入血液，从气管转运至胃肠道，游离的或被吞噬的颗粒可通过间质进入淋巴系统。

④ 农药在人体内的分布：农药进入人体的分布与人体各器官的亲和力有关，亲和力愈强，分布的农药愈多。一般农药进入人体后，大都进入血液，随着血液的循环而进入不同的器官或部位。进入血液的农药一般与血浆蛋白尤其是白蛋白结合（不同的化合物与蛋白质的结合能力不同），少数与球蛋白结合，只有少量的农药呈游离状态。

农药在人体各器官中分布的数量，取决于农药通透性细胞膜的能力和各组织的亲和力，另外，不同的农药其溶解性不同，则不同的农药在不同的组织内的分布亦有差别。肝脏具有细胞膜通透性高、内皮细胞不完整等生理特点，并且组织细胞内含有特殊的结合蛋白，与农药等毒物的亲和力很强，多种酶系使肝脏既是多种毒物的贮藏场所，又是体内毒物转化和排泄的重要器官。

⑤ 人体内农药的排出：农药进入人体后，一般经过两个生物转化阶段：即氧化、还原、水解作用阶段和结合作用阶段。吸入人体的大多数农药通过两个生物转化后，极性和水溶性增加而易排出体外，或其结构改变使毒性降低或毒性消失（但有极少数农药，如对硫磷等通过生物转化后而使毒性增加、溶解度降低）。

进入人体的农药经过生物转化后排出体外的主要途径如下。

a. 尿液：肾脏是排泄毒物及其代谢物的主要器官。其排泄机理是肾小球被动过滤、肾小管的被动扩散和肾小管的主动分泌。农药可通过被动扩散，从血液经肾小管进入尿中而被排出体外。

b. 胆汁：胆汁是排泄农药的主要途径。经肠道吸收的农药先进入肝脏，经生物转化后形成代谢产物，直接排入胆汁，进入小肠，一部分可直接随粪便排出体外，一部分由于肠液或细菌酶的作用下而改变其极性，增加其脂溶性而被肠道吸收，进入肝脏形成肠肝循环。

c. 其他：进入细胞内的农药，可随各种上皮细胞的衰老脱落而排出体外；也可以随各种分泌液如汗液、乳汁、唾液将毒物排出体外；挥发性毒物可以随呼吸排出体外等。

⑥ 农药对人体的威胁：农药发展到今天，种类繁多，作用机理各异，进入人体的途径不同。农药可对人体不同系统及器官造成危害，从而对人体的健康构成威胁。农药对人体的损害如下。

a. 对眼睛的影响：人体与外界接触最密切的部位是皮肤和眼睛，因此使用或生产、运输等都可能危及眼睛，可分为急性直接接触性眼病（眼睛直接与农药接触所造成）和中毒性眼病（农药进入机体内导致的中毒而引起的眼部病变）。

b. 对神经系统的影响：一般农药如对硫磷、DDT 等对神经系统包括中枢神经和周围神经系统具有亲和性，所以农药可导致神经损害。

c. 对呼吸系统的影响：挥发性农药可以从呼吸系统进入人体，超过一定量时，就会对呼吸系统产生危害，从而造成呼吸功能的失常。

d. 对消化系统的影响：有机汞、有机磷、有机氯等农药进入消化系统（包括口腔、食管、胃、肠、肝、胆、胰等器官及其附腺）会对该系统产生影响，这是因为消化系统是毒物吸收、生物排泄和经肠肝循环再吸收的场所的缘故。

e. 对泌尿系统的影响：汞、砷、有机汞、有机磷、有机氯、杀虫脒等农药及其代谢物可引起肾功能损害和病理改变。

f. 对循环系统的影响：汞、砷、铜、有机汞、有机磷、有机氯、氨基甲酸酯、杀虫脒等农药进入人体后，大都进入循环系统引起心血管损伤，引起一系列的贫血症，并且进入血液中的农药对血小板也有影响。

g. 对生殖系统的影响：农药进入人体后可对生殖系统产生较大的影响，能够引起男性精子少甚至产生畸形精子；对女性能够引起流产、早产、死产、妊娠并发症、子代发育异常、超重儿和难产儿等。

17.3.2.4　农药残留的消除方法

化学农药对提高农业生产及作物产量做出了极大贡献，但化学农药过量使用、依赖和滥用的结果是抗药性增强，天敌数量剧减。目前，我国农药的使用量多达 30 万吨/年，而依附在植物体上能被植物利用的最多达 30%（甚至只有 10%～20%），落到地面的为 40%～60%，漂浮在大气中的为 5%～30%。这些进入环境中的化学农药会随着气流和水流在全世界环流，污染水、土壤、大气环境资源，从而破坏生态平衡，并且通过饮食、饮用水进入人体和生物体，危害极大。

农药残留的消除方法：高温堆肥可以产生多种微生物，它们能够对有机污染物进行降解和转化，研究结果表明有机氯农药如 DDT 经堆肥处理后，去除率可达 100%。堆制法处理污染物的方法有：一是直接将污染物与堆积原料进行堆制处理；二是将污染物与堆制过的材料混合后进行二次堆制；三是在污染土壤中添加堆肥产品利用其中的微生物，对污染土壤进行清除。只要人类合理保护土壤中的微生物，利用土壤中的微生物生物降解能力，农药残留污染是可以消除的。

17.3.3　农药对环境的危害

农药用于预防或防治农作物病虫害，对农业丰产有着"卫士"之称。但是大部分农药是一类有毒化合物，并且是人为的、直接的、长期的，因此，对环境、生物的安全和人的健康都有相当大的影响。农药对生态环境平衡产生了不可低估的影响，对人类的健康影响可能更大，它们时刻威胁着人类的存亡，常常能够使人体的机能产生异常，甚至行为失控、神经紊乱，婴儿畸形。

17.3.3.1　农药对空气的影响

空气是人类赖以生存的最重要环境因素之一，是保证人体正常生理功能和身体健康的必要条件。但由于人类的大规模生产活动，世界人口的增多，农业的发展速度加快，使得农药的生产、使用也逐年增加，而农药的某些化学成分将会挥发进入空气中，从而改变了空气中所含的固有成分（按体积计，氮气占 78.09％，氧气占 20.94％，还有其他气体，但所占体积份额较少），因此空气的质量也受到了影响，进而影响到人体的健康。

17.3.3.2　农药对土壤的影响

田间使用的农药大部分进入土壤，大气中的残留农药、喷洒在农作物上的农药经雨淋也将会进入土壤，使用被农药污染的水灌溉农田也会进入土壤，由此看来，土壤是农药在环境中的主要"集散地"，是造成土壤受农药污染的主要原因，且主要在农药使用地方的 0～30cm 的土壤层中。

17.3.3.3　农药对水质的影响

目前，要想在世界上找到一处干净的、未受农药污染的水域几乎是不可能的，包括远离社会文明的南极和北极也有农药的残留。这是因为农药在使用时，经过挥发、漂移、雨水淋洗、地表径流及地下渗漏等经农田进入水体，或者农药生产时排放的污水或残渣进入水体，或者因卫生需要直接洒入水体的农药的缘故。加上地下水温低，微生物数量少，活性弱，不能受到阳光直接照射等原因，因此水域或地下水体中的农药很难降解消除，给人们的生活造成了非常严重的影响。

17.3.3.4　农药对生物圈的影响

在太阳光的作用下，绿色植物吸收二氧化碳、水和某些矿物质后，合成有机化合物即由太阳能转变成化学能将能量贮存起来，供植物本身生存和其他动植物的生存利用，如食草动物主要食用植物，肉食动物主要是以食草动物为食物，生物的尸体和排泄物又被微生物分解成简单的化合物和元素，从而回归到大自然中去，被绿色植物再加以吸收和利用，所以，自然界中的动物、植物、微生物等生物因素与水、土壤、空气、光、热等非生物因素都是相互联系、相互依存、相辅相成的。

农药进入生态系统中可能改变生态系统的结构和功能，影响靶标和非靶标生物。这些影响是可逆或不可逆的，农药使用后残留在大气、土壤、水域及动植物体内，通过食物链进行生物浓缩，对动物甚至人体产生危害。由于自然界中的食物链是由阳光、二氧化碳、水——食用植物（使用农药）——食草动物（使用饲料或激素）——食肉动物（使用饲料或激素）——排泄（重新释放到大自然中）等进行能量转换和物质循环的，因此在相互依存和相互取食时，农药在体内可以逐级累积加强。如绿色植物使用农药后的可食部分（种子、果实、根茎等）中的残留农药，动物（牛、羊、兔、鸡等）食用了含有残留农药的饲料，鱼类食用了农药污染的水生昆虫等，它们均可在生物体内累积农药，最终导致体内农药含量越来越高，甚至造成中毒死亡。有机氯农药如 DDT 等具有高稳定性和高脂溶性的特点，可以沿食物链逐级富集，DDT——喷洒植物——水或雨——土壤——地表径流进入河流或水湾——浮游植物——浮游动物——小鱼——大鱼——食鱼类动物如鸭等食物链，而后可能被人食用，从而在人体内积累的 DDT 可能相当惊人。

17.3.4　新型绿色农药

随着人们不断加深农药对人类健康影响的认识以及人们对环境问题的普遍关心，21 世纪的农药应当是生物合理农药或环境和谐农药。以高效、低毒农药代替传统的高毒农药，是绿色化学农药发展的必然趋势。

绿色农药是指对人类健康安全无害、对环境友好、超低用量、高选择性，以及通过绿色工艺流程生产出来的农药。

17.3.4.1　生物农药

生物农药是利用生物活体或其代谢产物对农业有害生物（害虫、病菌、杂草、线虫、鼠类等）进行杀灭或抑制的制剂。

生物农药一般是天然化合物或遗传基因修饰剂，主要包括生物化学农药（信息素、激素、植物调节剂、昆虫生长调节剂）和微生物农药（真菌、细菌、昆虫病毒、原生动物，或经遗传改造的微生物）两个部分，农用抗生素制剂不包括在内。

（1）植物源农药　指在自然环境中易降解、无公害的绿色生物农药，主要包括植物源杀虫剂、植物源杀菌剂、植物源除草剂及植物光活化霉毒等。到目前，自然界中已发现的具有农药活性的植物源杀虫剂有除虫菊素、烟碱和鱼藤酮等。

（2）动物源农药　主要包括动物毒素，如蜘蛛毒素、黄蜂毒素、沙蚕毒素等。目前，昆虫病毒杀虫剂在美国、英国、法国、俄罗斯、日本及印度等国已大量使用，国际上已有40多种昆虫病毒杀虫剂注册、生产和应用。

（3）微生物源农药　是利用微生物或其代谢物作为防治农业有害物质的生物制剂。其中，苏云金菌属于芽杆菌类，是目前世界上用途最广、开发时间最长、产量最大、应用最成功的生物杀虫剂；昆虫病原真菌属于真菌类农药，对防治松毛虫和水稻黑尾叶病有特效；根据真菌农药沙蚕素的化学结构衍生合成的杀虫剂巴丹或杀暝丹等品种，已大量用于实际生产中。

（4）转基因生物农药　棉铃虫是比较常见的棉花害虫之一，但过多地使用化学农药又会造成环境污染。有专家提取非洲毒蝎子身上的毒素，利用基因重组技术，制成了生物农药"重组抗棉铃虫病毒"（属于转基因病毒），可使棉铃虫的死亡时间缩短至2天以内。苏云金芽孢杆菌（Bt）晶体毒素蛋白基因是最早被利用的杀虫基因。自从1987年我国首次获得转Bt基因的烟草和番茄以来，相继获得了转Bt基因的棉花、水稻、玉米等。但转基因作物对人类和环境安全尚不明确。

（5）抗生素类农药　我国开发生产的抗生素类农药有浏阳霉素、春雷霉素、公主岭霉素、阿维霉素、中生霉素、阿司米星、井冈霉素等，其中井冈霉素质量及生产技术已达到国际先进水平，它的工业生产标志着我国生物农药已进入新的开发阶段。

（6）昆虫生长调节剂　主要攻击昆虫的生长发育系统，使昆虫的繁殖能力下降，能杀死对有机氯、有机磷、氨基甲酸酯、拟除虫菊酯等具有抗性的害虫。华东理工大学钱旭红教授等根据前人研究过的先导化合物，进行分子建模及构效关系研究，创造出自己的具有较强活性的化合物酰胺噁二唑及芳酚基叔丁基氨基脲，对野果蝇、抗性小菜蛾等具有良好的昆虫生长调节活性。

17.3.4.2　绿色合成农药

绿色合成农药是利用生物产生的具有新颖化学结构的天然活性物质做先导化合物进行结构优化，研制开发合成新的类似物。

绿色合成农药多由从生物体内提取的有效物质、活性物质组成，或是生物源的合成农药。因此，绿色合成农药具有毒性低、残留低、与环境相容性好、选择性强、高效即用量低等优点，但不少绿色农药也因杀虫谱窄、杀虫速率低，害虫有抗药性等缺陷，导致推广应用效果并不佳。

以活性构象为核心，利用有机合成技术、分子模拟技术、分子生物学技术，针对绿色农药的高效性、高选择性和反抗性，设计绿色合成农药先导结构和化合物，并创制出一种新型的绿色合成农药。目前，杂环化合物开发成超高效的安全性农药，高效体的拆分，以减少对环境的污染；在农药中适当引入或取代某些元素可以改变分子结构性能，提高化合物的活性。如烟碱结构中导入氯吡啶甲基形成了吡虫啉（含有嘧啶和咪唑两个杂环），使其活性提高近百倍。

由于氟原子具有模拟效应、电子效应、阻碍效应、渗透效应等特殊性质，因此它的引入，有时可使化合物的生物活性倍增。含氟的氟氯氰菊酯的杀虫活性比氯氰菊酯高一倍。

氨基酸酯类衍生物由于具有毒性低、高效、无公害、易被生物全部降解利用、原料来源广泛等特点，因此一出现就显示出强大的生命力。氨基酸酯类农药的研究几乎涉及所有常见氨基酸，其衍生物如氮取代、碳取代的酸、酯、酰胺、酰肼、盐及金属配合物的生物活性都被广泛研究。

17.3.4.3 光活化农药

光活化农药是指对危害物高效、对人和危害物的天敌安全，在环境中易于降解的一类新型的高效、低毒农药。

光活化农药原理是光动力作用，即光敏剂在有氧和光存在的条件下，对细胞、病毒、生物体的杀伤作用。光敏剂一般是一些在可见光谱区有强吸收的染料，可用于农药的光敏剂有黄素类、生物碱、呋喃并香豆素、噻吩、吖啶类等化合物，它们所起的作用是光敏氧化。害虫吃了光敏剂后经日光或荧光灯、白炽灯照射，在几天内就可以被杀死。

光敏剂效果取决于其单重态氧的量子产率，其分子本身只起催化作用并不介入毒性反应，并且易被降解，故对环境无污染。由于单重态氧在细胞上的生物化学作用点多，使害虫不易对其产生抗药性。

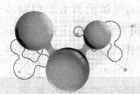

参考文献

[1] 史奎雄.医学营养学.上海：上海交通大学出版社，1998.

[2] 洪庆慈译.食品化学基础.南京：江苏科学技术出版社，1989.

[3] 窦国祥.饮食治疗指南第5版.南京：江苏科学技术出版社，1988.

[4] 姜超.实用中医营养学.北京：解放军出版社，1985.

[5] 张宋岩.乳及乳制品的物理化学.北京：轻工业出版社，1987.

[6] 施开良.环境、化学与人类健康.北京：化学工业出版社，2002.

[7] 杨家玲.绿色化学与技术.北京：北京邮电大学出版社，2001.

[8] 郑建仙.低能量食品.北京：中国轻工业出版社，2001.

[9] 陈炳卿，孙长颢.食品污染与健康.北京：化学工业出版社，2002.

[10] 周天泽.现代生活化学.北京：首都师范大学出版社，1997.

[11] 杜克生.食品生物化学.北京：化学工业出版社，2002.

[12] 陈冠英.居家环境与人体健康.北京：化学工业出版社，2005.